BEGINNER'S STEP-BY-STEP CODING COURSE

DK轻松学编程

[英] 英国DK公司 ◎ 著　　秦莺飞　杨　祺 ◎ 译

清華大學出版社
北　京

北京市版权局著作权合同登记号　图字：01-2022-1773

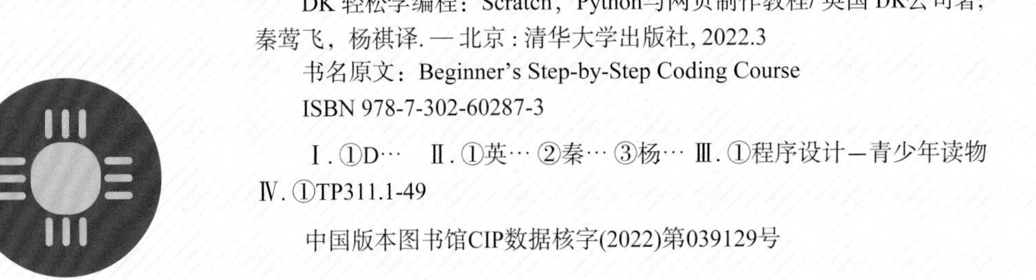

图书在版编目（CIP）数据

DK 轻松学编程：Scratch，Python与网页制作教程/ 英国 DK公司著；秦莺飞，杨祺译. — 北京：清华大学出版社, 2022.3
书名原文：Beginner's Step-by-Step Coding Course
ISBN 978-7-302-60287-3

Ⅰ. ①D…　Ⅱ. ①英… ②秦… ③杨…　Ⅲ. ①程序设计—青少年读物　Ⅳ. ①TP311.1-49

中国版本图书馆CIP数据核字(2022)第039129号

责任编辑： 陈凌云
封面设计： 网智时代
责任校对： 刘　静
责任印制： 杨　艳

出版发行： 清华大学出版社
网　　址： http://www.tup.com.cn
http://www.wqbook.com
地　　址： 北京清华大学学研大厦A座
邮　　编： 100084
社 总 机： 010-83470000
邮　　购： 010-62786544
投稿与读者服务： 010-62776969
c-service@tup.tsinghua.edu.cn
质量反馈： 010-62772015
zhiliang@tup.tsinghua.edu.cn
印 装 者： 当纳利（广东）印务有限公司
经　　销： 全国新华书店
开　　本： 195mm×233mm
印　　张： 22
字　　数： 771千字
版　　次： 2022年5月第1版
印　　次： 2022年5月第1次印刷
定　　价： 168.00元

产品编号：095609-01

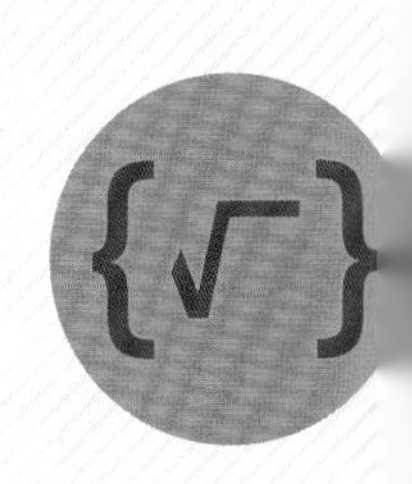

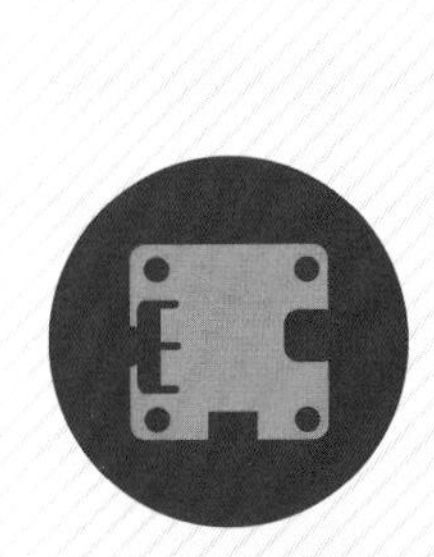

混合产品
源自负责任的森林资源的纸张
FSC® C018179

For the curious

www.dk.com

克里夫·库斯马尔（Clif Kussmaul）

绿芒果公司首席顾问，负责设计和实施研究项目，组织教师发展研讨会和课堂活动。此前曾在大学任教20年，是阿什西大学的富布赖特项目专家，喀拉拉邦大学的富布赖特-尼赫鲁学者。专门从事软件开发及相关的咨询工作，曾获得美国国家科学基金会、谷歌及其他机构的多项资助，研究课题包括面向过程的引导式探究学习（POGIL）、自由开源软件（FOSS）及计算机科学教育中的其他主题。

肖恩·麦克马努斯（Sean McManus）

撰写并参与编写过许多通俗易懂的编程书籍，如*Mission Python*、*Scratch Programming in Easy Steps*、*Cool Scratch Projects in Easy Steps*和*Raspberry Pi for Dummies*。

克雷格·斯蒂尔（Craig Steele）

计算机科学教育专家，苏格兰CoderDojo（为年轻人提供免费编程教程的俱乐部）的创始人之一。主要负责数字技能教育，致力于帮助人们在充满乐趣和创造性的环境中提升数字技能。曾与Raspberry Pi基金会、格拉斯哥科学中心、格拉斯哥艺术学院和英国广播公司micro：bit项目组合作举办数字研讨会。

克莱尔·奎格利（Claire Quigley）

在格拉斯哥大学学习计算机科学，获理学学士、哲学博士学位，曾就职于剑桥大学计算机实验室和格拉斯哥科学中心。目前是格拉斯哥生命学院的STEM协调员，并在苏格兰皇家音乐学院兼职授课。自2012年起一直参与运营苏格兰CoderDojo 。

塔米·皮尔曼（Tammy Pirmann）

博士，计算机科学教师协会标准委员会联合主席，计算机科学K12 框架顾问。目前担任宾夕法尼亚州费城德雷克塞尔大学计算机与信息学院的计算机科学教授，是一位屡获殊荣的教育家。因为对计算机科学教育公平性的关注和在中等计算机教育中推进引导式探究学习，而得到广泛认可。

马丁·古德费罗（Martin Goodfellow）

博士，斯特拉斯克莱德大学计算机与信息科学系讲师。还为谷歌、甲骨文、苏格兰CoderDojo、格拉斯哥生命学院、Makeblock和英国广播公司等机构开发计算机科学教育内容、举办研讨会。

乔纳森·霍格（Jonathan Hogg）

视听艺术家，近十年来一直致力于将软件、电子设备、声音、光、木材、塑料和金属结合起来进行创作。经常与年轻人一起工作，举办创意和技术研讨会。在从事艺术工作之前，曾在伦敦金融行业从事软件设计与开发，后来在格拉斯哥大学从事研究和教学工作。

大卫·克罗维兹（David Krowitz）

早在20世纪80年代初，便通过将康懋达VIC-20计算机与便携式黑白电视机相连学会了编程。从那以后，一直坚持学习和实践计算机编程。目前的主要工作是为企业构建微服务架构。对面向对象的设计模式和软件架构情有独钟。

88.0

前 言

如果你问青少年该如何使用计算机，他们的回答可能会让你一头雾水，甚至让你对自己充满怀疑。他们可能会嫌弃你还在使用纸质书学习编程，可能会“乐于助人”地劝你直接使用网上的教程。

但并不是每个人都具备快速、方便的网络条件。此外，当你小心翼翼地创建好第一行代码时，你的指尖牢牢地固定在写有下一步操作过程的物理页面上，这便是将网络世界与现实世界联系起来的宝贵通道。

如果你是在十几岁的时候读到这本书，那么恭喜你，你发现了视频网站之外的新生活！本书的作者都是计算机领域的专家，会给你专业的指导。如果你还是更喜欢在网上学习编程，那么看一些社交媒体上的专业文章和教学视频也是不错的选择。

作为一个游戏玩家和计算机爱好者，我关注计算机技术行业已经25年。在这期间，我见证了全世界人与人之间互动方式的巨大变化。人工智能、大数据、自动化、电子商务等新兴事物一步一步地融入我们的日常生活中，甚至我们有时候意识不到它们的存在和重要性。

世界发展到今天，技术已经不再是一个小众话题。实际上，今天的每个行业都可以被视作技术行业，而身处时代浪潮中的我们，只有两种选择：要么适应并接受它，要么被时代抛弃。

从第一部分开始，本书就将为你介绍当下最流行的编程工具和通用的术语及软件语言。书中还有一些关于编程的趣事以及分步操作的项目。即使你不打算成为下一个扎克伯格，但通过与这些专业人士的隔空交流，书中介绍的技能也将是你人生的一笔巨大财富。同时，这本书还有助于培养你的逻辑思维能力和问题解决能力。

一位古希腊哲学家曾经提出过一个具有反讽意义的问题：“生命中唯一不变的就是变化。”这句话用在计算领域更是无比贴切。也许你正在寻找新的职业，或是想学习一项新技能来支持自己的爱好或富有激情的项目，又或许你只是想用一种能给人留下深刻印象的语言来和痴迷于科技的孩子交流，这本书都能帮助你。

本书由计算机领域的顶尖教育家和技术专家撰写，内容简单易懂。书中不可避免地会出现一些术语，但这些术语十分简单，你一接触就能明白它的含义。尽管编程并不是一项至关重要的技能，但它能帮助你理解并适应我们现在生活的世界。此外，它还能给你带来一个崭新的、令人惊奇的职业方向。

如今，计算机编程领域的人才仍然十分缺乏。所以，这个行业的就业机会非常多，可如果你完全是一个门外汉，公司是不会录用你的。因此，如果你想要进入这个行业，学习这本书中的技能是非常必要的。

凯特 · 罗素

目录 CONTENTS

第1部分　编程概述

第2部分　可视化编程语言Scratch

第3部分 Python语言

第4部分 Web技术

使用指南

本书的结构

本书共包括4个部分，第1部分为编程概述，后3个部分详细介绍了5种基础的编程语言：Scratch、Python、HTML、CSS和JavaScript。其中，后三种编程语言属于Web网页制作技术。本书介绍了每种编程语言的基本概念，并在此基础上设计了详细的项目操作教程，你可以自己尝试编程操作。

概念

每一章都包含基本编程语言的概念。同时通过实际代码示例的帮助进行阐述，以使你更好地理解它。

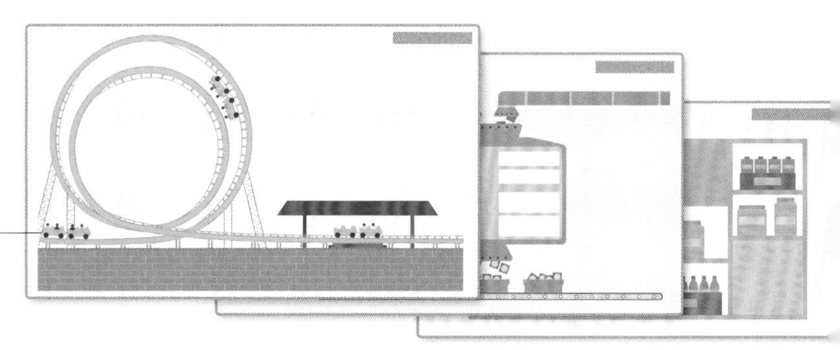

插图能帮助你更好地理解概念、学习技能

操作教程

本书中的操作教程将一步一步地教你如何创建游戏、计划、应用和网站。每个操作教程都以简短的概述开始，包含你在此次操作中将会学习到的内容，如何规划编程任务及创建编程项目所需的内容。另外，简单的逐步说明将指导你完成整个项目。最后，详细的注释还能帮助你理解代码的各方面知识。

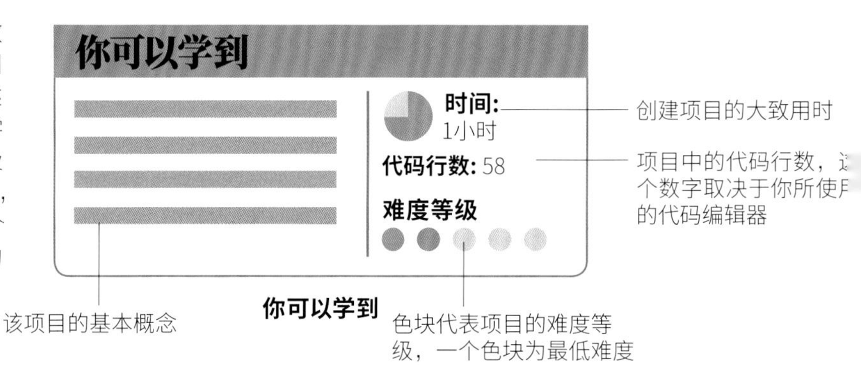

创建项目的大致用时

项目中的代码行数，这个数字取决于你所使用的代码编辑器

该项目的基本概念

你可以学到

色块代表项目的难度等级，一个色块为最低难度

操作教程被分解成更具体的步骤，这能让你学习起来更加轻松和容易

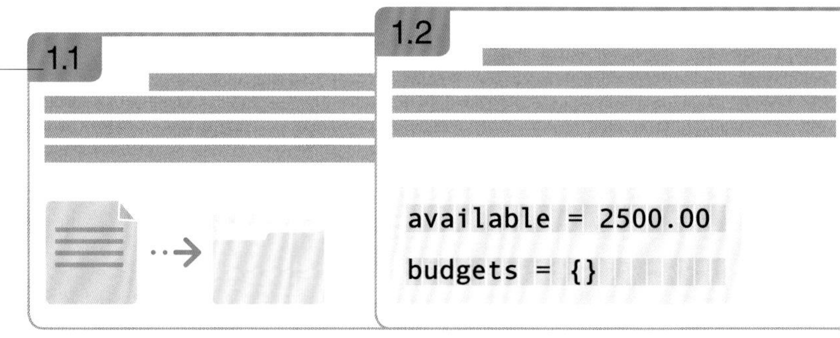

操作步骤

技巧和调整

每个项目末尾的“技巧和调整”板块为你提供了如何调整现有代码和添加新功能的提示。

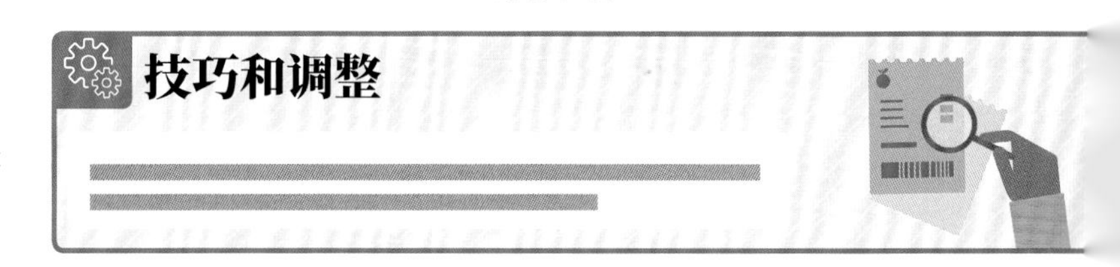

书中的代码元素

图标、带有网格的彩色代码窗口和说明程序结构的流程图能够帮助你更好地完成项目。

图标

“保存”图标会提醒你要及时保存程序。HTML、CSS和JS图标提示你这段代码将以何种格式保存。

HTML

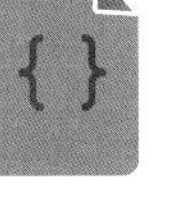

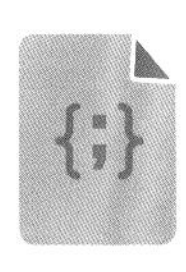

Python代码窗口

ython通常使用两个不同的窗口（Shell窗口和编辑器窗口）来编写代码。本书使用蓝色和紫色来区分这两种窗口，以便你知道应该在哪个窗口中输入代码。

```
>>> input = 2
>>> score = input * 3
>>> print(score)
6
```

Shell窗口

这些尖括号符号只出现在Shell窗口中。你需要在>>>符号的提示下输入代码

网格中的每个小块表示代码中的单个空间

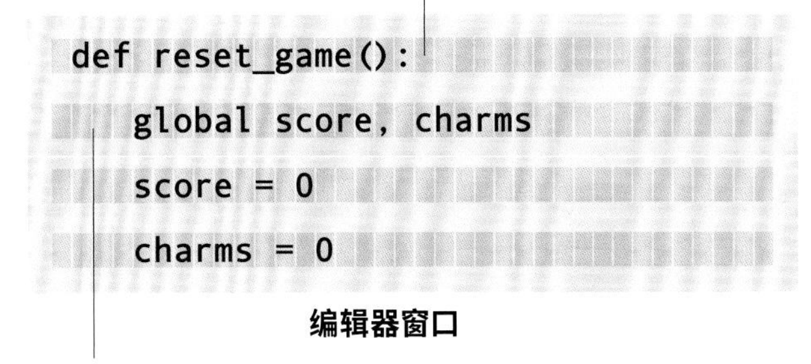

def reset_game():
global score, charms
score = 0
charms = 0

编辑器窗口

每个缩进（行首的空格）是4个空的网格块，所有随后的缩进都是4的倍数

Web语言代码窗口

本书中，所有Web语言的代码都是用绿色窗口编写的。在窗口中会用一个翻转的箭头来表示代码被分成了两行。这个箭头不是实际代码的一部分，它只是用来帮助解释代码块中的代码流。

Web语言的代码窗口

在本书中，省略号用在开头表示扩展缩进的一行代码，一次缩进通常超过八个网格块

灰色代码表示存在的代码行。它用来表示必须在其上面或下面添加新代码的行

箭头的位置指示是否需要在前面添加空格。在没有空间的情况下，箭头和代码之间不会留下空的网格块

代码资源

书中所有操作教程的资源包（除了“技巧和调整”部分，包括代码和图片）已上传到www.dk.om/coding-course，你可以登录上述网址或扫描右边的二维码下载。

你可以扫描这个二维码，下载操作教程的资源包

第1部分
编程概述

什么是编程

计算机和电子设备需要一组指令（软件或程序）来告诉它们该做什么，编程或编码就是编写这些指令，其中包含了大量的方法和技巧。编程不只是专业程序员的“特权”，也可以成为编程爱好者的一种业余爱好。

成为一名优秀的程序员

在学习了关于编程的基础知识后，以下这些技巧将有助于你进一步提高编程能力。

- **练习**：编写和调试代码。
- **阅读代码**：从别人编写的代码中学习经验。
- **学习多种编程语言**：学习不同的编程语言，以便在处理不同项目时选择最合适的编程语言。
- **发布自己的编程成果**：编程完后将自己的成果发布到网上，并留意他人给出的意见和建议，从而不断完善。

无处不在的程序

随着数字技术的发展，程序已经不再只应用于传统的计算机系统中。如今，几乎所有的电子设备都需要依靠程序来驱动，例如智能手机、家电设备等。

数据中心

数据中心是全球协作的特定网络设备。它用于在因特网基础设施上传递、加速、展示、计算、存储数据信息，或通过“云端”运行软件。“云端”是一款采用应用程序虚拟化技术的软件平台，集搜索、下载、使用、管理、备份等多种功能于一体。

汽车中的程序应用

车载监控程序软件可用于监控汽车的实时运行状况，包括汽车的行驶速度、水箱温度和燃油情况。用于导航的全球定位系统（GPS）也要靠程序才能运行。

计算机的广泛运用

随着科技的发展，计算机已经广泛应用于工作、生活以及一些创造性活动中，例如音乐制作、设计等。

洗衣机中的程序应用

许多家电的软件控制程序都用到各种函数。洗衣机的洗工序和参数就是由程序控制中的不同程序控制的，如洗类型、水温和时间。

什么是计算机程序

程序是计算机执行任务所遵循的一组指令集合。程序有时非常复杂，它可能由多个不同的程序层构成。例如，Microsoft Windows（微软视窗操作系统）就是由多层的数百万行指令组成的。

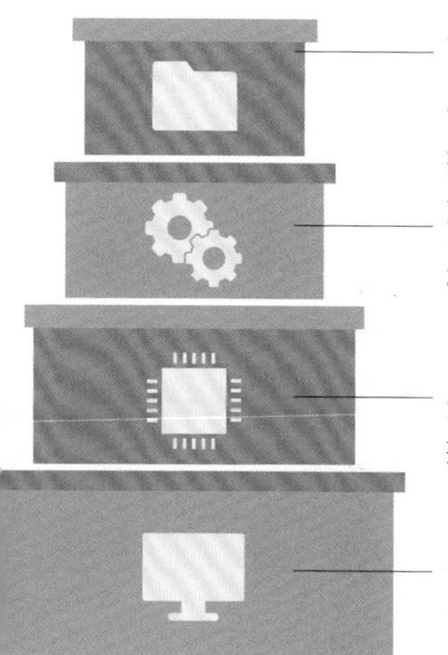

应用软件

比如文字处理软件，它们在操作系统上运行

操作系统

如Microsoft Windows和macOS，它们用于管理硬件和软件

固件

写入硬件中的程序，包括基本输入/输出系统（BIOS）

硬件

计算机系统中各种物理装置的总称，例如显示器

试着像计算机一样思考

要想写出优秀的程序，就必须充分了解计算机处理指令的方式。这也就意味着，编写的程序必须分解成很小的模块，以便于计算机理解和执行。例如，你不能直接要求计算机“做一片吐司”，而必须为每个步骤编制精确和详细的程序。

1. 打开烤面包机
2. 拿出面包袋
3. 打开面包袋
4. 拿出面包片
5. 把面包片插入烤面包机
6. 把弹出的面包片取出
7. 再次把面包片插入烤面包机
8. 按下按钮
9. 等面包片再次弹出

与其自己重复两次放入面包的动作，不如在程序中将其设置为重复指令

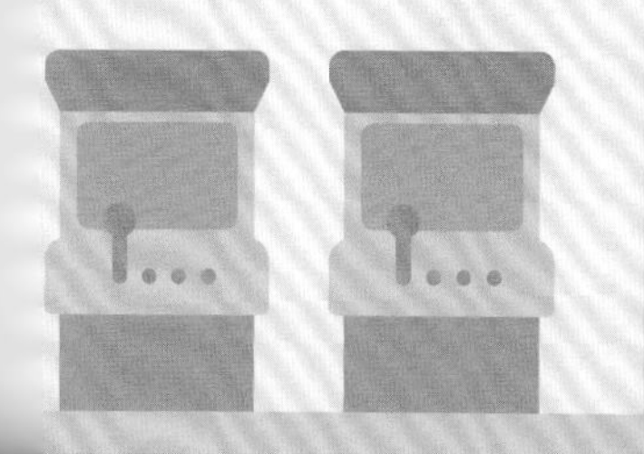

类游戏机

了满足人们的娱乐需求，各式样的游戏机纷纷出现并不断发。例如索尼PlayStation、微软box和任天堂Switch这类游戏，都是为了提供良好的游戏体而设计的。

现代相机

现代相机的功能越来越多，用户通过软件设置，可以改变图像的清晰度，且可以随时查看或删除照片。

先进的工厂设备

如今，大部分工厂都已经实现了高度自动化，各种装配线机器人、各类控制系统及监控软件的功能都需要通过运行程序来实现。

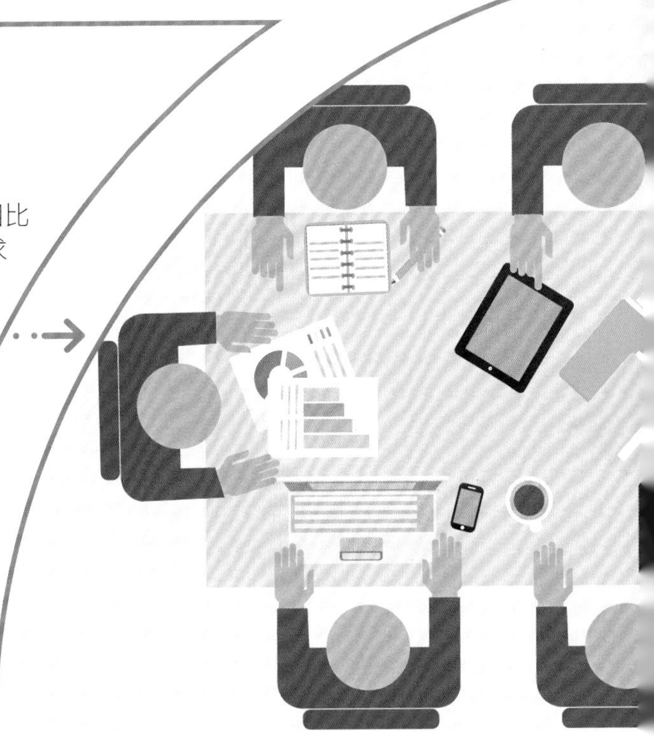

办公室职员

许多企业都开发了适合自己公司的专用软件。相比软件工程师开发的复杂软件系统，针对企业需求定制的专用软件通常程序简短，可以快速解决问题。例如，人们可能会编写代码来查询数据库、格式化信息、分析数据、控制设备、处理文字或表格等。有些编程语言就是专为满足办公室职员的需求而设计的。

艺术家和编程爱好者

人们可以通过编程来实现自己的想法。例如，艺术家可以通过开发软件来辅助艺术创作，编程爱好者也可以通过编写不同的小程序来让自己的工作和生活更方便。

编程在生活中的应用

编程几乎应用于现代生活的方方面面。了解编程知识可以帮助人们更有效地使用软件。你可以自己创建简单的程序，并与软件开发人员进行交流。

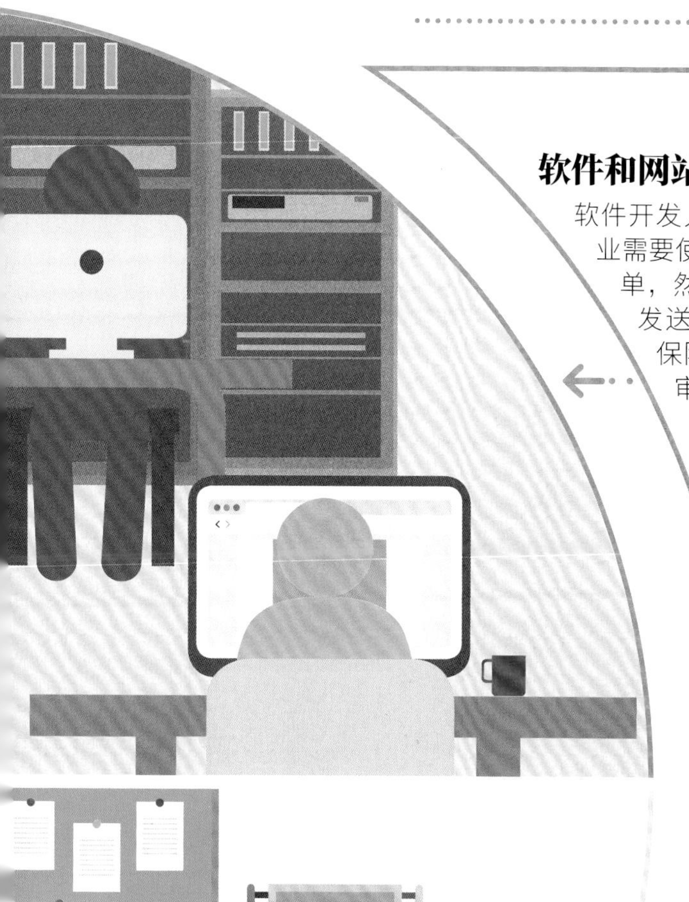

软件和网站开发人员

软件开发人员为不同的企业和组织工作。有些企业需要使用软件来监控商品库存和向供应商下订单，然后安排员工处理、跟踪，并及时向客户发送邮件，以确保和客户的合作不出差错。保险公司则需要使用软件来统计投保人数、审查保单、批准保单等。网站通常会将现有程序与有特殊功能的自定义编码结合在一起。软件开发人员在开发满足客户需求的系统的过程中扮演着关键角色。

科学家和研究人员

软件还可用于医学实验、分析数据和创建医疗报告。例如，脑科学家可以向患者展示印有形状或单词的卡片，使用软件记录患者大脑的活动情况，然后通过分析数据来了解患者大脑各部位的活跃程度。

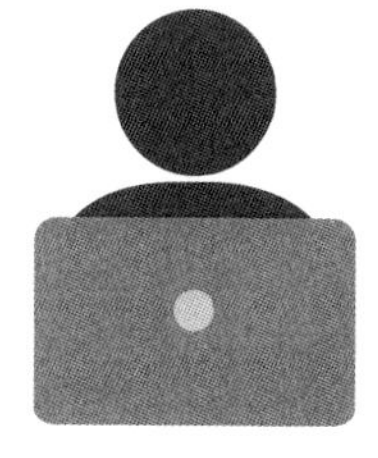

截至目前，全世界大约有2500万名软件开发人员

软件开发人员的工作

编程可能听起来简单，但实际操作起来却很复杂。开发大型、高性能的软件，往往还需要由专业的技术团队协作完成。

分析

在分析阶段，开发人员必须决定要研发的软件属于什么性质，要满足什么需求。为了得出结论，开发人员要研究现有的软件系统，设计新流程，或是通过调查了解用户的想法。这其中还有许多具体的要求，比如系统必须处理多少数据，运行速度要达到多少，当出现问题后要采取怎样的应对措施等。因此，在软件开发之初，开发人员编写的文档常常多达数百页甚至更多。

测试

这一阶段的主要目的是检测软件能否正常运行，并及时修复检测中遇到的问题。这一阶段的用时通常无法准确预测，这也是造成软件开发成本增加的主要原因之一。检测的类型有很多种：单元检测，主要检查单个功能是否正常运行；集成检测，主要检查组件一起工作时是否正常；系统检测，主要检查整个系统能否顺利运行。

总结

软件开发包括四个阶段：分析、设计、构建和测试。这四个阶段的具体规划可以用多种结构框架来说明，我们将这些框架称为软件开发模型。常见的模型有：瀑布模型，每个阶段确保没有问题后再进入下一阶段；迭代模型，可多次循环，在每个循环中构建系统的一部分；敏捷模型，在每个阶段循环多次，在每次循环中添加不同的特性。

设计

在设计阶段，开发人员将决定软件的工作方式和创建方式，包括选择编程语言，描绘用户界面，设计数据库并将其细分，以及指定要创建的文件库乃至单个函数。开发人员还需要估算出创建系统所需要的人力、物力、资金和时间，计划出每部分、每阶段的具体负责人。

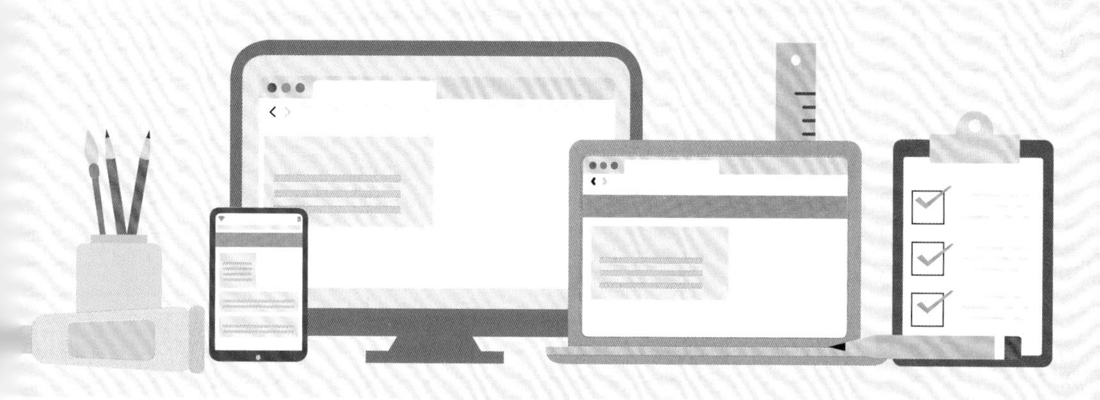

构建

在构建阶段，开发人员将开始构建软件，包括用户界面、数据库、代码及面向用户和程序的文档。这也说明，编程其实只是软件开发中比较容易预测和掌控的一部分。在构建每一部分时，开发人员会检查代码编写情况，然后将它们集成到更大的系统中。

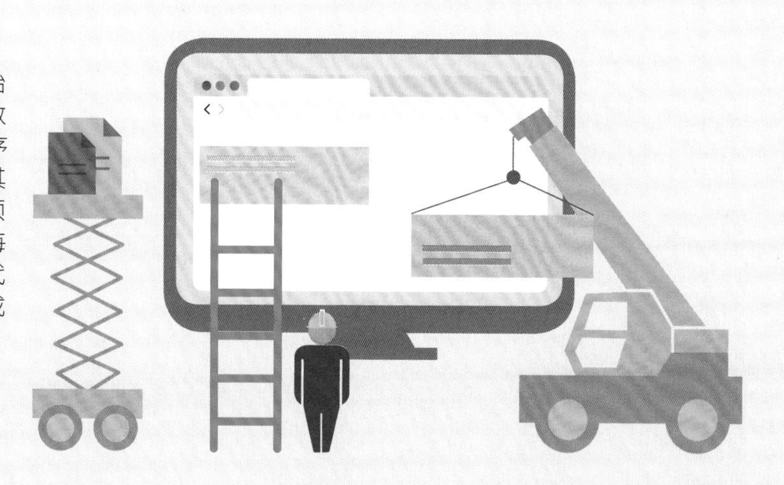

编程语言

编程语言由单词和符号构成，人类和计算机都能理解。人们通过编写程序语言来对计算机下达指令。编程语言的选择通常取决于它的易用性和功能性。例如，有的编程语言功能强大，但占用资源庞大，不便于使用；有的编程语言操作简单，但功能较少。

高级语言和低级语言

高级语言的语法和结构类似汉语、英语等人类自然语言，不依赖计算机硬件，易于使用和维护。通常，如果用高级语言编写程序，相同的程序可以在不同的硬件上运行。相比之下，低级语言能让程序员更精准地操控计算机，但却需要对其工作原理有更深刻的理解。用低级语言编写的程序可能无法在不同的硬件上运行。

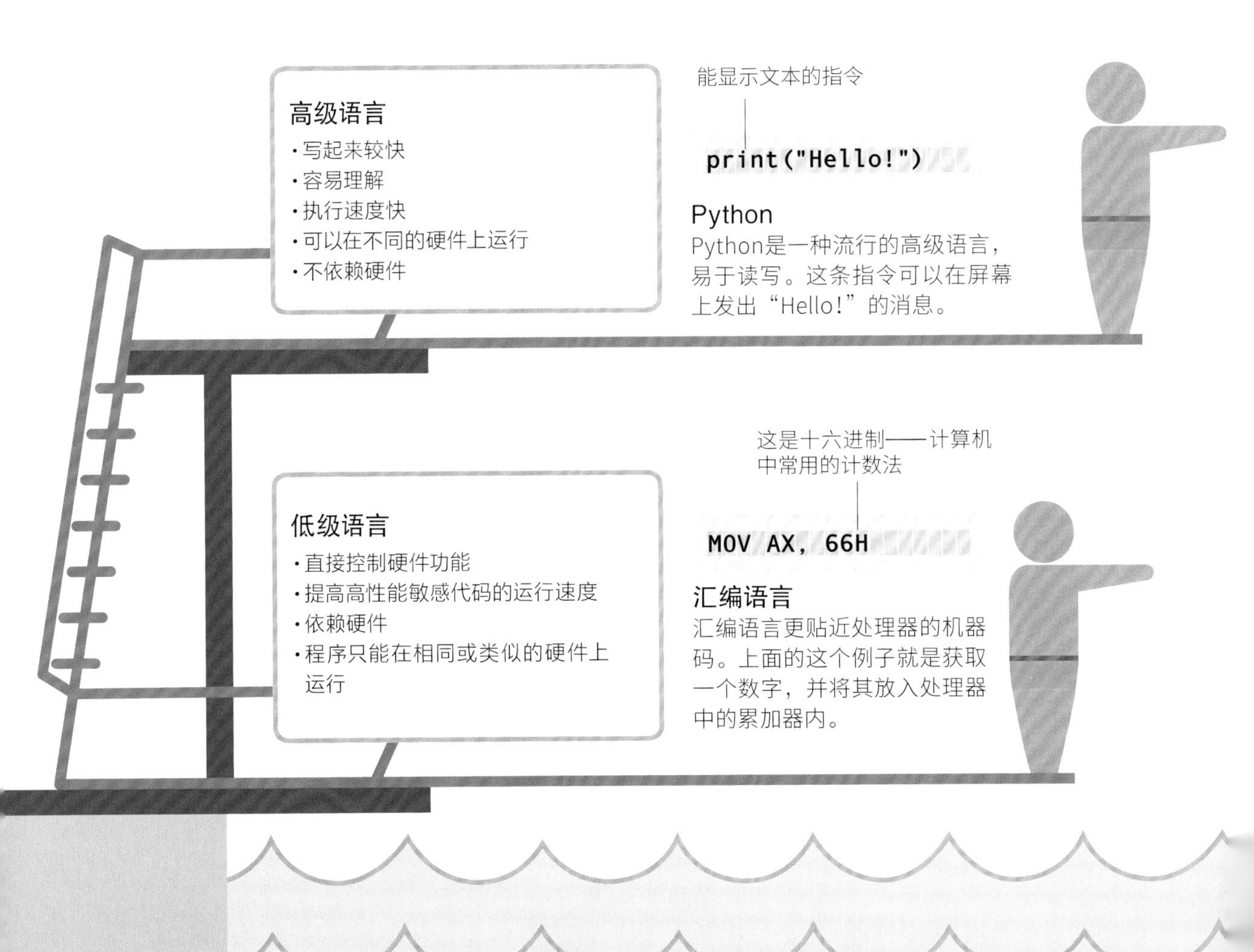

高级语言
·写起来较快
·容易理解
·执行速度快
·可以在不同的硬件上运行
·不依赖硬件
能显示文本的指令
print("Hello!")
Python
Python是一种流行的高级语言，易于读写。这条指令可以在屏幕上发出“Hello!”的消息。
低级语言
·直接控制硬件功能
·提高高性能敏感代码的运行速度
·依赖硬件
·程序只能在相同或类似的硬件上运行
这是十六进制——计算机中常用的计数法
MOV AX, 66H
汇编语言
汇编语言更贴近处理器的机器码。上面的这个例子就是获取一个数字，并将其放入处理器中的累加器内。

机器码

表示计算机硬件和处理器如何理解指令的低级代码，称为机器码。它是处理器读取并解释二进制数字（1和0）的集合。机器码指令由一个操作码和一个或多个操作数组成。操作码告诉计算机该做什么，操作数告诉计算机该使用什么数据。

敚处理器

敚处理器相当于计算机的“大脑”，控制着计算机灼大部分操作。它执行命令并运行机器码指令。

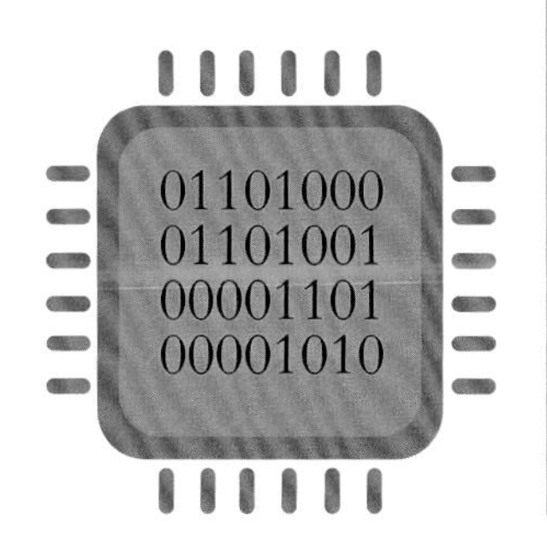

计算机是如何理解编程语言的

所有程序最终都以机器码的形式结束。大多数程序都是用人类更易懂的语言编写的，所以在运行前或运行时需要将它们翻译成原始数据，以便处理器读懂并执行指令。解释器在程序运行时翻译并执行指令，而编译器在程序运行前翻译程序。

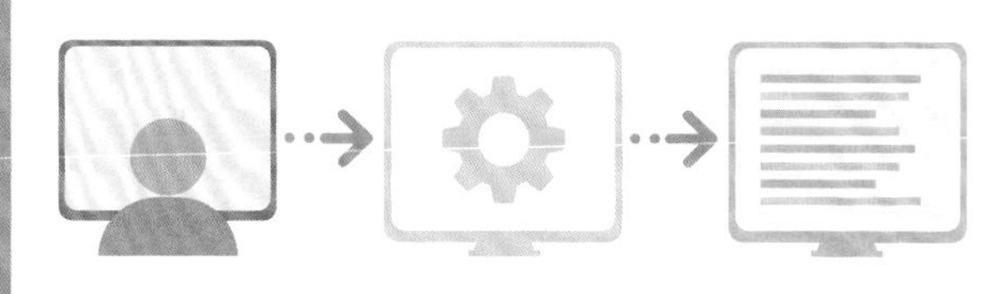

集成开发环境的使用

集成开发环境（integrated development nvironment，IDE）主要是用于提供程序开发环境的应用程序，一般包括代码编辑器、编译器、调试器和图形用户界面等工具。它是集代码编写功能、分析功能、编译功能、调试功能等为一体的开发软件服务套组)。有些IDE还包括编译器或解释器，可用来测试和运行程序。

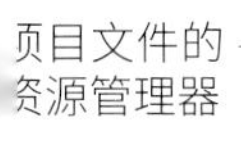

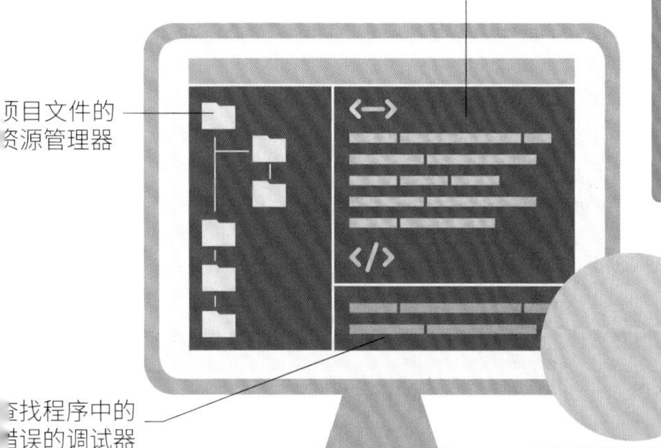

应用程序

一旦你学会了如何编程，以下这些技能就能帮助你实现各种想法。

- **智能家居**：远程控制窗帘和灯光等家用物品。
- **游戏**：编写游戏程序是练习编程的一个好方法，因为游戏很容易得到大家的反馈和建议。
- **机器人**：利用Arduino或Raspberry Pi及工具包或电子元件，就可以为自己的机器人编程。
- **网站和网站应用程序**：在浏览器中任意一处都能运行的程序，可以用HTML、CSS和JavaScript编程语言来编写。

IDE布局

IDE有时允许用户更改默认设置。程序员可以在左侧浏览项目文件，在右侧浏览和编辑代码，在底部进行调试。

编程语言的类型

近年来，许多不同的哲学术语或范例被用于设计编程语言。编程语言之间互不排斥，它们通常包含几个核心思想。程序员可以根据不同的需求，使用不同的编程语言。例如，Python可用于面向对象编程和面向过程编程，JavaScript可用于事件驱动编程和面向对象编程。编程语言的使用取决于程序员的喜好，下面介绍区分和使用各种编程语言的方法。

命令式编程

这种类型的编程语言需要计算机执行一系列指令。程序员首先要弄清楚该如何完成任务，然后向计算机逐条发布指令。命令式编程语言很常见，包括Python、C、C++和Java。

```
user = input("What's your name? ")
print("Hello", user)
```

在Python中输入

Python程序通过名字和用户打招呼

```
What's your name? Sean
Hello Sean
```

在Python中输出

声明式编程

这种类型的编程主要描述目标的性质，让计算机明白要完成什么，而不是具体的流程。例如，Wolfram语可以使用一行代码，创建基于维基百科音乐页面中所单词的单词云。声明式编程语言还包括数据库语言SQ

```
WordCloud[WikipediaData["music"]]
```

在Wolfram中输入

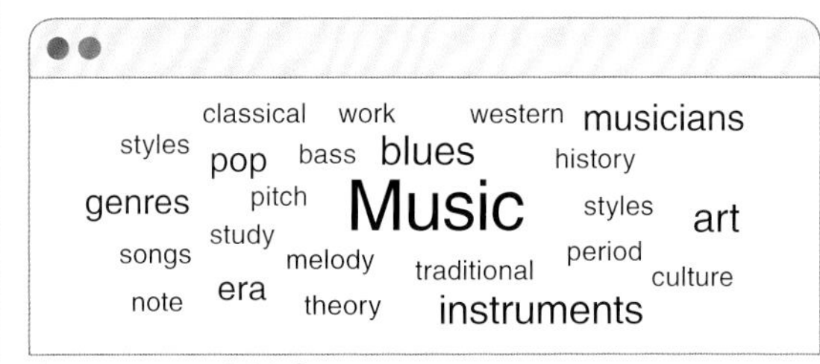

在Wolfram中输出

事件驱动编程

事件驱动编程是指为需要处理的事件编写相应的处理程序。它们会在事情发生时启动相应的程序序列。例如，程序可能对用户操作、传感器输入或来自其他计算机系统的消息做出反应。JavaScript和Scratch都可以用来编写事件驱动程序。

选择编程语言

有时候，程序员选择编程语言可能取决于他们的硬件设备、团队要求或想要达到的预期效果。以下是一些比较常见的编程语言。

Python

一种灵活的语言，强调代码的易懂性。

Scratch

主要适用于初学者，人们可以使用它创建简单的小游戏。

Java

广泛应用于金融服务领域、小型设备和安卓系统。

JavaScript

主要用于开发Web页面的脚本语言。

面向过程编程

这种类型的编程主要基于函数，这些函数包含可以重复使用的程序模块。它们可以在任何时候启动其他函数，甚至可以自己重启。它们使得程序的开发、测试和管理更加容易。许多流行的编程语言，如Java和Python，都支持面向过程编程。

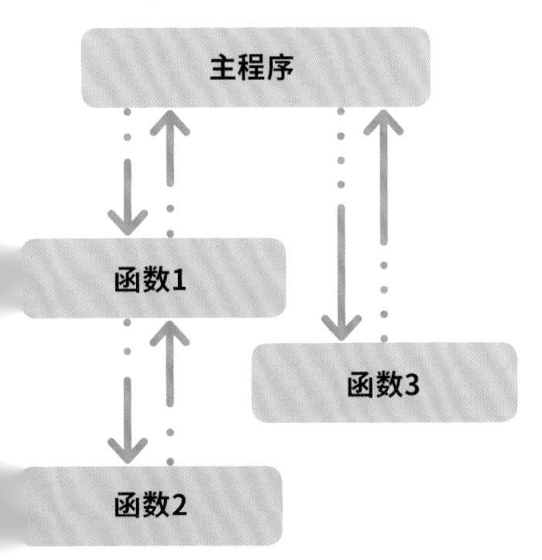

面向对象编程

这是一种新的编程类型，其本质是以建立模型体现出来的抽象思维过程和面向对象的方法。其目标是使代码更加模块化，这样就更容易管理和使用。许多流行的编程语言，如C++、JavaScript和Python都支持面向对象编程。

对象

对象中的数据

对象中的指令

通信接口

可视化编程语言

这种语言允许用户通过图形化操作程序元素来创建程序，因此程序员可以更快地创建程序并减少错误率。例如，Visual Basic就包含了可视化设计用户界面的工具。Scratch是另一种高度可视化的编程语言，常用于编程的入门学习。

一个在单击按钮时会做出反应的 Scratch 程序

当角色被点击

说 按钮被点击了！ 2 秒

第2部分
可视化编程语言Scratch

什么是Scratch

Scratch是一种不需要用户输入代码的可视化编程语言，它使用代表指令的彩色指令积木来构建程序。Scratch侧重于编程的创造性，允许用户创建交互式游戏、动画和其他可视化应用程序。

Scratch的特性

Scratch的特性使它成为初学者最理想的编程语言。与其他大多数编程语言不同，它使用现成的指令积木。

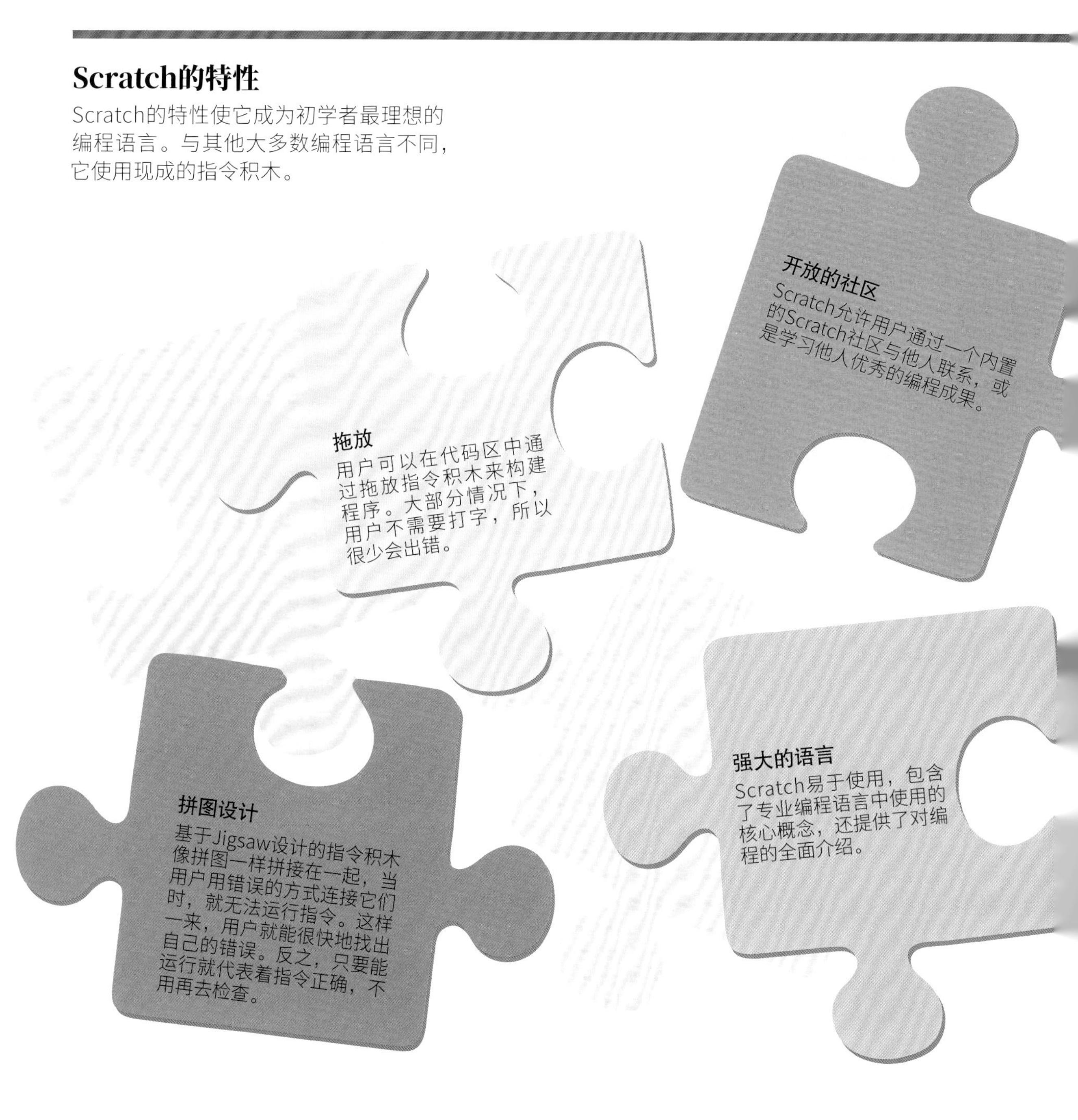

开放的社区
Scratch允许用户通过一个内置的Scratch社区与他人联系，或是学习他人优秀的编程成果。
拖放
用户可以在代码区中通过拖放指令积木来构建程序。大部分情况下，用户不需要打字，所以很少会出错。
拼图设计
基于Jigsaw设计的指令积木像拼图一样拼接在一起，当用户用错误的方式连接它们时，就无法运行指令。这样一来，用户就能很快地找出自己的错误。反之，只要能运行就代表着指令正确，不用再去检查。
强大的语言
Scratch易于使用，包含了专业编程语言中使用的核心概念，还提供了对编程的全面介绍。

学习使用Scratch编程语言

Scratch由美国麻省理工学院（MIT）媒体实验室的终身幼儿园项目小组开发，于2007年首次推出。Scratch旨在让初学者感到有趣且易于使用，并帮助他们理解基本概念和避免错误。Scratch具有高度可视化的界面，通过将彩色指令积木拼接在一起形成脚本，脚本可以包括图像和声音，可以在屏幕上创建动作。Scratch为探索编程提供了一个强大的平台。

内部设置
Scratch附带了一个预先安装的声音和图像库，让用户可以轻松编写代码。而其他的编程语言在编写程序之前需要用户创建或上传图像。
彩色指令积木
用于运动、声音、控制和侦测等的指令积木是用不同颜色进行编码的，因此在创建程序时很容易识别和读取。

硬件支持

最新版本的Scratch可以在Windows、macOS和Linux系统上运行。Scratch项目可以通过添加扩展功能来与硬件设备进行交互。

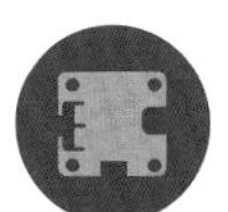

Raspberry Pi（树莓派）
Scratch可以通过Raspberry Pi（树莓派）来连接其他传感器或马达。

micro:bit
Scratch可以与micro:bit一起使用，它有一个内置的LED显示屏、按钮和倾斜传感器。

LEGO®
Scratch可以连接到LEGO® EducationWeDo和MINDSTORMS，与马达、传感器和机器人一起工作。

网络摄像头
Scratch可以访问网络摄像头，在实时视频源上分层放置图像，以创建简单的、实用性强的程序。

访问Scratch

Scratch可以在线和离线访问。

在线
访问Scratch的官方网站https://scratch.mit.edu/，然后单击Join Scratch，在线创建一个账号后即可使用。

离线
Scratch可以在没有互联网的情况下使用，下载离线编辑器的网址是：https://scratch.mit.edu/download。

Scratch界面

Scratch中的界面布局可用于构建和编辑程序，并且可以在同一屏幕中查看输出结果。它的界面分为几个部分，每个部分都有特定用途。本书英文版使用的版本是Scratch 3.0，翻译成中文版本时参考的版本是Scratch 3.9。

了解Scratch界面布局

Scratch的界面分为以下几个模块。

积木区：它包含构建程序所需的各类指令积木。

代码区：在这里组装指令积木，创建脚本。

舞台：允许用户与程序交互。

角色列表：显示和管理程序中使用的所有角色。

舞台信息：管理背景图像。

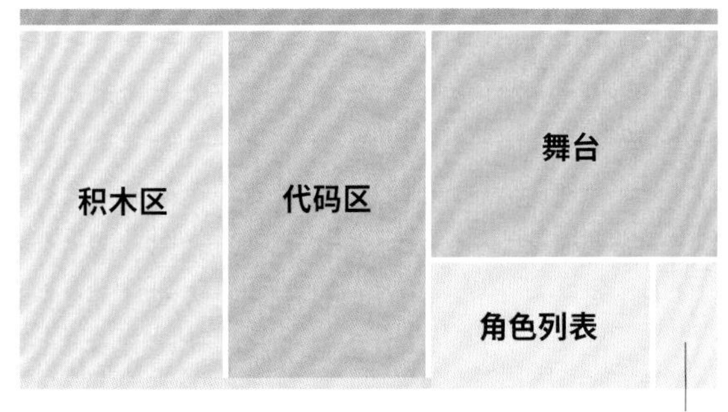

Scratch的版本

到目前为止，Scratch已经有3个版本，且每个版本都有不同的界面布局。在每次版本更新时都会添加新的功能和指令积木。但这些功能可能无法在更早期的版本中使用。

- **Scratch 1.4：**该版本的界面类似于Scratch 3.0，但是代码区叫作脚本区。
- **Scratch 2.0：**该版本的舞台在屏幕左侧，引入了角色列表，并将一些指令积木重新组织到事件类别中。
- **Scratch 3.0：**该版本引入了“添加扩展”模块，增加了画笔指令积木。

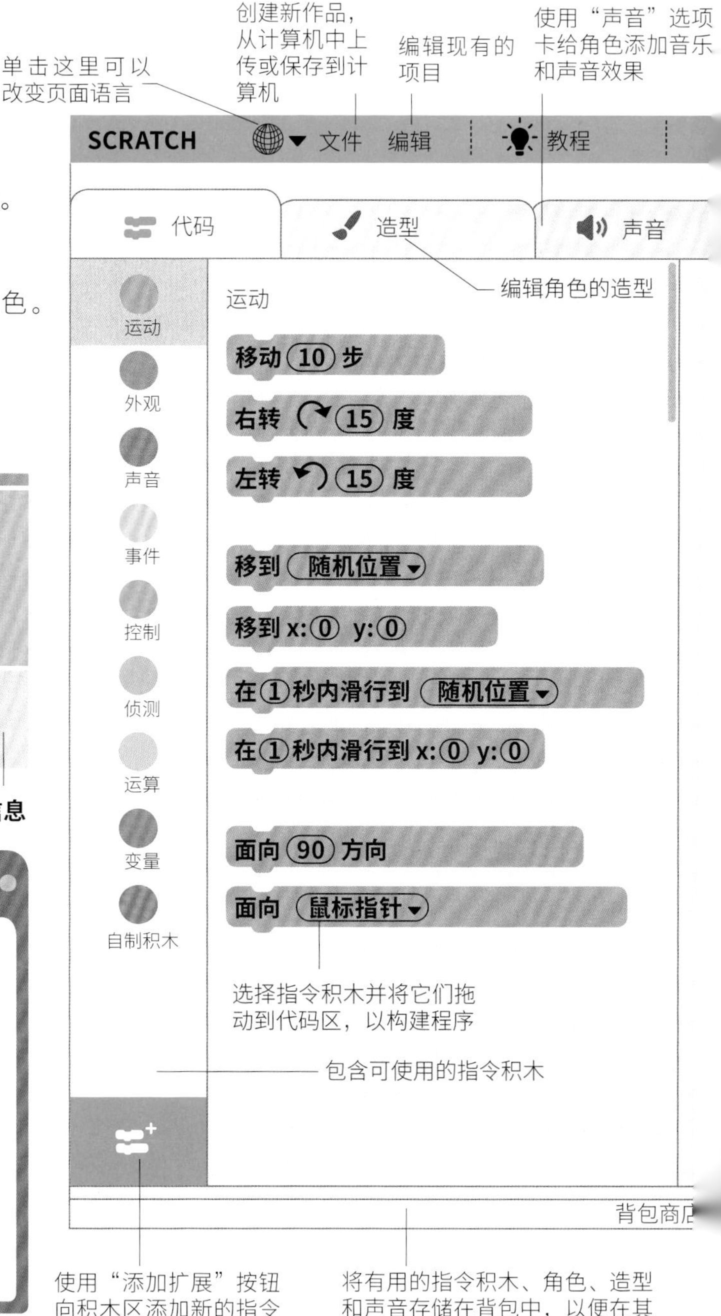

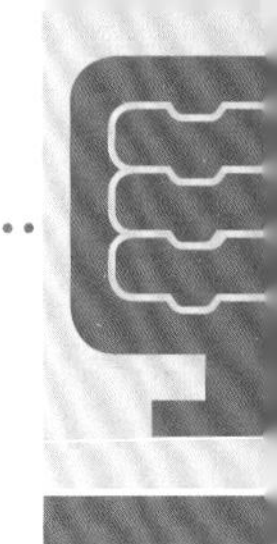

项目名称
在Scratch社区共享项目
访问项目的社区页面
当项目运行时，舞台显示角色的运动以及角色之间的互动
通过单击舞台上或角色列表中的角色来选中它
编辑配置文件并访问保存的项目
未命名文件
分享
查看项目页面
scratch-cat
运行程序
停止程序
改变舞台和代码区的大小
当 被点击
重复执行
在3秒内滑行到 x:0 y:-150
在3秒内滑行到 x:20 y:100
在3秒内滑行到 x:-200 y:-100
将指令积木拼接在一起，可以使用鼠标移动它们
角色 角色1
x -90
y -10
显示
大小 100
方向 90
舞台
背景
角色1
仙人掌
该面板提供有关所选角色的信息
木拖到代码区，
一起，以构建角
一个蓝色框突出表示选中的角色
此面板显示了程序中使用的角色，选择一个角色即可在代码区中查看其代码
在项目中添加新的角色
改变背景

什么是角色

角色是Scratch的基本组件。类似于电子游戏中的角色，Scratch中的角色可以在舞台上移动，改变外观，并与其他角色互动。每个角色都由一个或更多的图像构成，这些图像由脚本控制。

角色是如何工作的

大多数角色都由多个图像组成。这些图像又称为造型，可以用来在程序中对角色进行动画处理。例如，默认角色Cat有两种造型，在这两种造型中，它的腿在不同的位置。于是在切换造型时，Cat看起来像在舞台上行走。Scratch附带了一个预加载的角色库，用户可以在程序中使用和修改这些角色。

默认角色

每个项目的初始角色都是Cat，单击角色列表区缩略图上的“×”按钮，可将该角色删除。

创建Scratch

Scratch允许用户添加或创建自己的角色。单击角色列表区右下方的“选择一个角色”按钮，可以在项目中添加、创建和上传角色。

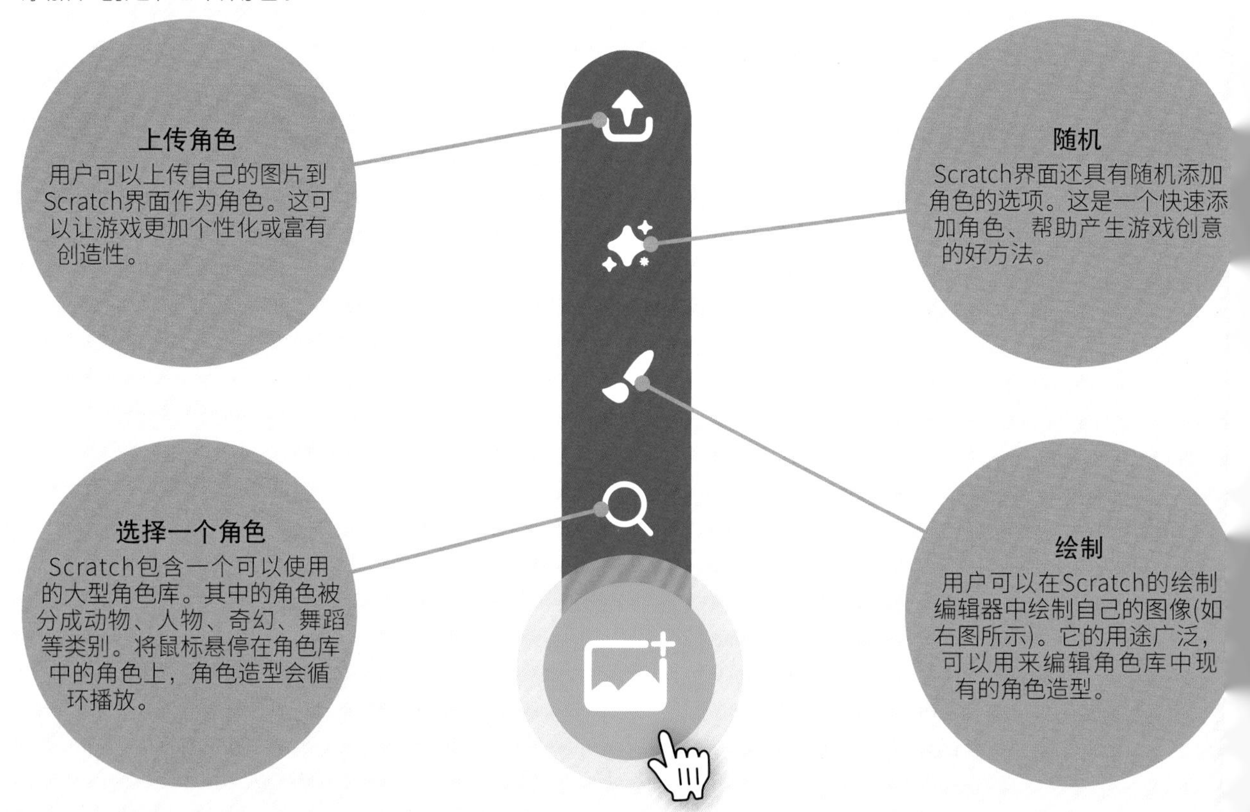

上传角色
用户可以上传自己的图片到Scratch界面作为角色。这可以让游戏更加个性化或富有创造性。
随机
Scratch界面还具有随机添加角色的选项。这是一个快速添加角色、帮助产生游戏创意的好方法。
选择一个角色
Scratch包含一个可以使用的大型角色库。其中的角色被分成动物、人物、奇幻、舞蹈等类别。将鼠标悬停在角色库中的角色上，角色造型会循环播放。
绘制
用户可以在Scratch的绘制编辑器中绘制自己的图像(如右图所示)。它的用途广泛，可以用来编辑角色库中现有的角色造型。

设计造型

Scratch中的绘制编辑器可以用来创建新的角色和造型。默认情况下，绘制编辑器使用矢量图模式，该模式将图像存储为形状和线条，使它们更容易编辑。用户还可以切换到位图模式，这个模式的图像由许多像素小方块组成。下图显示的绘制编辑器处于矢量图模式。

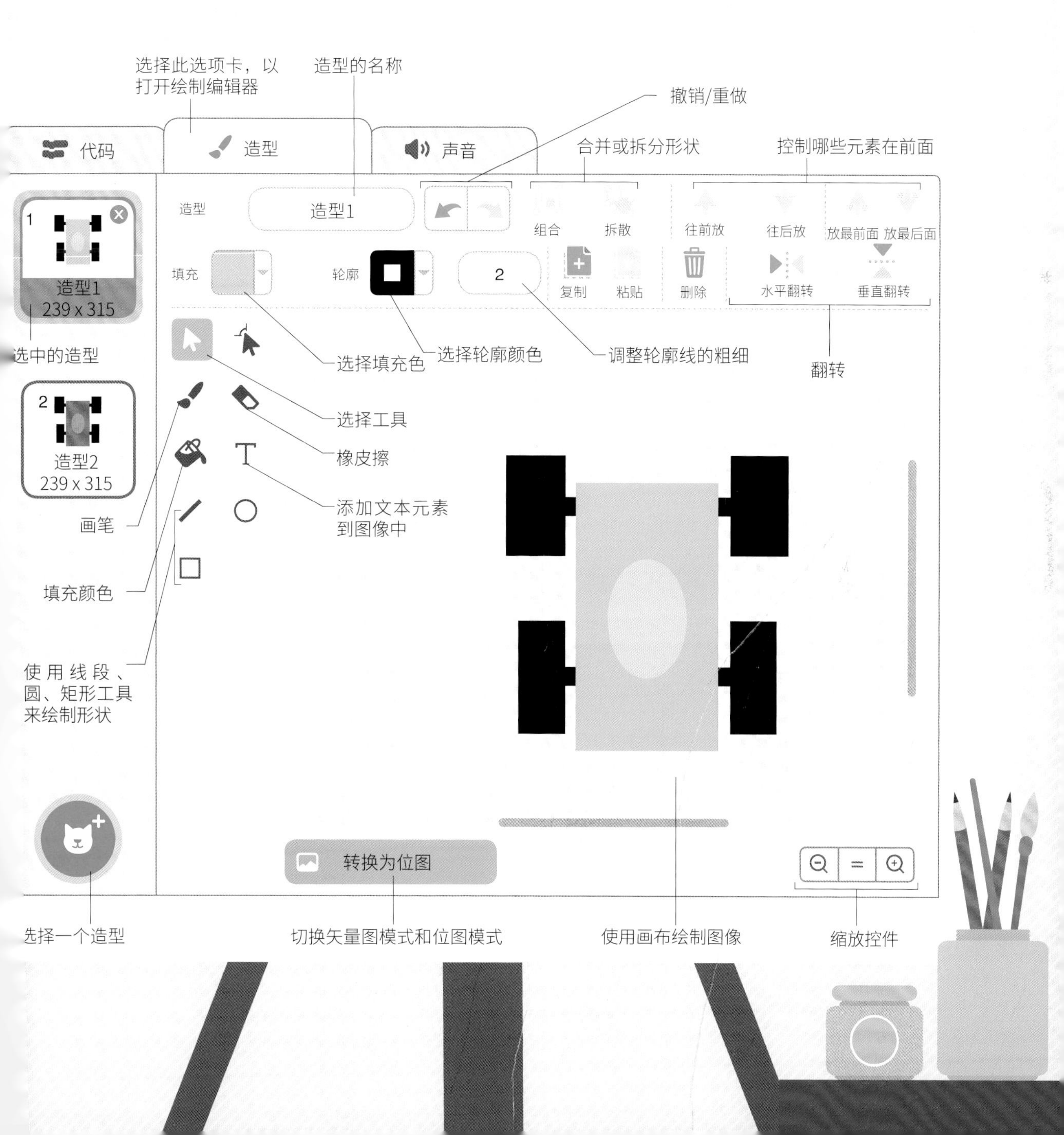

指令积木和文字

Scratch指令是以彩色指令积木的形式出现的。这些指令积木可以组装成脚本，用于接收和处理信息，以及在屏幕上显示和输出信息。

程序流程

程序可以接收信息，然后处理信息并输出结果。在游戏中，玩家对按键的操作代表输入，屏幕上角色的移动代表输出。一方面，程序可以接收来自用户、其他计算机系统或传感器输入的信息；另一方面，程序可以通过屏幕、打印机输出或发送信息到另一个系统中进行显示。在Scratch中，程序中的指令是通过指令积木来构建的。如果没有特殊指令，这些指令积木总是从上往下运行。

输入指令积木

碰到 鼠标指针▼ ?

侦测指令积木
这类指令积木能检查角色或颜色是否相互接触，是否按下按键，或用于要求用户输入文本或其他内容。

当角色被点击

事件指令积木
这类指令积木能检测到何时单击了绿色旗子、按下了按键或单击了角色。

处理指令积木

当背景换成 背景1▼

事件指令积木
这类指令积木也可以用来在发生某些事件时启动脚本，比如当用户按下一个按键或一个角色向其他角色发送特定消息时。

等待

控制指令积木
这类指令积木用于决定下一步做什么。它们还可以规定一组指令积木应该重复多少次，以及脚本应在何时暂停。

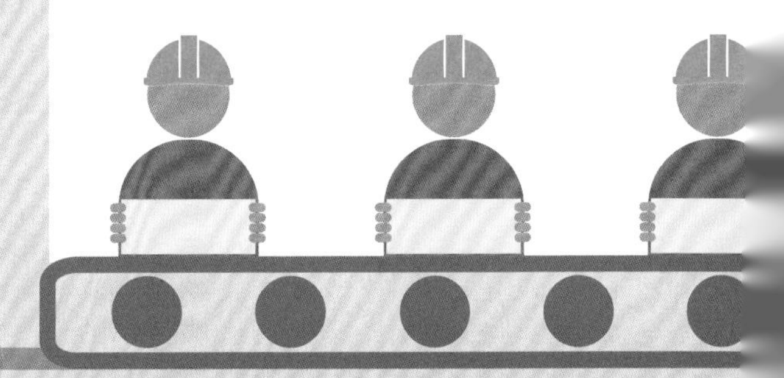

积木区

积木区可以在Scratch界面的最左侧找到。它包含9类不同颜色的指令积木和一个“添加扩展”按钮——这个按钮可以给积木区添加更多的指令积木。用户可以通过单击不同的颜色类别和滚动列表来查看与选择这些指令积木。

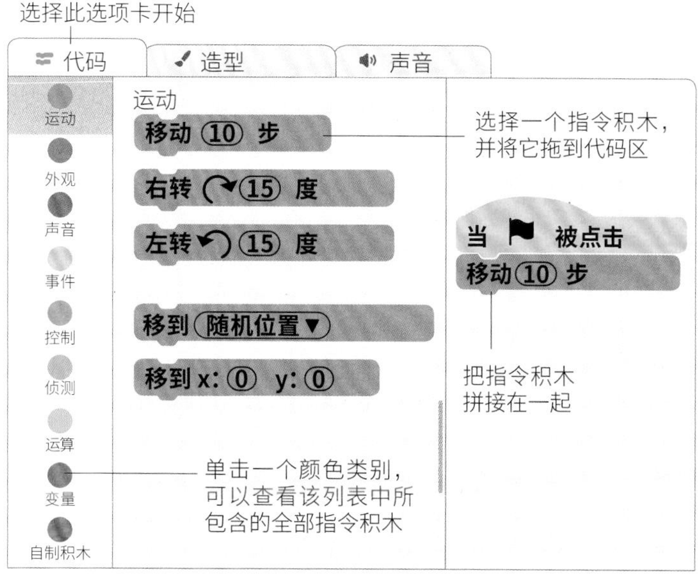

创建脚本

要创建脚本，可以单击指令积木或用鼠标将其拖动到代码区。然后将一个指令积木放到另一个指令积木下面，它们合在一起就形成了一个脚本。如果指令积木没有拼接在一起，这就意味着它们不能这样被使用，或者它们隔得太远了。

◯ + ◯

运算指令积木

这类指令积木用于数学计算，比较数字和文本中字符数，以及分析文本。它们还可以用来生成随机数，并且可以为游戏添加特殊效果。

我的变量 ▼ 增加 1

变量指令积木

这类指令积木用于存储信息，例如游戏当前的分数。它们还可以用来存储文本。这个类别中的某些指令积木还可以增加或减少变量的值。

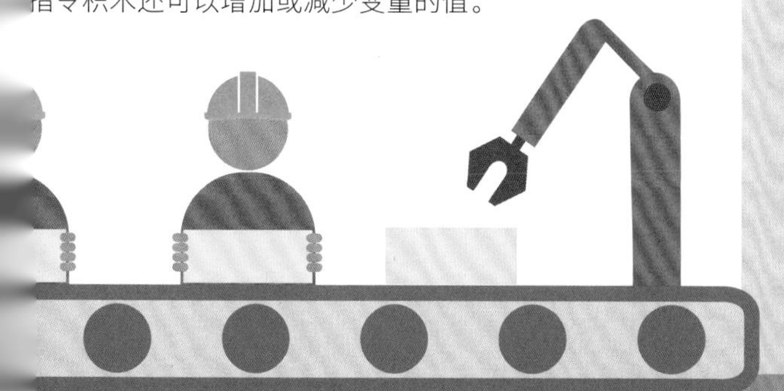

输出指令积木

移动 10 步

运动指令积木

这类指令积木通过移动和控制舞台上的角色来显示程序输出的结果。

换成 造型1 ▼ 造型

外观指令积木

这类指令积木可以改变角色的造型或背景图像，并在语音气泡中显示信息。它们还可以改变角色的大小，可以显示和隐藏角色，并应用特效。

播放声音 喵 ▼

声音指令积木

这类指令积木用于向程序添加声音效果。它们通过回放录制的声音来展示音频输出的结果。

运动控制指令

Scratch是一种可视化的编程语言，可以用来编写简单的游戏和在屏幕上移动图像。它包含一套蓝色的运动指令积木，可以用来控制角色的运动。

坐标

在Scratch中，舞台上的任何位置都可以使用x和y坐标进行精确定位。x轴的数值从左边的–240到右边的240，y轴的数值从下边的–180到上边的180。在编写程序时，可以使用坐标将角色放在特定的位置上。

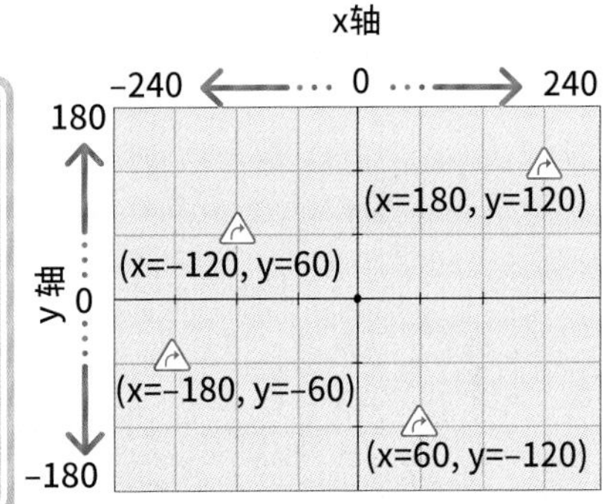

x、y坐标
这里的舞台每60步用网格线标记一次。用户可以通过指令积木改变角色所在的坐标位置。

使用坐标移动角色

运动指令积木可以使用坐标将角色移动到一个特定的位置上。“移到x: y:”“将x坐标设为”和“将y坐标设为”等指令积木通常用于设置角色的起始位置。

移到x: (0) y: (0)

设置角色的位置
如果想让一个角色移到舞台的特定位置，可以通过修改该指令积木中的数字来选择不同的坐标。

在 (1) 秒内滑行到 x: (0) y: (0)

在指定时间内移动角色
该指令积木可以平稳地将角色移动到特定位置。这个移动过程所需的时间可以在输入框中以秒为单位来进行设置。

将x坐标增加 (10)

改变x坐标
通过改变该指令积木中的数字，可改变x坐标，而不改变y坐标，从而将角色横向移动。

将x坐标设为 (0)

设置x坐标
将角色移动到特定的x坐标，而不改变它的y坐标，然后角色会直接跳到指定位置。

将y坐标增加 (10)

改变y坐标
将y坐标更改为指定的数字，而不更改x坐标。

将y坐标设为 (0)

设置y轴坐标
将角色移动到特定的y坐标，而不改变它的x坐标。与“将x坐标设为”指令积木一样，角色会直接跳到指定位置。

x坐标

显示x坐标
该指令积木不移动角色，单击时会显示角色的x坐标。将它放入其他指令积木中，便可以在脚本中使用这个坐标。

y坐标

显示y坐标
该指令积木不移动角色，单击时会显示角色的y坐标。它也可以与其他指令积木一起使用，可以让角色说出自己的y坐标。

使用方向指令积木移动角色

Scratch将舞台上的每个位置称为一步。用户可以通过指令来让角色向特定方向移动。“面向90方向”指令积木可以使角色面向右边移动，这也是大多数角色的默认移动方向。

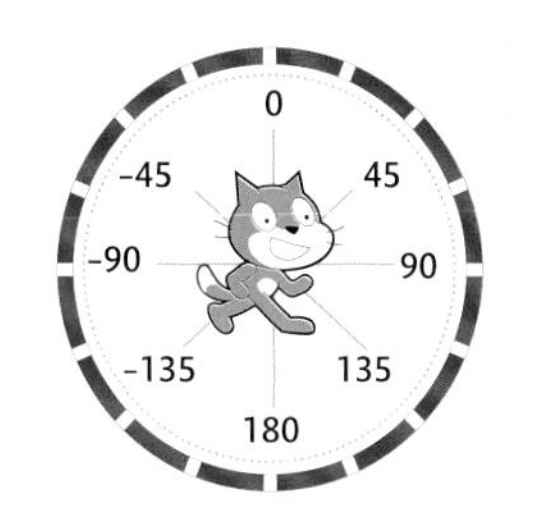

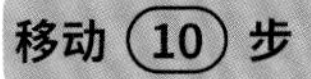

移动角色

该指令积木可以使角色在舞台上移动10步，只不过角色移动时看起来像是在跳跃，而不是在行走。要注意的是，只用这一个指令积木，角色的造型是不会改变的。

右转 ↻ 15 度

顺时针旋转角色

该指令积木可以将角色顺时针旋转15度。它与所有具有输入框的指令积木一样，可以根据需要修改旋转度数。

左转 ↺ 15 度

逆时针旋转角色

该指令积木可以将角色逆时针旋转15度。它与所有具有输入框的指令积木一样，可以根据需要修改旋转度数。

面向 90 度方向

设置角色的方向

该指令积木将角色的方向设置为一个特定的数字。这个方向值可以顺时针从顶部的0度到180度，也可以逆时针从顶部的0度到–180度。

使用画笔指令积木

当角色在舞台上移动时，可以用画笔来画线。线的粗细和颜色可以根据需要进行修改。落笔时开始绘制，抬笔时停止绘制。画笔指令积木是Scratch 3.0的扩展功能，可以在代码区的“添加扩展”里找到它。

一个三角形

着使用画笔指令积木和运动指令积木，用右边的脚画一个三角形，然后单击绿色旗子运行。画笔指令木中的“全部擦除”指令积木可用来擦除舞台上的部笔迹。

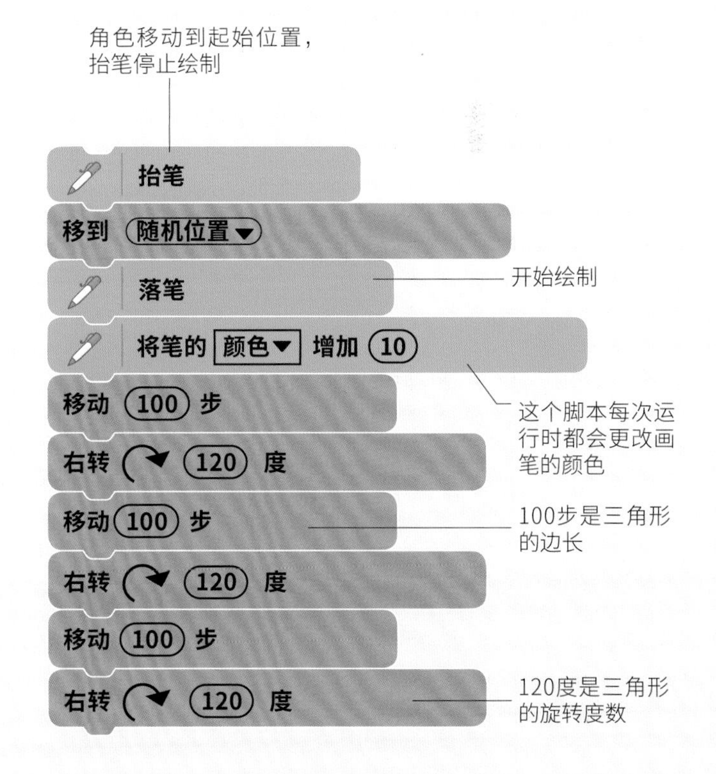

外观和声音控制指令

在一款游戏中，角色经常要改变外观或者发出声音，从而告诉玩家发生了什么。此外，在其他程序中改变角色的外观或播放声音也很有用，它可以用来警告或提示用户注意一些重要内容。

显示信息

在Scratch中，角色可以通过会话框和思考框来显示信息。这是通过积木区的外观指令积木中的“说”和“思考”指令积木实现的。这些指令积木中的输入框可用于修改要显示的信息，或将另一个循环结束的指令积木放入其中。

说 (你好!)

会话框

该指令积木显示了一个包含“你好!”的气泡框，直到框内有新的信息出现时，这条信息才会消失。

说 (你好!) (2) 秒

定时会话框

使用该指令积木，信息会在显示2秒后消失输入框中的信息内容与显示时间都可以修改。

思考 (嗯……)

思考框

该指令积木使用一个气泡框来显示信息，直到框内有新的信息出现时，这条信息才会消失。

思考 (嗯……) (2) 秒

定时思考框

使用该指令积木，信息会在显示2秒后消失同样，该指令积木输入框中的信息内容与显示时间也可以修改。

改变角色的外观

外观指令积木可以通过给角色添加特殊效果来显示角色对游戏事件的反应，还可以帮助显示消息。有一些外观指令积木甚至可以使角色在舞台上消失或再现。

换成 (造型1 ▼) 造型

改变造型

该指令积木可以将角色的造型更改为特定的图像。用户可以通过滚动菜单栏来选择要展示的造型。

下一个造型

切换造型

该指令积木对于动画很有用，它会根据角色当前的造型切换到角色的下一个造型，或者切换到第一个造型。

将大小增加 (10)

改变大小

该指令积木会根据输入的百分比更改角色的大小。如果输入负数，角色就会缩小。

将大小设为 (100)

设定尺寸

角色尺寸的默认值为100%，用户可以将尺寸设定为特定的百分比。

将 [颜色 ▼] 特效增加 (25)

改变特效

该指令积木可以改变特效，使用正数（或负数）来增加（或减少）特效。数值和特效都可以修改。

将 [颜色 ▼] 特效设定为 (0)

设置特效

不管当前的特效值是什么，该指令积木都可以赋予特效一个特定的值。如果设定的值为0，特效就会关闭。

清除图形特效

清除特效

在Scratch中，每个角色都有自的特效。该指令积木可以删除用于角色身上的所有特效。

隐藏

隐藏角色

该指令积木可以使舞台上的角不可见，但仍然可以使用运动令积木使它四处移动。

显示

显示角色

该指令积木可以使被隐藏的角显示在舞台上。

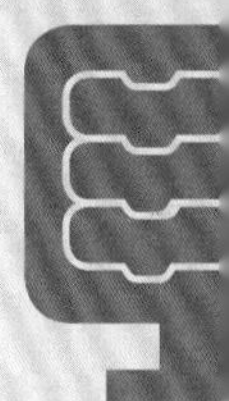

音乐指令积木

Scratch中的音乐指令积木属于扩展功能，需要通过单击“代码”面板左下角的“添加扩展”按钮添加。它让用户可以利用指令积木来演奏音符。操作时，用户不需要知道每个音符的编号，只需要单击音符的输入框，页面就会出现一个钢琴键盘来帮助用户输入所需的音乐。

将演奏速度设定为 (120)
将乐器设为 ((20) 合成主音▾)
演奏音符 (60) (0.25) 拍
演奏音符 (62) (0.25) 拍
演奏音符 (64) (0.25) 拍
演奏音符 (62) (0.25) 拍
演奏音符 (67) (1) 拍

Scratch的“将乐器设为”指令积木有20个内置的乐器

声音

声音可以为游戏提供反馈，可以为程序提供警报。在使用声音之前，必须先通过声音指令积木中的“选择声音”指令积木将声音添加到角色中。用户可以使用Scratch声音库中的声音，也可以录制或上传自己的声音。

播放声音 (喵▾) 等待播完

暂停脚本播放声音

设置要播放的声音，然后暂停脚本，直到声音播放完成。通过该指令积木中的菜单栏可以选择不同的声音。

播放声音 (喵▾)

播放背景声音

该指令积木的功能是开始播放声音，但不暂停脚本。播放声音时脚本仍在运行。

停止所有声音

停止所有声音

使用该指令积木可以停止所有声音，不管声音是哪个角色发出的，或者有多少种声音在播放。

将 [音调▾] 音效增加 (10)

改变音调

使用该指令积木可以改变声音的音调。正数使音调升高，负数使音调降低。立体声设置也可以调整。

将 [音调▾] 音效设为 (100)

设定音调

该指令积木可用于设定音调，将音调更改为用户指定的值；还可用于调整立体声。

清除音效

清除音效

该指令积木会重置先前应用于角色或背景中的所有音效。

编程中的指令管理

编写代码时，程序员不仅要告诉计算机该做什么，还要告诉计算机该在什么时候执行操作。在Scratch中，控制和事件指令积木用于管理执行指令的时间和方式。

事件驱动编程

在事件驱动编程中，程序的动作由事件启动，例如用户或传感器输入信息，或是其他程序或本程序某部分发送消息。积木区的事件指令积木包含事件发生时启动脚本的指令积木。它们的形状像是帽子，所以被称为帽子积木。这些事件指令积木提供了多种启动脚本的方法。

当 被点击

单击绿色旗子启动

该指令积木为用户启动程序提供了一种简便的方法。该指令积木的副本可用于同时启动多个脚本。

当角色被点击

单击鼠标启动

用鼠标单击角色时，该指令积木将启动附加的脚本。它非常适合创建供用户单击的屏幕按钮。

当 响度 > 10

使用声音启动

当麦克风检测到声音的响度（范围从0到100）超过10时，脚本会被激活。

当接收到 消息1

使用消息启动

脚本可以互相发送消息。该指令积木在接收到特定消息时会启动脚本。

当按下 空格 键

使用按键启动

当按下某一个按键时启动脚本。该指令积木中的菜单栏可用于选择所需按键。

当背景换成 背景1

使用背景启动

该指令积木在基于故事的项目中特别有用。它使特定脚本能够在场景(或背景图像)变化时启动。

制作一个可击打的架子鼓

本例使用事件指令积木制作一个简单的可击打的架子鼓。当架子鼓在舞台上被单击时，脚本将播放声音，并略微地改动图像(或造型)，以显示其被敲击了。

1 添加Drum Kit角色

将鼠标悬停在角色列表区的“选择一个角色”图标上，然后单击“放大镜”来查看角色库。角色库中的角色按字母顺序排列，向下滚动鼠标就可以找到Drum Kit，然后通过单击来添加。

Drum Kit

蓝色高亮表示这是选中的角色

2 添加脚本

在积木区中将以下指令积木添加给Drum Kit角色。这个角色已经内置有所需的声音。单击舞台上的角色就可以听它发出声音，并观看它演奏0.5秒。

当角色被点击
换成 drum-kit-b 造型
播放声音 Drum Bass1
等待 0.5 秒
换成 drum-kit 造型

这个造型表明Drum Kit正在演奏

恢复到来的造型

循环

循环是需要重复执行的一段程序。在Scratch中，可以将需要重复执行的指令积木拖动到“重复执行”指令积木内，以便Scratch知道重复部分的开始和结束位置。下面的循环指令积木可以自动伸展，以便容纳较多的指令积木。

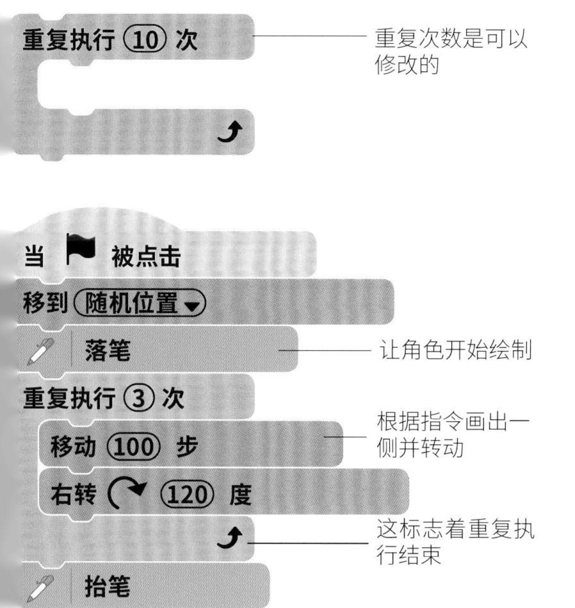

画一个三角形

这个脚本在之前绘制三角形脚本的基础上又添加了三次移动和转动的指令积木的副本。这个脚本因为使用了一个“重复执行”指令积木，所以程序更容易读写。

重复执行

有时，程序在被终止前需要重复执行。例如，简单的动画或游戏可以无限期播放。“重复执行”指令积木会重复一组指令并在被终止前都不结束。要结束脚本，可以单击红色的“停止”按钮。单击这个按钮，可以停止所有指令积木，也可以停止脚本。

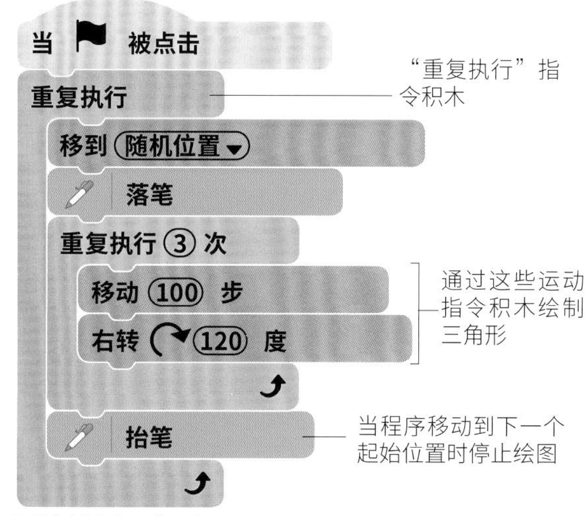

不停地画三角形

这个脚本将永远在随机位置绘制三角形。如上图所示，“重复执行”指令积木可以放置在“重复执行”指令积木中。这种循环又称为嵌套循环。

降低程序运行速度

程序运行并非越快越好。在许多情况下，需要降低程序运行速度，才能让用户轻松地查看正在发生的事情并有时间做出回应。为了确保用户能够跟上程序进度，通常需要人为地降低程序运行速度。

正常的运动

在这个例子中，程序运行的速度很快，以至于用户看不清角色的动作。

延迟运动

引入一个“等待”指令积木后，用户就能看清角色从左向右移动并再次返回的动作。

处理数据

程序通常被用于管理和处理数据。该数据由用户提供或是来自于其他计算机系统。在Scratch中，运算指令积木可以对存储在变量中的数字和文本进行操作。

变量

许多编程语言都使用变量来存储信息。变量存储的信息可以是文本，也可以是数字。例如，在游戏中，一般会使用两个变量来存储用户的名字和得分。

1 新建一个变量

在Scratch中创建一个变量，要先在积木区中选择变量指令积木，然后单击“建立一个变量”按钮，给新变量起一个名字，比如“得分”。再选择“适用于所有角色”选项，这意味着所有角色都可以查看和修改该变量。

建立一个变量

☐ 得分

☑ 我的变量

新建立的变量将显示在这里

2 将指令积木与变量一起使用

通过“设置变量”指令积木可以重置变量的值。例如，设置变量“得分”的值为0。通过“改变变量”指令积木可以增加或减少变量的值。

将 得分▼ 设为 0　　将 得分▼ 增加 1

字符串

程序员通常将程序中的某一段文本称为字符串字符串可以是名称、问题的答案或整个句子。在Scratch中，任何变量都可以存储数字或字符串并且可以在不同时间存储不同的值。

连接 apple 和 banana

连接字符串

该指令积木可用于连接两个字符串。输出的字符串之没有空格。本示例输出的结果是applebanana。用户可以用变量指令积木来代替输入其中的字符串。

apple的第 1 个字符

提取字符

该指令积木会从字符串中按要求提取一个字符。在示例中，提取的是字符串apple中的第一个字母a。

apple 的字符数

计算字符数

使用该指令积木可以计算字符串中的字符数。单该指令积木即可查看结果。用户也可以将它放到他指令积木中，以便在脚本中使用。

apple 包含 a ？

检查字符串

该指令积木可用于检查第二个字符串中输入的内是否出现在第一个字符串中，并以ture或false给出案。该指令积木还能检查多个字符，例如检查ap中是否包含app。

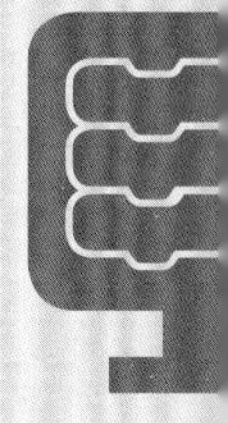

建立一个列表

列表可用来存储类似的信息片段，例如名称列表。在Scratch中，可以通过积木区的变量指令积木建立一个列表，可以在列表中插入和删除项目。例如，列表中的“删除第几项”指令积木可用来从列表中删除相应项目。

运算

运算指令积木是Scratch的核心部分，可用于算术运算、比较和选择随机数。其中还有可使用字符串进行操作的运算符。

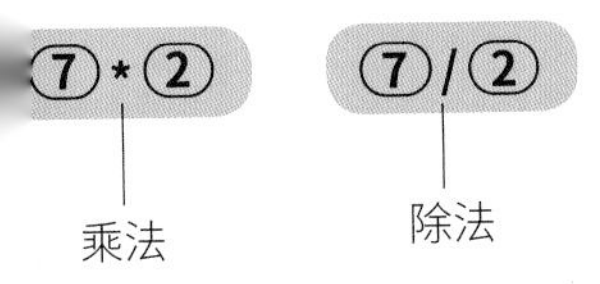

在 1 和 10 之间取随机数

选择1到10之间的随机整数

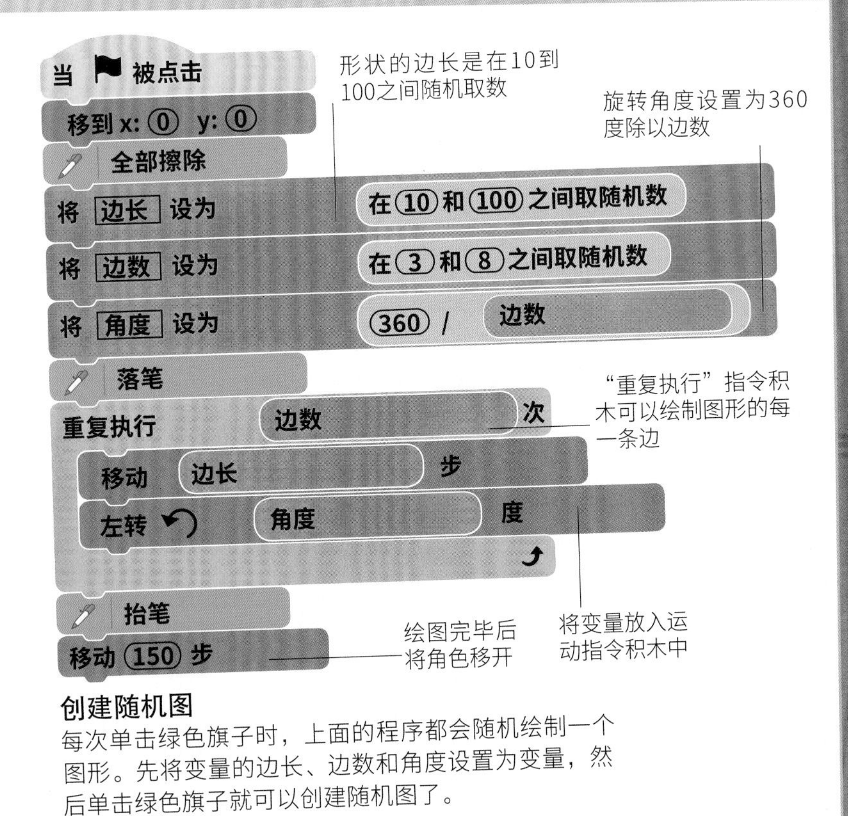

创建随机图

每次单击绿色旗子时，上面的程序都会随机绘制一个图形。先将变量的边长、边数和角度设置为变量，然后单击绿色旗子就可以创建随机图了。

逻辑和决策

如果代码能决定程序下一步该做什么，那么程序就能变得更加灵活和有用。因为代码可以使用变量来控制程序运行哪条指令，以及何时开始运行它们。

控制指令积木

Scratch中的控制指令积木包括“如果—那么”指令积木和“如果—那么—否则”指令积木。使用时，要先将布尔表达式放入菱形框内。如果表达式为true，则“如果—那么”指令积木内的指令将会运行；否则，它们将被忽略。

“如果—那么”指令积木

右边的脚本会检查用户分数是否超过最高分。如果是，则“最高分”将会被更改为“用户分数”。

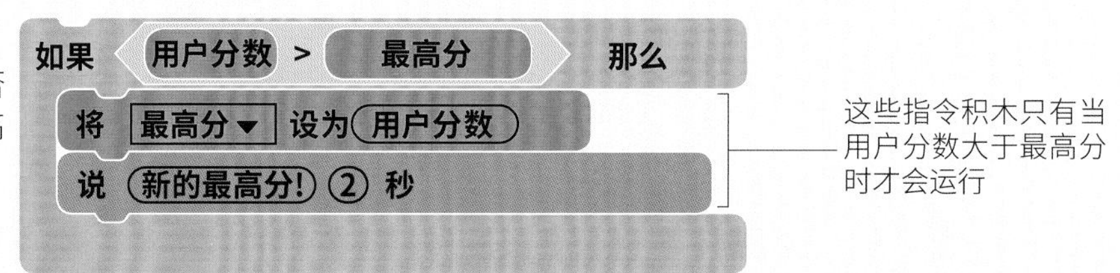

这些指令积木只有当用户分数大于最高分时才会运行

“如果—那么—否则”指令积木

该指令积木可用来添加当布尔表达式为false时运行的指令。在右边的示例中，如果用户分数没有超过最高分，就会显示一条消息。

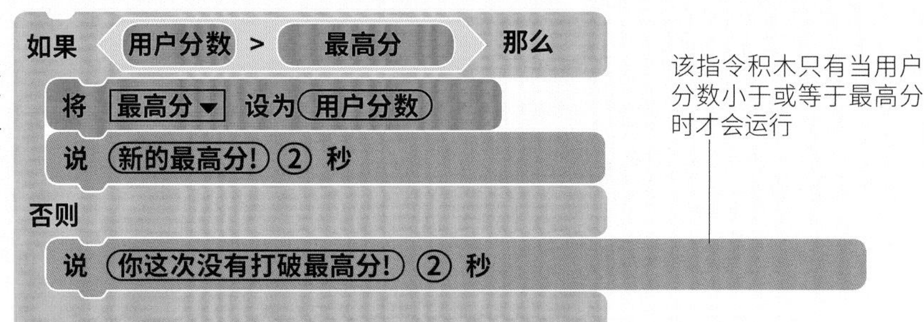

该指令积木只有当用户分数小于或等于最高分时才会运行

布尔表达式

布尔表达式可用于在程序中做出决策，它返回的表达式为true或false。例如，“小于运算符”指令积木会检查左边的数是否小于右边，然后根据结果返回相应的值。

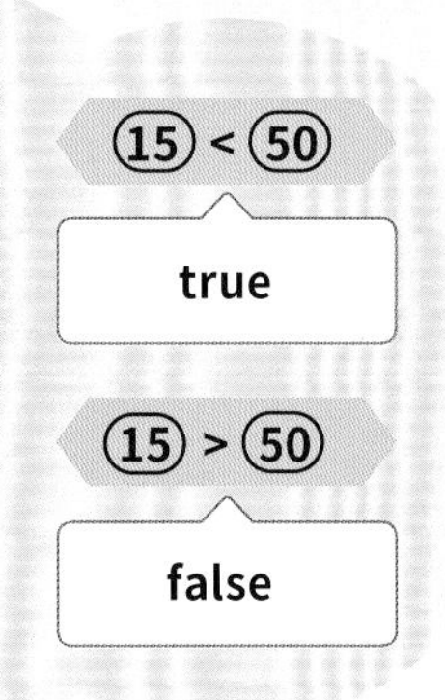

合表达式

尔表达式可以组合在一起，并根据多个因素做出决策。下面是一些
用当前时间（年）的侦测指令积木的示例。该指令积木中有一个菜
可将年更改为日、月、星期等。

”指令积木

’指令积木中有两个布尔表达式的空格，可以检查两个表达式是否
为true。在下面的示例中，程序检查月和日，以便给出一条特殊的
童节消息。

如果 当前时间的 月 = 6 与 当前时间的 日 = 1 那么
说 儿童节快乐! 2 秒

在积木区的外观指令积木中
可以找到该指令积木

”指令积木

”指令积木用于检查两个表达式是否有一个为true。在
ratch中，一周的第一天是星期天。下面的示例可用于检查
期，如果当前日期是星期六或星期天，则会显示一条消息。

如果 当前时间的 星期 = 1 或 当前时间的 星期 = 7 那么
说 太好了!今天是周末。 2 秒

成立”指令积木

果表达式不为true，则可以使用“不成
”指令积木来运行指令。在右边的示例
如果月份不是10，则会显示一条消息。

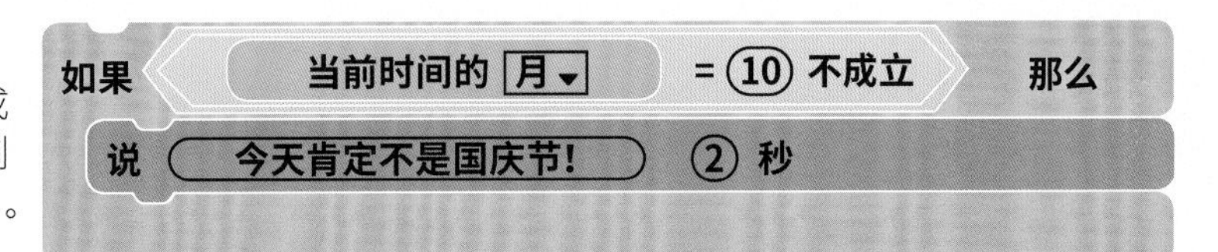
如果 当前时间的 月 = 10 不成立 那么
说 今天肯定不是国庆节! 2 秒

布尔表达式的应用

布尔表达式也可以应用在其他方面。在代码区单击它，用户可以在编程时看到结果。它还可以与“重复执行”和“等待”指令积木组合使用，使程序重复或暂停，直到发生改变。

“重复执行”指令积木

“重复执行”指令积木可以重复一条或多条指令，直到表达式为true。在这种情况下，循环将一直进行下去，直到用户结束游戏。

“等待”指令积木

使用“等待”指令积木会暂停脚本，直到表达式为true。不过，使用广播的效果通常会更好。

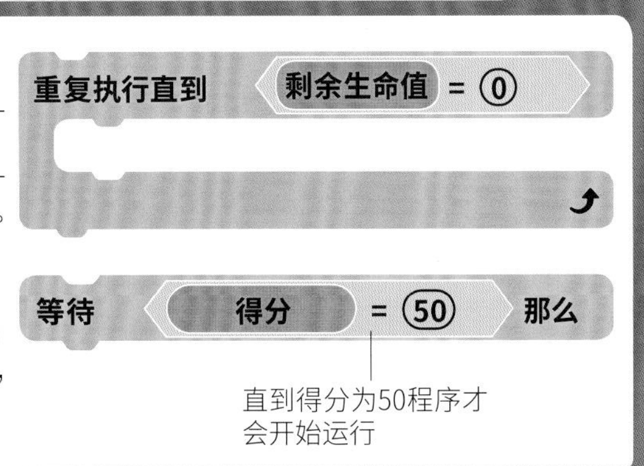
重复执行直到 剩余生命值 = 0
等待 得分 = 50 那么
直到得分为50程序才会开始运行

信息的输入

有时候，程序需要接收信息才能传递结果或输出信息。Scratch提供了几种输入信息的方法，如通过键盘、鼠标输入，传感器输入等。

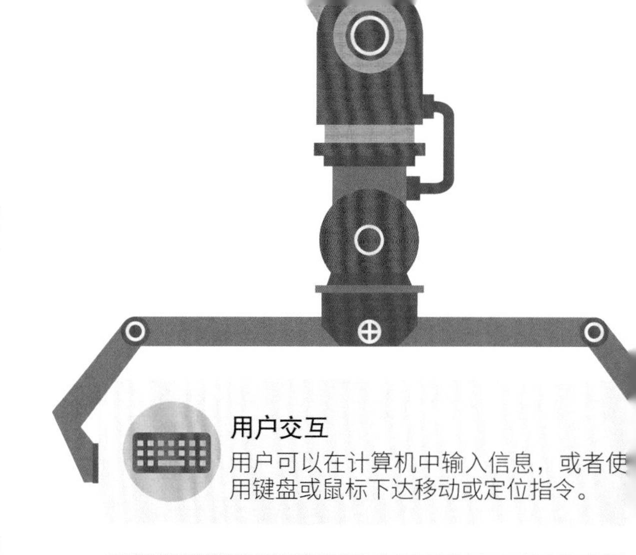

输入信息的方式

将信息输入计算机的方式有很多种。在Scratch中，指令积木的圆形信息框或是代表布尔表达式的菱形信息框中都能输入信息。

用户交互

用户可以在计算机中输入信息，或者使用键盘或鼠标下达移动或定位指令。

外部信息

Scratch可以侦测到所登录用户的用户名、当前日期和时间，还可以通过“添加扩展”按钮获取翻译信息。

传感器输入

有些计算机可以通过传感器输入信息。Scratch可以侦测到声音的音量和摄像机的移动。

处理信息

有时候，程序需要得到一些信息才能运行。例如，一个程序中可能要有一个项目列表，以便将商品加入其中进行结账。

用键盘控制移动

在许多游戏和程序中，用户通过按键盘上的按键来发出指令。Scratch中有一个事件指令积木，当用户按下按键时会启动脚本。为了使移动更流畅，可以在脚本中使用“重复执行”指令积木来检查按键是否被按下。

右边的脚本演示了如何在键盘上使用箭头键来控制角色移动。画笔能够标出角色运动的方向，所以它也可以作为一个简单的绘画程序使用。

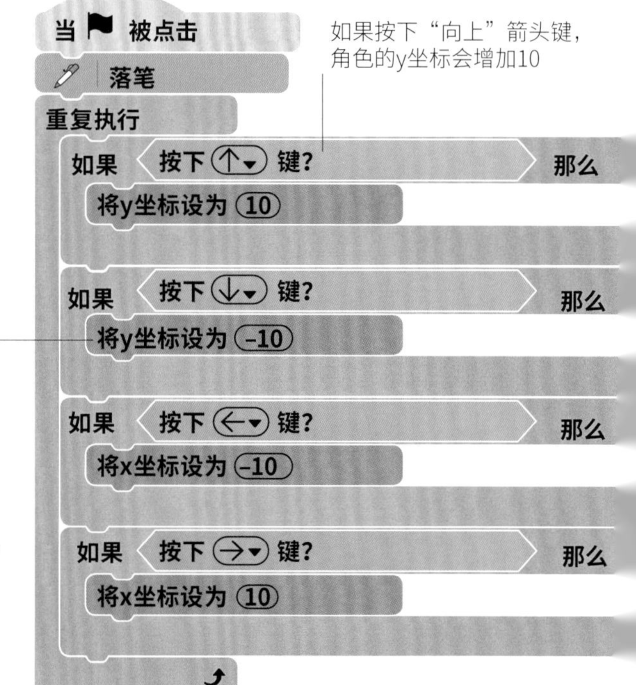
当 被点击
落笔
重复执行
如果 按下 ↑ 键? 那么
将y坐标设为 10
如果 按下 ↓ 键? 那么
将y坐标设为 -10
如果 按下 ← 键? 那么
将x坐标设为 -10
如果 按下 → 键? 那么
将x坐标设为 10
如果按下“向上”箭头键，角色的y坐标会增加10
该指令积木让角色向下移动

碰撞侦测

视频类游戏通常需要侦测两个对象何时接触，这需要复杂的计算。但是，Scratch内置了这个功能。“碰到？”指令积木中有一个检测指定的角色是否碰到鼠标指针、舞台边缘或其他角色的下拉菜单栏。

碰到 鼠标指针 ？

✓ 鼠标指针
舞台边缘
角色1

该指令积木可以在侦测指令积木中找到

下拉菜单栏中列出了可用的选项

制作道奇躲避球游戏

这是一个简单的游戏，可用于演示Scratch中的碰撞侦测。启动一个新项目，将上一页的键盘控制脚本添加到Cat角色中。

1 添加Soccer Ball角色

在角色库中选择Soccer Ball角色，并将它添加到项目中。单击角色列表区的Soccer Ball，为它创建以下脚本。

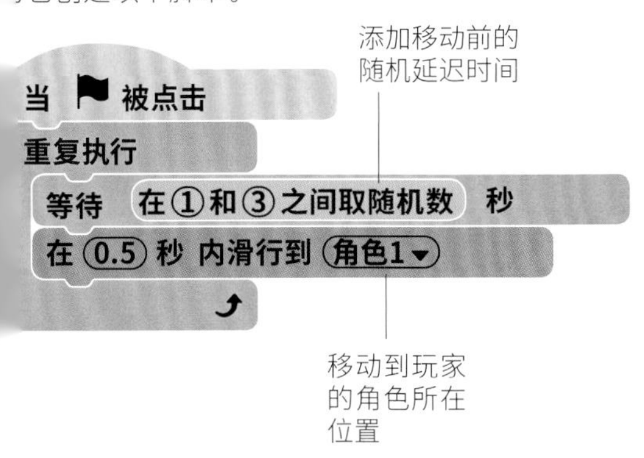
当 被点击
重复执行
等待 在①和③之间取随机数 秒
在 0.5 秒 内滑行到 角色1
添加移动前的随机延迟时间
移动到玩家的角色所在位置

2 添加Cat角色的代码

将以下两个脚本添加到Cat角色中。第一个脚本用于侦测Soccer Ball是否碰到Cat角色。如果碰到，它会使用广播，并通过触发第二个脚本来显示信息。

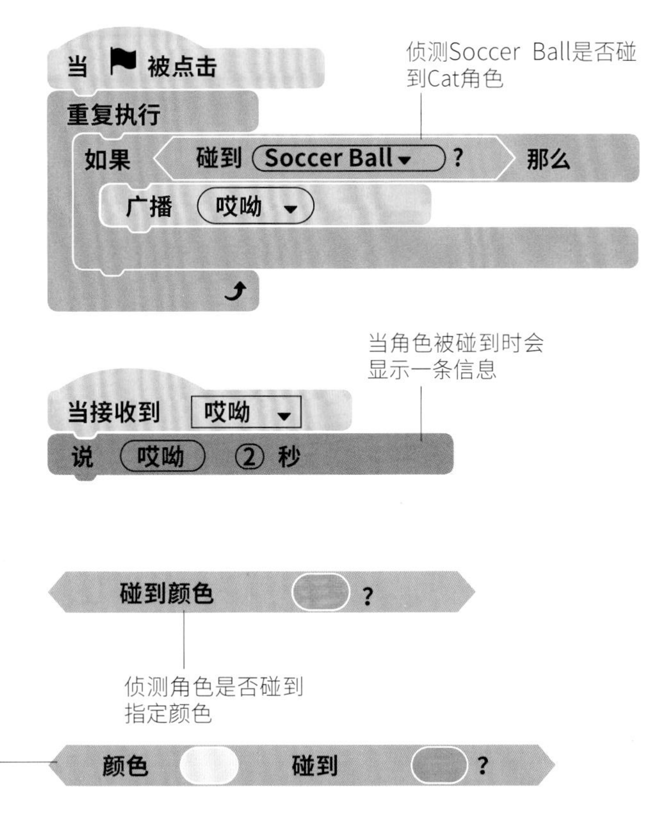
当 被点击
重复执行
如果 碰到 Soccer Ball ? 那么
广播 哎呦
侦测Soccer Ball是否碰到Cat角色
当接收到 哎呦
说 哎呦 ② 秒
当角色被碰到时会显示一条信息
碰到颜色 ?
侦测角色是否碰到指定颜色
颜色 碰到 ?

侦测一种颜色是否碰到另一种颜色

碰到颜色

Scratch还可以侦测角色是否碰到特定颜色。例如，通过将某条线设置为某种不会在屏幕上其他任何地方出现的颜色，可用来侦测球何时越过球门线。

来自用户的文本输入

询问指令积木可以让用户输入信息。该指令积木中的文字会出现在角色的语音气泡框中。无论用户输入什么，都会进入回答指令积木。这个程序可通过连接“你好”和用户回答来与用户打招呼。

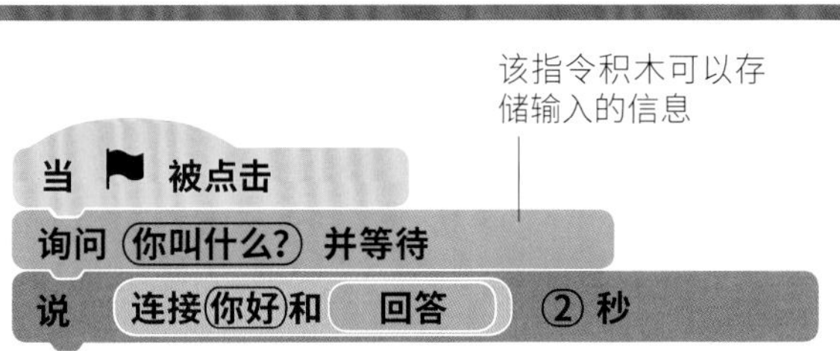
该指令积木可以存储输入的信息
当 被点击
询问 你叫什么? 并等待
说 连接 你好 和 回答 ② 秒

信息的传输

程序之间通过交互来传输消息。Scratch的事件指令积木中有一个专门用来发送消息的指令积木，即广播指令积木。

1. 所有角色都会一直收听广播

广播指令积木

广播指令积木能在脚本中发送消息，这个消息可以被程序中其他角色的脚本接收到。无论是针对同一个角色，还是针对不同的角色，脚本都可以设置为在收到广播消息时启动。“当接收到消息”指令积木是响应传入的消息而触发的，而广播指令积木允许角色向其他角色发送消息。

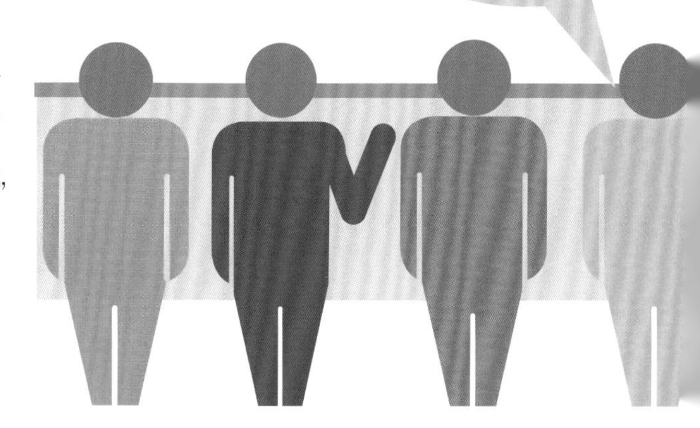

使用广播

在Scratch中，单条广播可以触发多个角色运行它们的脚本。在下面的示例中，单击Speaker时，它将开始播放音乐并广播消息，此消息会触发其他角色的动作。当音乐结束时，另一条消息会被发送，这会让Ballerina停止跳舞。

1 添加新的角色

启动一个新项目并删除默认角色，然后从角色库中选择Ballerina、Butterfly2和Speaker。单击“选择一个角色”图标，通过使用角色库中的搜索框也可以查找到这三个角色。

2 发送广播

在角色列表区单击Speaker，然后将下面的脚本添给Speaker角色。在积木区中的事件指令积木中找到广指令积木，然后在其内容框中输入新的广播消息。

```
当角色被点击
广播 [音乐开始 ▾]
重复执行 (3) 次
    播放 声音 (Drive Around ▾) 等待播完
广播 (音乐结束 ▾)
```

角色的默认音效

当音乐结束时发送一条消息

3 触发Butterfly2角色

接下来，单击并拖动舞台上的Butterfly2角色，然将下面的脚本添加给Butterfly2角色。当Butterfly2角色到表示音乐已经开始的信息时，它会飞向Speaker角色。

```
当接收到 [音乐开始 ▾]
在 (3) 秒内滑行到 (Speaker ▾)
```

让Butterf移动到Sp色旁边

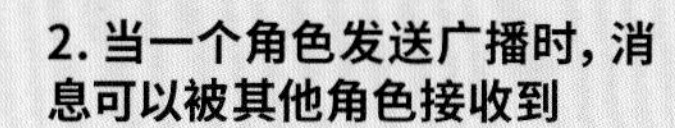

2. 当一个角色发送广播时，消息可以被其他角色接收到

3. 角色可以使用传入的消息来启动它们自己的脚本

消息名称

在Scratch中，广播消息的默认名称为“消息1”，但是用户可以通过“新消息”对话框进行重命名。为了使程序更易于理解，建议将消息更改为相关内容。在广播指令积木中的菜单栏内，可以选择新创建的消息名称。

4 触发Ballerina角色

在角色列表区选择Ballerina角色，并添加以下两个脚
。变量dancing用于存储Ballerina是否应该跳舞。当音
开始时，这个变量设置为yes，Ballerina开始跳舞。舞
动作重复，直到变量dancing设置为no，例如Speaker
播“音乐结束”的消息时。当程序运行时，Ballerina会
音乐开始时开始跳舞，在音乐结束时停止跳舞。

Ballerina会一直跳舞，直到这个变量为no

每次换装之间的停顿时间

当音乐结束时，变量被设为no

广播的用途

在Scratch中，广播有多种用途，以下是其最受欢迎的一些用途。

- **同步**：广播可以同时触发多个角色中的多个脚本，以便可以将它们作为一组指令同步运行。
- **让其他角色移动**：虽然角色只能移动自己，但它可以告诉其他角色什么时候应该移动。例如，单击Speaker角色也会触发其他角色移动。
- **强制执行序列**：通过使用广播触发脚本，可以确保脚本以正确的顺序运行。“广播并等待”指令积木会发送一条消息，直到接收到该消息的每个脚本都完成指令后，脚本才会继续执行。

函数控制指令

函数是程序的组成部分，可用于执行特定任务。函数可以重复使用。函数使代码更容易读、写和测试。在Scratch中，每个指令积木都是一个函数，用户也可以定义新的指令积木。

程序如何运行

当运行脚本时，Scratch会从上往下依次执行指令积木。当指令是一个函数时，Scratch会记住它在脚本中的位置，并切换为先运行函数。当函数运行结束时，Scratch再来运行主脚本。函数可以被多个脚本使用，而且可以接收信息并对信息进行处理。

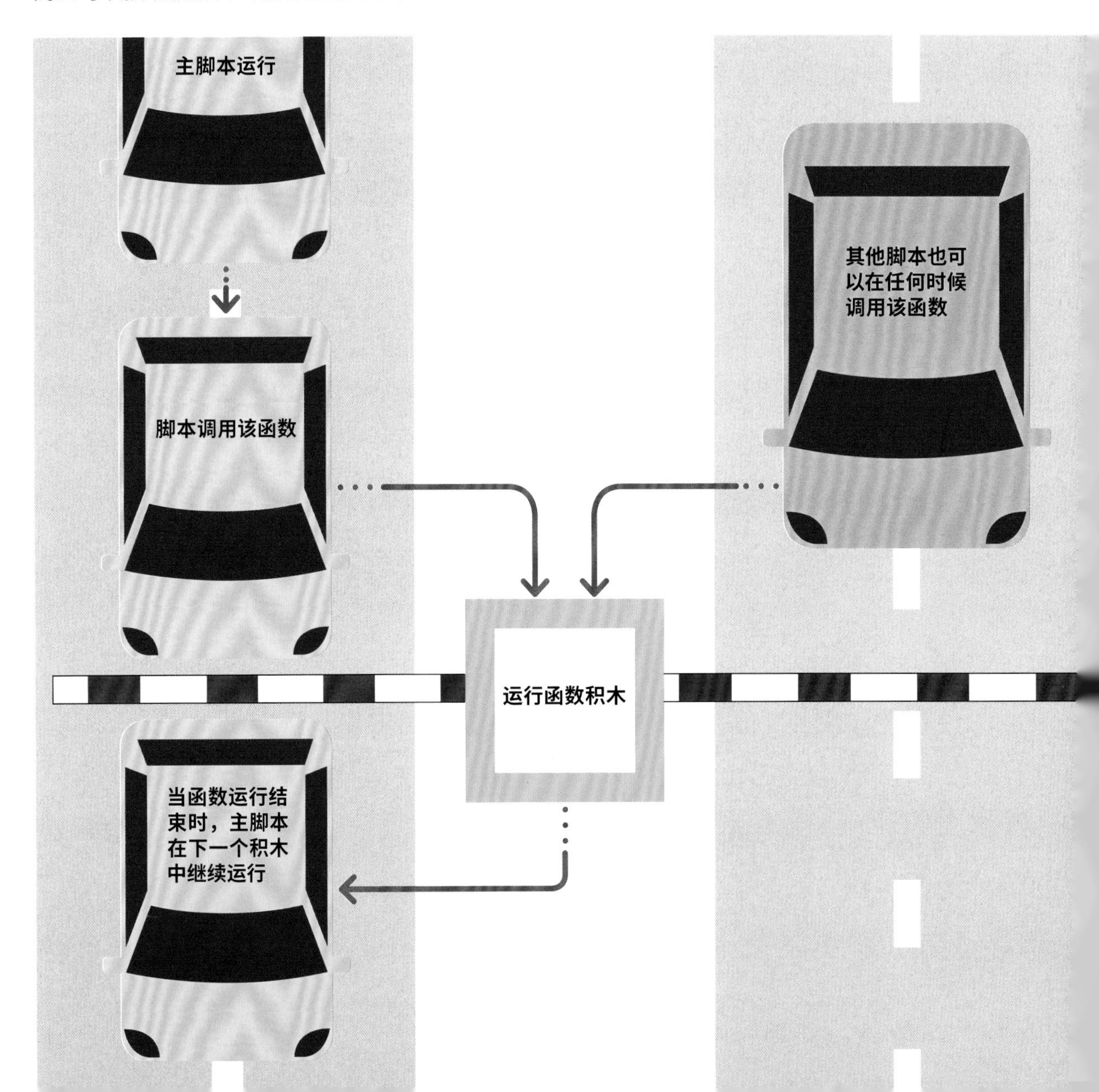

主脚本运行
其他脚本也可以在任何时候调用该函数
脚本调用该函数
运行函数积木
当函数运行结束时，主脚本在下一个积木中继续运行

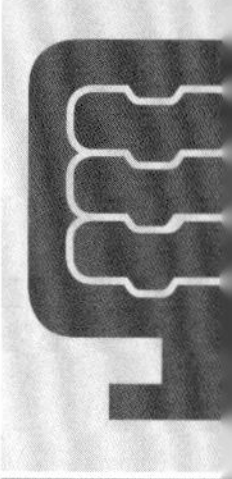

定义新创建的积木

为了使程序代码更简短，Scratch允许用户创建自己的积木。每个新创建的积木可以由几个指令积木组成。下面通过具体示例讲解如何通过创建一个函数来绘制三角形，并使用它来绘制3个大小不同、堆叠在一起的三角形，使最终的图形看起来像一棵冷杉树。

1 新建一个积木

转到积木区的“自制积木”，单击“制作新的积木”按钮，将新建积木命名为“绘制三角形”。

自制积木

制作新的积木

将新建积木命名为“绘制三角形”

2 给输入项命名

单击“添加输入项”，把它重命名为length，然后单击“完成”。

绘制三角形 length

3 定义你的脚本

给脚本添加说明。函数接收到的三角形长度指令会传送给参数length。与此同时，在“移动10步”指令积木中，也要调用参数length，这样才能同步发生变化。

定义 绘制三角形 length

落笔

重复执行 3 次

移动 length 步

左转 120 度

抬笔

在积木区单击“选择扩展”按钮，就可以找到画笔指令积木

通过旋转绘制出三角形的角

该指令积木可绘制出三角形的3条边

成三角形
停止绘制

4 调用新的积木

新的积木现在可以被程序调用。将下面的脚本添加到代码区，单击绿色旗子时，Scratch将绘制出3个三角形。

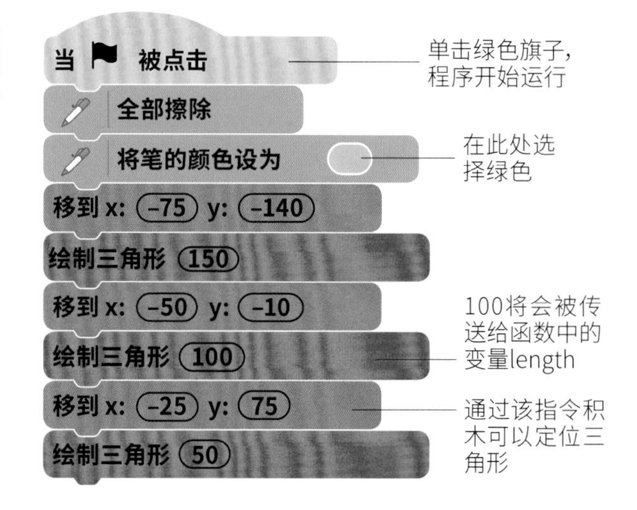
当 被点击
全部擦除
将笔的颜色设为
移到 x: -75 y: -140
绘制三角形 150
移到 x: -50 y: -10
绘制三角形 100
移到 x: -25 y: 75
绘制三角形 50
单击绿色旗子，程序开始运行
在此处选择绿色
100将会被传送给函数中的变量length
通过该指令积木可以定位三角形

为什么要使用函数

几乎所有的编程语言都以不同的形式使用函数。下面是使用函数的一些优点。

- 一旦编写了一个函数，其他程序也可以调用它。
- 当每个不同意义的函数都有一个特定的名字时，程序更容易被理解。
- 使用函数可以让程序变得更简短。
- 编写和测试许多小函数比编写一个大程序更容易。

在上面的示例中，如果将“绘制三角形”的每个函数都替换为函数中的所有指令积木，那么整个程序将会更长、更复杂，也更难理解。

操作教程：旅行翻译软件

旅行者常常使用翻译软件来跟不同国家的人交流。通过使用Scratch中的扩展积木，你可以创建一个简单的文本转换器，用它将任何文本翻译成几十种不同的语言。在你的旅行中，它会是一个很有用的翻译软件。

如何使用这个软件

在使用这个翻译软件时，首先选择你想要翻译的语种，接着程序会提示用户输入需要翻译的内容。用户输入短语后，屏幕上就会显示翻译后的语句。

翻译功能

本操作教程通过使用Scratch的翻译扩展积木将一种语言转换成另一种语言。这个扩展指令积木需要用到谷歌翻译（Google Translate进行翻译，因此在使用时需要连接网络。

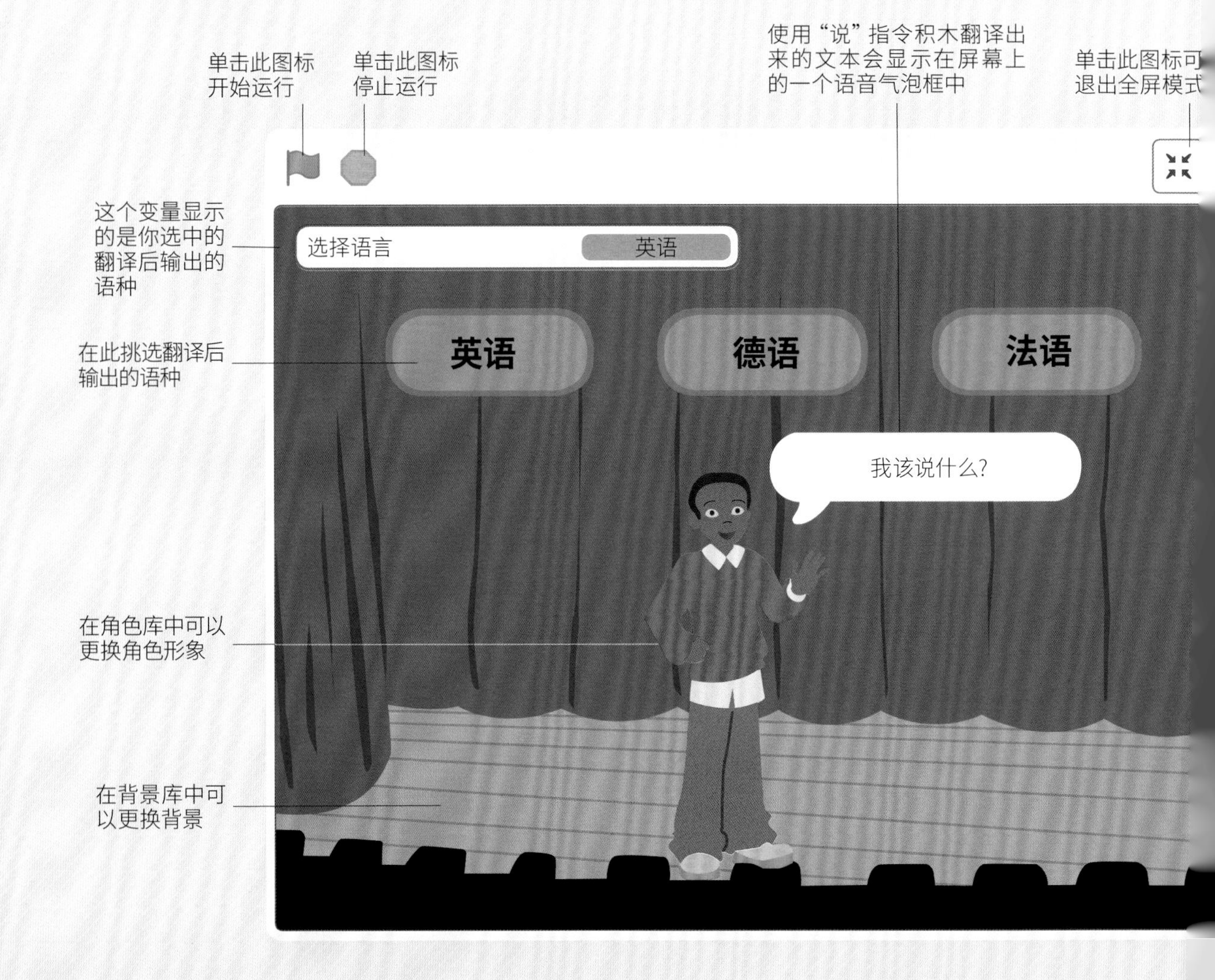

使用“说”指令积木翻译出来的文本会显示在屏幕上的一个语音气泡框中
单击此图标开始运行
单击此图标停止运行
单击此图标可退出全屏模式
这个变量显示的是你选中的翻译后输出的语种
选择语言
英语
在此挑选翻译后输出的语种
英语
德语
法语
我该说什么?
在角色库中可以更换角色形象
在背景库中可以更换背景

你可以学到

- 如何往角色库中添加新角色
- 如何使用绘制编辑器更改角色造型
- 如何在程序里使用扩展指令积木

时间：
15～20分钟

难度等级

如何应用

一个优秀的翻译软件要能准确地进行翻译。程序中使用的指令积木可以在Scratch的语言列表中被反复调用。你还可以尝试添加一些可以大声朗读译文的指令积木，这样就不用担心发音问题了。

程序设计

程序员经常使用流程图来展示他们的程序是如何运行的。每个框代表一个运行步骤，箭头指向下一个步骤。由于有的步骤有不同的结果，所以一个框可能有多个指向的箭头。

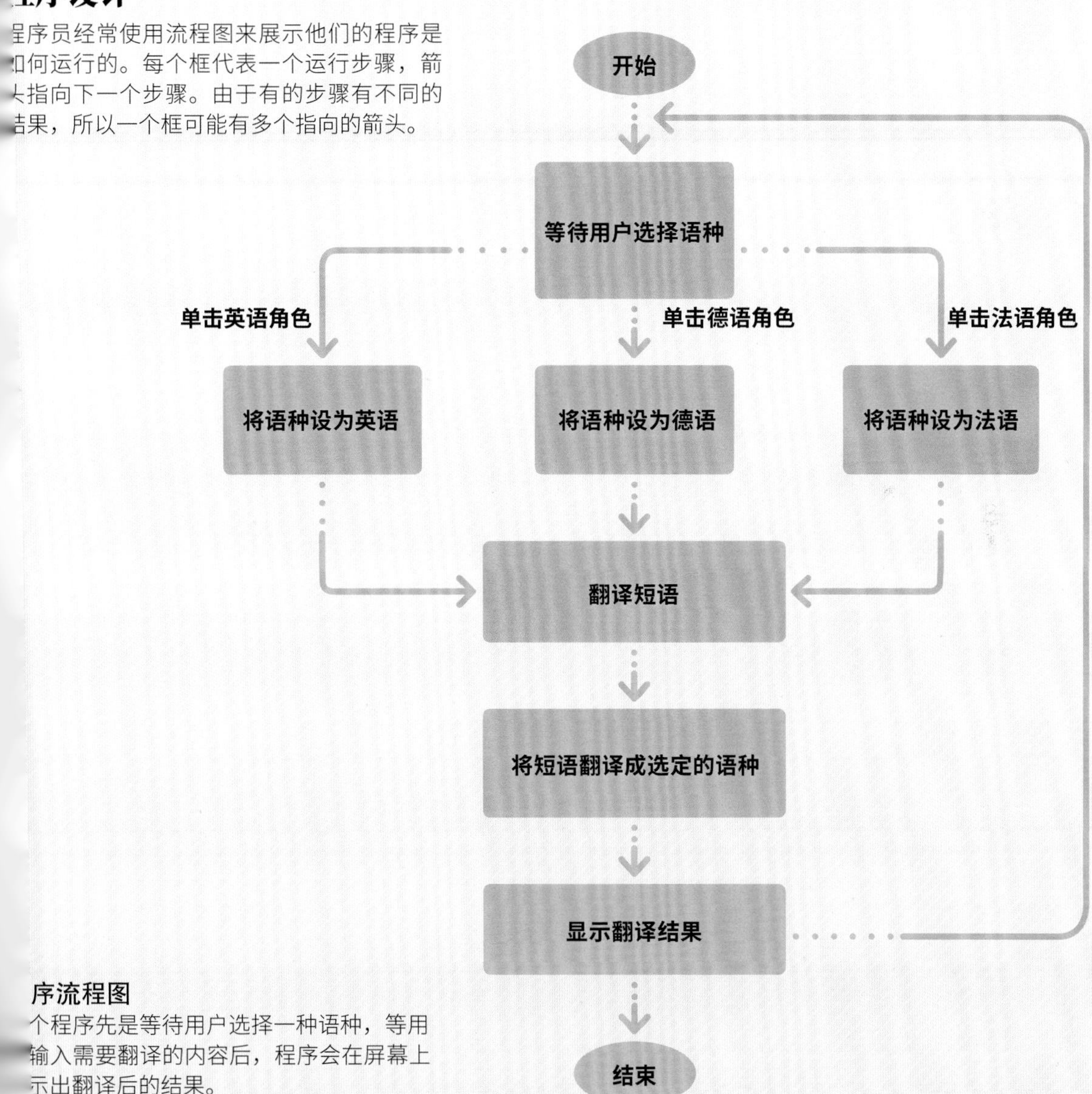

序流程图
个程序先是等待用户选择一种语种，等用输入需要翻译的内容后，程序会在屏幕上示出翻译后的结果。

1 新建作品

在开始创建新程序之前，首先要在Scratch上新建一个作品。单击“文件”，创建一个新作品，然后添加创建此作品所需的角色和背景。

1.1 新建一个作品

让我们从新建一个作品开始。在Scratch界面左上角的“文件”菜单中单击“新作品”，就能创建一个空白作品。

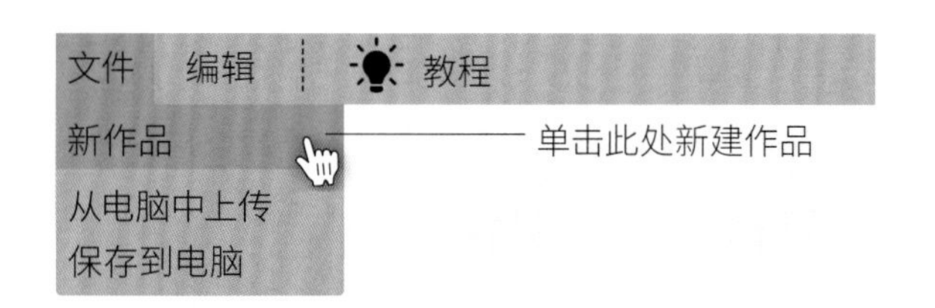

1.2 删除默认角色

Scratch的默认角色是一只猫，并且会自动应用到新作品中。如果你不需要它，可以在角色列表中选中它，右击后选择“删除”。

1.3 添加一个新的角色

Scratch角色库中有很多角色，包括动物、人物、奇幻等类型，这些角色都可以在作品中使用。如果需要添加一个名为Devin的角色，用户可以在角色列表区右下角单击“选择一个角色”图标，打开角色库，然后在角色库中滚动鼠标搜寻Devin，或在搜索栏中直接输入Devin，然后选择Devin的角色图标，并将该角色添加到作品中。除此之外，你也可以创建自己的角色。

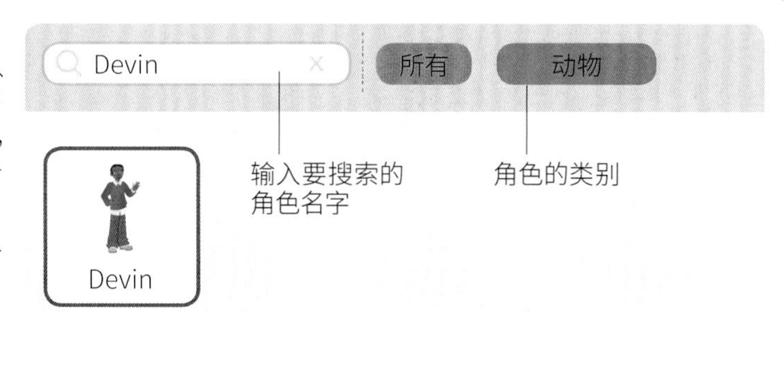

角色库

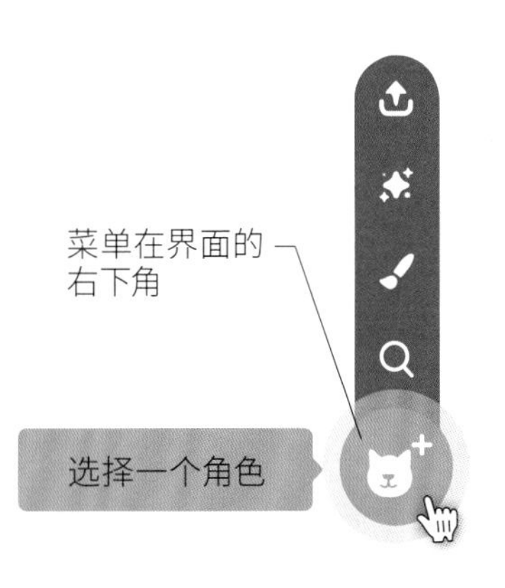

角色列表区

.4 设置背景

现在准备为这个作品设置背景。与角色库一样，景库也提供了一些可供用户选用的背景。你也可创建自己喜欢的背景。单击屏幕右下角的“选择个背景”图标，输入Theater2，然后选中，将它加到作品中。

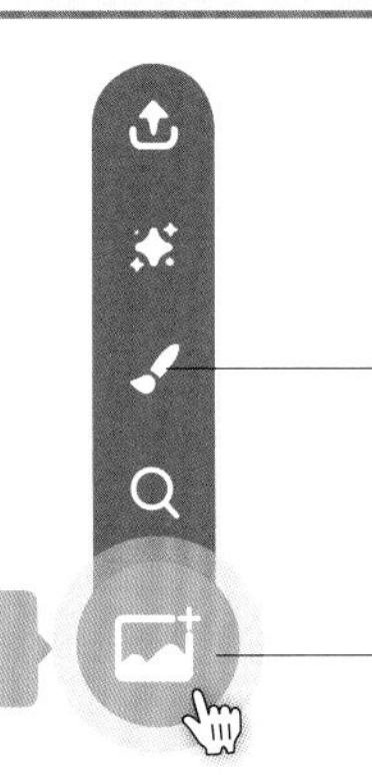

所有的动作都发生在屏幕上的舞台区域
Devin现在站在舞台中央。你可以用鼠标控制他，给他重新定位

.5 简单的程序

现在可以给角色增加一些简单的代码。你可以从Scratch界面左侧的积木区中拖放一些指令积木，将其添加到代码区。这些指令积木按颜色排列，很容易被找到。

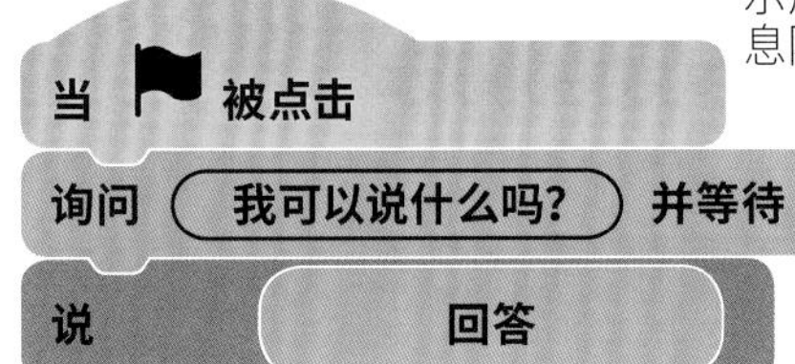

1.6 试一试

现在运行代码，看看会发生什么。单击舞台左上角的绿色旗子就可以启动程序，再次单击旁边的红色按钮就可以停止程序。

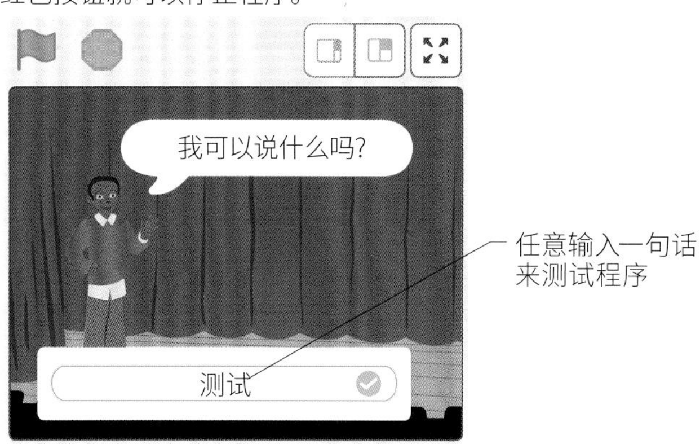

我可以说什么吗?
任意输入一句话来测试程序
测试

Devin会说出你输入的任何句子
测试

2 添加语种

目前，Devin只会说中文，因为中文是默认的语言。如果想让Devin翻译其他语言，则需要在程序中增加更多语种。下面的步骤将帮助你创建新的语种按钮角色，添加其他翻译语种的指令积木。

2.1 添加按钮

首先添加一个可以选择不同语种的角色。单击角色库，找到Button2角色，把它添加到项目中，再把它拖动到舞台的左上角。单击这个角色，然后在信息面板的“角色”文本框中输入“英语”。

在这里可以给角色重新命名
在这里可以控制角色在舞台上的位置
角色
英语
x
-164
y
103
显示
大小
100
方向
90
Devin
英语
新角色出现在角色列表区

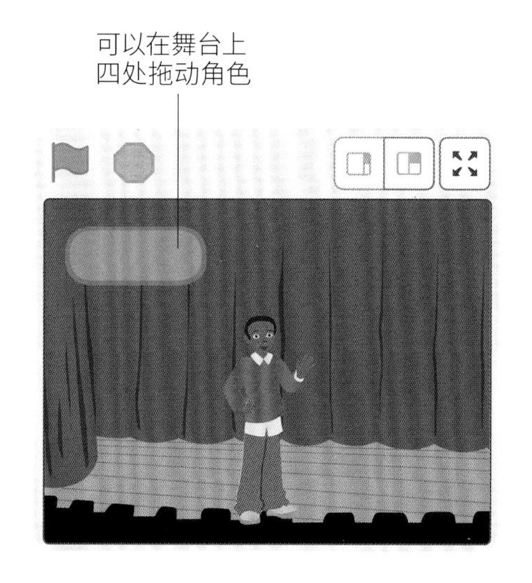

可以在舞台上四处拖动角色

2.2 修改角色的造型

通过改变角色的造型，可以区分不同的角色。你可以选择Button2角色进行修改，然后单击界面左上角的“造型”选项；也可以打开Scratch的绘制编辑器给角色绘制造型，或者编辑选定的造型。文本工具支持在图像上添加文本。在按钮内单击，选择文本工具图标，然后在文本框中输入“英语”，这样就可以为Button2创建一个标签。如果有需要，还可以通过下拉菜单更改字体或使用填充工具更改文本颜色。

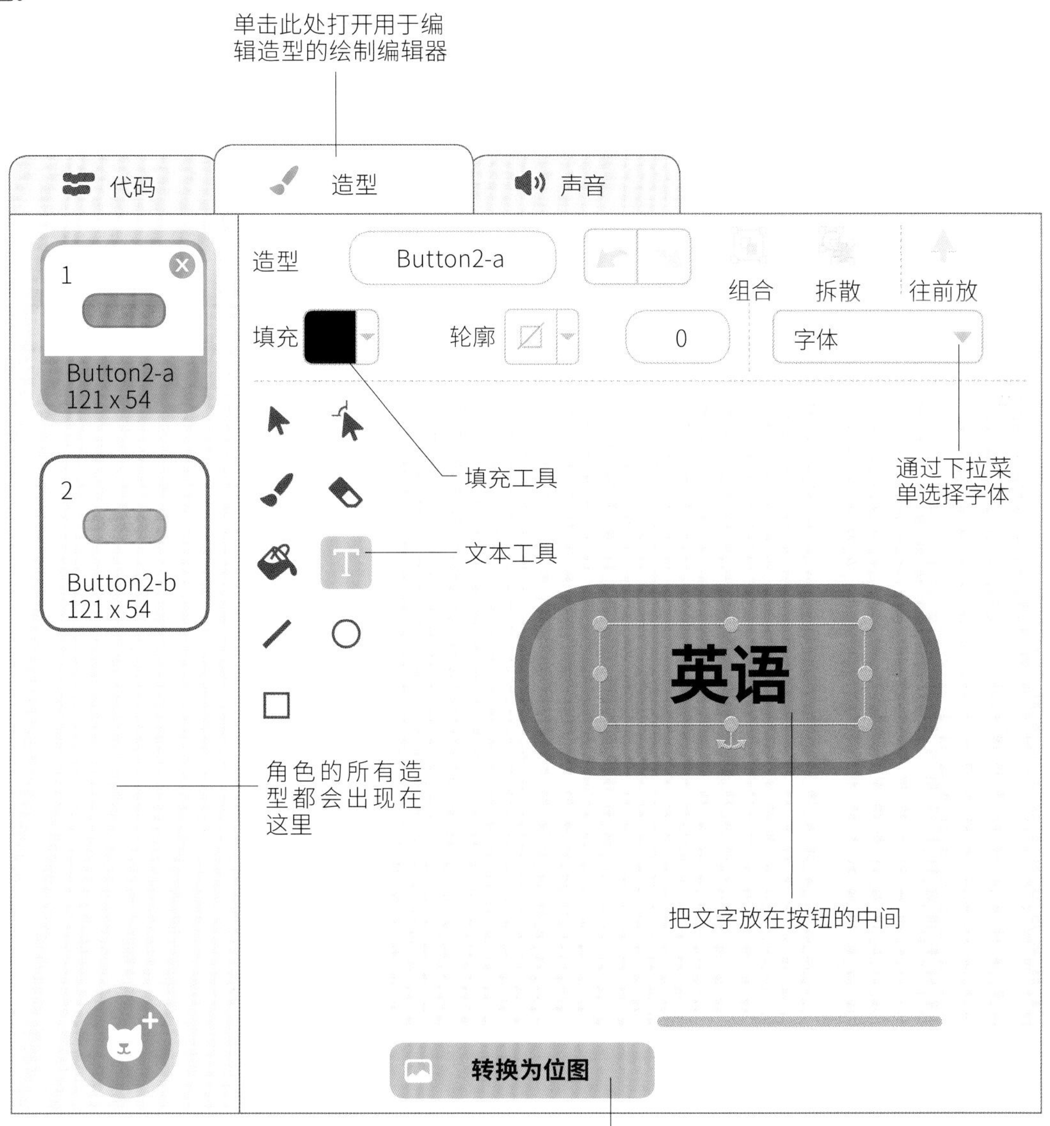

2.3 创建变量

现在可以向程序中添加更多的代码。首先选中“英语”角色，单击界面左上角的“代码”选项，转到积木区中的变量指令积木。然后单击“建立一个变量”按钮，在弹出的对话框中创建新变量。你可以将此变量命名为“选择语种”，再单击“确定”按钮。

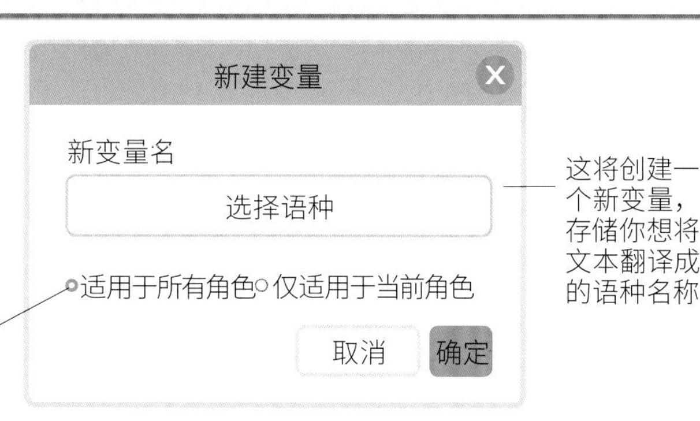

2.4 将语种设置为英语

现在将右边的指令积木添加到“英语”角色中。当用户单击角色时，可以将“选择语种”变量设置为英语，这有助于用户选择想要翻译的语种。

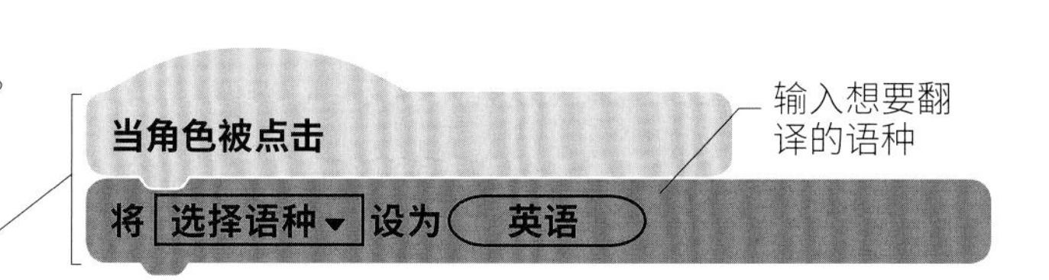

2.5 增加扩展指令积木

现在是时候开始翻译了。你需要添加一些额外的指令积木来完成此操作。单击界面底部的“选择扩展”按钮，你将看到可以添加到项目中的额外扩展。选择名为“翻译”的扩展指令积木，便可以在积木区中添加额外的翻译指令积木。

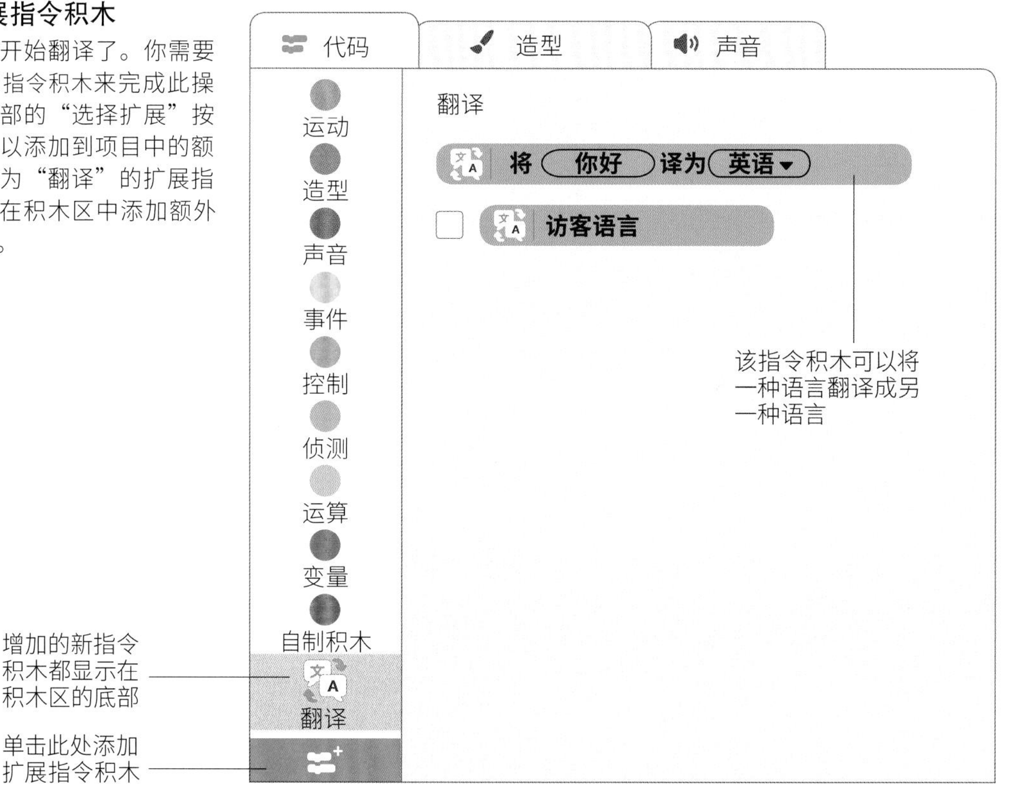

扩展指令积木

Scratch的扩展指令积木允许程序与Scratch环境之外的硬件或软件进行信息交换。用户可以在数据库中增加不同的扩展指令积木。

音乐
这个扩展指令积木可以使用各种乐器来演奏音乐。

画笔
这个扩展指令积木允许角色像拿着笔一样在屏幕上绘画，可以用它来创建绘画程序。

视频侦测
这个扩展指令积木可以让你把Scratch连接到网络摄像头上，可以用来拍照或录制视频。

文字朗读
这个扩展指令积木可以利用网络在线服务，将文本朗读出来。

翻译
这个扩展指令积木可以将文本转换为不同的语种，这也是本操作教程演示的扩展指令积木。

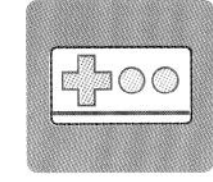

Makey Makey
这个扩展指令积木可以让你把其他设备连接到计算机上，允许你使用连接的对象来控制计算机。

micro:bit
比手掌还小的小装置，内有扩展指令积木供用户使用。

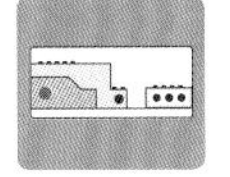

LEGO® BOOST
这个扩展指令积木能让孩子们（或刚刚接触代码的人）建立一组乐高机器人。

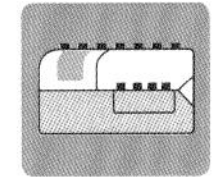

LEGO® Education WeDo 2.0
这个扩展指令积木用于控制用LEGO积木构建的简单机器人项目。

LEGO® MINDSTORMS EV3
这个扩展指令积木用于控制用LEGO积木构建的更高级的机器人项目。

Go Direct Force & Acceceration
这个扩展指令积木允许用户使用外部传感器来记录力和加速度，并将数据传送给Scratch程序。

2.6 更新Devin的代码

在Devin的代码中，还可以加入新的翻译指令积木。单击Devin并将指令积木更改为如下图所示。如果将所选语种设置为英语，那么Devin会将文本翻译成英语。

当 🏴 被点击
询问 我可以说什么吗？ 并等待
如果 选择语种 = 英语 那么
说  将 回答 译为 英语▼

在运算指令积木中找到该指令积木，然后在第一个框中拖入“选择语种”变量，在第二个框中输入“英语”

将翻译指令积木拖入“说”指令积木中的框内

2.7 测试代码

先单击“英语”按钮，再单击绿色旗子运行程序。接下来，输入要翻译的短语，然后确认。

选择语种
英语
英语
Hello there
重新给“英语”角色定位，避免与舞台上的其他元素重叠
无论你输入什么句子，Devin都会将它翻译成英语。在这里，你可以看到Devin将“你好”翻译成了英语

3 添加更多的语种

你可以通过向作品中添加更多的语种来增强这个程序，使它在多种环境下都可以应用。首先为每个新语种创建按钮，然后重复之前的操作步骤，添加翻译指令积木。

3.1 创建更多的按钮

利用Scratch创建按钮十分简单，你可以创建更多的翻译语种角色。例如，你可以先选中角色列表中的“英语”角色，右击选择“复制”。这个步骤能将创建的角色及其所有相关的指令积木都选中。然后创建两个副本，再重新命名为“德语”和“法语”。

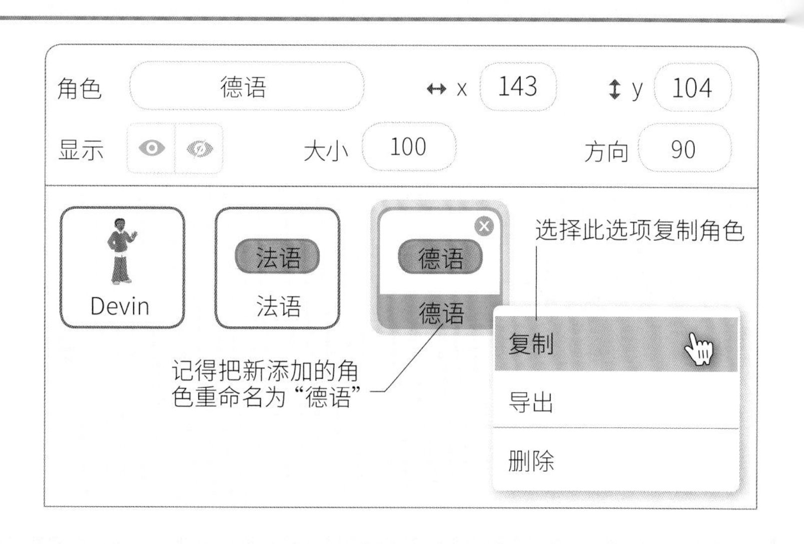
角色
德语
x
143
y
104
显示
大小
100
方向
90
Devin
法语
法语
德语
德语
选择此选项复制角色
复制
导出
删除
记得把新添加的角色重命名为“德语”

3.2 更改新增的按钮

你现在需要对这些新角色的指令积木进行更改，将“德语”和“法语”角色的样式改成右图所示的样式。

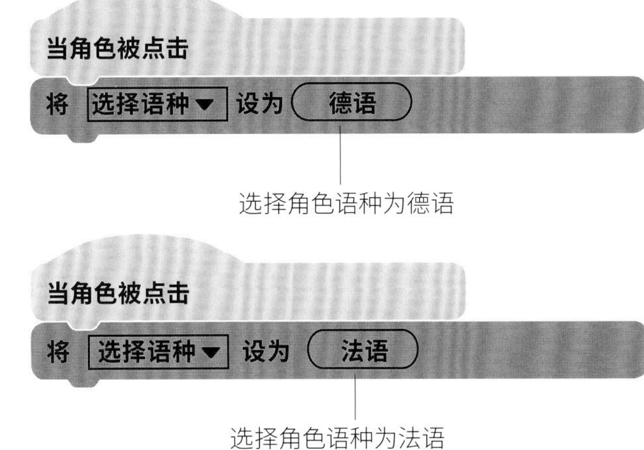

3.3 更新造型

你还需要更改“德语”角色和“法语”角色的造型。单击造型标签，打开绘制编辑器，然后使用文本工具，并确认是在矢量图模式下操作。

将角色拖到舞台上部，并与其他角色对齐

3.4 更新Devin的代码

最后，单击角色列表区的Devin并编辑指令积木，以获得正确的翻译结果。你可以通过右击来复制并粘贴指令积木，然后再将其修改为下面的样式。

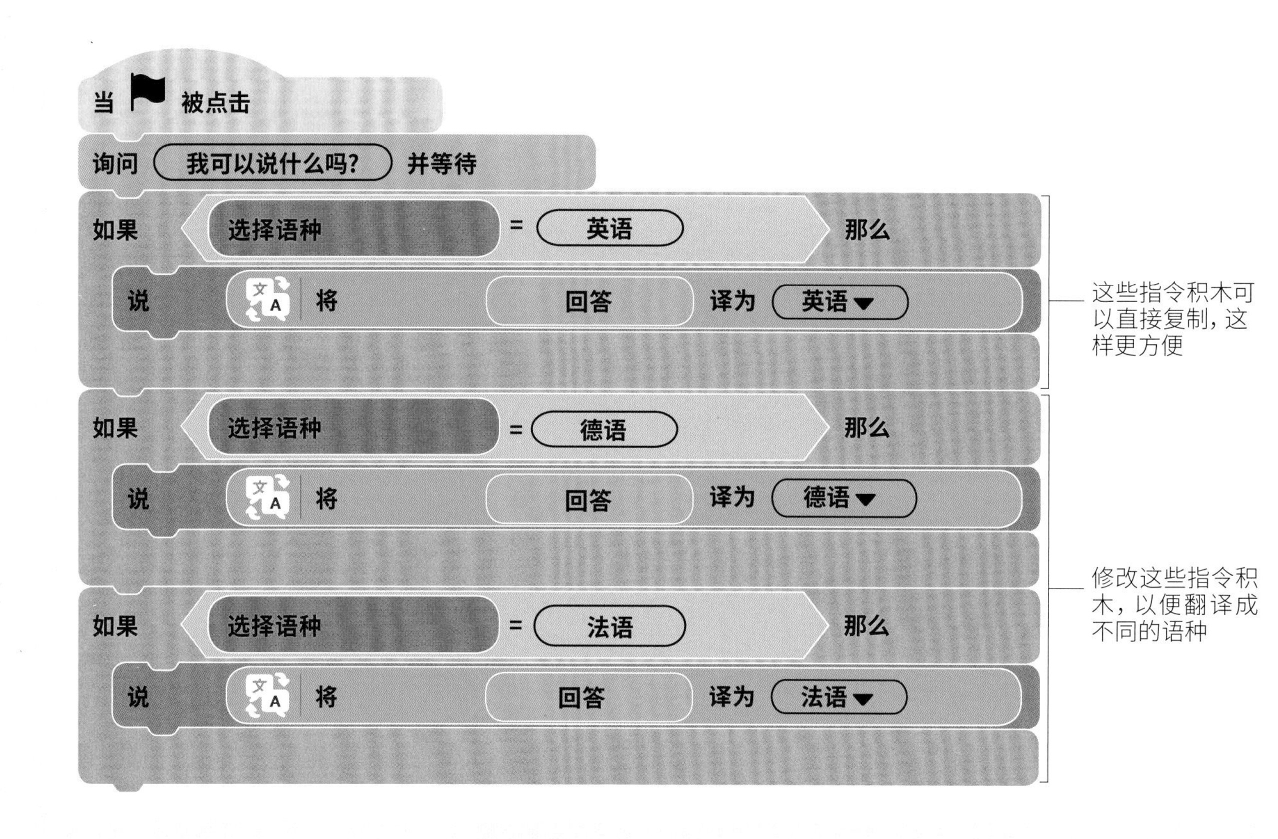

3.5 祝贺你!

现在你已经成功创建了你的第一个应用程序。单击绿色旗子，就可以开始使用你的翻译软件了。

技巧和调整

翻译多个语种

多添加一些角色和指令积木，就可以翻译成更多的语种。你想在所编写的程序中添加哪些语种呢？

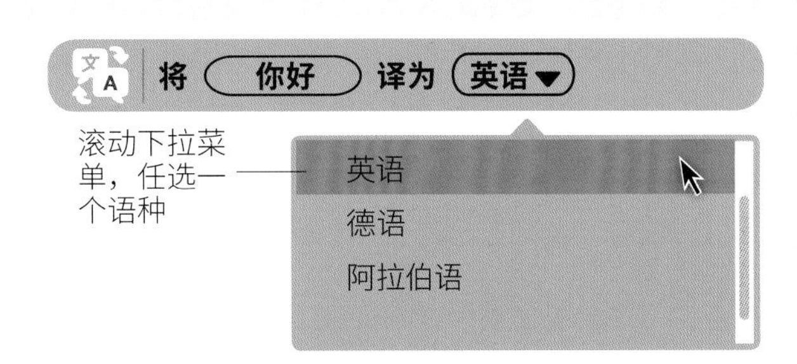

常见的短语

“你好”“你好吗？”“这个多少钱？”这些常用语在全世界都能用到。你能调整指令积木，以便直接查看这些常用短语的翻译，而不需要输入它们吗？在设置这个功能的时候，你可能需要添加一些专用角色。

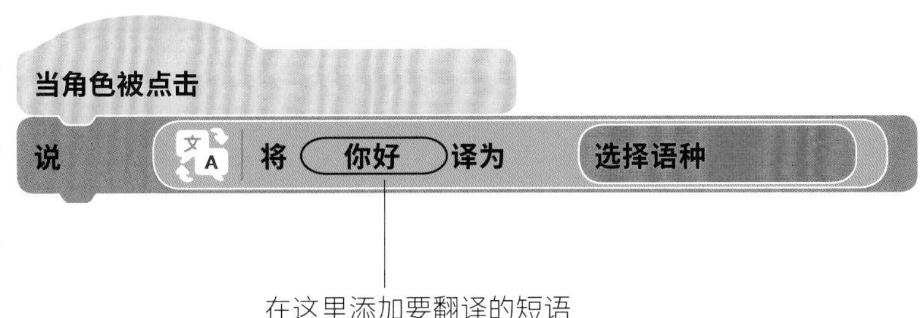

读出它

Scratch中还有一类可以大声朗读文本的语音指令积木。调整你的指令积木，使短语能被大声读出来，这样你在使用翻译软件的时候还可以学习怎样发音。

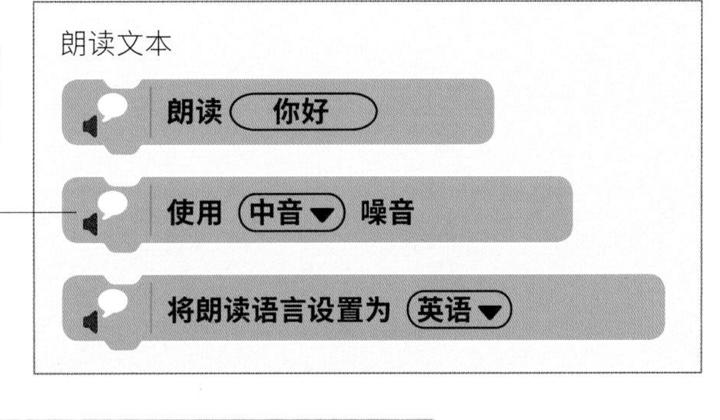

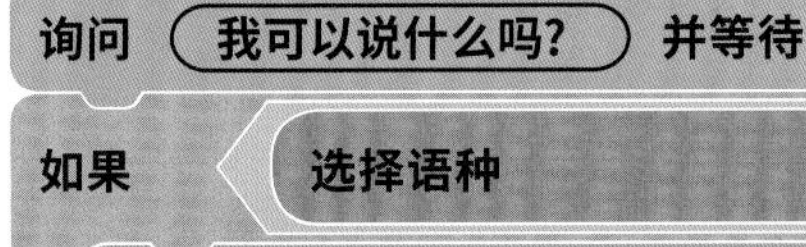

操作教程：逻辑谜题游戏

玩益智类游戏是刺激大脑、培养逻辑思维和认知能力的好方法之一。这个程序使用循环语句和Scratch的运算指令积木来创建一个复杂的逻辑谜题。每当有角色移动时，程序都会检查代码，验证游戏过程中是否违反了规则。

题目要求

题目要求把Lion（狮子）、Donut（甜甜圈）和Rooster（公鸡）从河的一侧运送到另一侧，而且一次只能装一个角色在Boat（船）上。但是，如果无人看管，Lion（狮子）就会吃掉Rooster（公鸡），Rooster（公鸡）就会吃掉Donut（甜甜圈）。请你想办法把它们都安全地运送到河的另一侧。

复杂的逻辑

这个逻辑谜题的复杂性在于哪些角色可以被运送和哪些角色可以安全地留在一起。

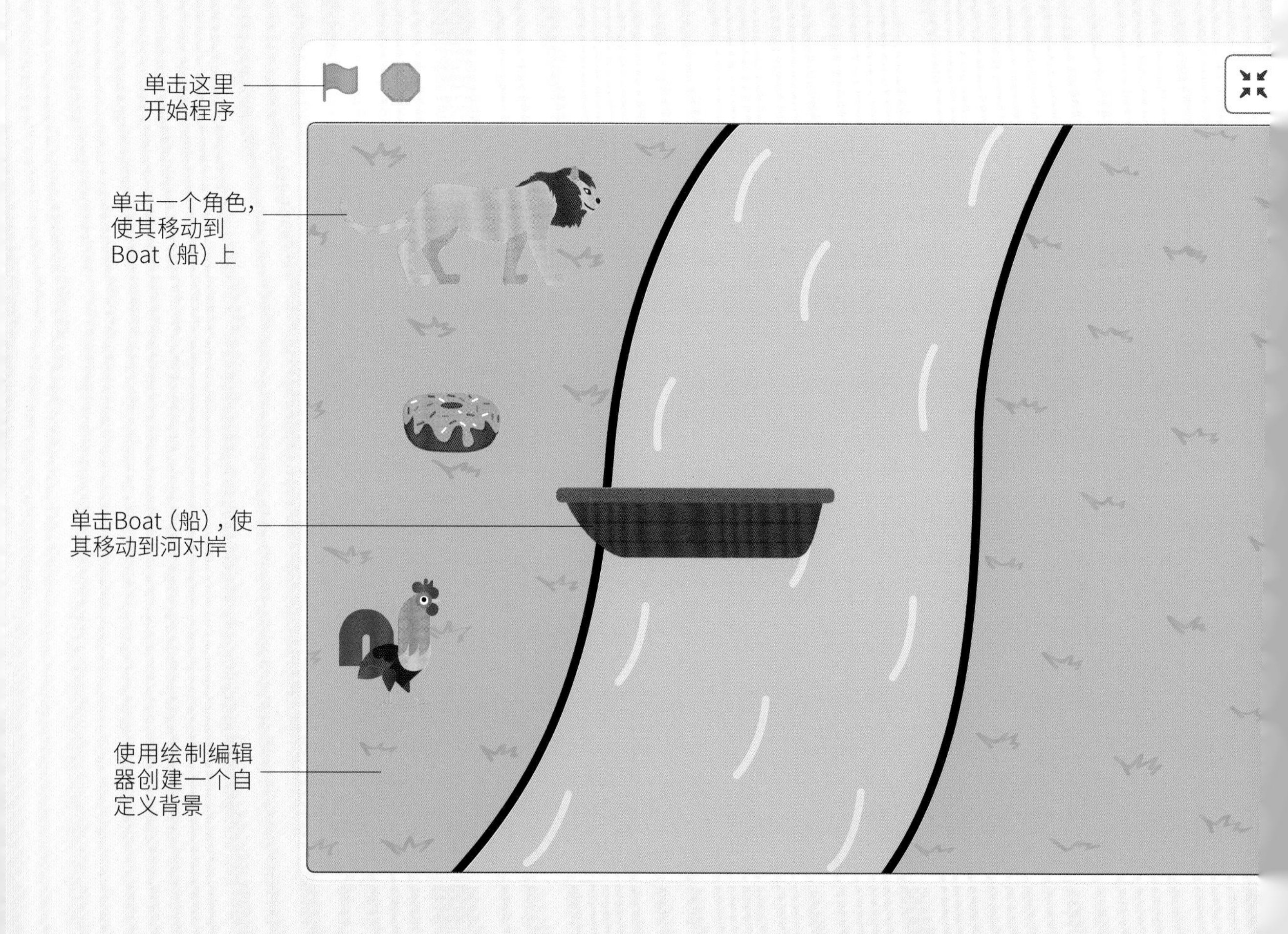

单击这里开始程序
单击一个角色，使其移动到Boat（船）上
单击Boat（船），使其移动到河对岸
使用绘制编辑器创建一个自定义背景

你可以学到

- 如何使用绘制编辑器创建背景和角色
- 如何创建一个模拟应用
- 如何通过增加指令积木来提高程序的复杂性和逻辑性

时间：
20～25分钟

难度等级

如何应用

计算机程序可以模拟现实世界中存在的问题，并且可以通过操作代码来研究和测试解决问题的不同方法，这通常比在现实世界中进行测试要快得多。

程序设计

程序等待用户选择一个角色。一旦选择完成，用户就可以尝试将角色移动过河。程序会使用一个连续循环来检查游戏过程中是否违反了任何规则。如果违反了规则，游戏就会结束。如果用户成功地将所有角色运送过河，那么谜题就解决了。

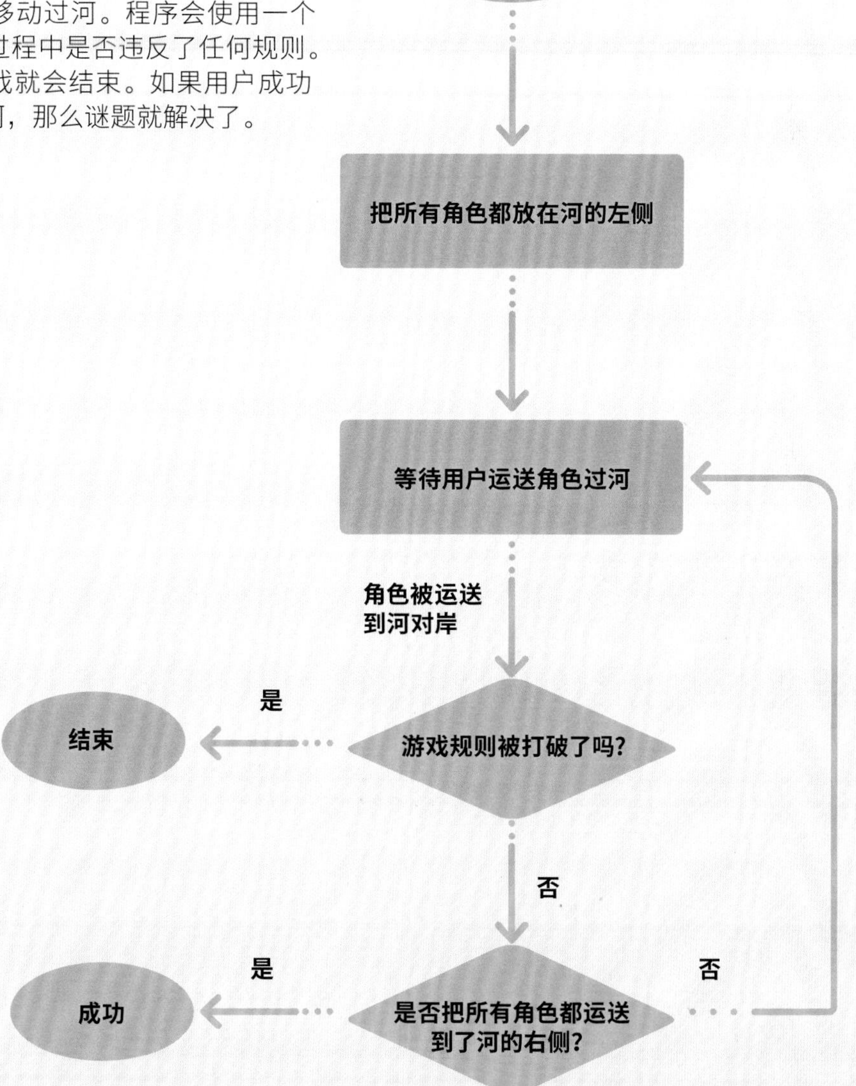

1 新建作品

一个新作品通常需要先从Scratch库中选择角色和背景。在这个项目中，你将使用绘制编辑器来创建一个自定义背景。之后，你还需要给角色添加一些指令积木，让它能在屏幕上移动。

1.1 创建新作品

创建新作品并删除默认角色。请记住，你可以通过选择角色列表中的角色，右击后选择“删除”来完成此操作。

你也可以单击这个图标来删除角色

角色1

复制

导出

删除

在下拉菜单中选择此选项

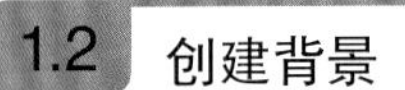

1.2 创建背景

现在为作品创建一个新背景。单击界面右侧舞台部分的背景库，然后在“选择一个背景”选项卡中打开绘制编辑器。

单击舞台中的任意位置都能突出显示背景

在Scratch界面的顶部找到这个选项卡

1.3 开始绘制

你需要画一个中间有一条河、河两岸分别长满草的背景。首先，单击“转换为位图”按钮，然后使用画笔工具绘制河流的边缘。为了确保线条之间没有空隙，需要从最底部开始一直画到顶端。即使这些线不直也没有关系。

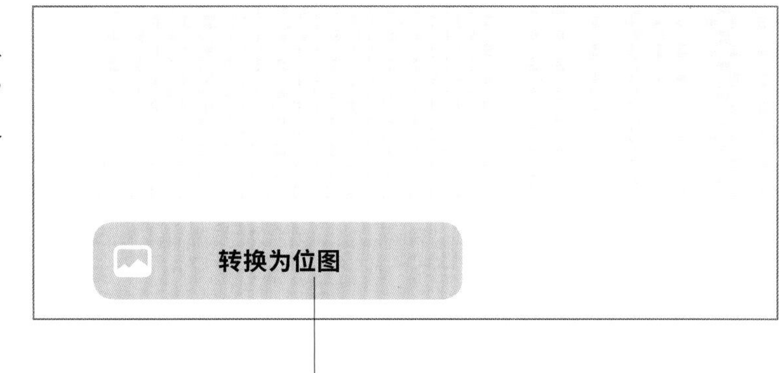
转换为位图
单击此按钮可从矢量图模式切换到位图模式

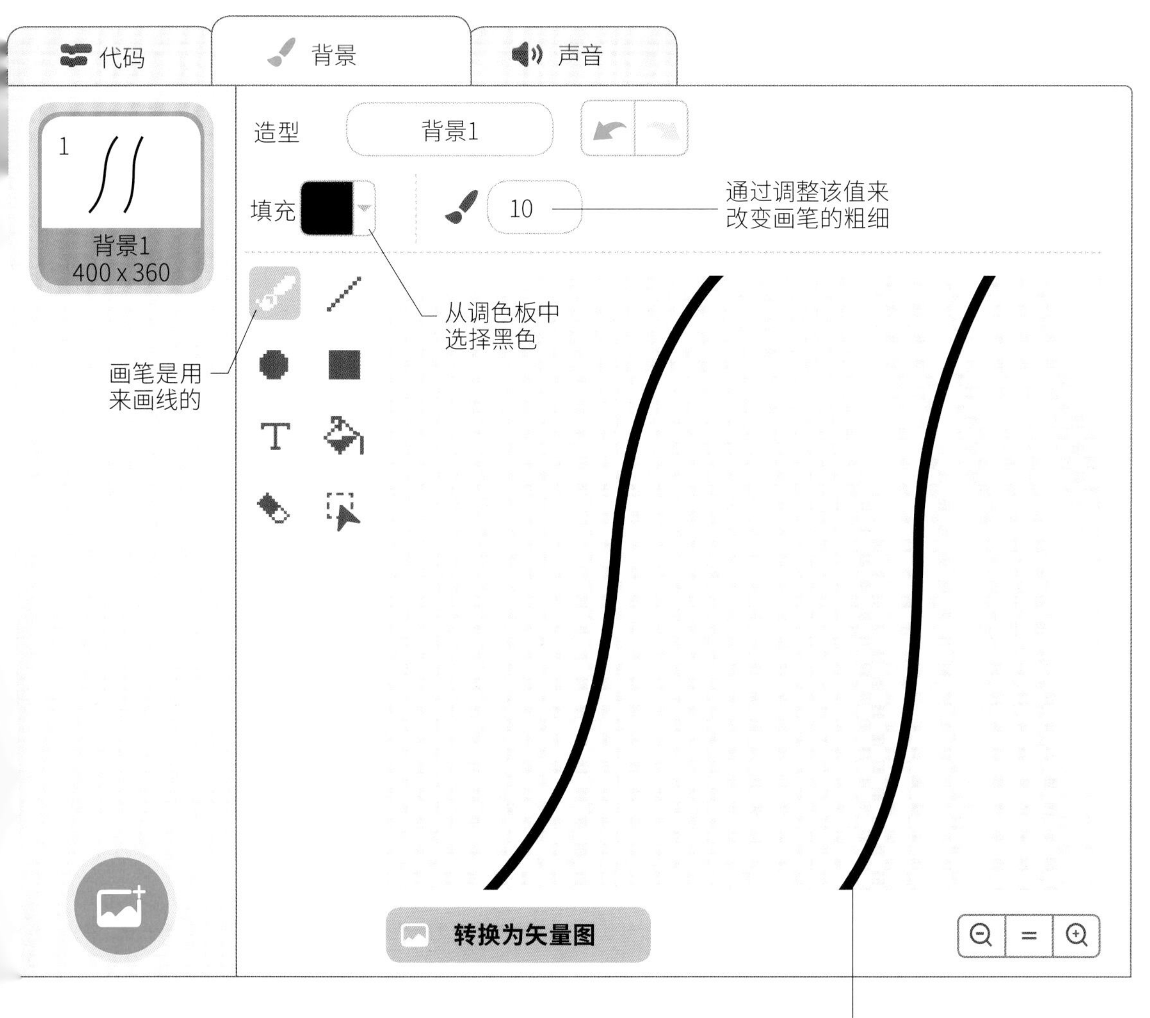
代码
背景
声音
造型
背景1
填充
10
通过调整该值来改变画笔的粗细
1
背景1
400 x 360
从调色板中选择黑色
画笔是用来画线的
转换为矢量图
在绘画区画线

1.4 填充颜色

接下来，使用“填充”图标给背景的每一部分涂上颜色。单击“填充”图标（它看起来像一个颜料罐），然后从绘制编辑器左上角的“填充”菜单中任选一种颜色。

填充

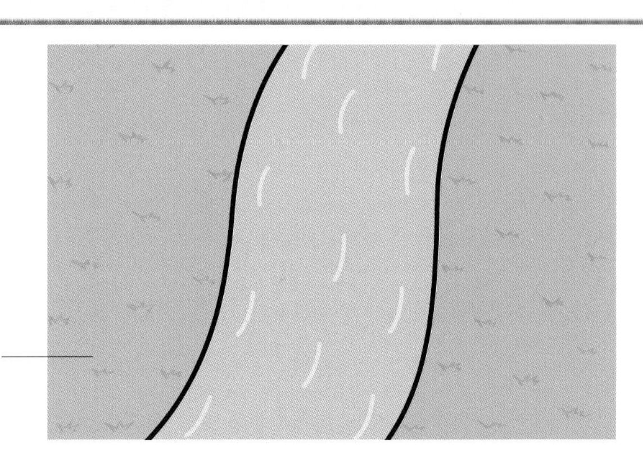

把草地部分涂成绿色，并选择蓝色填充河流。如果想让背景看起来更逼真，你可以给背景添加更多细节

1.5 创建Boat角色

舞台准备好了，让我们添加第一个角色。Scratch中没有Boat角色，因此你需要使用绘制编辑器重新创建一个。首先单击“选择一个角色”，从“角色”菜单中选择“绘制”图标，打开绘制编辑器，然后选择位图模式，使用工具画一艘船。你可以把这个角色命名为Boat，并适当地调整它的大小。你也可以从角色库中选择船状角色，并在信息面板中将它的名称更改为Boat，将大小更改为50。

从调色板中选择你喜欢的颜色

确保Boat的大小与背景匹配

.6 创建一些变量

现在开始添加指令积木。单击界面上角的“代码”选项卡，选中Boat角。然后，在变量指令积木中单击“建一个变量”按钮，创建3个新变量，分命名为boat capacity、boat moving和oat side。

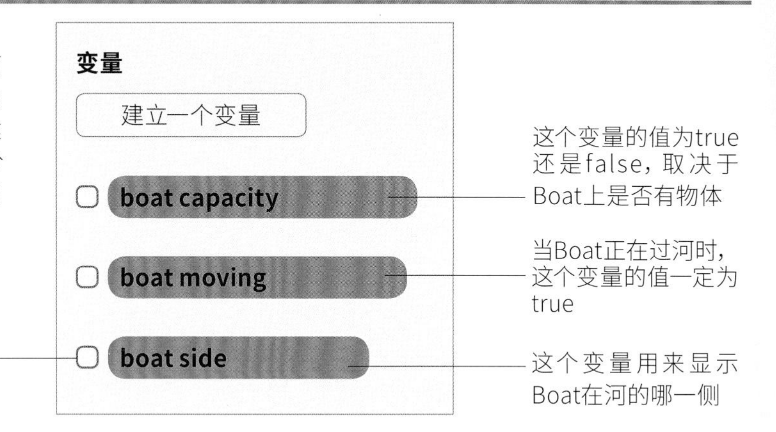
变量
建立一个变量
boat capacity
boat moving
boat side
这个变量的值为true还是false，取决于Boat上是否有物体
当Boat正在过河时，这个变量的值一定为true
这个变量用来显示Boat在河的哪一侧
确保这些框未被选中，以避免这些变量出现在后台

.7 准备运行

接下来，将右边的指令积木添加给oat角色。当程序开始时，这些代码将空Boat放在河的左侧。你可以通过调x坐标和y坐标的值，使Boat正确地位你创建的背景上；你也可以通过拖动oat将它放置在正确的位置，再将“角信息”面板中的x坐标和y坐标复制到本中。

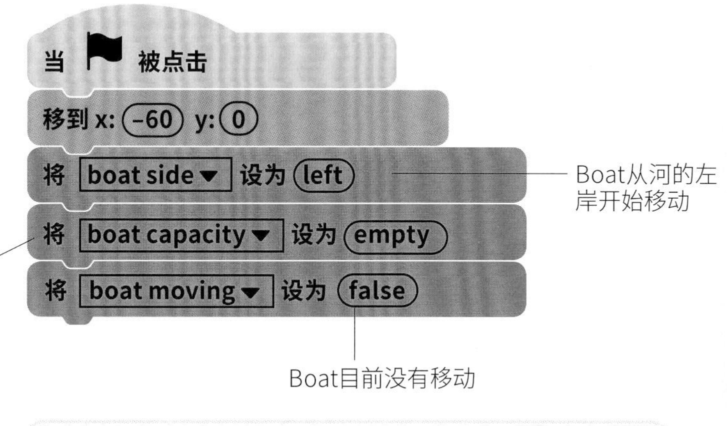
当 被点击
移到 x: -60 y: 0
将 boat side 设为 left
将 boat capacity 设为 empty
将 boat moving 设为 false
Boat从河的左岸开始移动
程序开始时，Boat是空的
Boat目前没有移动

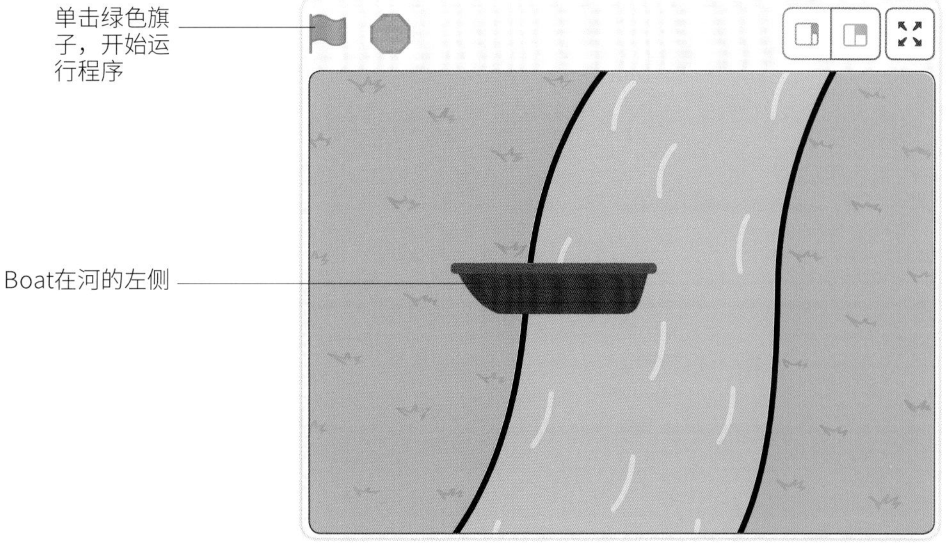
单击绿色旗子，开始运行程序
Boat在河的左侧

1.8 开始移动

现在继续添加指令积木，使Boat在被单击时移动到河的另一侧。第二次运行项目时，Boat会自动回到原处。

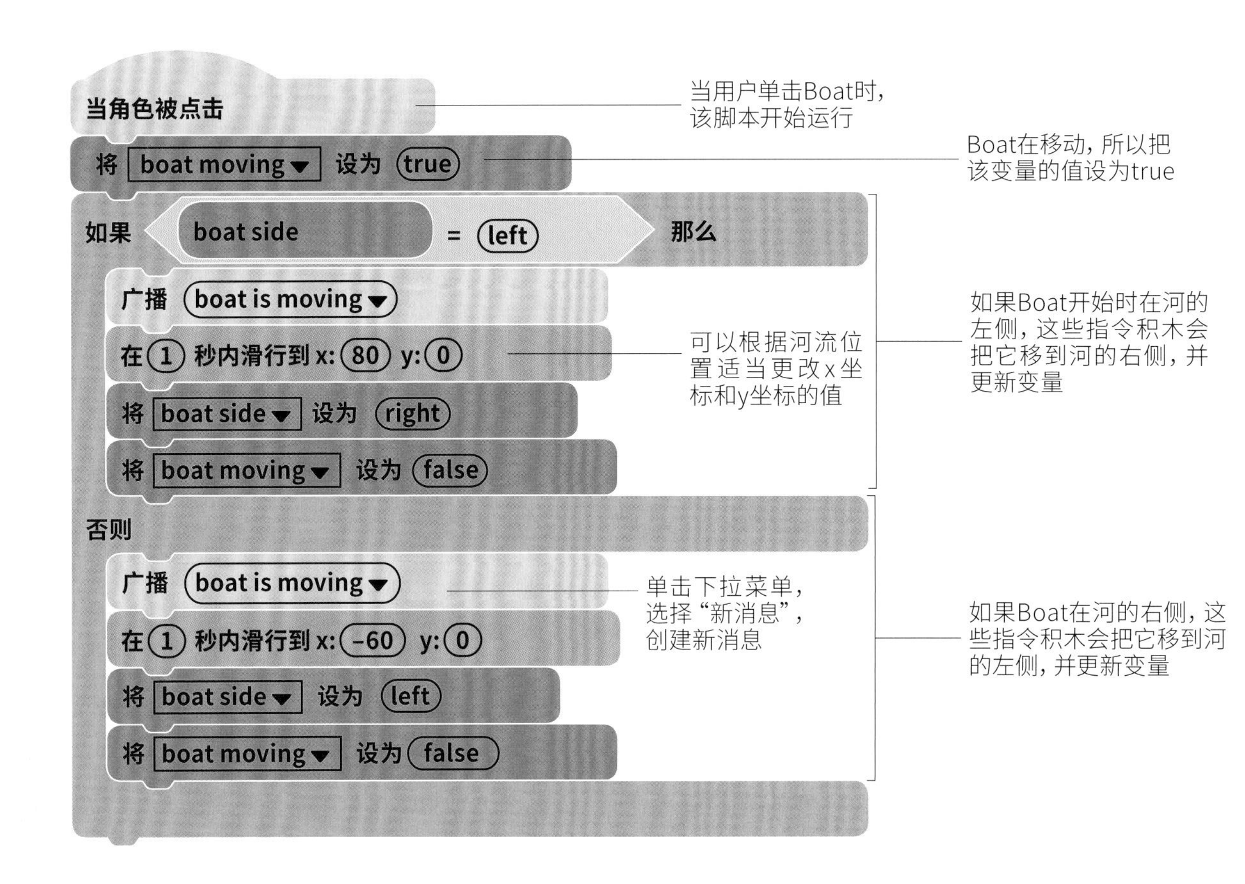

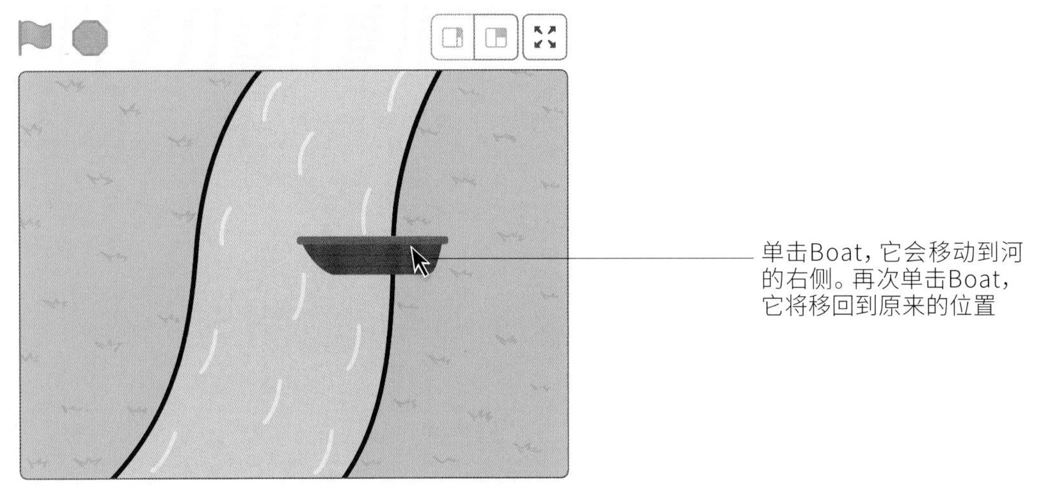

单击Boat，它会移动到河的右侧。再次单击Boat，它将移回到原来的位置

2 添加一个新角色

Boat准备启航了。现在你需要为逻辑谜题添加另一个角色，然后通过编程让它随Boat移动。

2.1 添加Lion到角色库中

寻找Lion角色，并把它添加到项目中，然后在角色信息面板中将它的大小更改为80。

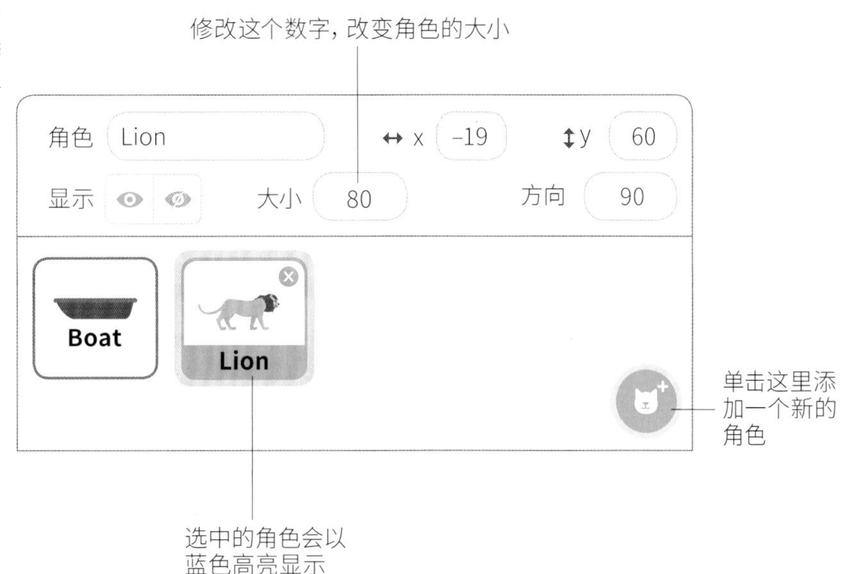
修改这个数字，改变角色的大小
角色
Lion
x
-19
y
60
显示
大小
80
方向
90
Boat
Lion
单击这里添加一个新的角色
选中的角色会以蓝色高亮显示

调整大小后的Lion会出现在屏幕上

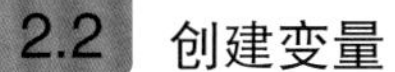

2.2 创建变量

选中Lion角色，通过代码区的变量指令积木为Lion角色创建两个新变量Lion side和Lion onboard。如果需要重命名或删除变量，请右击或按住Ctrl键并单击它。

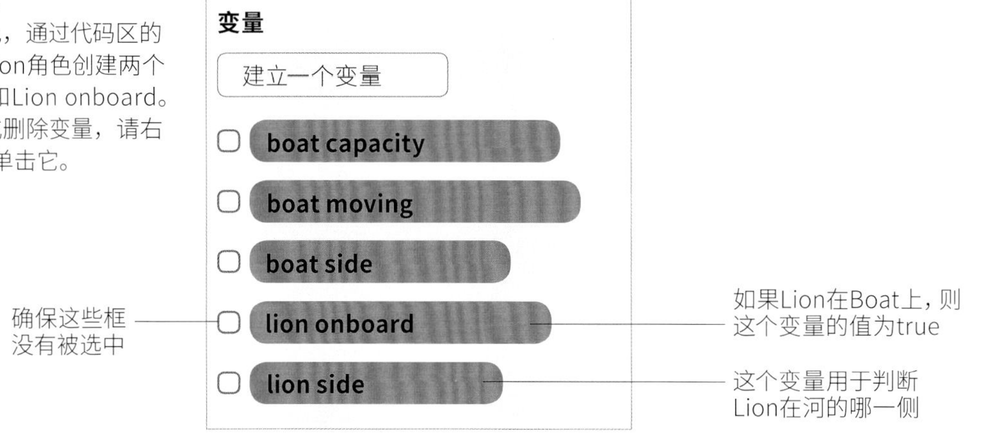

变量
建立一个变量
boat capacity
boat moving
boat side
lion onboard
lion side
确保这些框没有被选中
如果Lion在Boat上，则这个变量的值为true
这个变量用于判断Lion在河的哪一侧

2.3 Lion的位置

将右边的指令积木添加给Lion角色，此时Lion角色位于河的左侧。你可以根据背景的大小适当调整Lion的x坐标和y坐标。

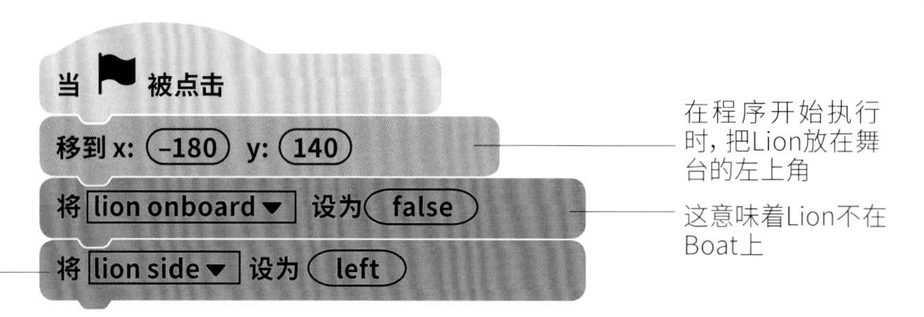

当 被点击
移到x: -180 y: 140
将 lion onboard 设为 false
将 lion side 设为 left
在程序开始执行时，把Lion放在舞台的左上角
这意味着Lion不在Boat上

把Lion放在河的左侧

2.4 移动到Boat上

当用户单击Lion角色时，它必须移动到Boat上。你可以通过添加指令积木来实现这一操作。

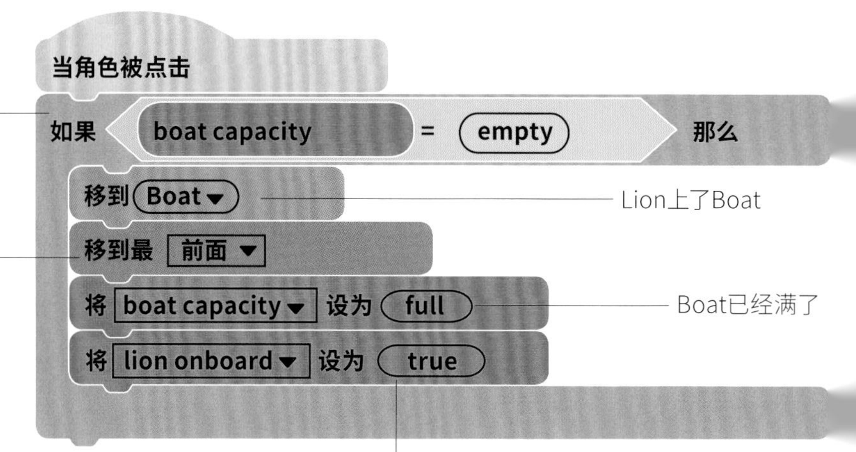

当角色被点击
如果 boat capacity = empty 那么
移到 Boat
移到最 前面
将 boat capacity 设为 full
将 lion onboard 设为 true
只有当boat capcity的值为empty的时候，这些指令积木才会运行。这样可以防止同一时间内多个角色进入Boat内
在代码区的外观指令积木中找到该指令积木。它可以确保Lion在Boat上
Lion上了Boat
Boat已经满了
这意味着Lion在Boat上

2.5 让Lion和Boat同时移动

当Boat过河时，Lion也需要同时跟着Boat移动，不能分离。为Lion角色添加以下指令积木，然后运行指令积木，看看你能不能把Lion放在Boat上过河，然后再让Lion和Boat一起回来。

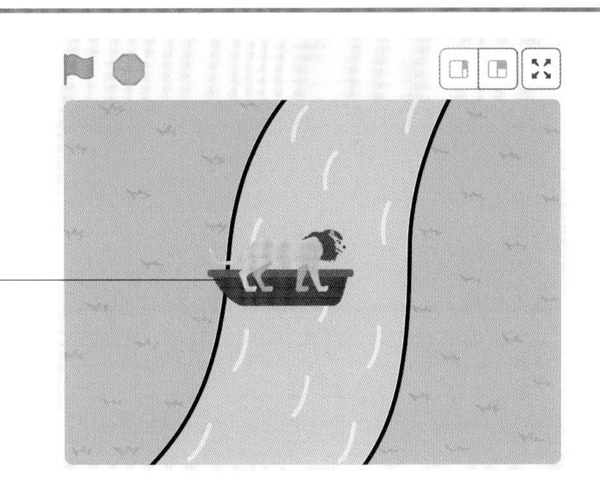

单击Lion角色后，它会与Boat一起移动

当用户单击Boat角色时，开始运行程序

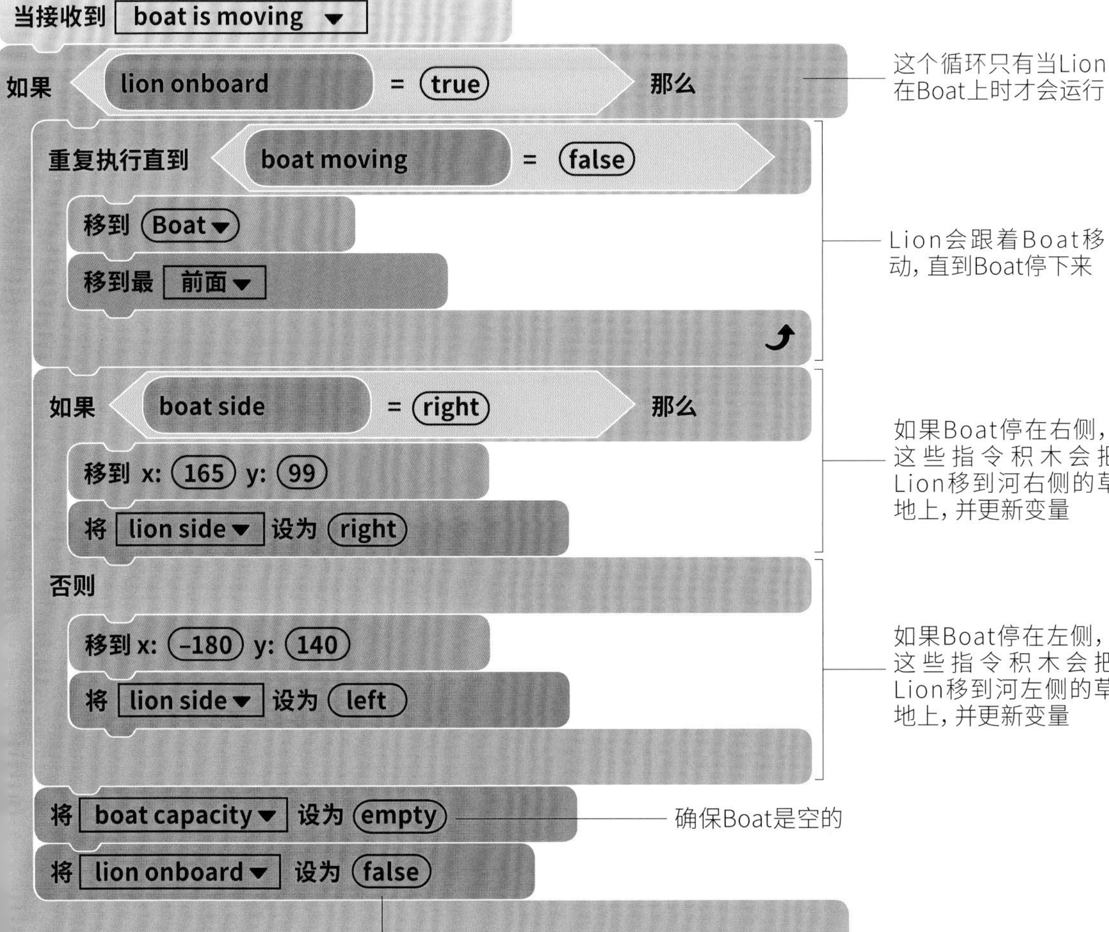
当接收到 boat is moving
如果 lion onboard = true 那么
重复执行直到 boat moving = false
移到 Boat
移到最 前面
如果 boat side = right 那么
移到 x: 165 y: 99
将 lion side 设为 right
否则
移到 x: -180 y: 140
将 lion side 设为 left
将 boat capacity 设为 empty
将 lion onboard 设为 false

这个循环只有当Lion在Boat上时才会运行

Lion会跟着Boat移动，直到Boat停下来

如果Boat停在右侧，这些指令积木会把Lion移到河右侧的草地上，并更新变量

如果Boat停在左侧，这些指令积木会把Lion移到河左侧的草地上，并更新变量

确保Boat是空的

这意味着Lion不在Boat上了

3 添加更多新角色

下面将添加更多的新角色,以增加项目的复杂性。你可以参照前面步骤中对Lion角色的编码过程，对新角色进行编码。你还可以增加一些指令积木，以检查解谜时的逻辑是否正确。

3.1 添加Donut角色

在角色库中找到Donut角色，然后把它添加到作品中。这个角色比较大，所以要在信息面板中将它的大小设为50。

Donut

3.2 复制Lion角色的指令积木

Donut的指令积木和Lion的非常相似，复制这些指令积木的步骤也很简单。单击Lion角色，找到在步骤2.3、步骤2.4和步骤2.5中编写的指令积木。将所有指令积木拖放到角色列表区的Donut角色上，这样一来这些指令积木就成Donut角色的代码内容。这些角色的指令积木可以互相复制，也可以通过右击代码区域，选择“删除”来删除它们。

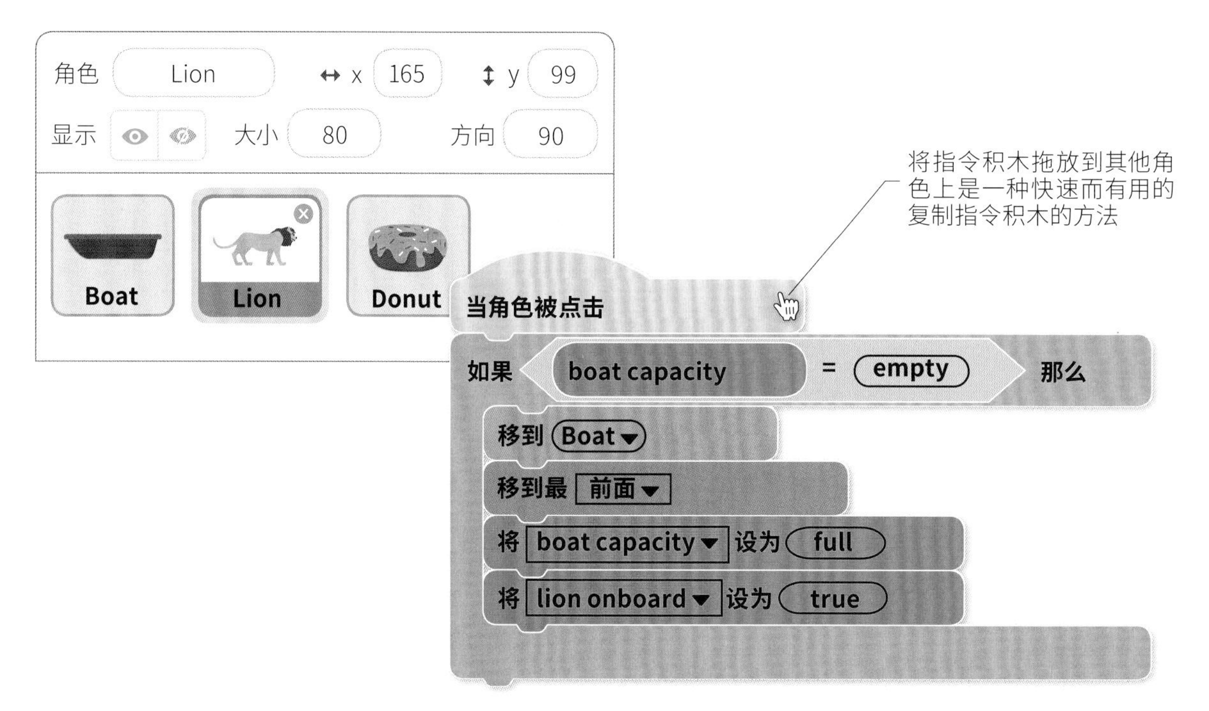
角色
Lion
x 165
y 99
显示
大小 80
方向 90
Boat
Lion
Donut
将指令积木拖放到其他角色上是一种快速而有用的复制指令积木的方法
当角色被点击
如果 boat capacity = empty 那么
移到 Boat
移到最 前面
将 boat capacity 设为 full
将 lion onboard 设为 true

3.3 更新指令积木

现在选择Donut角色，你将会看到你刚才复制的指令积木。你需要更改指令积木使它适用于Donut。首先，创建两个新变量donut side和donut onboard；然后，在相应位置更改指令积木。

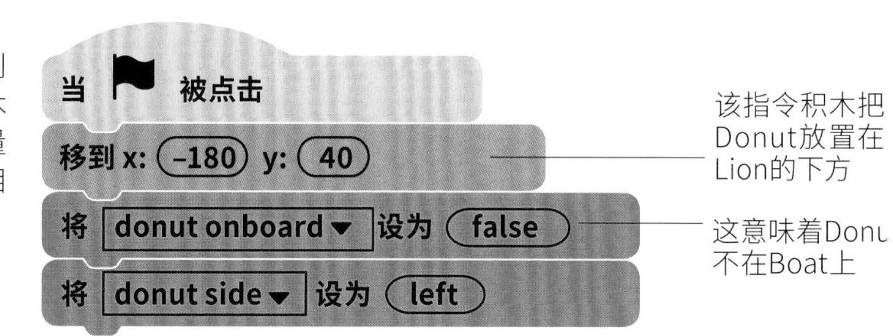
当 被点击
移到 x: -180 y: 40
将 donut onboard 设为 false
将 donut side 设为 left
该指令积木把Donut放置在Lion的下方
这意味着Donu
不在Boat上

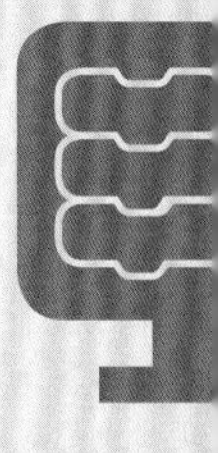

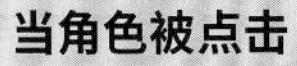
当角色被点击

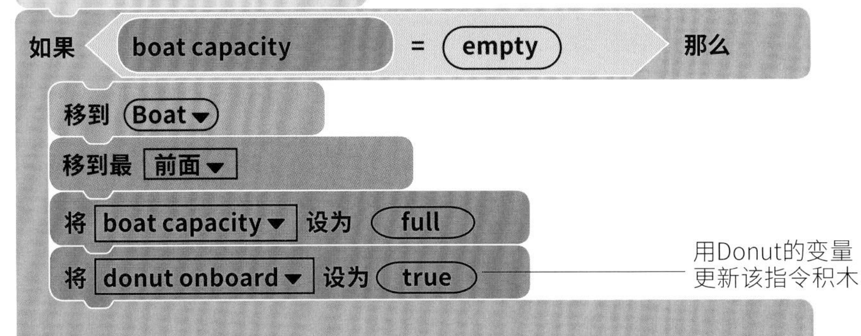
如果 boat capacity = empty 那么
移到 Boat
移到最 前面
将 boat capacity 设为 full
将 donut onboard 设为 true
用Donut的变量
更新该指令积木

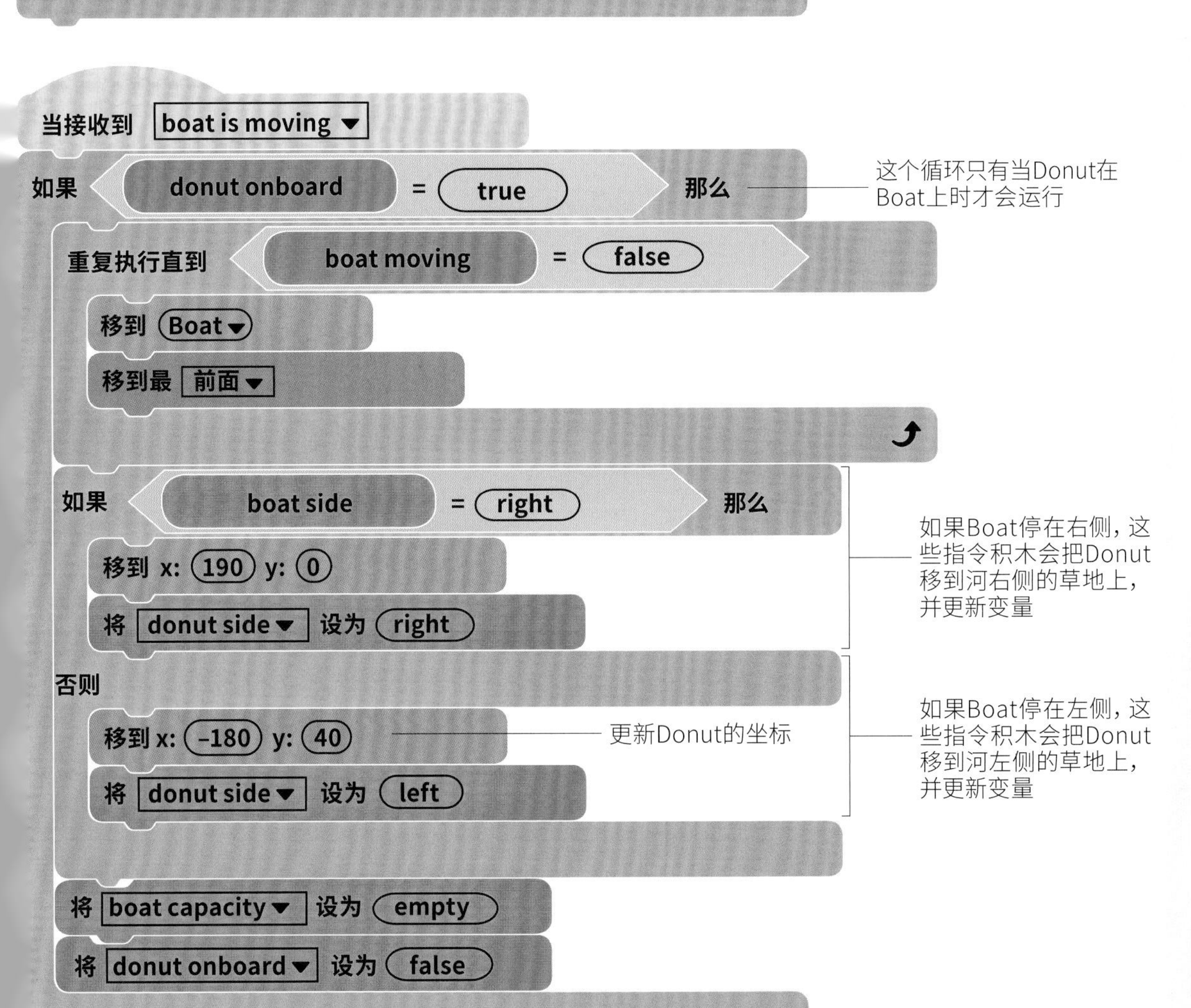
当接收到 boat is moving
如果 donut onboard = true 那么
这个循环只有当Donut在
Boat上时才会运行
重复执行直到 boat moving = false
移到 Boat
移到最 前面
如果 boat side = right 那么
移到 x: 190 y: 0
将 donut side 设为 right
如果Boat停在右侧，这
些指令积木会把Donut
移到河右侧的草地上，
并更新变量
否则
移到 x: -180 y: 40
更新Donut的坐标
将 donut side 设为 left
如果Boat停在左侧，这
些指令积木会把Donut
移到河左侧的草地上，
并更新变量
将 boat capacity 设为 empty
将 donut onboard 设为 false

3.4 添加Rooster角色

现在将最后一个角色添加到作品中。先在角色库中找到Rooster，然后在角色面板中将它的大小设为50。

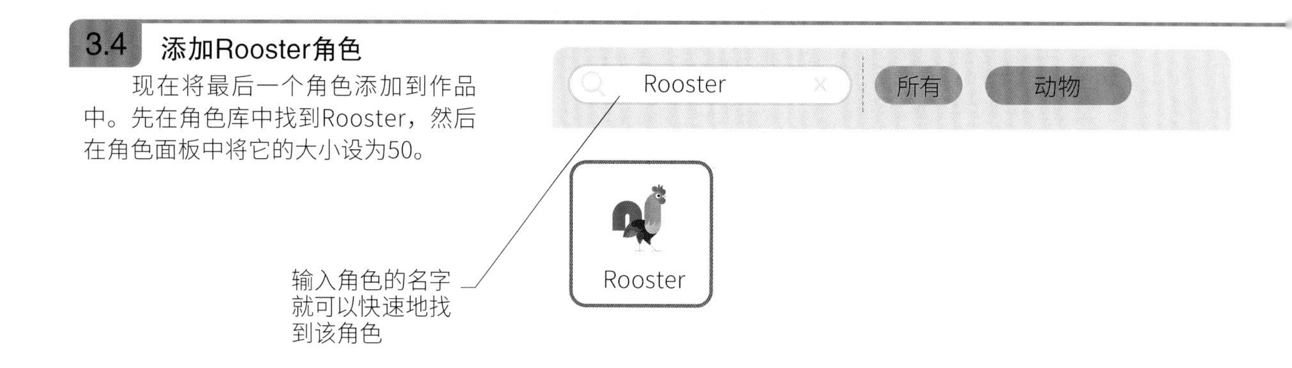
Rooster
所有
动物
Rooster
输入角色的名字就可以快速地找到该角色

3.5 复制Lion角色的指令积木

给Rooster角色添加指令积木的步骤与给Donut角色添加指令积木的步骤一样，首先将所有的指令积木从Lion角色拖放到Rooster角色。这个步骤会将Lion角色的所有指令积木都复制过来。

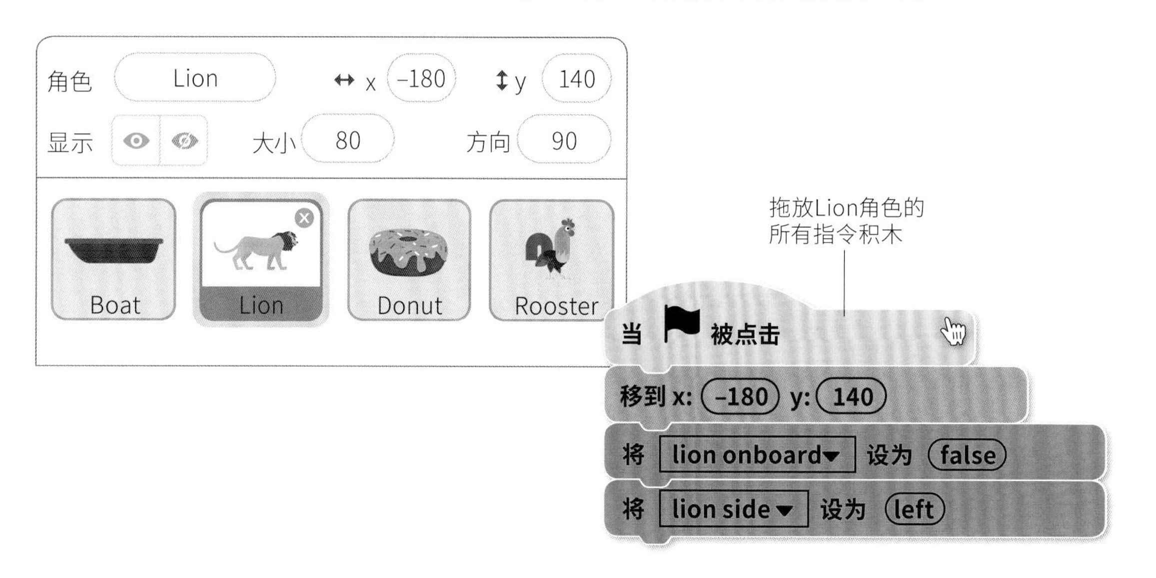
角色
Lion
x
-180
y
140
显示
大小
80
方向
90
Boat
Lion
Donut
Rooster
拖放Lion角色的所有指令积木
当 被点击
移到 x: -180 y: 140
将 lion onboard 设为 false
将 lion side 设为 left

3.6 更新指令积木

现在你需要编辑刚才复制的指令积木。记得创建两个新的变量rooster side和rooster onboard，并确保你选中的是相应的变量。具体的指令积木如右图所示。

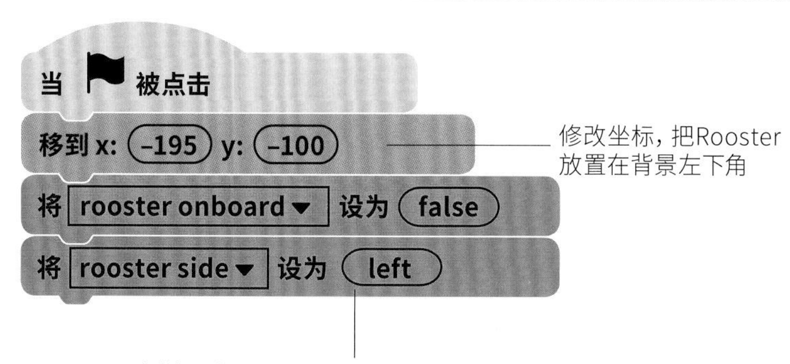
当 被点击
移到 x: -195 y: -100
将 rooster onboard 设为 false
将 rooster side 设为 left
修改坐标，把Rooster放置在背景左下角
这样一来，Rooster就被放置在河的左侧

```
当角色被点击
如果 boat capacity = empty 那么
    移到 Boat
    移到最 前面
    将 boat capacity 设为 full
    将 rooster onboard 设为 true
```

用Rooster的变量更新该指令积木

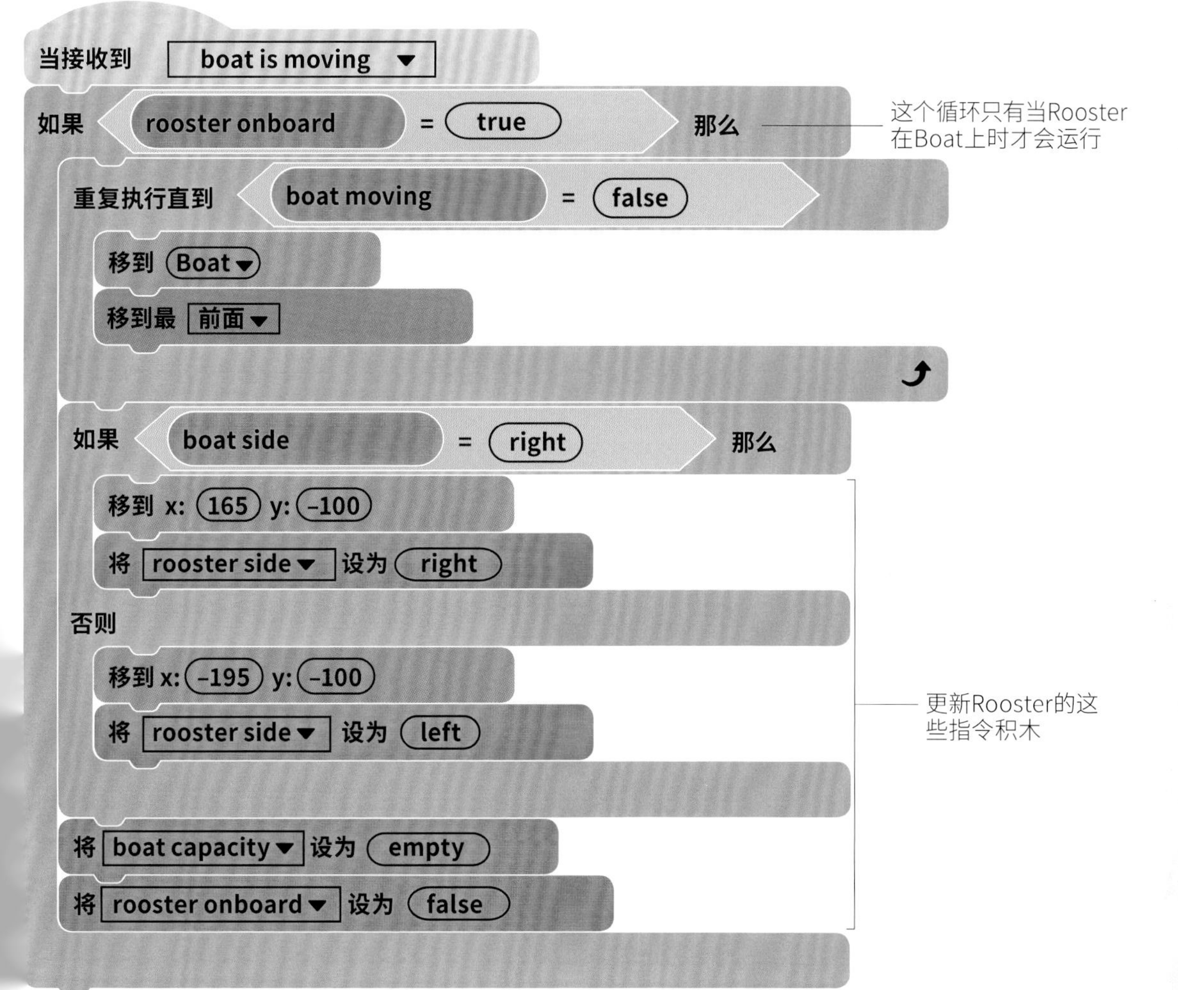

当接收到 boat is moving
如果 rooster onboard = true 那么
重复执行直到 boat moving = false
移到 Boat
移到最 前面
如果 boat side = right 那么
移到 x: 165 y: -100
将 rooster side 设为 right
否则
移到 x: -195 y: -100
将 rooster side 设为 left
将 boat capacity 设为 empty
将 rooster onboard 设为 false
这个循环只有当Rooster在Boat上时才会运行
更新Rooster的这些指令积木

3.7 添加规则

程序进行到现在，所有角色都能在河上移动。现在需要给这个逻辑谜题添加规则。首先将右边的指令积木添加给Boat角色。这可以检查在运行中是否有任何规则被打破，或用户是否成功解决了问题。

```
当接收到 检查位置▾
如果 <<(lion side) = (right)> 与 <(donut side) = (right)> 与 <(rooster s…
  说 (胜利！全部都在河的右侧)
如果 <<(lion side) = (left)> 与 <(donut side) = (right)> 与 <(rooster …
  说 (失败！Lion吃掉了Rooster)
如果 <<(lion side) = (right)> 与 <(donut side) = (left)> 与 <(rooster …
  说 (失败！Lion吃掉了Rooster)
如果 <<(lion side) = (right)> 与 <(donut side) = (left)> 与 <(rooster …
  说 (失败！Rooster吃掉了Donut)
如果 <<(lion side) = (left)> 与 <(donut side) = (right)> 与 <(rooster …
  说 (失败！Rooster吃掉了Donut)
```

单击下拉菜单，选择“新消息”，新建这条消息

如果Lion和Rooster单独留在左侧，游戏就结束了

如果只剩下Lion和Rooster在右侧，游戏就结束了

如果Rooster和Donut单独留在左侧，游戏就结束了

如果Rooster和Donut单独留在右侧，游戏就结束了

技巧和调整

设计你喜欢的场景

使用绘画编辑器改变角色的造型和项目背景，可以为这个逻辑谜题创建一个全新的场景。例如，你可以将背景设置为在太空中，你需要将外星人从一个空间站运输到另一个空间站，但是你不能把某些类型的外星人留在一起。此时你应该如何运用角色和背景库来解决呢？

尝试使用其他角色和背景创建不同的场景

如果每个角色都在河的右侧，那么这个逻辑谜题就解开了

```
right) 与 <boat side = right> 那么

eft) 与 <boat side = right> 那么

ight) 与 <boat side = left> 那么

eft) 与 <boat side = right> 那么

ight) 与 <boat side = left> 那么
```

3.8 执行规则

当然，这些规则必须一直被检查。只需将几个新的指令积木添加在步骤1.7中的指令积木下面，然后运行代码并测试逻辑即可。

在Boat角色中找到这些指令积木

```
当 ⚑ 被点击
移到 x: -60 y: 0
将 boat side 设为 left
将 boat capacity 设为 empty
将 boat moving 设为 false
重复执行
    广播 检查位置
```

“重复执行”指令积木将不断检查程序，看看是否有规则被打破

计算移动次数

能通过添加一个变量来计算玩家移动oat的次数吗？你需要添加一个名为多动次数”的新变量，并将它设置为每单击Boat角色时变量的数量就加1。

将此指令积木添加到步骤1.8中创建的指令积木中，以增加移动的次数

```
将 移动次数 增加 1
```

背景音乐

许多益智类游戏都有简单的背景音乐，来帮助玩家集中注意力。如果想添加音乐，请单击屏幕右下角的“背景”图标，然后单击“声音”选项卡，单击“选择一个声音”图标，找到Dance Chill Out，最后添加下面的指令积木，让声音一直播放。

你可以从声音库中选择任意声音

操作教程：飞船闪避游戏

在本项目中，你将创建一个带有动画角色的横向行进游戏。创建这个游戏项目，既可以培
你的游戏开发能力，也能测试你的注意力和反应速度。

这个游戏是如何运作的

这个游戏允许玩家使用“向上”和“向下”箭头键来运行一个被Rocks（陨石）包围的Rocketship（飞船）。“飞行速度”滑杆可以控制游戏速度，并且随着游戏的进行，Rocks的飞行速度也会增加。Rocketship和Rocks之间一旦发生碰撞，游戏就会结束。

移动的障碍

这个程序会在x坐标上设置障碍，并使障
碍以随机的时间间隔出现，从而让玩家
产生Rocketship在运动的视觉效果。

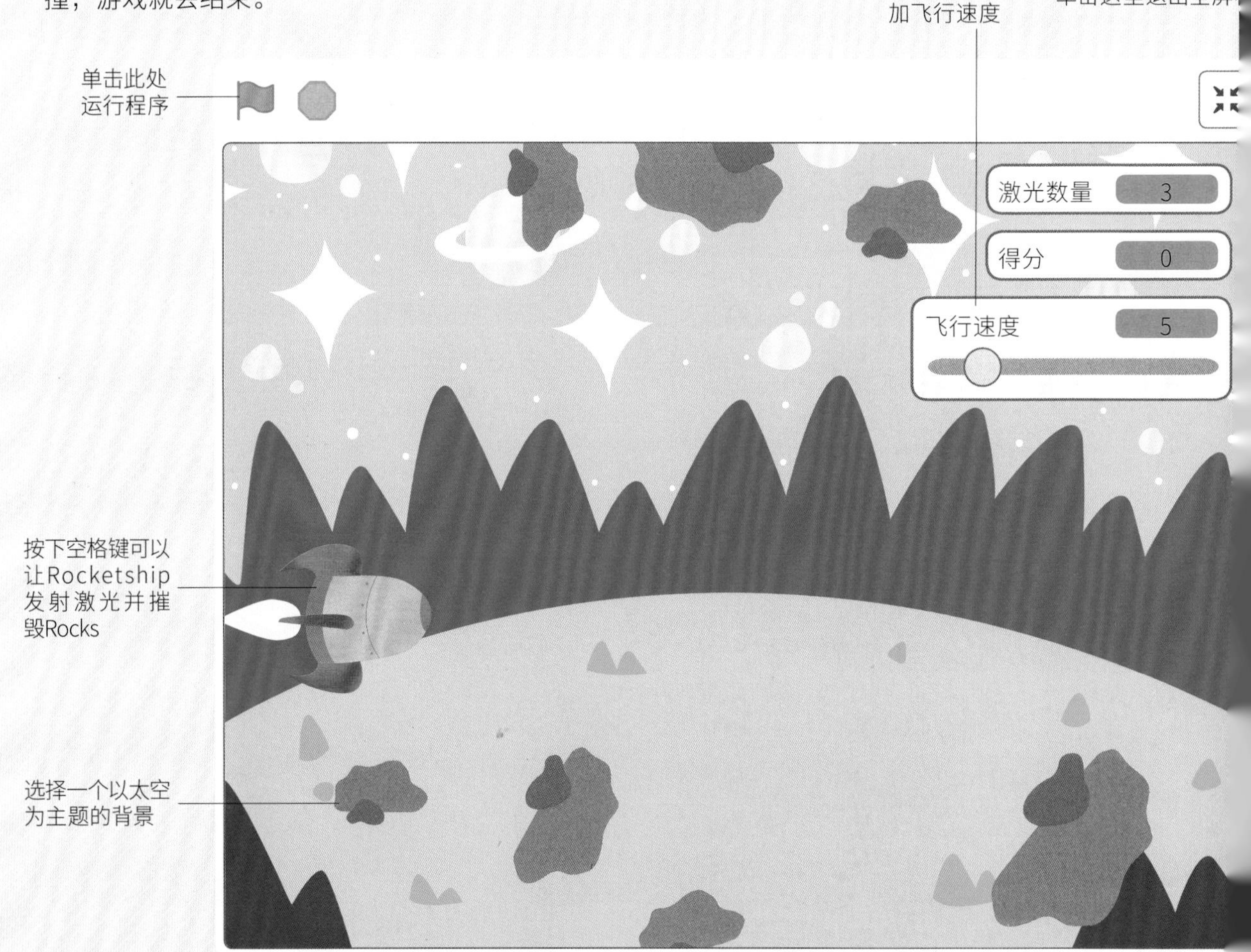
使用滑杆来增加飞行速度
单击这里退出全屏
单击此处运行程序
激光数量
3
得分
0
飞行速度
5
按下空格键可以让Rocketship发射激光并摧毁Rocks
选择一个以太空为主题的背景

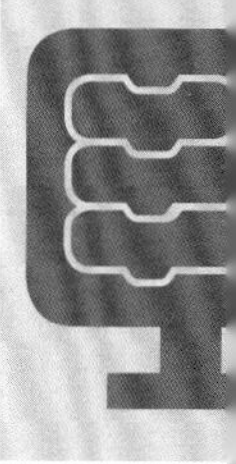

你可以学到

- 如何创建一个横向行进游戏
- 如何使用“重复执行”指令积木创建连续的游戏程序
- 如何创建一个会随着游戏进程提高难度的游戏

时间:
20～25分钟

难度等级

如何应用

在这个游戏中，通过控制背景和其他物体在屏幕上移动的方式，让玩家感觉是自己操控的角色在移动。这种流行的横向行进游戏技巧还可以应用在赛车或射击类游戏中。

程序设计

程序使用一个主循环来检查按下哪个按键时Rocketship向上或向下移动。当单击Rocketship角色时，它会发射光摧毁Rocks。这个主循环代码会不断检查是否有Rocks到Rocketship，一旦碰到，游戏就会结束。

开始
是否按下了“向上”箭头键？ —是→ 将Rocketship的位置上移
否 ↓
是否按下了“向下”箭头键？ —是→ 将Rocketship的位置下移
否 ↓
是否按下了空格键？ —是→ 发射激光摧毁Rocks
否 ↓
是否碰到了Rocks？ —是→ 结束
否 → 返回循环开始

1 游戏元素

一个完整的作品必须要有环境和变量这几个基本元素。游戏环境由角色和背景构成，使用变量可以添加一些游戏功能。

1.1 添加角色

新建一个作品，并删除默认的角色。然后添加这款游戏中需要的两个新角色Rocketship和Rocks，你可以在角色库中找到它们。

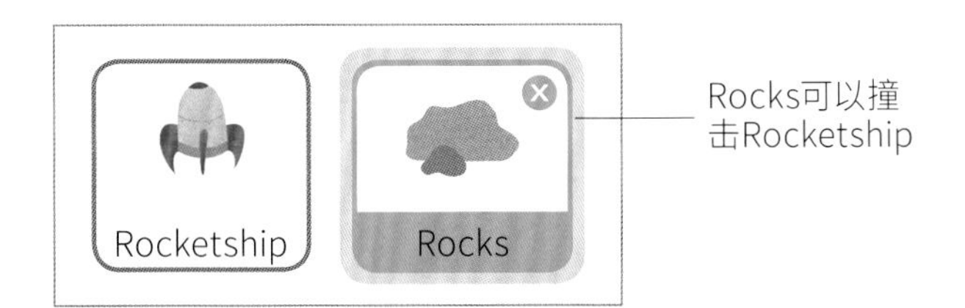

1.2 设置背景

这个游戏需要用到两个背景。首先，将鼠标移至底部的右下角，单击“选择一个背景”，然后选择Space，将它作为这个游戏的第一个背景。你也可以从“太空”类别中选择其他背景。

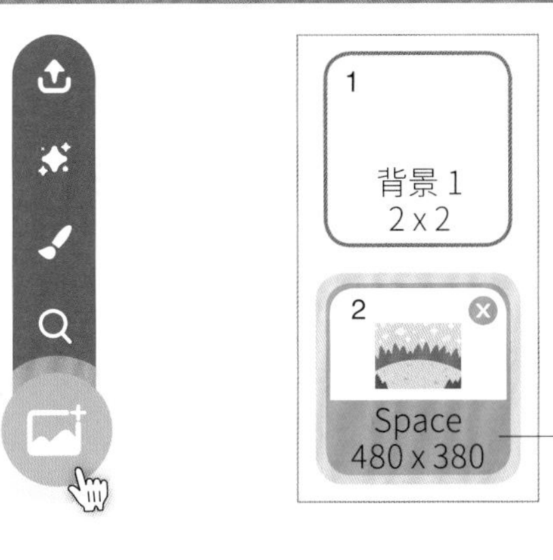

1.3 填充颜色

为了创建第二个背景，需要先返回背景库，选择原来的背景1。单击“转换为位图”按钮，再使用填充工具把背景填充成“红色”。最后，再次单击Space背景，将它选为默认背景。

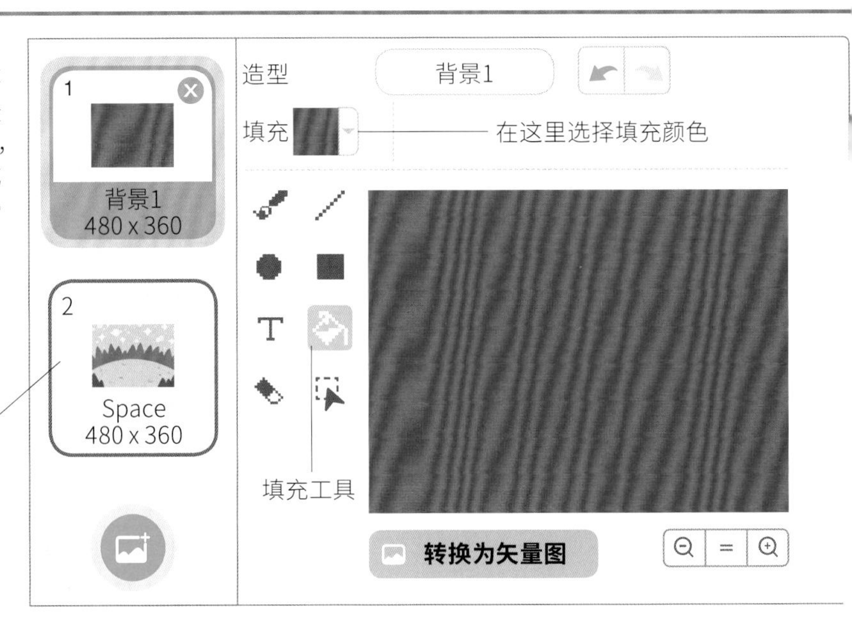

1.4 新建变量

单击变量指令积木中的“建立一个变量”按钮，创建此项目所需的所有变量，如右图所示。选中变量“激光数量”“得分”和“飞行速度”的复选框，这样才能使它们显示在屏幕上。

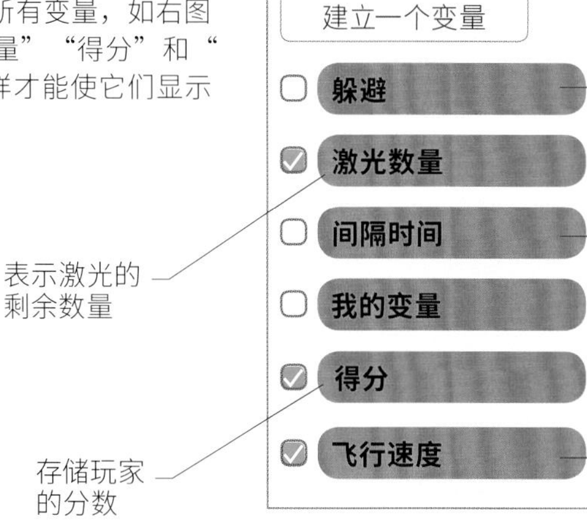

这个变量会计算成功躲避的Rocks数量

表示新的Rocks出现的间隔时间，它会随着比赛的进行逐渐缩短

Rocketship的飞行速度

2 给Rocketship角色编码

以上的基本元素准备好后，就可以开始编程了。首先为ocketship角色添加指令积木，这些指令积木让玩家能够控Rocketship的移动，并且添加一束激光。

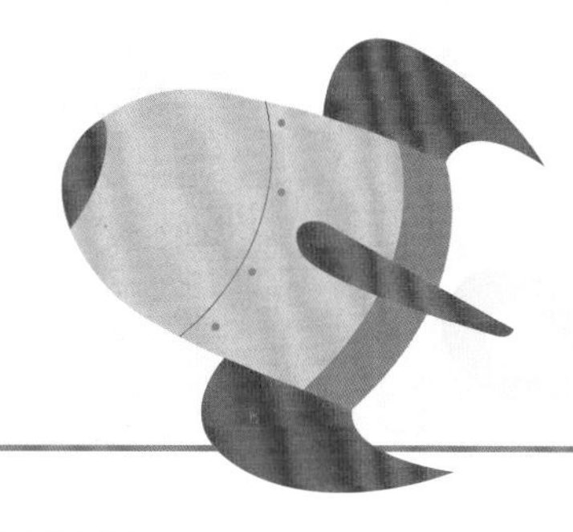

2.1 准备Rocketship

选中Rocketship角色，然后给它添加右边的指令积木。

```
当 ⚑ 被点击
将大小设为 (50)
移到 x: (-200) y: (0)
面向 (180) 方向
将 [飞行速度 ▼] 设为 (5)
将 [躲避 ▼] 设为 (0)
将 [得分 ▼] 设为 (0)
将 [间隔时间 ▼] 设为 (2)
将 [激光数量 ▼] 设为 (3)
```

使角色的大小减半

把Rocketship放置在舞台左侧并面向右边

该指令积木控制Rocks每2秒出现一次

激光可以发射3次。不过，你可以修改这个数字，以便使游戏变得更容易或更困难

2.2 增加控制代码

在原来的指令积木的基础上再增加一些指令积木，用来控制Rocketship在屏幕上的移动。

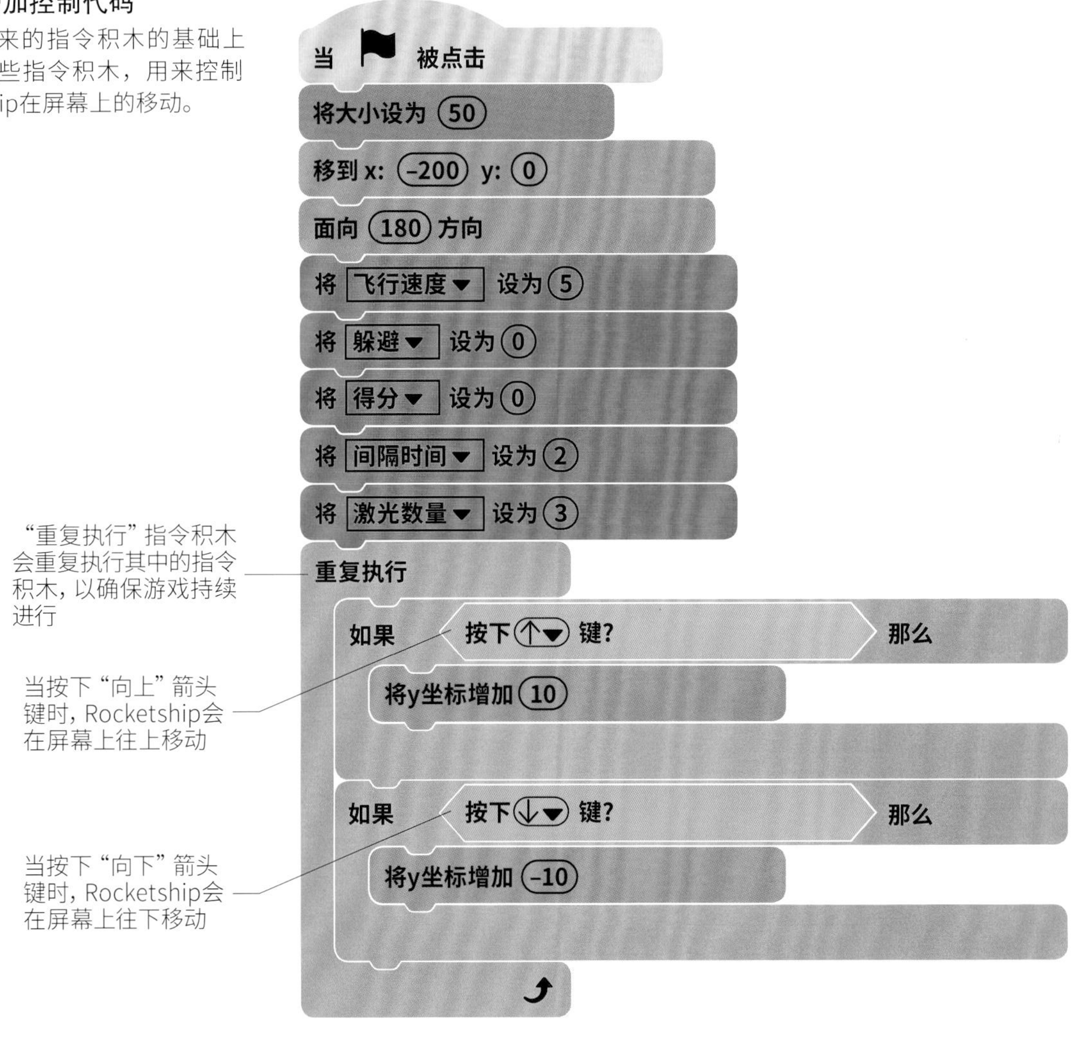

当 被点击
将大小设为 50
移到 x: -200 y: 0
面向 180 方向
将 飞行速度 设为 5
将 躲避 设为 0
将 得分 设为 0
将 间隔时间 设为 2
将 激光数量 设为 3
重复执行
如果 按下 ↑ 键? 那么
将y坐标增加 10
如果 按下 ↓ 键? 那么
将y坐标增加 -10
“重复执行”指令积木会重复执行其中的指令积木，以确保游戏持续进行
当按下“向上”箭头键时，Rocketship会在屏幕上往上移动
当按下“向下”箭头键时，Rocketship会在屏幕上往下移动

2.3 测试游戏

单击绿色旗子，测试游戏。看看你能不能用箭头键控制Rocketship在屏幕上上下移动。

单击此处开始游戏

运行指令积木前，这些图标拖放到上角，以防止它们挡游戏区域

使用“向上”或“向下”箭头键控制Rocketship

不用考虑Rocks，稍后再对它进行编码

2.4 动态的Rocketship

没有燃烧的火焰，Rocketship就没有运动的视觉效果。因此在不同的场景下，Rocketship的状态应该不一样。单击“造型”卡，然后删除Rocketship的第五个造型。再添加上Rocketship在Space中飞行时的动画指令积木，就可以设计出一只动态的Rocketship。记得在游戏开始之前要进行测试。

3
Rocketship-c
128 x 184

4
Rocketship-d
131 x 181

5
Rocketship-d
131 x 181

复制
导出
删除

你也可以通过单击蓝色的“×”按钮来删除这个造型

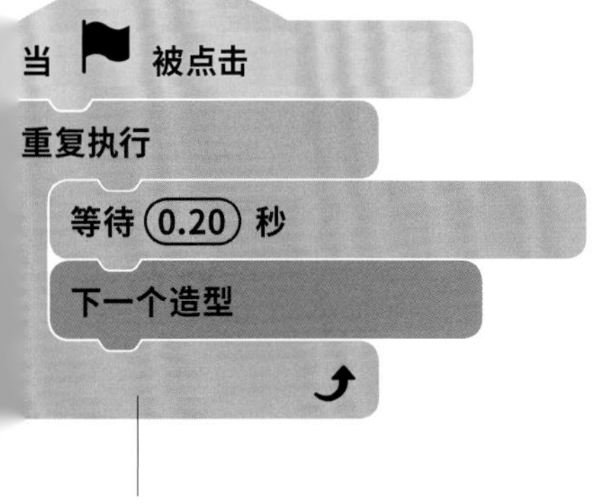
当 被点击
重复执行
等待 0.20 秒
下一个造型

个循环会每0.20秒改变一次Rocketship造型，使它看起来好像在运动

2.5 避开Rocks

下一步是添加一些指示。将下面这些指令积木添加给Rocketship，它将告诉Rocketship，如果碰到Rocks应该怎么办，以及会发生什么。

当 被点击
重复执行
如果 碰到 Rocks ? 那么
广播 游戏结束
如果Rocketship碰到Rocks，那么游戏就结束
使用下拉菜单创建这条广播消息

2.6 设置激光

现在编写控制激光的代码。当还有激光的时候，按下空格键就会发射。为了达到这种效果，你可以让背景快速切换成背景1，这能营造出Rocks被激光击中的效果。你可以将下列指令积木添加给Rocketship，然后进行测试。

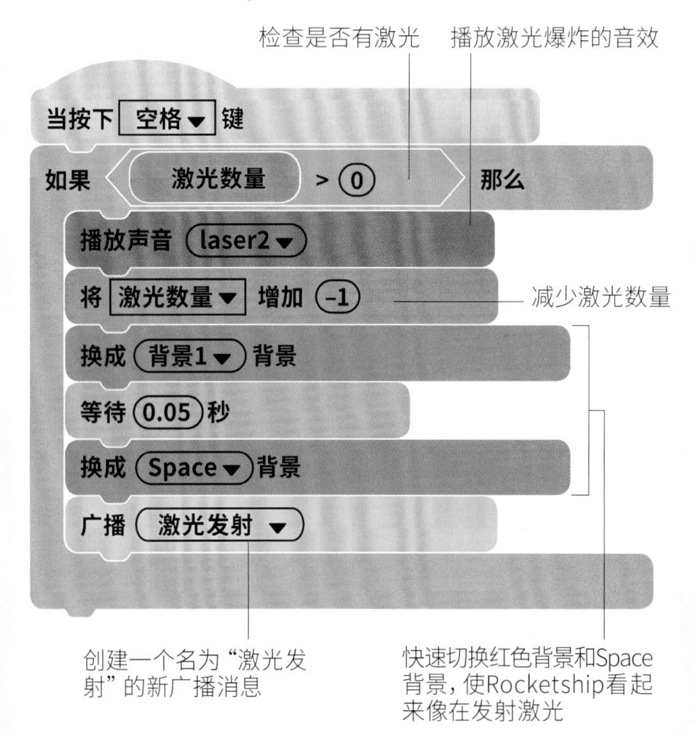
检查是否有激光
播放激光爆炸的音效
当按下 空格 键
如果 激光数量 > 0 那么
播放声音 laser2
将 激光数量 增加 -1
减少激光数量
换成 背景1 背景
等待 0.05 秒
换成 Space 背景
广播 激光发射
创建一个名为“激光发射”的新广播消息
快速切换红色背景和Space背景，使Rocketship看起来像在发射激光

2.7 更新分数

现在需要增加一些代码，使得Rocketship每成功躲避一次Rocks就增加1分。与此同时，Rocks出现的间隔时间也会缩短。

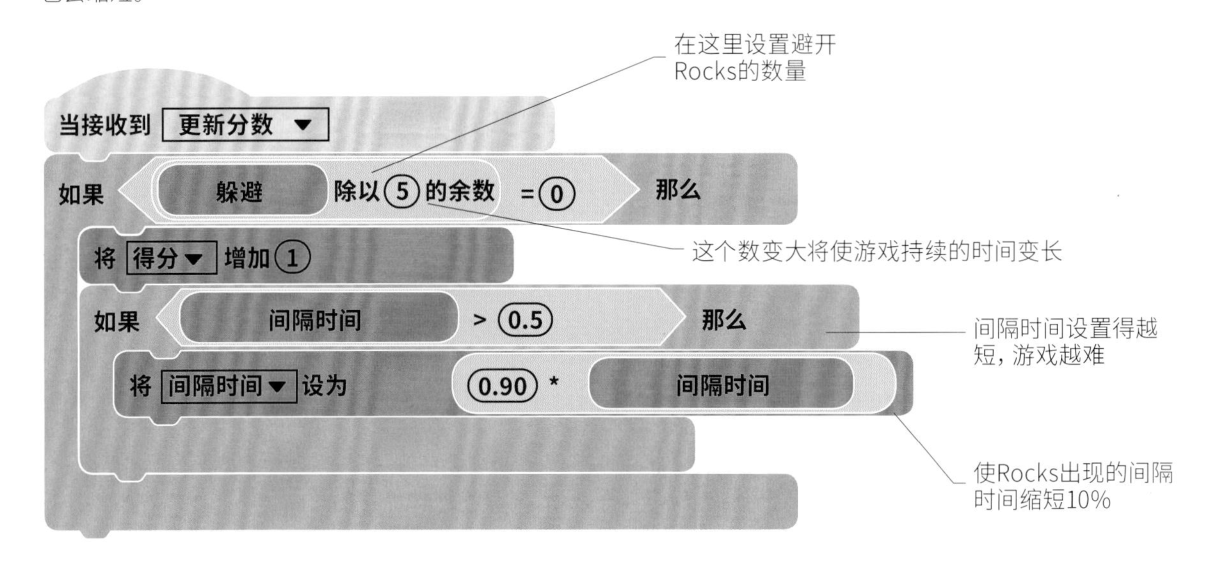

在这里设置避开Rocks的数量
当接收到 更新分数
如果 躲避 除以 5 的余数 = 0 那么
将 得分 增加 1
这个数变大将使游戏持续的时间变长
如果 间隔时间 > 0.5 那么
间隔时间设置得越短，游戏越难
将 间隔时间 设为 0.90 * 间隔时间
使Rocks出现的间隔时间缩短10%

3 给Rocks角色编码

设置好Rocketship角色的指令积木之后，再对Rocks角色进行编码。接下来需要为Rocks添加指令积以及被激光击中时发生爆炸的指令积木。

3.1 创建Rocks的代码

先选中Rocks角色，然后在其代码区内添加右边这些指令积木。“重复执行”指令积木意味着一旦游戏开始，Rocks将会不断出现。

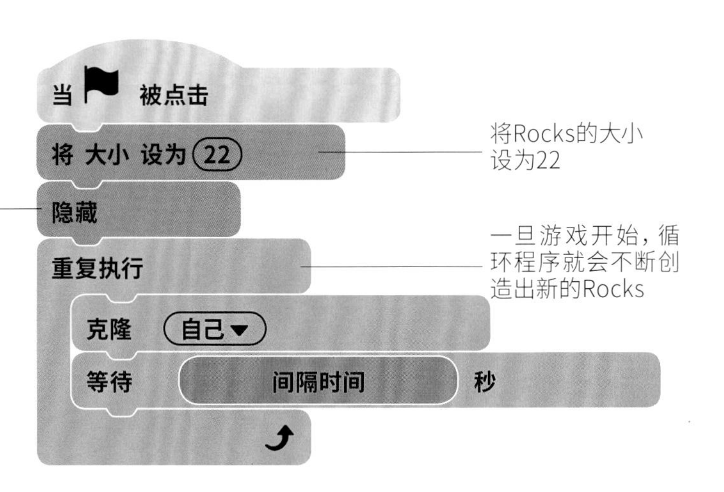

当 被点击
将 大小 设为 22
将Rocks的大小设为22
该指令积木让Rocks本体隐藏了起来，所以你只能看到Rocks克隆体
隐藏
重复执行
一旦游戏开始，循环程序就会不断创造出新的Rocks
克隆 自己
等待 间隔时间 秒

Rocks
Rocks被选中时，边框会以蓝色突出显示

3.2 让Rocks移动

为了营造Rocketship移动的视觉效果，Rocks会在屏幕上移动。一旦Rocks移出舞台左边缘，它们就会消失。使用“随机数”指令积木，让每个Rocks从屏幕右侧的不同位置出现，这样玩家就无法猜到下一个Rocks会出现在哪里，从而使游戏更具挑战性。你可以将下面这些指令积木添加给Rocks角色，以实现上述功能。

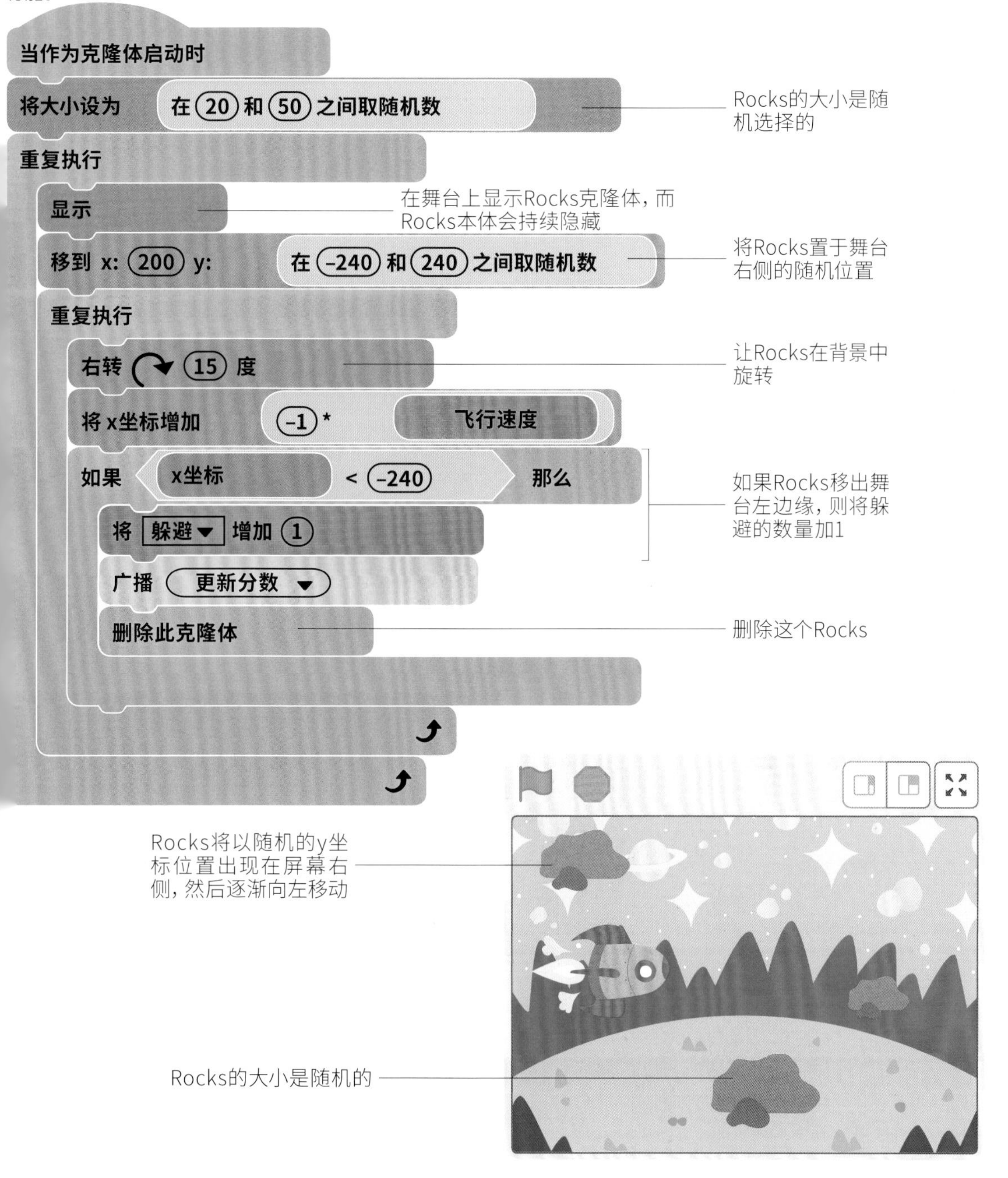
当作为克隆体启动时
将大小设为 在 20 和 50 之间取随机数
Rocks的大小是随机选择的
重复执行
显示
在舞台上显示Rocks克隆体，而Rocks本体会持续隐藏
移到 x: 200 y: 在 -240 和 240 之间取随机数
将Rocks置于舞台右侧的随机位置
重复执行
右转 15 度
让Rocks在背景中旋转
将x坐标增加 -1 * 飞行速度
如果 x坐标 < -240 那么
如果Rocks移出舞台左边缘，则将躲避的数量加1
将 躲避 增加 1
广播 更新分数
删除此克隆体
删除这个Rocks
Rocks将以随机的y坐标位置出现在屏幕右侧，然后逐渐向左移动
Rocks的大小是随机的

3.3 删除被击中的Rocks

现在，通过添加一些指令积木来设置激光。当下面的程序运行时，它会摧毁Rocks。你可以将下面这些指令积木添加给Rocks角色，然后测试一下。记住所设置的激光数量只有3束。

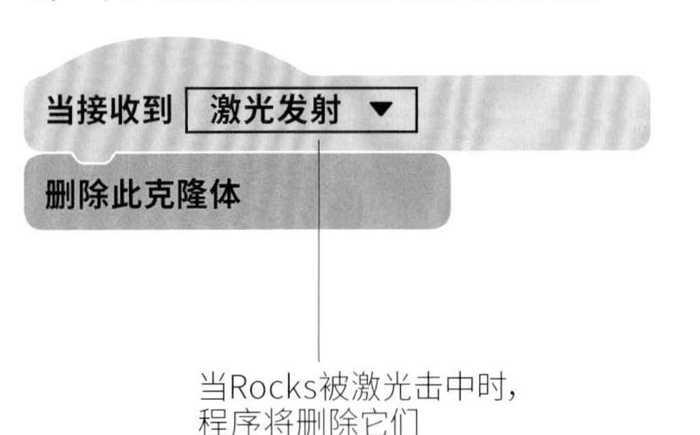

3.4 创建“爆炸”角色

接下来再添加一个角色，使Rocks在被激光击中时产生爆炸效果。从角色列表区右下方的角色菜单中选择绘制编辑器，然后将角色命名为“爆炸”。

3.5 绘制爆炸效果图

使用绘制编辑器可以绘制出一个大的爆炸效果图。你可以使用画笔、填充和文字工具来创建一个大的、色彩丰富的爆炸效果图。

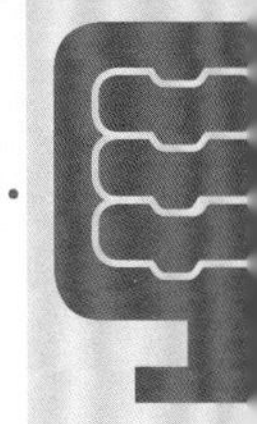

3.6 隐藏“爆炸”角色

当游戏开始时，如果你不希望在屏幕上看到“爆炸”角色，可以在“爆炸”角色中添加右边的指令积木来隐藏它。

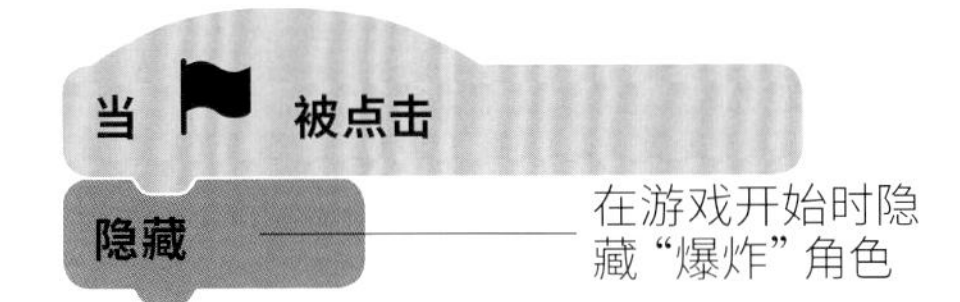
当 被点击
隐藏
在游戏开始时隐藏“爆炸”角色

3.7 游戏结束

接着，在“爆炸”角色中添加右边的指令积木，使游戏结束时屏幕中间会出现消息播报，然后停止游戏。

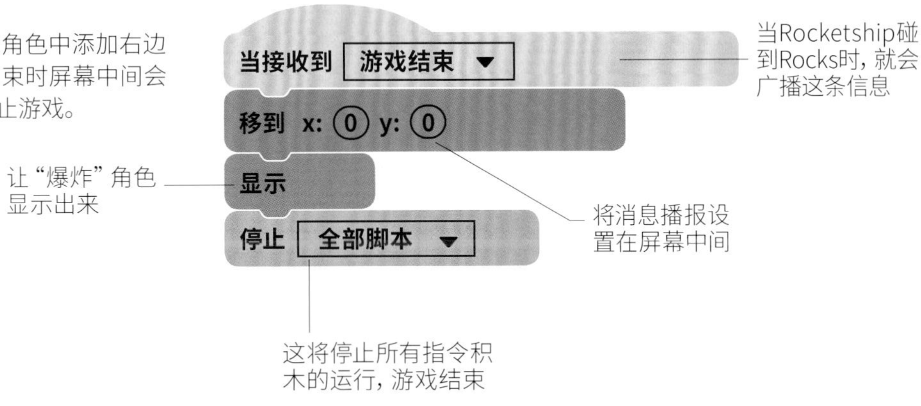
当接收到 游戏结束
当Rocketship碰到Rocks时，就会广播这条信息
移到 x: 0 y: 0
让“爆炸”角色显示出来
显示
停止 全部脚本
将消息播报设置在屏幕中间
这将停止所有指令积木的运行，游戏结束

3.8 速度滑杆

这个选项可以控制Rocketship的速度。这意味着玩家现在可以通过左右拨动滑杆来控制Rocketship的速度。游戏现在可以开始了，看看你能控制Rocketship飞多远，你可以试着调整速度滑杆，看看你能走多快。必要时别忘了使用激光。

激光数量 3
得分 0
飞行速度 5
正常显示
大字显示
滑杆
从下拉菜单中选择滑杆选项

技巧和调整

通过“外挂程序”补充激光数量

你可以设置一个“外挂程序”，以补充激光数量，这是将程序个性化的一种有趣方式。将右边的指令积木添加给Rocketship角色，当你按下x键时，激光会加满到3束或更多。你也可以尝试创建一个新角色，每间隔20个Rocks出现一次。如果Rocketship碰到这个新角色，激光数量就会增加。

当按下 x 键
将 激光数量 设为 3
增加或减少激光数量

星际光效

将右边的指令积木添加到背景中，会使光谱的颜色不断在背景中循环，展现出奇妙的星际光效。

当 被点击
重复执行
将 颜色 特效增加 5
这个数变大会使背景颜色快速闪烁

激光数量 3
得分 0
飞行速度 5
运行脚本后可以查看背景颜色的变化

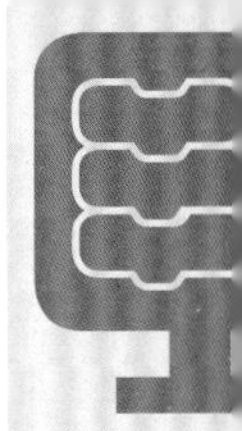

其他障碍物

你可以轻松地为游戏增加其他障碍物。你只需添加一个新的造型，然后修改指令积木即可。如下图所示，这只dot-c就是新增的障碍物。

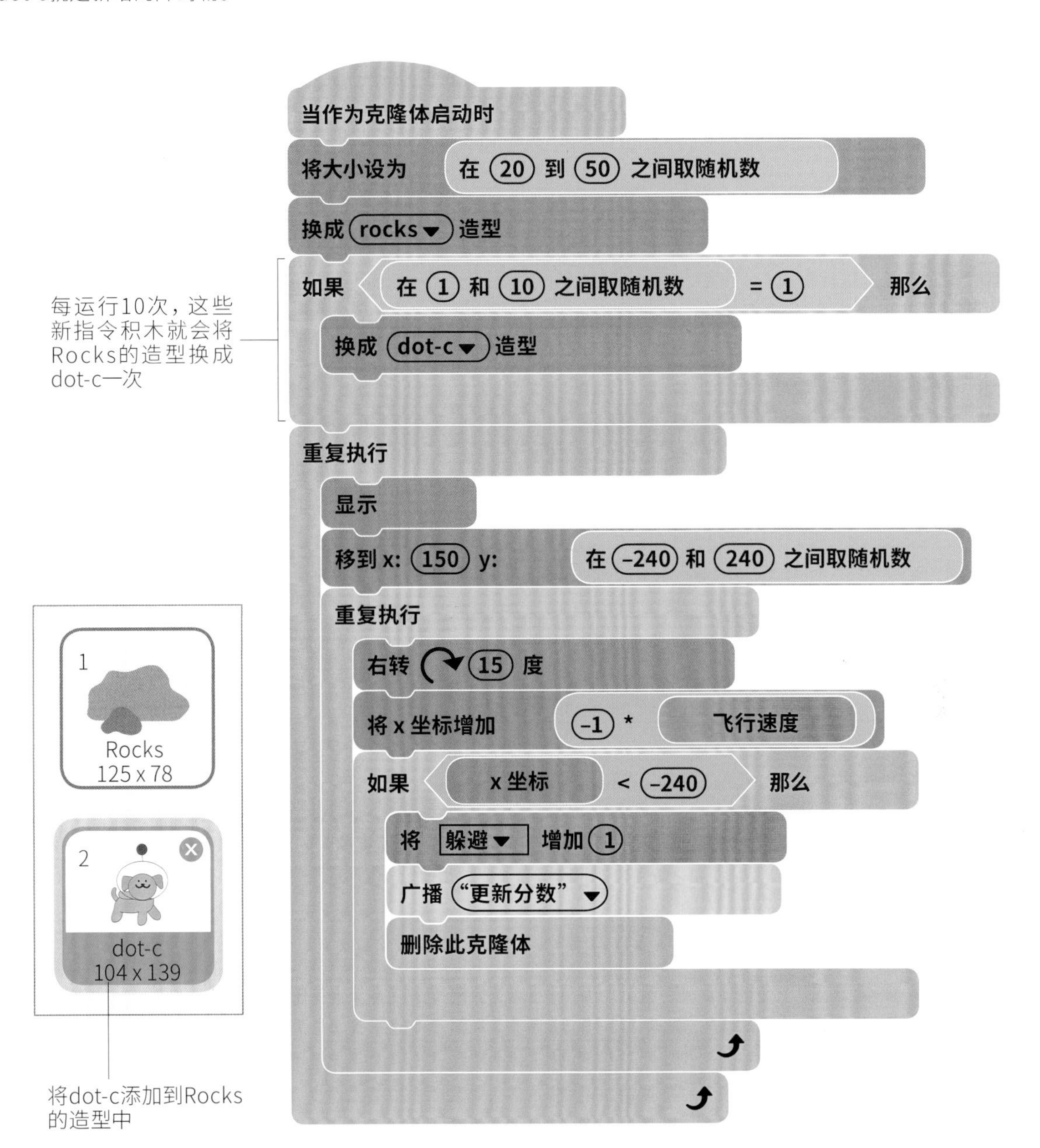
当作为克隆体启动时
将大小设为 在 20 到 50 之间取随机数
换成 rocks 造型
如果 在 1 和 10 之间取随机数 = 1 那么
换成 dot-c 造型
重复执行
显示
移到 x: 150 y: 在 -240 和 240 之间取随机数
重复执行
右转 15 度
将 x 坐标增加 -1 * 飞行速度
如果 x 坐标 < -240 那么
将 躲避 增加 1
广播 “更新分数”
删除此克隆体
每运行10次，这些新指令积木就会将Rocks的造型换成dot-c一次
1
Rocks
125 x 78
2
dot-c
104 x 139
将dot-c添加到Rocks的造型中

第3部分 Python语言

什么是Python

Python是世界上流行的编程语言之一。它的用途非常广泛，可以应用于多种情境。Python是一种基于文本的语言，其代码的可读性和清晰的布局使得编程对初学者来说不再那么可怕。

为什么使用Python

Python由荷兰程序员吉多·范罗苏姆（Guido van Rossum）创建，于1991年发布。它作为一种高级编程语言，旨在吸引熟悉C语言和Unix操作系统的程序员。Python适用于编写各种各样的程序，许多学校都选择使用Python来教授编程。Python中的语法（构成代码的单词和符号的排列）接近于英语语法，这使得它可以生成可读性强的代码。此外，Python还要求程序员以结构化的方式设计代码，这不仅使程序调试变得更容易，还提高了代码的可读性。

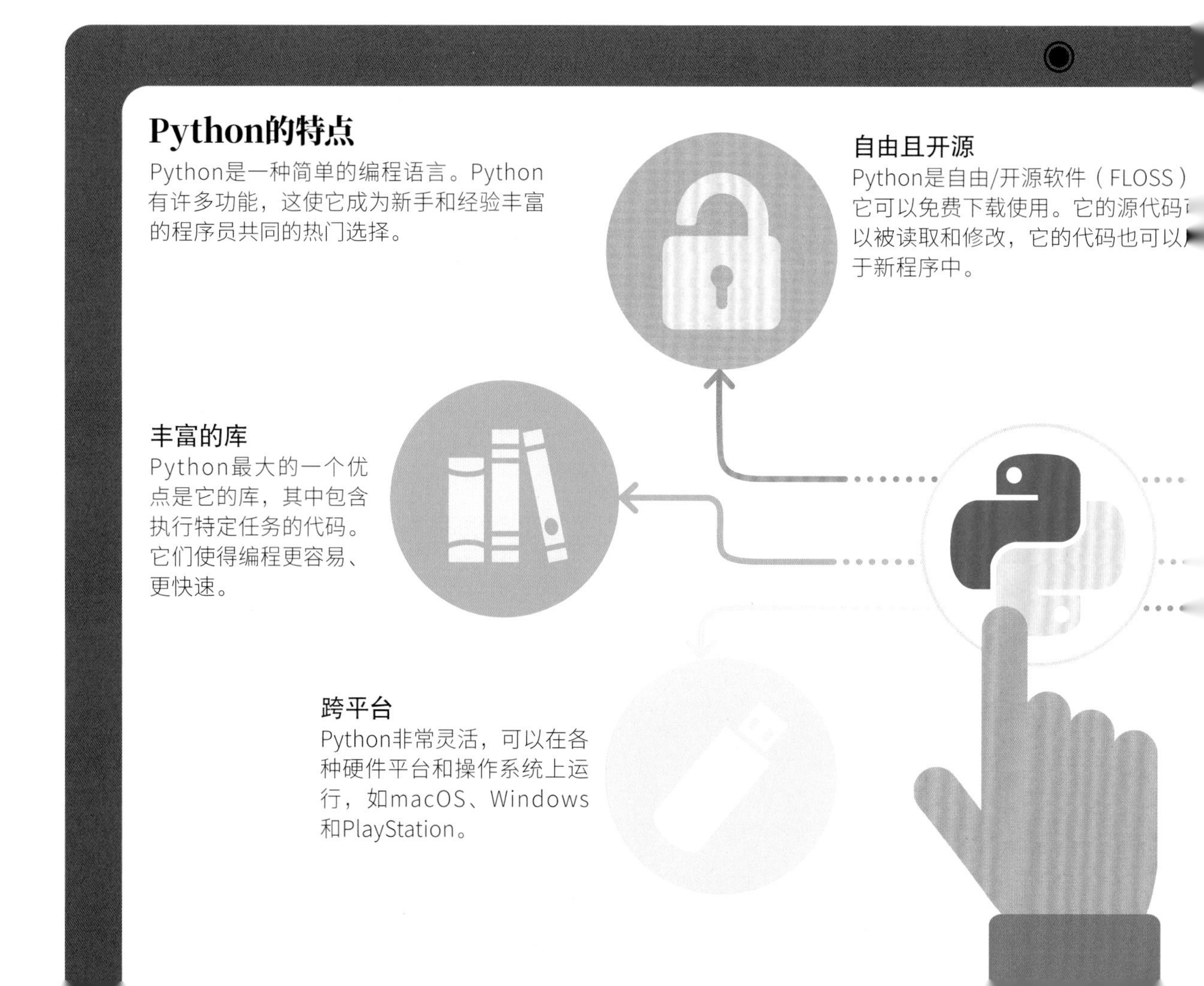

Python的特点
Python是一种简单的编程语言。Python有许多功能，这使它成为新手和经验丰富的程序员共同的热门选择。
自由且开源
Python是自由/开源软件（FLOSS）它可以免费下载使用。它的源代码可以被读取和修改，它的代码也可以用于新程序中。
丰富的库
Python最大的一个优点是它的库，其中包含执行特定任务的代码。它们使得编程更容易、更快速。
跨平台
Python非常灵活，可以在各种硬件平台和操作系统上运行，如macOS、Windows和PlayStation。

ython是如何工作的

ython程序（通常称为脚本）是一个文本文件，包含与指令相对应的单词、数字和标点符号。这些指令由程序员输入的某些固定的单词和符号等组成。IDLE（integrated development and learning nvironment，集成开发和学习环境）是一个免费的Python应用程序。它是为初学者设计的，包括一个基本的文本编辑器，允许用户在运行程序之前编写、编辑和保存代码。

输入代码 保存 运行

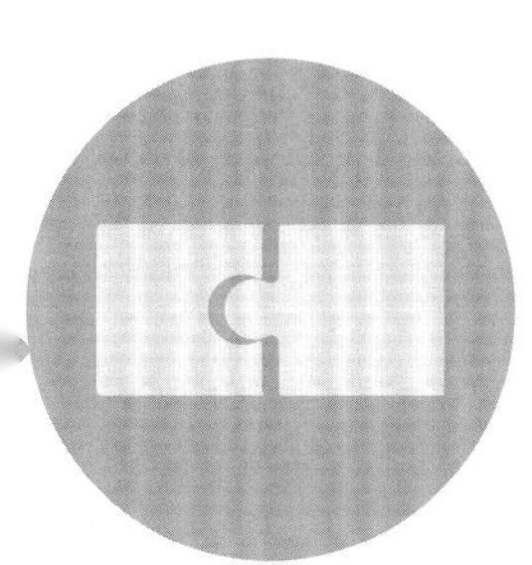

可嵌入

Python脚本可以运用在其他语言（如C或C++）编写的程序中，允许用户优化其代码。

简单易学

Python对初学者十分友好，它所需要使用的标点符号比大多数编程语言都少。

有力的支持

Python有全面、细致的官方文档，包括入门教程、参考手册和大量示例代码。

广泛的应用

Python是一种通用的编程语言，可用于创建各种用途的系统。因为它拥有许多专业的库，所以它在商业、医学、科学和媒体等领域都大有用处。

游戏开发

Python具有各种支持游戏开发的模块和库，其中包括用于2D游戏的pygame和3D游戏引擎PySoy。

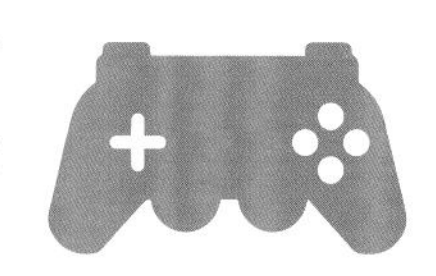

航空航天

软件开发人员使用Python为美国国家航空航天局的任务控制中心创建工具。这些工具有助于机组人员为每项任务做好准备，同时监测任务进度。

商业领域

Python简单的语法使其非常适合构建大型应用程序。随着金融科技的兴起，Python变得尤为流行。

科学计算

Python有一些库可以用于特定的科学领域进行数据分析，比如用于机器学习的PyBrain和用于数据分析的Pandas。

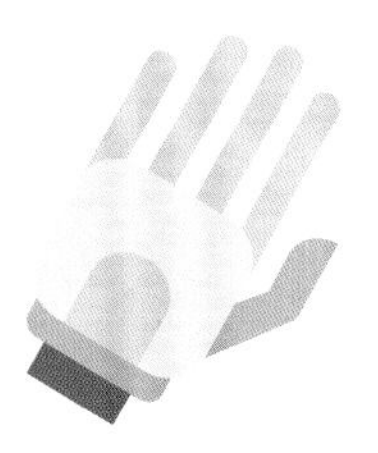

Web开发

软件开发人员将Python用于自动化任务，例如工具编译和测试。它还可以用于创建Web应用程序。

安装Python

下载正确的Python版本非常重要。本书介绍的版本为Python 3，它是免费的，可以很方便地从Python官方网站下载。请按照与你的操作系统相匹配的说明进行操作。

在Windows机上安装Python

在安装Python之前，需要确定你的Windows系统是32位还是64位。为此，请单击“开始”菜单，右击“计算机”图标，然后在弹出的快捷菜单中选择“属性”命令，在弹出的对话框中即可查看计算机的系统信息。计算机的操作系统表明它的微处理器是如何以最低的级别处理数据的。64位处理器的性能比32位处理器的性能更高，因为它可以同时处理更多的数据。

因剧得名

Python这个名字来源于英国喜剧《蒙提·派森的飞行马戏团》（*Monty Python's Flying Circus*）。创建该语言的吉多·范罗苏姆（Guido van Rossum）是该剧的忠实观众。Python的官方文档中有许多有关Monty Python的草图可供参考。

1 进入Python网站

在顶部的菜单栏中输入www.python.org，选择对应的操作系统，点击下载。

https://www.python.org

2 下载安装程序

找到最新的Python安装程序，为32位的计算机选择x86安装程序，为64位的计算机选择x86-64安装程序。每个基于Web且可执行的安装程序都可以正常使用。

该网站有更新版本的Python

Python 3.7.3 - 2019-03-25
Windows x86-64 web-based installer
Windows x86 web-based installer

3 运行安装程序

下载后，双击安装程序文件并按照屏幕上的说明操作。记得在“将Python添加到Path”的初始提示框中打勾。

可以随时取消安装

4 打开IDLE

安装完成后，转到Applications文件夹，在其中的Python文件夹中找到IDLE（你也可以在“开始”菜单中搜索它）。双击IDLE打开Python的Shell窗口，你将在窗口顶部看到IDLE菜单。

在Mac机上安装Python

在安装Python之前，需要确定你的Mac操作系统是32位还是64位。为此，请单击屏幕左上角的苹果图标，然后从下拉菜单中选择“关于本机”。如果处理器名称是Intel Core Solo或Intel Core Duo，就意味着操作系统是32位，否则就是64位。

1 进入Python网站

访问www.python.org，将光标悬停在顶部菜单栏的Downloads选项卡上，然后选择适合Mac操作系统的安装程序。

```
https://www.python.org
```

2 下载安装程序

找到与操作系统相匹配的最新安装程序并选择它。Python.pkg文件会被自动下载到你的系统中。

为64位的计算机选择这个安装程序

- Python 3.7.3 - March-25-2019
  - Download macOS 64-bit installer
  - Download macOS 64-bit/32-bit installer

为32位的计算机选择这个安装程序

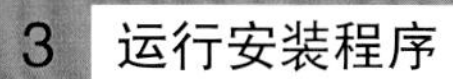

3 运行安装程序

安装过程非常简单，下载后，双击.pkg文件，跟着说明进行操作。在Mac系统上，它只会要求你同意软件许可协议并确认安装位置（通常是Macintosh Hard Disk）。

选择继续安装

4 打开IDLE

安装完成后，从Finder窗口的侧栏打开Applications文件夹，并在出现的Python文件夹中找到IDLE。双击IDLE打开Python的Shell窗口，检查是否安装成功。

Shell窗口

一旦启动IDLE，Shell窗口就会打开。在Shell窗口中可以立即运行代码，提供即时的反馈。但是，由于Shell窗口不能保存代码，所以在此窗口一次执行多行代码是不实际的。

Shell窗口显示它正在运行的Python版本

Python 3.7.3 Shell

```
Python 3.7.3 (v3.7.3:ef4ec6ed12, Mar 25 2019, 16:52:21
(Clang 6.0 (clang-600.057)) on darwin
Type "copyright", "credits" or "license()" for more information
>>>
```

这个信息取决于你正在使用的操作系统

编辑器窗口

在Shell窗口中单击File菜单中的New File或Open，可以打开编辑器窗口。编辑器窗口允许程序员输入更长、更复杂的指令，并且能将其保存在文件中。Python文件扩展名是.py，很容易识别。

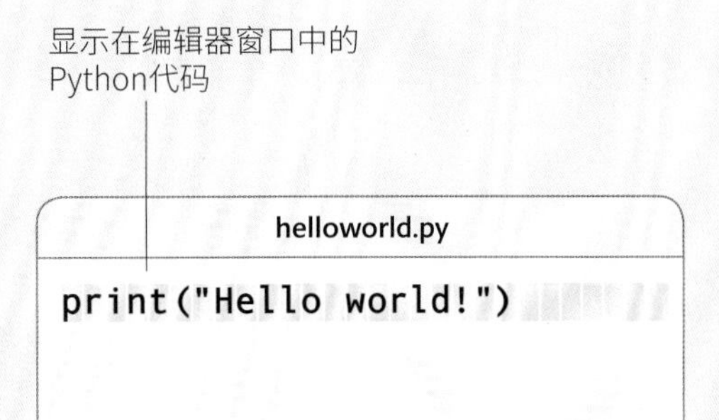
显示在编辑器窗口中的Python代码
helloworld.py
print("Hello world!")

代码颜色

为了使代码更具可读性且代码中的错误更容易被找出，IDLE使用不同的颜色标注编辑器中的代码。每个单词或数字的颜色取决于它在代码中扮演的角色。

代码颜色

代　码	颜色	示　例
内置命令	紫色	print ( )
标志、名称和数字	黑色	25
字符串	绿色	“Hello world!”
错误	红色	pront ( )
关键字	橙色	if，else
输出	蓝色	Hello world!

IDLE的应用

Python的IDLE（集成开发和学习环境）界面有两个窗口——Shell窗口和编辑器窗口，用于执行不同的任务。Shell窗口可以立即运行Python指令，而编辑器窗口可用于输入和保存较长的指令。

使用IDLE运行程序

使用IDLE运行程序的时候，首先必须在编辑器中打开包含程序的文件窗口，然后按下Ctrl+F5，或在编辑器窗口单击Run，选择Run Module来运行。如果成功运行，Shell窗口将输出结果；否则将显示相关的错误消息。

Python 3.7.0 Shell

```
Python 3.7.3 (v3.7.3:1bf9cc5093, Jan 26 2019, 23:26:24
(Clang 6.0 (clang-600.057)) on darwin
Type "copyright", "credits" or "license()" for more information
>>>
======== RESTART: /Users/tinajind/Desktop/helloworld.py ========
Hello world!
>>>
```

常见的错误

除了区分大、小写之外，Python对代码的布局和拼写要求也非常严格。为了使代码更具可读性，它要求代码段从上一行缩进4个空格。这些特性经常会使新手程序员在写代码时出错。IDLE会通过Shell窗口弹出信息框和错误消息来帮助程序员发现与修复错误。

```
num = 4
if (nut == 5):
    print("Hello world!")
```

这里的num被误输入为nut

代码有错误时，Shell窗口将会弹出报错信息

```
Traceback (most recent call last):
  File "/Users/tinajind/Desktop/helloworld.py",
line 2, in <module>
    if (nut == 5):
NameError: name 'nut' is not defined
>>>
```

Python中的变量

变量是用来存储和操作数据的。变量就像一个盒子，可以保存程序中使用的值。

创建变量

在Python中创建变量，必须给定名称和值。该值可以是各种类型中的一种，比如数字或字符串。顾名思义，变量没有固定的值。一旦数据存储在其中，它们就可以在整个程序中更新为不同的值。这也使代码可以在各种不同的情况下工作，并且可以处理许多不同的输入。除了上述方法外，还有另一种方法被称为“硬编码”，其中每个计算和表达式都包含一个特定的值。但是，这将导致我们不得不编写多个程序来覆盖可能遇到的每个值。

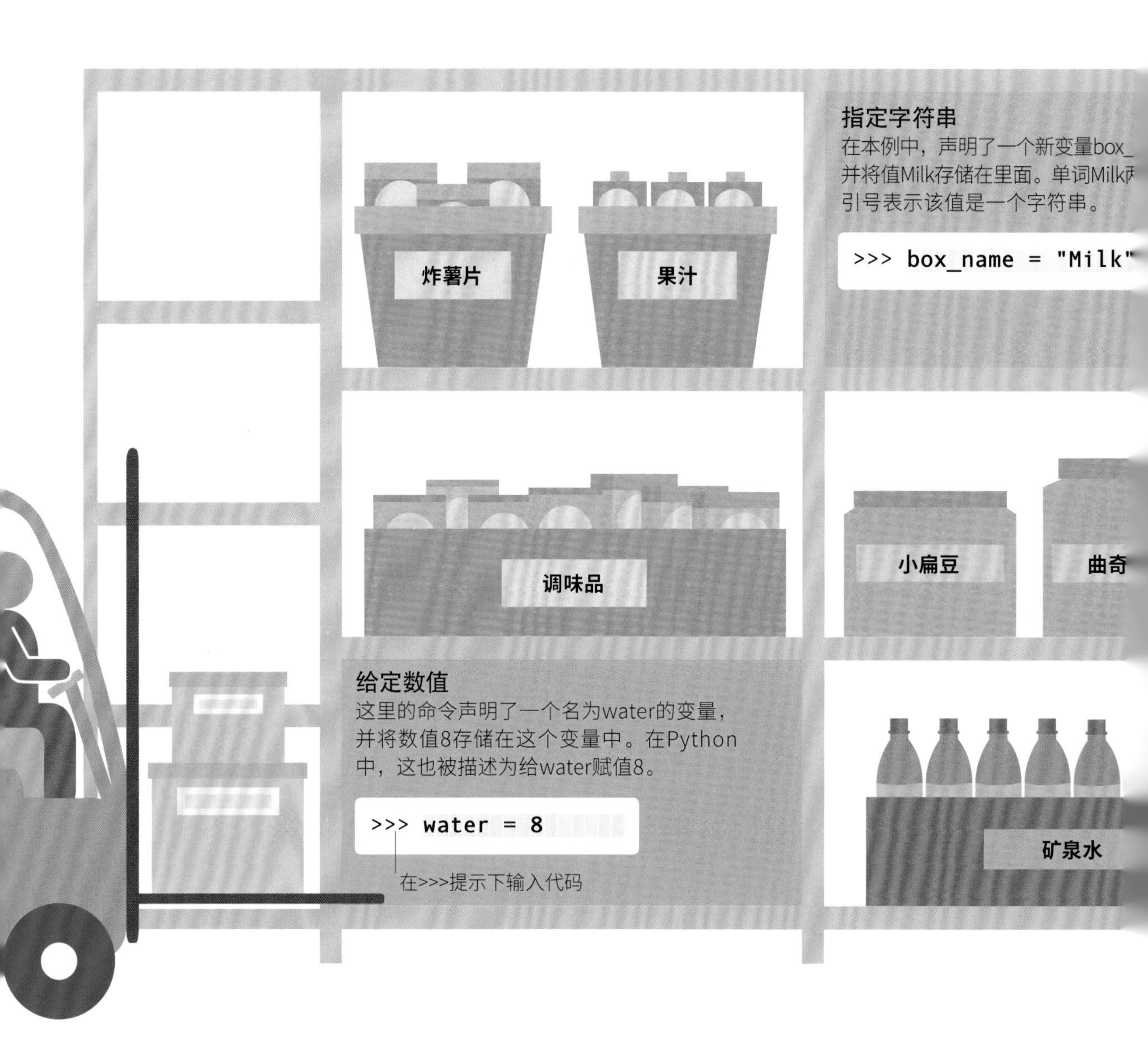

指定字符串

在本例中，声明了一个新变量box_
并将值Milk存储在里面。单词Milk两
引号表示该值是一个字符串。

```
>>> box_name = "Milk"
```

给定数值

这里的命令声明了一个名为water的变量，并将数值8存储在这个变量中。在Python中，这也被描述为给water赋值8。

```
>>> water = 8
```

在>>>提示下输入代码

不同的编程语言使用不同的方法来创建变量和程序。

声明变量

创建新变量也称为“声明”。在某些编程语言中，会用一个特殊的关键字来表明正在创建的新变量。但是，在Python中，一旦为其分配了值，便会创建一个变量。而且，你无须说明将在变量中存储哪种数据，Python会从分配给它的值中得出结果。在使用变量的过程中不给变量赋值，是一个最常见的错误。

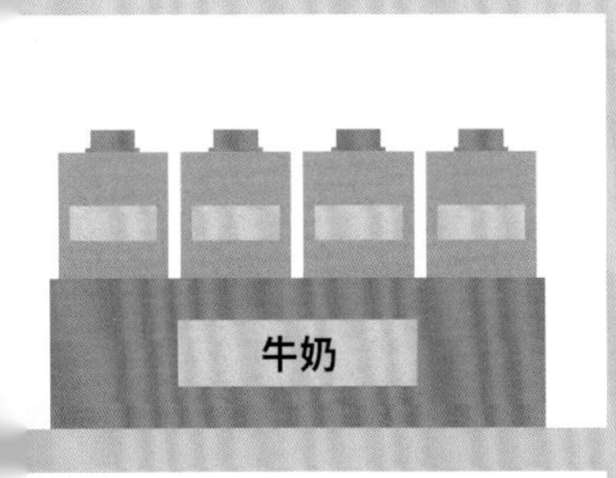

给变量命名

给变量一个合适的名字，可以使程序更容易理解。以下是一些命名变量时必须遵守的规则。

- 变量名以字母开头。不得使用-、/、#或@等符号。
- 变量名中的大写、小写字母意义不同。Python将Milk和milk视为两个不同的变量。
- 避免在变量名中使用Python命令，如print。
- 避免使用错误词汇。

使用变量

变量一旦拥有了一个值，就可以通过各种方式调用它。变量的当前值可用于计算，也可以将存储的值更改为新值。

简单的计算

这段代码正在执行简单的乘法运算。它将整数2存储在变量input中，然后检索该值，再乘以3，然后将结果存储在变量score中，最后将结果显示在屏幕上。

```
>>> input = 2
>>> score = input * 3
>>> print(score)
6
```

计算结果

输出分配给score的值

更改值

要更改变量的值，可以直接给它分配一个新值。但在之前编写的代码下面的Shell窗口中输入这段代码，却不会影响存储在score中的值，它只会更改变量input的值。

改变输入的值

```
>>> input = 5
>>> print(score)
6
```

score的值没有改变

更新值

为了获得正确的结果，需要更新变量score的值，如右例所示。

```
>>> input = 5
>>> score = input * 3
>>> print(score)
15
```

计算结果被更新

添加这一行后，将在改变input的值后为score分配一个新值

Python中的数据

Python程序可以处理各种数据类型。这些数据类型决定了不同的数据项可以做什么，以及它们是如何输入、输出和存储的。Python代码中的错误通常是由于忘记了考虑值的类型以及它允许的值而导致的。

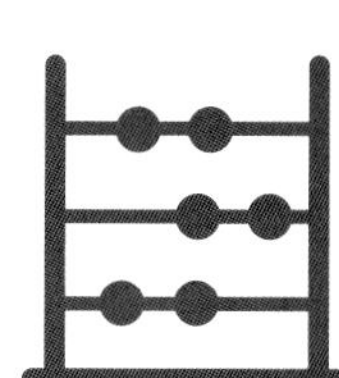

Python使用
运算规则与
们日常使用
一样。

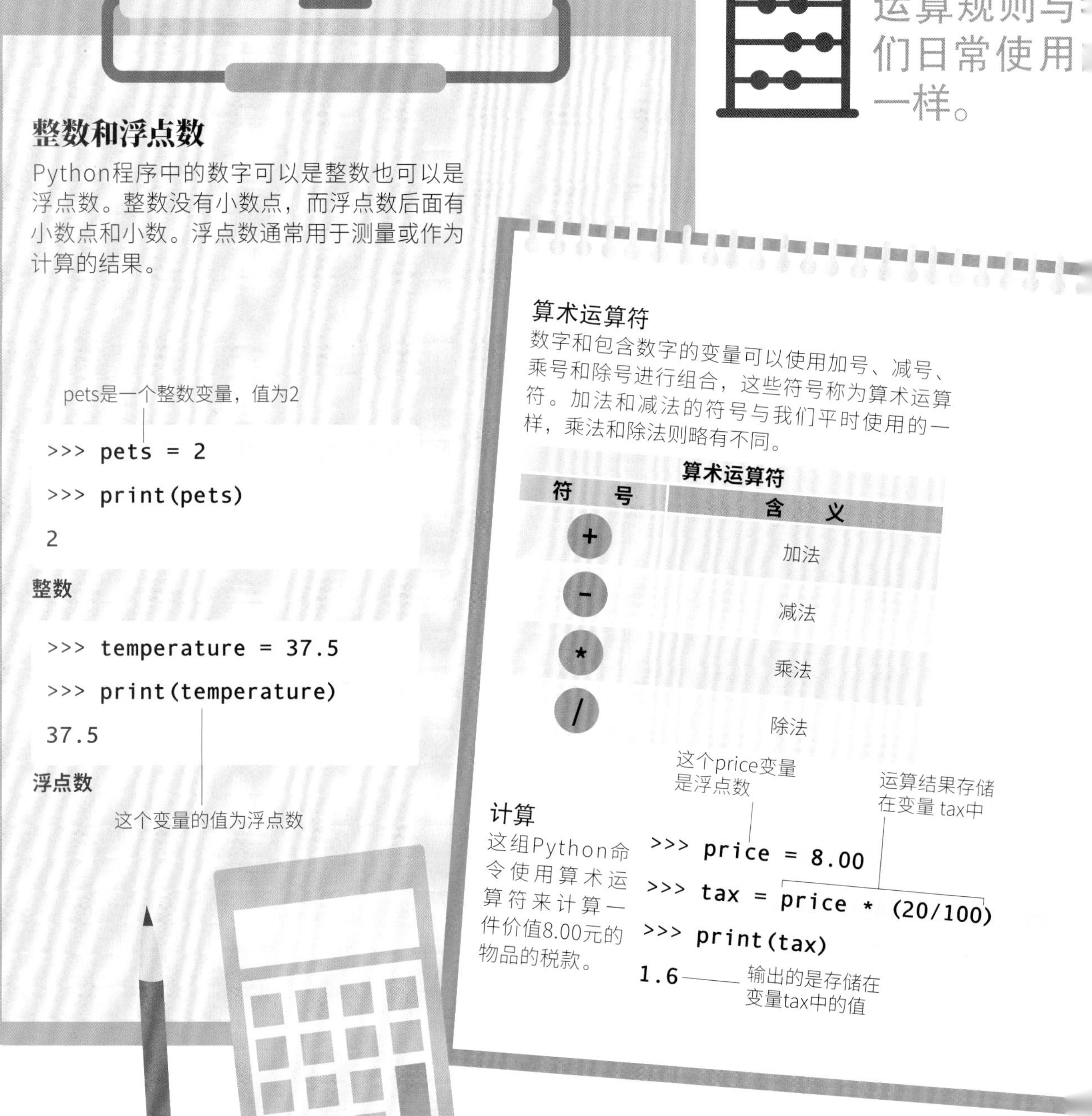

整数和浮点数

Python程序中的数字可以是整数也可以是浮点数。整数没有小数点，而浮点数后面有小数点和小数。浮点数通常用于测量或作为计算的结果。

pets是一个整数变量，值为2

```
>>> pets = 2
>>> print(pets)
2
```

整数

```
>>> temperature = 37.5
>>> print(temperature)
37.5
```

浮点数

这个变量的值为浮点数

算术运算符

数字和包含数字的变量可以使用加号、减号、乘号和除号进行组合，这些符号称为算术运算符。加法和减法的符号与我们平时使用的一样，乘法和除法则略有不同。

算术运算符

符　号	含　义
+	加法
-	减法
*	乘法
/	除法

计算

这组Python命令使用算术运算符来计算一件价值8.00元的物品的税款。

```
>>> price = 8.00
>>> tax = price * (20/100)
>>> print(tax)
1.6
```

这个price变量是浮点数

运算结果存储在变量 tax中

输出的是存储在变量tax中的值

字符和字符串

ython存储文本的数据类型称为字符串。字符串由单个字母、数字或称为字符的符号组成，并且字符串的开头结尾必须有引号。Python允许在代码中使用单引号双引号。

符

量forename是一个含单词Alan字符的符串。

```
>>> forename = "Alan"
>>> forename
'Alan'
```

符串

两个或多个字符串组合成一个新的字符串，称为拼接字串。Python使用符号“+”来表示。在拼接不同数据类的值之前，要先将它们更改为字符串。

```
>>> happy = "happy birthday to you"
>>> name = "Emma"
>>> song = happy + happy + "happy \
irthday dear " + name + happy
>>> song
happy birthday to you happy
irthday to you happy birthday
lear Emma happy birthday to you'
```

可以自定义生日快乐歌里面的变量

换

时候，一些特定任务需要更改数据类型。例如，在拼接数和字符串时，Python提供了str（ ）和int（ ）等函数支持这种转换。

将整数改为字符串

```
>> age = 25
>> print ("Your age is " + str(age))
our age is 25
```

len()函数

在许多程序中，知道字符串或列表的长度是非常有用的。Python中有一个默认的len（ ）函数可以完成这个任务。请记住，字符串的长度也包含空格和标点符号。

```
>>> len("Hel lo Alan")
10
```

列表

在程序中将不同类型的项进行分组是非常有必要的。Python为此提供了列表数据类型。列表可以包含具有相同数据类型或多种数据类型的项。在创建列表时，要把这些值用方括号括起来，并用逗号分隔。

用双引号括起来的字符串“two”

```
>>> my_list = [1, "two", \
              3, 5, 7.4]
>>> my_list
[1, 'two', 3, 5, 7.4]
```

单引号不影响值　　反斜杠将代码分成两行

检索项目

为了允许程序员访问列表中的项，Python对每个项进行编号。输入列表的名称，然后在中括号中输入项号，就可以检索到相关的项。Python列表中的项从0开始进行编号。

```
>>> my_list[0]
1
>>> my_list[2]
3
```

列表my_list中的第一项

逻辑运算符和分支

布尔值是Python中的另一种数据类型，它只有两个可能的值——Ture（真）或False（假）。使用布尔值，我们可以编写分支语句，以控制程序中正在运行的一部分。

“=”和“==”

区分Python中的两个不同等号是很重要的。单等号“=”表示一个值被赋值给一个变量。双等号“==”表示逻辑比较，用于检查两边的值是否相等。

逻辑运算符

逻辑运算符是允许程序在值之间进行比较的符号。任何使用逻辑运算符进行判断或比较的表达式都称为布尔表达式，其结果是一个布尔值。逻辑运算符类似于算术运算符，但它产生的结果是布尔值而不是数字。

逻辑运算符

符　号	含　义
<	小于
>	大于
==	等于
!=	不等于

等号

如果布尔表达式的两边相等，则输出的布尔值为True。

```
>>> 3 == 9
False
```

检查两边的值是否相等

小于号

如果左边的值小于右边的值，则输出的布尔值为True。

```
>>> 3 < 5
True
```

检查左边的值是否更小

```
>>> oranges = 5
>>> apples = 7
>>> oranges != apples
True
```

将值5存储在变量oranges中

oranges和apples的值是不相等的

不等号

逻辑运算符也可以用于比较变量。上述示例将值存储在两个变量中，然后检查它们存储的值是否不相等。

布尔操作符

使用“and”“or”和“not”可以将布尔表达式进行组合。通过组合，我们可以创建处理多个不同变量的复杂表达式。

```
>>> (oranges < 10) and (apples > 2)
True
>>> (oranges < 10) or (apples == 3)
True
>>> not(apples == 7)
False
```

只有两个表达式的结果都为True，最终结果才为True

只要有一个表达式的结果为True，最终结果就是True

将not放在结果为True的表达式的前面，最终结果是False

两个以上分支
当代码中有两条以上的可能路径时，需要使用elif语句（else...if的缩写）。在if语句中可以嵌套使用多个elif语句和if...else语句。

```
quiz_score = 9
if quiz_score > 8:
    print("You're a quiz champion!")
elif quiz_score > 5:
    print("Could do better!")
else:
    print("Were you actually awake?")
```

这个比较是第一个条件

如果第一个条件为True，则输出这一行

这是第二个条件

如果第二个条件为True，则输出这一行

如果两个条件都为False，则输出这一行

一个分支
这条分支命令只有一个分支，如果条件为True，则向下执行。这称为if语句。

```
emperature = 25
f temperature > 20:
  print("Switch off heating")
```

这个比较就是条件

如果条件为True，则运行此代码

两个分支
如果条件为Ture，程序执行一项操作；如果条件为False，程序执行另一项操作。在这种情况下，需要一个带有两个分支的命令。这称为if...else语句。

```
age = 15
if age > 17:
    print("You can vote")
else:
    print("You are not old \
enough to vote")
```

这个比较是第一个条件

如果条件为True，则输出这一行

如果条件为False，则输出这一行

反斜杠用于将一串长代码分成两行，它不影响输出结果

支
算机程序中包含有只能在特定条下运行的代码。在这些代码中创分支，有助于程序员针对不同的件输入不同的指令。执行哪一个支，取决于布尔表达式的结果。

用户输入

在Python中使用input（ ）函数，可以获取用户通过键盘输入的信息。此函数通常接收将字符串作为参数，并显示该参数以提示用户输入所需的数据。它将用户的输入以字符串的形式显示在屏幕上，但不保存它。因此，将输入函数的结果赋值给一个变量是很重要的，这样在以后的代码中还可以调用它。

此字符串显示在屏幕上，提示用户输入信息

```
>>> input("Enter your name: ")
Enter your name: Claire
'Claire'
```

用户输入一个名称，但是没有保存该值，在以后的代码中不能使用

用户输入的信息被保存，在需要的时候可以被调用

```
>>> name = input("Enter your name: ")
Enter your name: Claire
>>> print("Hello " + name)
Hello Claire
```

程序输出字符串Hello和用户名

在屏幕上输出

print（ ）函数用于在屏幕上显示数据。它一个通用函数，可以输出变量或表达式值——这个值可以是任何数据类型。如果辑器中没有调试器，也可以用它来调试码。输出代码中不同点的变量值可能有用但也可能使代码变得更复杂。

输入和输出

编写一个有意义的程序，必须使它产生一个可以阅读和理解的输出。在Python中，程序通常需要一些输入，这些输入要么来自与程序交互的用户，要么来自文件。

```
>> print("hello world!")
ello world!
```
输出字符串

```
>> print(4)
```
输出整数

输出存储在变量中的浮点数

```
>> metres = 4.3
> print(metres)
3
```

```
> cats = ["Coco", "Hops"]
> print(cats)
Coco', 'Hops']
```
输出列表

从文件中输入

在Python中可以直接从文件输入数据，这一点在需要大量数据的程序中特别有用。而且，在每次运行程序时，用户都不用再输入所需信息。在Python中，打开一个文件就会创建一个file对象。该file对象可以保存在变量中，可用于对文件内容执行各种操作。

打开文件创建一个file对象，并将其保存在变量文件中

```
>>> file = open("/Desktop/List.txt")
>>> file.read()
'High Street\nCastle Street\nBrown\
Street\n\n'
>>> file.close()
```
从文件中读取数据

\n表示文件中的换行符

关闭文件

```
>>> file = open("/Desktop/List.txt")
>>> file.readline()
'High Street\n'
>>> file.readline()
'Castle Street\n'
```
打开文件并一次读取一行

输出到文件

在Python中，还可以将数据输出到文件。如果程序产生了大量数据，或者它正在更新一个现有的输入文件或是往其中添加数据，那么这个功能会非常有用。当打开文件时，程序员必须指出数据将被添加到其中，以及它应该是在现有数据之前还是之后写入。

打开要在末尾写入数据的文件

这表示“追加”

写入文件的字符数

```
>>> file = open("/Desktop/List.txt", "a")
>>> file.write("Queen Street")
12
>>> file.close()
```
将新数据Queen Street写入文件

Python中的循环

程序中通常会含有重复多次的代码模块，我们可以使用循环结构来代替这些模块，这样就不用反复地输入同样的代码了。我们可以根据不同的语言环境来选择不同的循环结构。

for循环

如果程序员知道一段代码将重复多少次，就可以使用for循环。重复的代码称为循环体，每次执行都称为迭代。for循环的正文总是从for语句处缩进，并且从下一行的开始处缩进4个空格（缩进也可以手动完成）。

循环变量

右边的示例表示从1到3循环计数，先在一个新行上打出每个数字，列表循环完后在最后一行打出“Go！”，循环变量跟踪循环迭代。它以设置的顺序获取范围（1，4）中每个项的值，从第一次迭代的第一个值开始。

```
for counter in range(1,4):
    print(counter)
print("Go!")
```

这表示从1开始一直数到4前面的那位数，即1，2，3

这条语句是循环体

带有列表的for循环

使用for循环处理列表的时候，不一定要使用range（）函数。Python可以简单地设置临时循环计数器的值，依次处理列表中的每一项。在右边的示例中，循环输出列表会输出red_team中的每个名字。

```
red_team = ("Sue", "Anna", "Emily", "Simar")

print("The Red Team members are:")
for player in red_team:
    print(player)
```

player是临时循环计数器

while循环

Python中的另一种循环类型是while循环。当程序员不知道一个循环将运行多少次，且不能使用for循环时，就可以使用while循环。while循环中的迭代次数取决于用户的输入。

此时程序会询问用户是否继续向下执行

```
answer = input("Should I keep going? (y/n)")
while answer == "y":
    answer = input("Should I keep going? (y/n)")
```

此时程序会再次询问用户

循环条件

while循环包含一个称为循环条件的问题，这个问题的答案只有True和False。while循环只有在循环条件为True（即回答为y）时才会执行循环体；如果循环条件为False（即回答为n），则while循环结束。

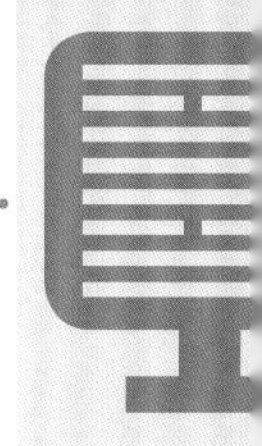

无限循环

如果条件永远为True，while循环就会无限执行下去。游戏程序中常常会大量使用while循环，所以在编写程序时很可能会在某一点陷入无限循环。

```
while True:
    print("There’s no stopping me now!")
```

重复输出该行

被卡住了

如果无意间开启了无限循环，程序将会重复输出同一个结果，无法继续向下运行，这看起来就像计算机被卡住了，毫无响应。

停止无限循环

有时我们会不小心创建无限循环。例如，循环条件在任何迭代中都没有变为False，因而开启了无限循环。这时，通过按住Ctrl+C组合键，可以轻松地在Python的Shell窗口中停止这种无限循环。

变量值

如果没有增加循环体中变量值的指令，则循环条件将始终为True。

将变量值设为1

```
number = 1
while number < 10:
    print(number)
```

缩进

与for循环类似，while循环的主体也是从关键字符处缩进4个空格。如果缺少此缩进，Python将生成一条报错消息，指出expected an indented block。

缺少缩进将会出现这条报错消息

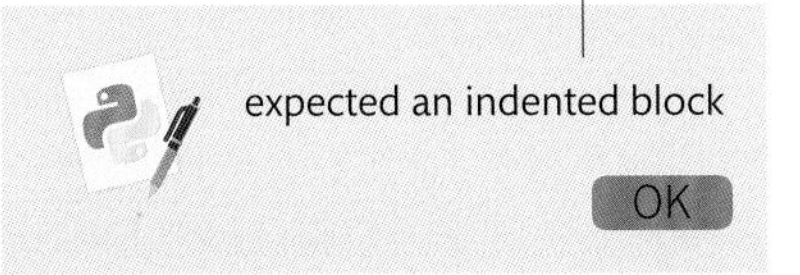

嵌套循环

循环的主体可以在其内部包含另一个循环，即嵌套循环。在Python中，任何类型的循环都可以包含在任何其他类型的循环中。因此，while循环中可以包含另一个while循环或for循环。在下面的示例中，所有外部循环的主体每运行一次，嵌套循环的主体就会执行10次，然后启动倒计时、准备输出。

```
answer = input("Launch another spacerocket? (y/n)")
while answer == "y":
    for count in range(10, 0, -1):
        print(count)
    print("LIFT OFF!")
    answer = input("Launch another spacerocket? (y/n)")
```

嵌套循环

它表示从10开始倒数，一直到1

有了这一行指令，每次迭代完成后都会更新变量answer，所以用户可以随时退出循环

如果用户输入为n，则循环停止

中止循环

在编码时，程序员可能希望尽早退出循环，或者可能决定放弃当前循环体的迭代，转而进入下一个循环。此时可以用break和continue这两个命令来中止循环。

退出整个循环

使用break命令会退出整个循环，代码会在结束循环后执行下一条指令。在右边的示例中，当一个负数出现时，循环停止，该代码会丢弃列表中的这个负值及其后面的所有值。

```
sensor_readings = (3, 5, 4, -1, 6, 7)
total = 0

for sensor_reading in sensor_readings:
    if sensor_reading < 0:
        break
    total = total + sensor_reading
print("total is: " +str(total))
```

从第一个数开始计算表sensor_reading所有数的和，直到该是负数为止

刂表

:处理列表时，会经常使用嵌套循环。下面的示例显示了如何输出3个不同团队的成员名字。当代码运
'时，for循环中的循环变量team获取teams的值，即[“Red Team”，“Adam”，“Anjali”，“Colin”，
Anne”]。然后，内部循环中的循环变量名再一个一个地接收team中的值，直到Red Team（红队）
每个成员名字都被输出。每个团队列表之间用空行隔开。

```
teams = [["Red Team", "Adam", "Anjali", "Colin", "Anne"], \
        ["Blue Team", "Greg", "Sophie", "June", "Sara"], \
        ["Green Team", "Chloe", "Hamid", "Jia", "Jane"]]

for team in teams:
    for name in team:
        print(name)
    print("\n")
```

teams包含3个方括号内的不同列表

选择要处理的团队

每个团队列表之间用空行隔开

逐一输出一个队中所有成员的名字

```
eadings = (3, 5, 4, -1, 6, 7)
otal = 0

or reading in readings:
    if reading < 0:
        continue
    total = total + reading
int("total is: " + str(total))
```

将初始变量total的值设为0

在读取到一个负数后触发continue命令

给出所有非负读数的和

继续下一轮循环

continue命令不像break命令那么“激烈”，它不会退出整个循环，而只会放弃当前循环的迭代，然后将循环跳到下一个迭代。在左边的示例中，如果遇到一个负数，该负数会被忽略，然后循环将跳到列表中的下一个值。

函数

执行特定任务的代码段称为函数。如果这段代码经常被使用，可以将其与主代码分开，以避免多次输入相同的指令。将代码分解成多个部分，也能使程序在阅读和测试时变得更简单。

调用函数

使用函数也称为调用函数。在大多数情况下，只需输入函数名并在后面加一个括号即可调用函数。如果函数接收一个参数，该参数将出现在括号内。参数是一个变量或是赋给函数的值，以便函数能执行其任务。

定义函数

当一个函数被定义时，它始终有关键字def和函数名。

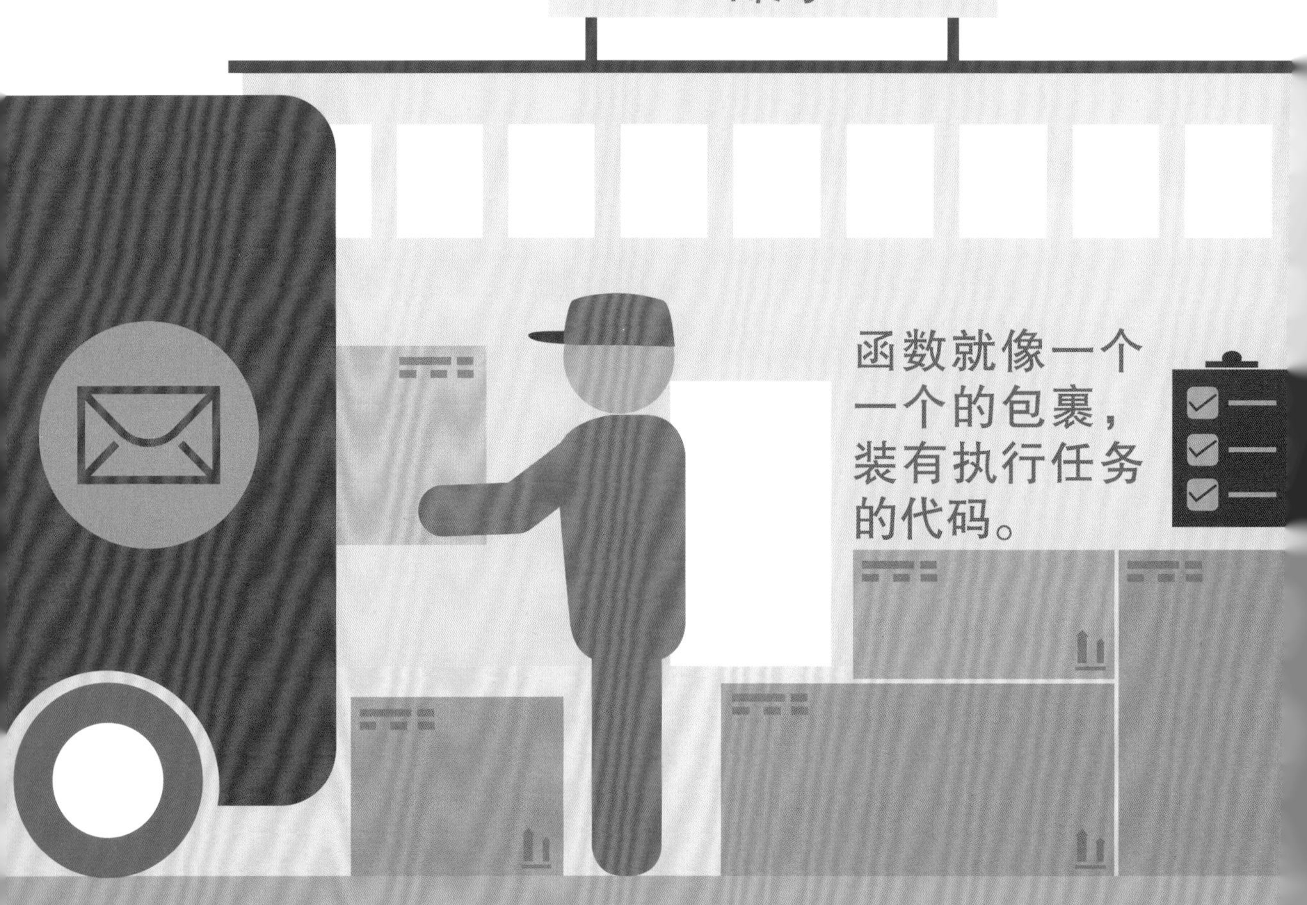

邮局
函数就像一个一个的包裹，装有执行任务的代码。

内置函数

ython包含一系列内置函数，可完成基本任务，包括从用户那里获取输入、在屏幕上显示输出、简单
算术运算以及确定字符串或列表的长度。你可以试着在IDLE的Shell窗口中运行下面的示例。

input ( ) 函数的参数是用来提示用户输入的问句

```
>>> name = input("What is your name? ")
What is your name? Tina
>>> print("Hello " + name)
Hello Tina
```

用户输入的字符

print ( ) 函数的参数是一个字符串，显示在屏幕上

out ( ) 和print ( ) 函数

out ( ) 函数从用户处获取数据，nt ( ) 函数将其作为输出数据显在屏幕上，以提示用户。

将被四舍五入的数

```
>>> pi = 22/7
>>> pi
3.142857142857143
>>> round(pi, 2)
3.14
```

保留的小数位数

round ( ) 函数

round ( ) 函数会将浮点数四舍五入到特定的小数位数。它包括两个参数：一个是要四舍五入的数；另一个是小数点后需要保留的位数。

用方法

用内置函数很容易，例如print ( ) 或len ( ) 函数，因为它们接收各种类的参数。调用方法则是调用与特定对象相关联的函数，并且只能在该对象使用。调用方法与调用内置函数不同，它包括对象的名称、一个点和一对号。

per ( ) 方法

per ( ) 方法只能用字符串，这种方法可字符串中的所有小写转换为大写字母。

对象名称

```
>>> city = "London"
>>> city.upper()
'LONDON'
```

括号可以接收一个参数

方法名称

pend ( ) 方法

end ( ) 方法将一个添加到列表的末尾。有一个参数——需要到列表中的值。

```
>>> mylist = [1,2,3,4]
>>> mylist.append(5)
>>> print(mylist)
[1, 2, 3, 4, 5]
```

新值被添加到列表的末尾

定义函数

Python有一个包含许多默认函数的标准库。但是，大多数程序都包含有一些专门设计的函数。在Python中，创建函数被称为“定义函数”。

定义了一个以摄氏度输入温度并以华氏度输出温度的函数

这个公式把摄氏度转换成华氏度

```
def print_temperature_in_Fahrenheit(temperature_in_Celsius):
    temperature_in_Fahrenheit = temperature_in_Celsius * 1.8 + 32
    print(temperature_in_Fahrenheit)
```

输出华氏度

只执行任务的函数

有些函数只会执行任务，而不会向调用它们的代码返回任何信息。这和过去邮寄信件的形式类似，邮递员投递信件并完成任务，但不会通知发件人信件已送达。

自上而下地编码

在Python中，定义函数通常是在程序的顶部，也就是在主代码之前。这是因为无论是在另一个函数中还是在主代码中调用函数，都必须先定义函数。

```
def function_a():
    return 25

def function_b():
    answer = 2 * function_a()
    return answer

number = function_a() + function_b()
print(number)
```

在function_b内部调用function_a

只有function_a和function_b都已经被定义，程序才能运行

如何给函数命名

与变量命名规则类似，Python也有许多函数命名规则。对于一个函数来说，有一个明确的任务或目的很重要，而使用一个明确的名称来描述它的功能也很重要。因此，对于“返回在竞争中获胜的人数”这个函数，get_number ( ) 不如get_number_of_winners ( ) 这个名字好。如果函数名称中有多个单词，则应使用小写字母，并以下画线分隔。

定义函数的顺序

由于代码的主要部分同时调用了function_a和function_b，因此必须在代码的主要部分之前定义函数。由于function_b依赖于function_a，因此必须在function_b之前定义function_a。

```
def count_letter_e(word):
    total_letter_e = 0
    for letter in word:
        if letter == "e":
            total_letter_e = total_letter_e + 1
    return total_letter_e

user_name = input("Enter your name: ")
total_es_in_name = count_letter_e(user_name)
print("There are " + str(total_es_in_name) + "E's in your name")
```

定义一个函数，该函数计算并返回字母e在特定单词中出现的次数

该循环用于检查单词中的每个字母

要求用户输入名字，然后将其存储在变量user_name中

回值的函数

一些函数在执行完一个任务后会产生一个值，然后该值返回给调用它们的代码。这就使得调用代码在要时能够将值存储在变量中。

局变量和局部变量

局变量在代码的主要部分声明，并且在任何地方都可见。局部变量则是在函数中声明，并且只在该数中可见。例如，全局变量就像是潜水员，身处海底的每个人都能看到他，包括潜水艇里的人。局变量则像是潜水艇里的人，只能被潜水艇里的其他人看到。代码中的其他函数可以读取全局变量，不能读取局部变量。如果在函数外部使用局部变量，代码将返回一条错误消息。函数必须声明它要用的全局变量，否则Python将会创建一个同名的新的局部变量。

```
ef reset_game():
    global score, charms, skills
    score = 0
    charms = 0
    skills = 0
```

声明该函数将使用的全局变量

et_game()

数通过将全局变量score、rms和skills的值设为0来重戏。

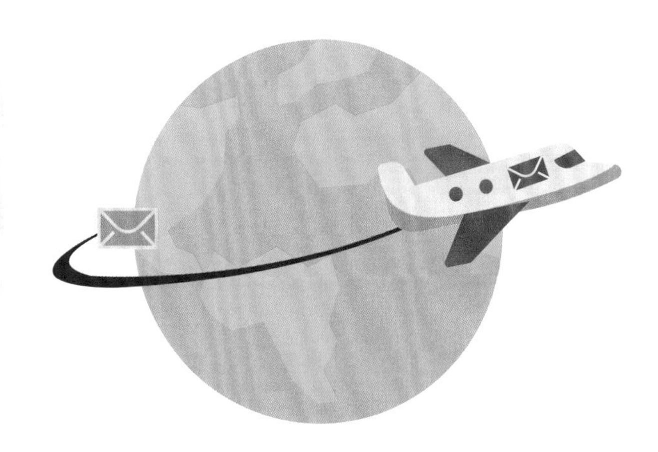

Python标准库

Python库所提供的模块涉及范围十分广泛，从与硬件交互到访问Web页面。这些模块包含用于常见编程任务的代码。你可以将这些模块导入自己的程序，为自己所用。

内置模块

安装Python时附带的库称为Python标准库。Python标准库包括Tkinter和turtle等模块。这些模块不需要下载，也无须安装任何附加的代码。

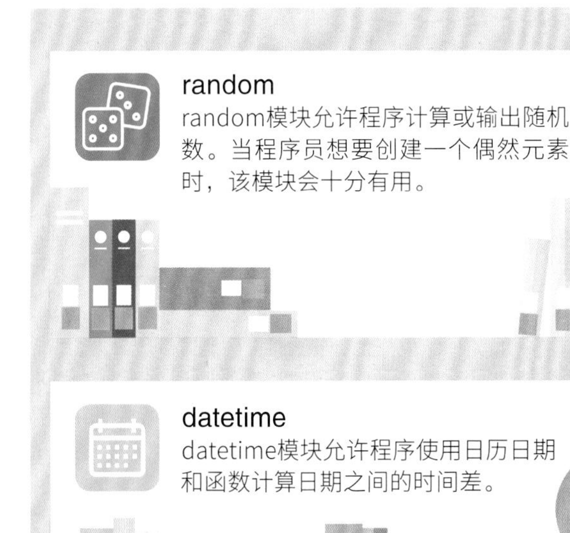

random

random模块允许程序计算或输出随机数。当程序员想要创建一个偶然元素时，该模块会十分有用。

datetime

datetime模块允许程序使用日历日期和函数计算日期之间的时间差。

webbrowser

webbrowser模块允许Python程序在用户的计算机上打开浏览器并显示链接。

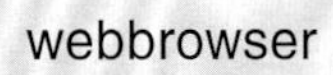

turtle

turtle模块使用Logo编程语言重新创造了小海龟形状的机器人。当机器人移动时，在屏幕上绘制图形。

socket

socket模块允许程序跨网络通信，允许程建属于自己的套接字。

time

time模块的功能是处理时间，例如与计算器测量的时间和不同国家的时区有关的功

Tkinter

Tkinter模块允许程序员创建图形用户界面（GUI）——包括按钮和菜单等元素。

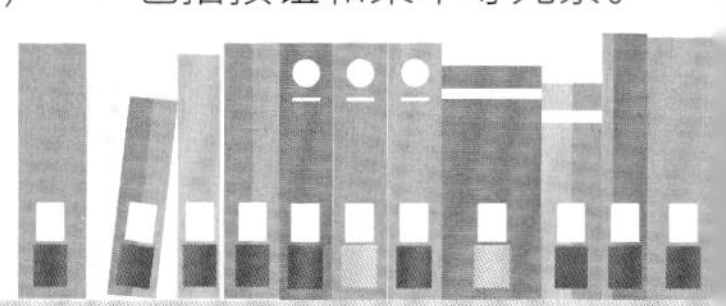

入和使用模块

模块添加到程序中，以便使用其函数和定义的过程，被称为“导入”。在Python中，可以导入整个块或仅导入模块的某些功能。采用何种方法导入，取决于程序的要求。下面的示例说明使用不同方导入模块时所需的语法。

ort ...
关键字import后加上模块的，可以让程序使用模块的所代码。要访问模块的函数，必在函数名之前输入导入的模块并在模块名和函数之间加上点，这样才能调用该函数。

```
import time

offset = time.timezone
print("Your offset in hours from \
UTC time is: ", offset)
```

调用time模块的时区功能

输出变量偏移量中的值

n ... import ...
程序只需要使用一个模块中一个或两个函数，则最好只导些函数，而不是导入整个模以这种方式导入函数时，无调用函数时写出模块的名称。

```
from random import randint

dice_roll = randint(1,6)
print("You threw a", dice_roll)
```

函数randint（）的作用是在1和6之间随机选出一个整数

n...import...as...
模块中某个函数的名称太长代码中的其他名称类似，则对其进行重命名。这样一来，员就可以简单地通过函数的称来调用该函数，而无须在面加上模块的名称。

```
from webbrowser import open as show_me

url = input("enter a URL: ")
show_me(url)
```

显示用户选择的网页

Pygame库

Pygame库包含大量用于编写游戏的模块。由于Pygame不是标准库的一部分，所以程序员必须下载并安装它才能将其导入自己的代码中。Pygame非常强大，但对初级程序员来说可能具有挑战性。不过，借助Pygame Zero工具可以让Pygame中的函数更易于使用。

操作教程：团队分配器

当你参加团队运动时，你要做的第一件事就是选择团队。组建团队的一种方法是先选择队长，然后让队长为自己的球队挑选球员。不过，如果能随机挑选团队成员的话，对各个团队来说都会更公平一些。在本项目中，你可以通过Python创建一个随机分配团队成员的工具，从而使随机挑选球员的过程实现自动化。

团队分配器是如何工作的

本项目将使用Python的random模块来组建球队，并随机选择球员。你将会用到列表来存储球员的名字。然后，random模块将把这个列表按不同的顺序排列，循环将用于迭代列表并显示球员的名字。最后，用if语句来检查用户对选择的结果是否满意。

随机分配

本项目将人员分成两队，每队选出一名队长。当你运行该程序时，它将在屏幕上显示每队的队长和成员。

Python 3.7.0 shell

```
Welcome to Team Allocator!
Team 1 captain: Rose
Team 1:
Jean
Ada
Sue
Claire
Martin
Harry
Alice
Craig
Rose
James
```

球员列表显示在Shell窗口中

你可以学到

- 如何使用random模块
- 如何使用列表
- 如何使用循环
- 如何使用分支语句

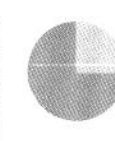

时间:
15～20 分钟

代码行数: 24

难度等级

实际应用

本项目中的代码可应用于需要随机分配的任务中，包括员工排班、分配任务、为项目匹配人员、挑选需要参加测试的团队等。这是一种给团队或任务快速而公平分配人员的方法。

程序设计

程序从打乱球员列表开始，然后将球员列表的前半部分分配给球队1，随机选择一名队长，并显示队长和其他球员的名字。再重复上述步骤，形成球队2。如果球员想重新选择团队，程序将重复这些步骤；反之，程序将结束。

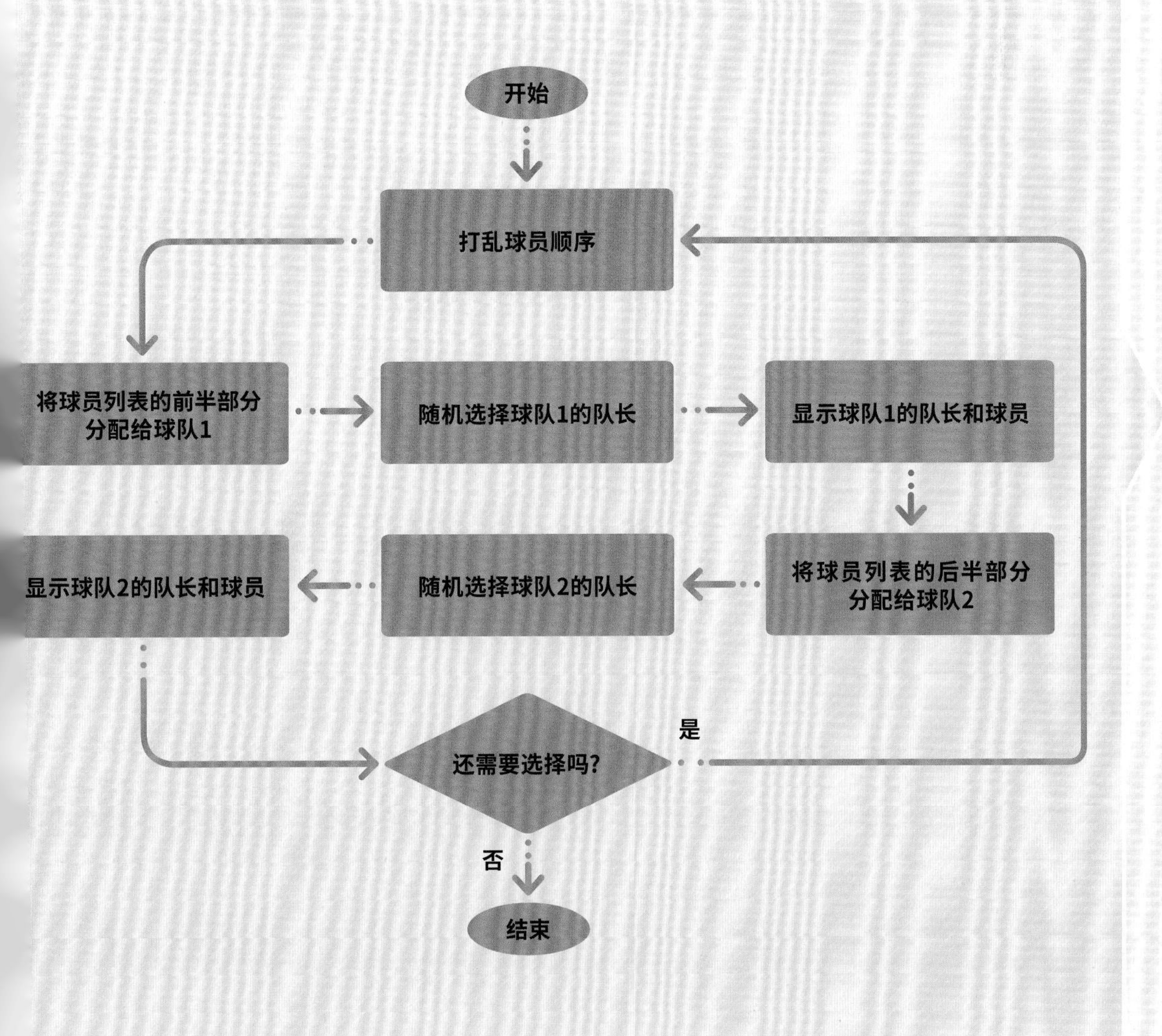

1 创建一个团队

这个程序将简化挑选和分配团队成员的过程。在本步骤中，你将创建包含代码的文件，导入一个模块，然后制作一个球员列表。

1.1 新建一个文件

打开IDLE，忽略出现的Shell窗口，单击IDLE菜单中的File，然后选择New File，将文件保存为team_selector.py。这样就创建了一个空的编辑器窗口，你可以在其中编写程序。

File　Edit　Shell

New File　⌘ N
Open...　⌘ O
Open Module...
Recent Files　▸
Module Browser　⌘ B

单击这里创建一个新文件

1.2 添加模块

现在，导入random模块。在文件顶部输入下面这行代码，以便后面可以调用该模块。该模块包含允许你从列表中随机选择球员的函数。

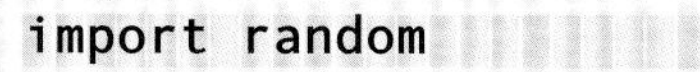

```
import random
```

random模块可以随机选择数字或按随机顺序整理列表

1.3 欢迎用户

接下来，创建一条欢迎用户的消息，它会在程序执行时向用户显示一条消息。保存文件，然后运行程序，确保代码能正常工作。从Run（运行）菜单中选择Run Module（运行模块）。如果你已成功输入代码，欢迎消息将出现在Shell窗口中。

```
print("Welcome to Team Allocator!")
```

这句话将作为欢迎消息出现在Shell窗口中

保存

```
Welcome to Team Allocator!
>>>
```

随机数

随机数可以用来模拟任何随机发生的事件，例如掷骰子、抛硬币或是从一副牌中任意抽出一张牌等。Python的random模块可以用于向程序中添加随机元素。你可以从IDLE的Help（帮助）菜单的Python Docs（文档）中详细了解如何使用此模块。

.4 制作名单

你需要列出所有球员的名字，以便随机生成球队。在Python中，你可以将一组相关项放在一个列表中。首先，在import语句下输入下面这段新代码，创建变量players，用于存储列表。将列表内容放在中括号内，并用逗号分隔开列表中的每个元素。

```
import random
players = ["Martin", "Craig", "Sue",
           "Claire", "Dave", "Alice",
           "Sonakshi", "Harry", "Jack",
           "Rose", "Lexi", "Maria",
           "Thomas", "James", "William",
           "Ada", "Grace", "Jean",
           "Marissa", "Alan"]
```

列表被分配给变量players

不需要使用反斜杠（\）将列表分成两行。按回车键可以换行并自动缩进

列表中的每个元素都是用引号括起来的字符串

这里有20名球员，你可以根据实际情况改变球员数量

5 随机分组

程序预设的球员数量是偶数，随机选择球员的方法有好几种。你可以随机挑选球员，然后分配给这两支球，直到分配结束。不过，更简单的方法是随机列出球员名单，然后将名单的前半部分分配给球队1，将后半部分配给球队2。而要做到这一点，你要做的第一件事就是打乱球员顺序，使用random模块中的shuffle（）函，在print命令下面输入以下代码。

```
print("Welcome to Team Allocator!")
random.shuffle(players)
```

打乱球员顺序

2 分配团队成员

球员名单已经准备好了，你可以把球员分成两队，然后给每队分配队长。当程序执行时，各队的队长及球员的名字将显示在屏幕上。

拆分列表

在Python中拆分或获取列表的分组时，你需要提供两个索引作为边界：初始索引以及位于列表中最后一个元素后的索引。记住，Python中的索引是从0开始计算的。例如，players[1:3]会提取players中的第1个元素和第2个元素。第一个索引为包含索引（包含在新列表中），第二个索引为排斥索引（不包含在新列表内）。如果要将列表从第一个位置拆分到最后一个位置，那么可以将后面的索引留空。在Python中，这样的操作是合理的。例如，players[: 3]将从列表中提取前面的3个元素，players[4:]将从第4个元素开始提取，直至列表末尾。

2.1 选出第一支队伍

现在需要将列表分成相等的两部分。要做到这一点，需先将列表中的项目从位置0移到列表的最后一项，然后除以2。输入下面的代码后，将创建一个包含球员列表前半部分的新列表。

```
team1 = players[:len(players)//2]
```

这个新列表将分配给变量team1

2.2 选出球队1的队长

每支队伍都需要一名队长。为了确保公平，队长的选择也是随机的。你可以在上一行代码下面输入以下这段代码，使用choice（ ）函数从team1列表中随机选择队长，并附加到要显示的字符串中。

```
print("Team 1 captain: " + random.choice(team1))
```

输出谁是队长的消息

2.3 显示球队1的球员

随机选定队长后，你需要在屏幕上显示Team 1所有球员。你可以在文件末尾输入以下代码，使用循环迭代列表。

输出一条消息，告诉用户正在显示Team 1的球员

```
print("Team 1:")
for player in team1:
    print(player)
```

此循环迭代team1

输出Team 1中的球员名字

2.4 测试程序

这是测试代码的好方法。你可以运行代码并在Shell窗口中查看运行结果。窗口中显示的球员数量是否如你的期待呢？随机选择的队长是球队1的成员吗？记得多运行几次代码，以检验它是否能够随机分配。如果出现任何错误，请仔细检查代码。

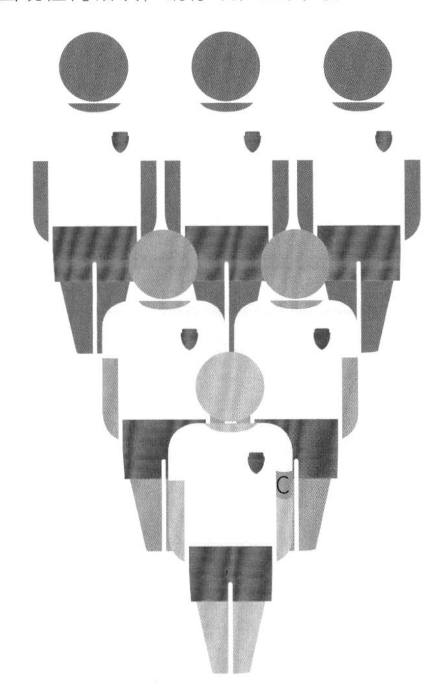


```
Welcome to Team Allocator!
Team 1 captain: Claire
Team 1:
Maria
Jean
William
Alice
Claire
Jack
Lexi
Craig
James
Alan
>>>
```

2.5 选出第二支队伍

现在你可以为球队2分配球员了，具体做法与步骤2.1～2.3一样，请在文件末尾输入以下代码。

```
team2 = players[len(players)//2:]
print("\nTeam 2 captain: " + random.choice(team2))
print("Team 2:")
for player in team2:
    print(player)
```

将列表后半部分的球员分配给变量team2

\n表示在输出Team 2的队长名字前留出一个空行

用for循环迭代team2

保存

2.6 测试程序

运行代码再次测试程序，确保程序能够正常运行，两个球队都能正常输出。这样你就能够看到两个球队的球员名单以及各自队长的名字。

```
Welcome to Team Allocator!
Team 1 captain: Marissa
Team 1:
Harry
Claire
Jack
Sue
Dave
Craig
Marissa
Grace
Alan
Maria

Team 2 captain: James
Team 2:
Martin
Jean
Alice
Ada
William
Rose
Lexi
James
Sonakshi
Thomas
>>>
```

队长的名字将显示在球员名单的前面

3 选出新的球队

现在你可以使用while循环来继续分配球员，直到用户对分配结果满意为止。你可以在“欢迎消息”下面添加新代码行，并为新代码行后的所有代码行添加缩进，以确保原有的代码成为while循环的一部分。

```
print("Welcome to Team Selector!")
while True:
    random.shuffle(players)
    team1 = players[:len(players)//2]
    print("Team 1 captain: " + random.choice(team1))
    print("Team 1:")
    for player in team1:
        print(player)
    team2 = players([len(players)//2:]
    print("\n Team 2 captain: " + random.choice(team2))
    print("Team 2:")
    for player in team2:
        print(player)
```

添加一个允许再次选择球员的循环

记得缩进这些代码行，使它们成为while循环的一部分

3.1 重新分配

最后，你可以添加以下代码来询问用户是否需要重新分配球员，并将回答存储在名为response的变量中。如果用户选择重新分配球员，主循环将再次运行并显示新的球队，直至用户对分配结果满意为止才跳出主循环。

询问用户是否需要重新分配球员

```
    response = input("Pick teams again? Type y or n: ")
    if response == "n":
        break
```

如果回答为n，则跳出主循环

保存

3.2 运行代码

程序现在已经准备好了。再次测试程序，你将看到两个球队的队长及球队成员名单，并在结尾处询问用户是否需要重新分配球员。

```
Welcome to Team Allocator!
Team 1 captain: Rose
Team 1:
Jean
Ada
James
Claire
Martin
Harry
Alice
Craig
Rose
Sonakshi

Team 2 captain: William
Team 2:
Jack
Maria
Sue
Alan
Dave
Grace
Marissa
Lexi
Thomas
William
Pick teams again? Type y or n:
```

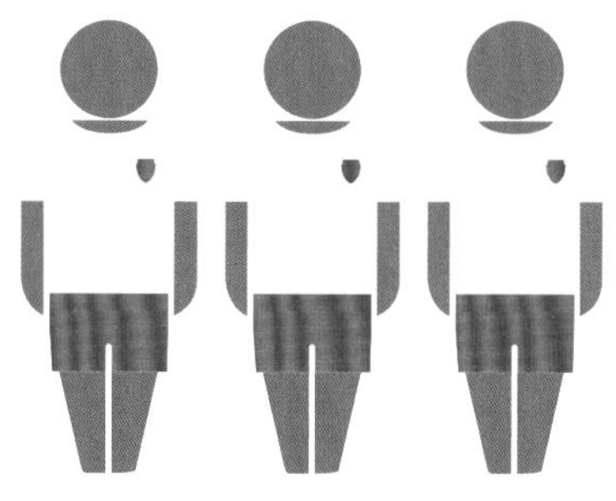

Team 1

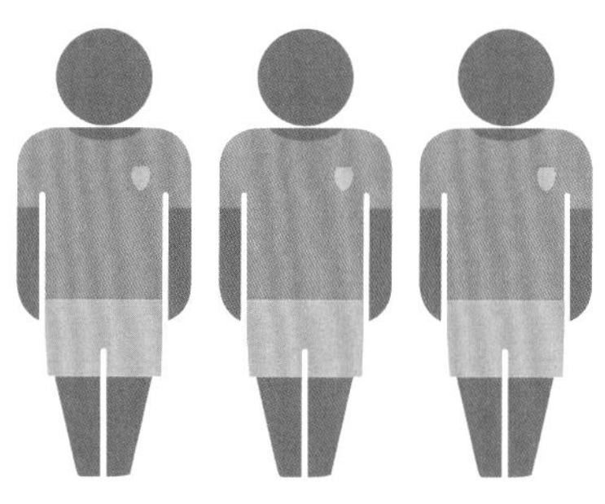

Team 2

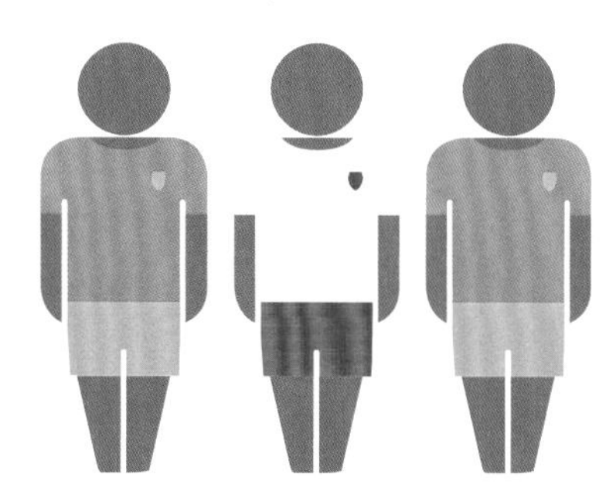

重新分组后的Team 1

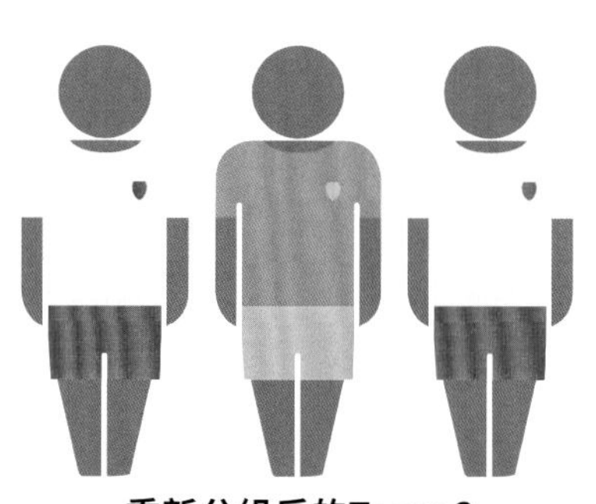

重新分组后的Team 2

技巧和调整

添加更多队员

这个程序里存储了20个人的名单。如果想往团队分配器中增加更多的球员，请尝试向列表中添加更多的名字。务必确保列表中的元素是偶数个，这样不同的球队就能拥有相同数量的球员。

分成更多的球队

此项目中的代码分出了2个球队。如果你有一个更长的球员名单，就可以组建3个或更多的球队，下面的程序将球员分成了3队。不同的体育项目要求的队伍成员数量不同，这时你只需要更新程序中的代码，询问用户在每个队伍中需要的球员数量，然后程序就可以按照要求均分队伍了。如果分配时团队缺少球员，一定要确保程序能够通知用户。

```
while True:
    random.shuffle(players)
    team1 = players[:len(players)//3]
    print("Team 1 captain: " + random.choice(team1))
    print("Team 1:")
    for player in team1:
        print(player)
    team2 = players[len(players)//3:(len(players)//3)*2]
    print("\nTeam 2 captain: " + random.choice(team2))
    print("Team 2:")
    for player in team2:
        print(player)
    team 3 = players[(len(players)//3)*2:]
    print("\nTeam 3 captain: " + random.choice(team3))
    print("Team3:")
    for player in team3:
        print(player)
```

将球员均分为3队，并将球员名单的第一部分分配给team1

将球员名单的第二部分分配给team2

分配给team3的球员名单和队长

团队运动或一对一比赛

目前，程序假设代码是用于团队运动的。如果你想为一对一比赛创建一个程序，请按如下所示更改代码，它将询问用户是要进行一对一比赛还是进行团队运动。如果选择“团队运动”，代码将按已测试的方式运行。如果选择“一对一比赛”，代码将会把参与者随机配对，以便进行对战。

```
print("Welcome to Team/Player Allocator!")
while True:
    random.shuffle(players)
    response = input("Is it a team or individual sport? \
                     \nType team or individual: ")
    if response == "team":
        team1 = players[:len(players)//2]

        for player in team2:
            print(player)
    else:
        for i in range(0, 20, 2):
            print(players[i] + " vs " + players[i+1])
```

显示一条消息，询问用户是团队运动还是一对一比赛

检查用户的响应

范围取0～19，每次递增2个。列表将一次迭代两个人的名单，并把他们进行配对

输出即将对战的人名

谁先开始

无论是团体运动还是一对一比赛，通常都需要决定谁先开始。将右边这段代码添加到之前修改的程序中，可以执行此项操作。

```
            print(players[i] + " vs " + players[i+1])
            start = random.randrange(i, i+2)
            print(players[start] + " starts")
```

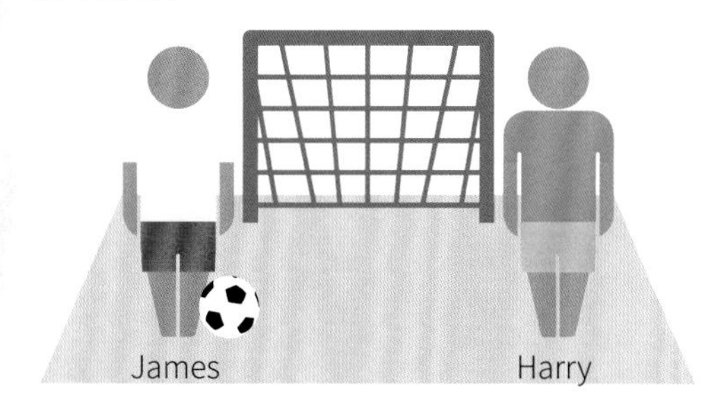


```
Welcome to Team/Player Selector!
Is it a team or individual sport?
Type team or individual: individual
James vs Harry
James starts
```

Shell窗口将显示谁先开始

更改为数字列表

如果你总是和同一批人一起运动，那么当前的程序会是解决这个问题的好方法。如果实际情况不是这样，你可以用数字代替球员的名字，使它成为一种更通用的解决方案。记得先把数字分配给球员，再开始运行程序。

```
import random

players = (1, 2, 3, 4, 5, 6, 7, 8, 9, 10,
           11, 12, 13, 14, 15, 16, 17, 18,
           19, 20)

print("Welcome to Team Allocator!")
```

更新代码，用数字替换名字

参与者数量

你不必每次在参与者数量增加或减少时都去改变列表的大小，你可以通过更新代码来询问用户参与者的数量。这就需要创建数字列表，并创建两个相等的团队。更新程序如下所示。

```
import random
players = [ ]
print("Welcome to Team Allocator!")
number_of_players = int(input("How many players \
are there? "))
for i in range(1, number_of_players + 1):
    players.append(i)

   team1 = players[:len(players)//2]
   print("Team 1 captain: " + str(random.choice(team1)))
   print("Team 1:")

    team2 = players[len(players)//2:]
    print("\nTeam 2 captain: " + str(random.choice(team2)))
    print("Team 2:")
```

显示一条消息，供用户输入参与者数量

更新team1的代码

更新team2的代码

调试

在程序中发现和修复错误的过程称为调试。这些程序中的错误又称为bug，其范围从拼写上的简单错误到代码逻辑上的问题。Python中有多种工具可用于突出显示和帮助修复这些错误。

语法错误

语法是用来描述组成代码的单词和符号的排列与拼写的术语。语法错误是大多数程序最容易犯、也最容易修复的错误。IDLE会在弹出窗口中显示代码中的语法错误。

缩进错误

缩进是一种通过使用空格来反映程序结构、提高程序可读性的方法。函数、循环或条件语句的主体应该缩进4格。Python在代码中强制要求缩进。

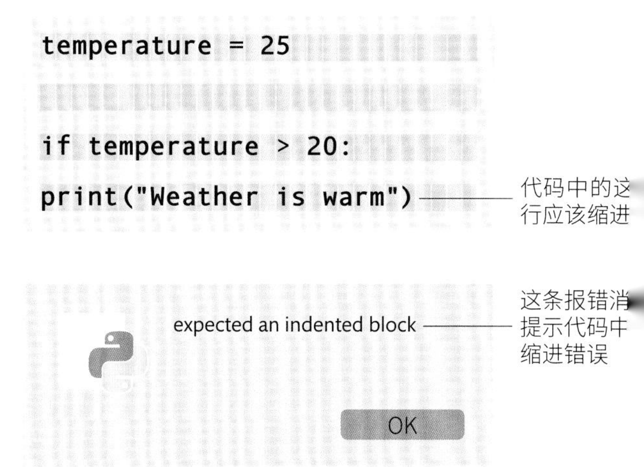

运行时错误

运行时错误会影响程序的基本特性。例如，访问不存在的文件，使用未定义的标识符，对不兼容类型的值执行操作等。仅靠检查程序语法无法找到运行时错误。不过，Python解释器在运行代码时会发现它们，并在Shell窗口中显示一条名为Traceback的错误消息。

类型错误

当函数或运算符与错误类型的值一起使用时，也会发生此类错误。虽然“+”运算符可以连接两个字符串，也可以连接两个数字，但它不能同时连接字符串和数字，这是导致错误的原因。

```
>>> "temperature" + 5
Traceback (most recent call last):
  File "<pyshell#3", line 1, in <module>
    "temperature" + 5
TypeError: can only concatenate str (not "int") to str
```

pyshell指的是Shell窗口

检查模块

在Run（运行）菜单中可以找到IDLE的Check Module（检查模块）。它可以检查程序文件的语法错误，允许程序员在程序运行之前识别并排除这些语法错误。当发现错误后，它会显示与错误相关的消息。

Run　Options　Window
Python Shell
Check Module
Run Module

在Run（运行）菜单中单击此选项

称错误

量或函数的名称拼写错误会导致名错误。它也可能是因为在分配值之使用变量，或者在定义函数之前调函数导致的。在右边的示例中，仅运行时才发现名称错误，因此错误息在Shell窗口中显示。

```
>>> pront ("Hello world")
Traceback (most recent call last):
  File "<pyshell#0>", line 1, in <module>
     pront("Hello world")
NameError: name 'pront' is not defined
```

错误位置和错误内容的详细信息

错误在文件中的位置

导致错误的命令

辑错误

辑错误通常是最难发现的。在种情况下，程序没有崩溃并继运行，但它会产生意想不到的果。通常这些错误可能是由一列问题引起的，其中包括在表式中使用了错误的变量。

无限循环

在右边的示例中，这个无限循环会不停地输出单词counting。因为变量count的值被设为1，永远不会更新，所以循环条件永远不会为False。

```
count = 1

while count < 5:
    print("counting")

print("finished")
```

变量count的值被设为1

finished永远不会被输出

报错语句

虽然报错语句是程序员进行调试时最常用的工具，但是Python的报错语句往往有点复杂，似乎增加了调试的难度。右表列出了一些常见的报错语句及其含义。我们需要熟练掌握这些报错语句及其解决方案，才能快速处理问题。

报错语句及其含义

报错语句	含义
EOL while scanning string literal	该行中的字符串缺少结束引号
Unsupported operand type(s) for +: 'int' and 'str'	"+"运算符要求两边的值为同一类型
Expected an indented block	循环或条件语句的主体没有缩进
Unexpected indent	该行缩进过多
Unexpected EOF while parsing	程序结束前缺少括号
Name [name of variable or function] is not de ned	通常是由变量或函数的名称拼写错引起的

文本颜色

与其他大多数IDEs和专用代码编辑程序一样，IDLE也会给Python程序的不同的文本加上颜色，这样错误就会变得更易发现。例如，"for""while"和"if"等关键字为橙色，字符串为绿色。这样一来，代码中颜色不正确的部分可能就表示它存在语法错误，而几行代码突然变成绿色通常就代表字符串中缺少结束引号。

错误的颜色

右例中有4处错误。缺少引号和关键字while拼写错误，都会导致代码文本的颜色不正确。

```
answer = input(Pick a number")
whle answer != 7:
    pritn(Not the right number")
    answer = input("Pick a number")
```

开头缺少一个引号

关键字while拼写错误

关键字拼写错误，缺少引号

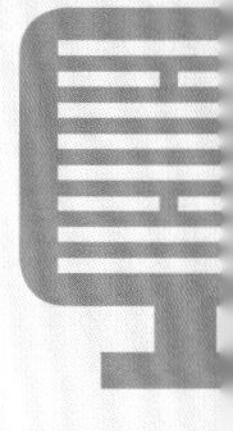

检查错误

调试时有一个常见问题，即实际错误可能位于错误消息指示的位置之前。因此，检查错误指示行前面的代码行很有必要。

```
print(hello " + "world")
```

由于缺少引号而产生无效语法错误

试检查表

一个错误出现，但报错的原因不是很清时，可以根据以下表格中的内容逐项进检查。这样做可能无法解决所有的问，但是许多错误都是由容易修复的小错引起的。以下是需要注意的事项。

- 有字母都拼写正确
- 小写字母不能互换使用
- 符串的开始和结尾部分都有一个引号
- 括号要与右括号匹配
- 次更新代码都要保存
- 要将字母与数字混淆，例如O和0
- 首非必要不用空格
- 量和函数在使用之前先声明

调试器

IDLE中有一个称为Debug（调试器）的工具，它允许程序员“单步执行”程序，即每次执行一行代码。除此之外，它还会显示程序中每个步骤的变量内容。程序员可以从包含Debug菜单的Shell窗口启动调试器，这样程序下次运行时就会启动调试过程。如果再次选择，调试器就会停止执行。

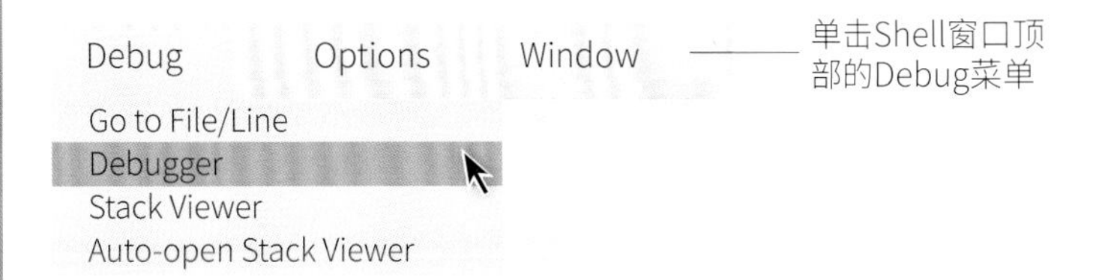

单击Shell窗口顶部的Debug菜单

要检查的细节级别

要显示的信息

IDLE 调试器

当程序运行时，Debugger将显示有关它的信息，包括变量的当前值。单击Step选项卡将公开后台运行的代码，这些代码对程序员来说通常是隐藏的。

操作教程：项目规划器

时间管理工具在工作和生活中都非常有用。这类应用程序有助于跟踪日常琐事和活动的进度。本项目将使用Python的元组、集合和图形模块来创建一个用于开发小型游戏应用程序的项目规划器。

项目规划器是如何工作的

本项目将创建一个时间表，以帮助用户安排他们的工作计划。它有一个带有按钮的窗口，用户可以根据不同的按钮选择项目文件。然后，它将从文件中读取任务列表，再根据不同的条件，按任务开始时间进行排序；它还会在每个任务开始和结束时将生成的数据转换为图表。

甘特图

甘特图是以提出者亨利·L.甘特先
的名字命名的一种条形图，用于
示任务的进度。其中，要完成的任
列在y轴上，时间段列在x轴上。图
的条形代表每个任务的持续时间。

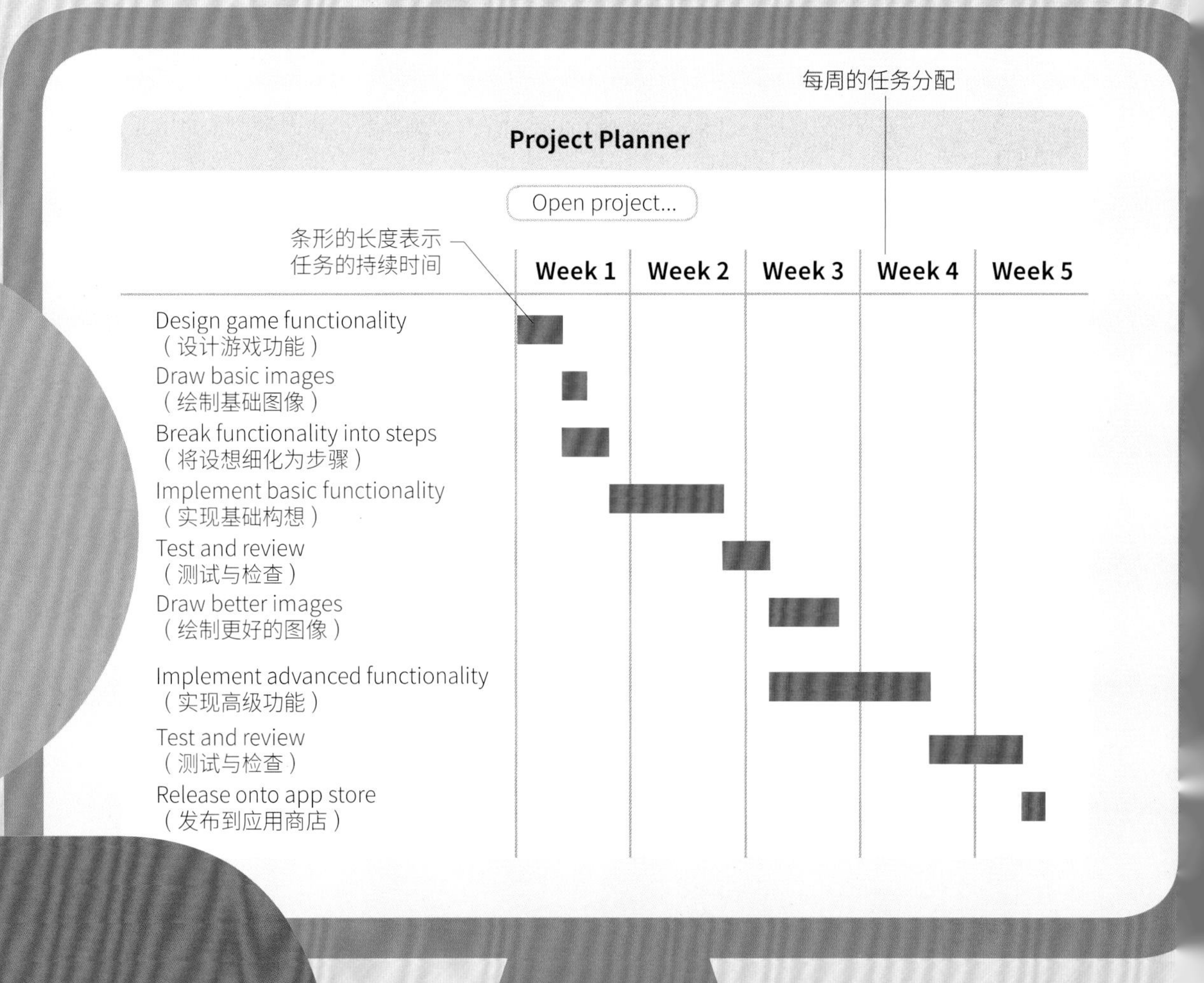

你可以学到

- 如何从文件中提取数据
- 如何使用Python集合
- 如何使用命名元组
- 如何创建一个简单的Tk UI应用
- 如何使用Tk Canvas绘图

时间： 1.5小时

代码行数： 76

难度等级

实际应用

所有程序都能从文件中读取数据并进行处理，即使是那些不以明显方式使用文档的程序，例如游戏程序。打开窗口、布置按钮和绘制自定义元素等基本任务，是创建所有桌面应用程序的基础。

序设计

项目使用一个连续的循环来检查用户是按下了打开项目的按钮。如果按下了按，程序会打开一个CSV文件，读取其中内容并将任务进行排序，再显示为图。图表会显示出不同时间内要完成的任及其持续时间。

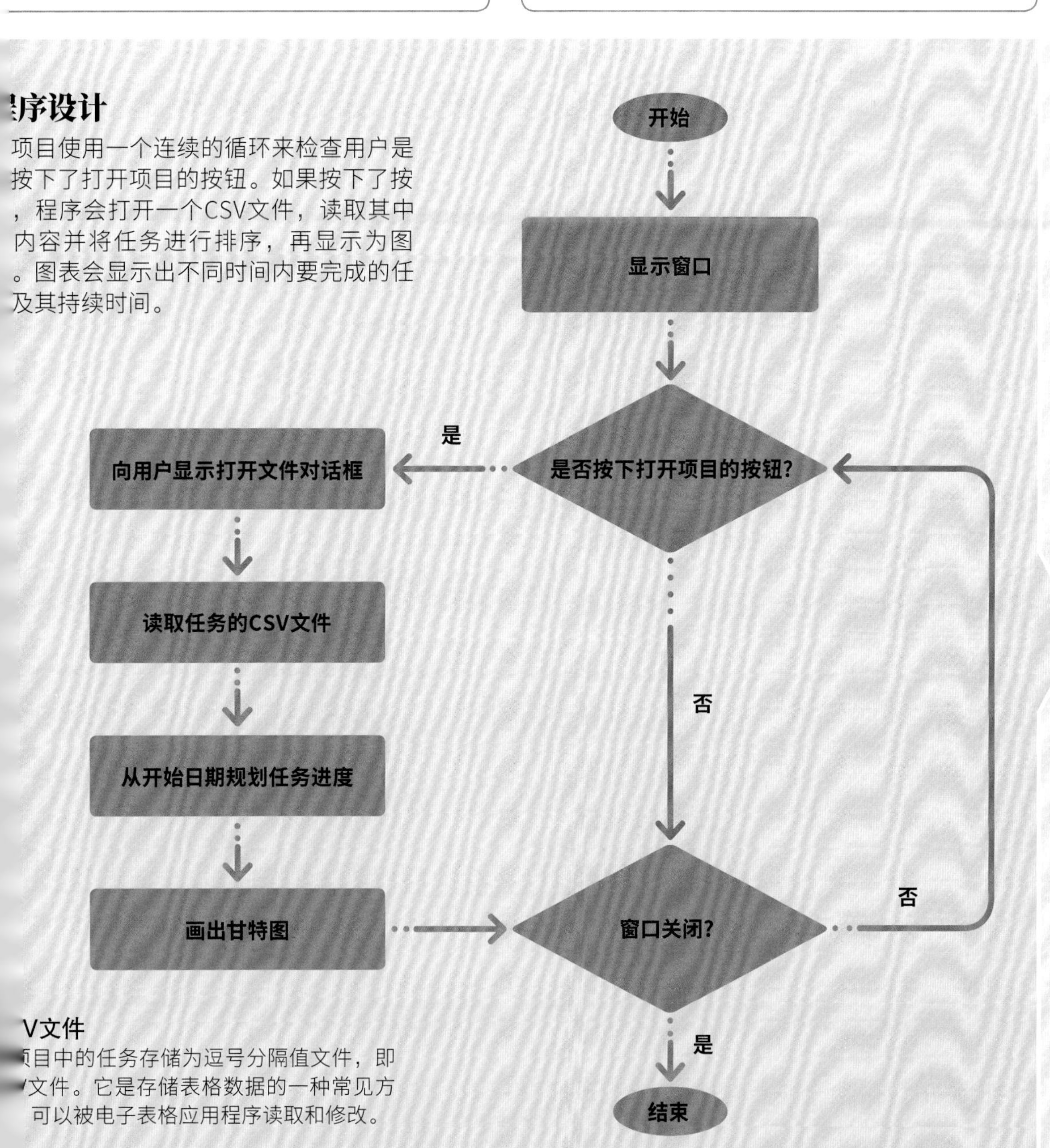

V文件

目中的任务存储为逗号分隔值文件，即文件。它是存储表格数据的一种常见方可以被电子表格应用程序读取和修改。

1 创建并读取CSV文件

绘制项目规划器需要创建一个CSV文件，列出所有必须完成的任务，然后要在Python文件中通过编写代码来读取CSV文件。

1.1 创建一个新文件

首先在计算机上创建一个名为ProjectPlanner（项目计划）的文件夹，然后打开IDLE，新建文件，将文件命名为planner.py，存在ProjectPlanner文件夹中。

File　Edit　Shell
NewFile ⌘N ← 单击此选项创建新文件
Open... ⌘
Open Module...
Recent Files ▸
Module Browser ⌘B

1.2 创建CSV文件

现在需要在Python文件的顶部添加一行代码，以便读取新的CSV文件。首先，创建一个CSV文件。这可以通过电子表格应用程序来完成。不过，由于CSV文件是一个简单的文本文件，你也可以在IDLE中创建它。从“文件”菜单中选择“新建文件”，选择“另存为”，将该文件保存到ProjectPlanner文件夹中，并命名为project.csv。操作时，你可能会收到下面这条警告消息。

```
import csv
```

在planner.py文件中输入这行代码

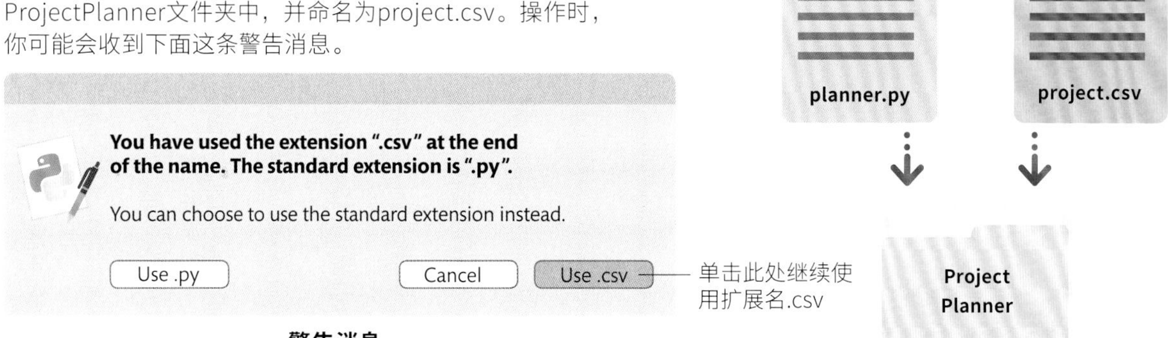

警告消息

1.3 编写一个简单的项目

现在你可以为开发游戏程序做一个简单的计划了。在CSV文件中输入以下内容，从而创建开发游戏程序需要完成的任务列表。记住，文件的开头和结尾不应该有空白行，文件中的每行文本表示表中的一行，行中的每个元素表示一个列值。例如，第二行有4个列值。正确输入这些任务后，保存并关闭文件。

第一列的值表示任务编号

第二列的值是任务的标题

第三列的值表示任务预计花费的天数

```
1,Design game functionality,2,
2,Draw basic images,1,1
3,Break functionality into steps,2,1
4,Implement basic functionality,5,2 3
5,Test and review,2,4
6,Draw better images,3,5
7,Implement advanced functionality,7,5
8,Test and review,4,6 7
9,Release onto app store,1,8
```

每列中的值用逗号分隔

每一行表示表中的一行

第四列的值表示完成本任务的前提条件，即其他任务的编号，中间用空格隔开

这一行是第8个任务，标题为Test and review（测试与检查），预计在4天内完成，需要先完成任务6和任务7才能开始

Python元组

元组是类似于列表的数据结构。创建元组之后，既不能更改它的长度，也不能更新其中的项。列表主要用于存储相同类型的值序列，例如表示一组人身高的列表。列表可以被更新或更改。另外，元组可用于存储不同类型的相关值，例如一个人的姓名、年龄和身高。

```
>>> numbers = (1, 2, 3, 4, 5)
>>> print(numbers[3])
4
```

numbers元组中包含5个数字

元组中索引值为3的值（从0开始算起）

索引值用方括号括起来

```
>>> numbers[0] = 4
Traceback (most recent call last):
  File "<pyshell>", line 1, in <module>
    numbers[0] = 4
TypeError: 'tuple' object does not support item assignment
```

尝试更改元组中索引值为0的值

由于元组中的值无法更新，所以系统返回了一条错误信息

1.4 从文件中读取数据

Python的CSV库中的功能，可以让你轻松地从CSV文件中读取数据。读取的数据存储在Python元组中。以任务编号（第一列中的值）为“键”把元组存储到字典（一种数据结构，其中每项都有一个键值对）中，你就可以根据特定任务编号快速查找到该任务。在步骤1.2的import语句之后，将下面这段代码添加到.py文件中。它会打开CSV文件，从中读取数据，然后将结果存储在字典中。

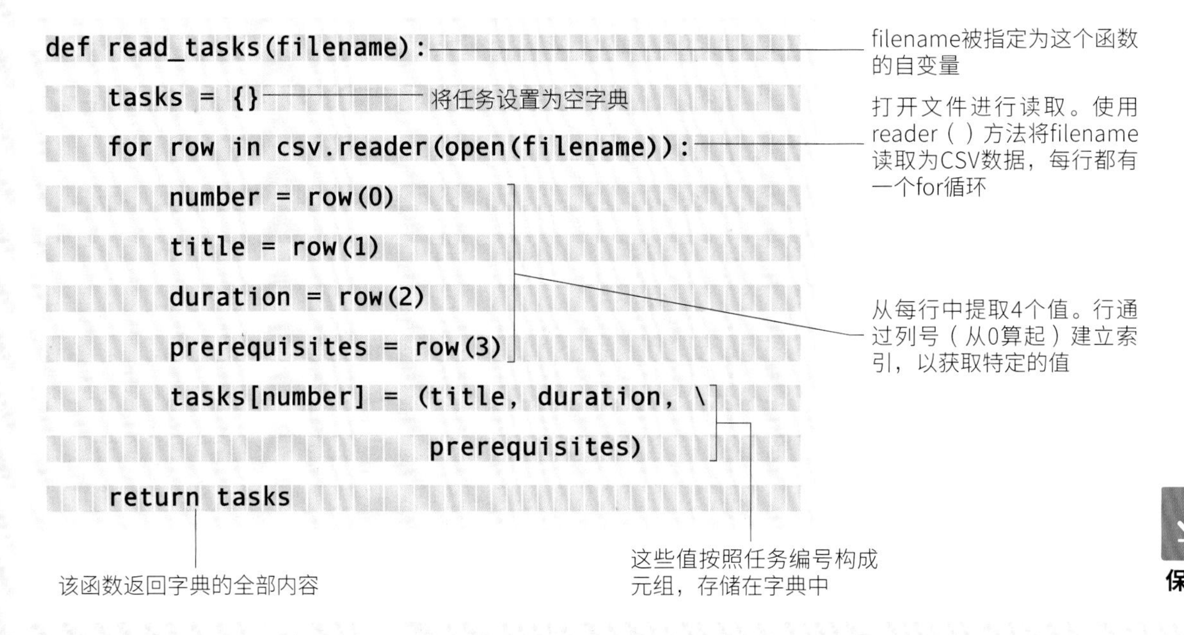

def read_tasks(filename):
tasks = {}
for row in csv.reader(open(filename)):
number = row(0)
title = row(1)
duration = row(2)
prerequisites = row(3)
tasks[number] = (title, duration, \
prerequisites)
return tasks
filename被指定为这个函数的自变量
将任务设置为空字典
打开文件进行读取。使用reader（）方法将filename读取为CSV数据，每行都有一个for循环
从每行中提取4个值。行通过列号（从0算起）建立索引，以获取特定的值
这些值按照任务编号构成元组，存储在字典中
该函数返回字典的全部内容

保存

1.5 测试代码

现在测试代码，以确保输入的指令正确无误。从Run（运行）菜单中选择Run Module（运行模块）并切换到Shell窗口。输入下面的代码，使用步骤1.2中创建的CSV文件的名称调用该函数。该函数将返回一个包含文件信息的字典。不过，由于csv.reader对象不知道如何解释从文件中读取的数据，因此所有的值都被读取为了Python的字符串。

在提示符后输入此行代码

读取该CSV文件中的数据

```
>>> read_tasks("project.csv")
{'1': ('Design game functionality', '2', ''), '2': ('Draw
basic images', '1', '1'), '3': ('Break functionality into
steps', '2', '1'), '4': ('Implement basic functionality',
'5', '2 3'), '5': ('Test and review', '2', '4'), '6': ('Draw
better images', '3', '5'), '7': ('Implement advanced
functionality', '7', '5'), '8': ('Test and review', '4',
'6 7'), '9': ('Release onto app store', '1', '8')}
```

数字也被读取为字符串

1.6 转换为其他数据类型

“任务编号”和“任务持续时间”的值在CSV文件中是数字，可这些值当前是作为字符串读取的，所以最好将它们转换为Python数字值。你可以根据以下的示例更新read_tasks（ ）函数，这样一来任务编号将始终是整数（非负整数），而任务持续时间会被设为浮点数（十进制），因为任务持续时间可能是非整数（如2.5天）。最后保存文件，再次运行模块，测试下面这段代码。

```
def read_tasks(filename):
    tasks = {}
    for row in csv.reader(open(filename)):
        number = int(row[0])
        title = row[1]
        duration = float(row(2))
        prerequisites = row[3]
```

将任务编号从字符串转换为整数

将任务持续时间从字符串转换为浮点数

保存

```
>>> read_tasks("project.csv")
{1: ('Design game functionality', 2.0, ''), 2: ('Draw basic
images', 1.0, '1'), 3: ('Break functionality into steps', 2.0,
'1'), 4: ('Implement basic functionality', 5.0, '2 3'), 5:
('Test and review', 2.0, '4'), 6: ('Draw better images', 3.0,
'5'), 7: ('Implement advanced functionality', 7.0, '5'), 8:
('Test and review', 4.0, '6 7'), 9: ('Release onto app store',
1.0, '8')}
```

任务编号被读取为整数

任务持续时间被读取为浮点数

转换数据类型

在Python的CSV库中，csv.reader对象的标准行为是将每个值作为字符串读取。你需要手动指定哪些值是数字，以确保它们被读取为整数或浮点数。

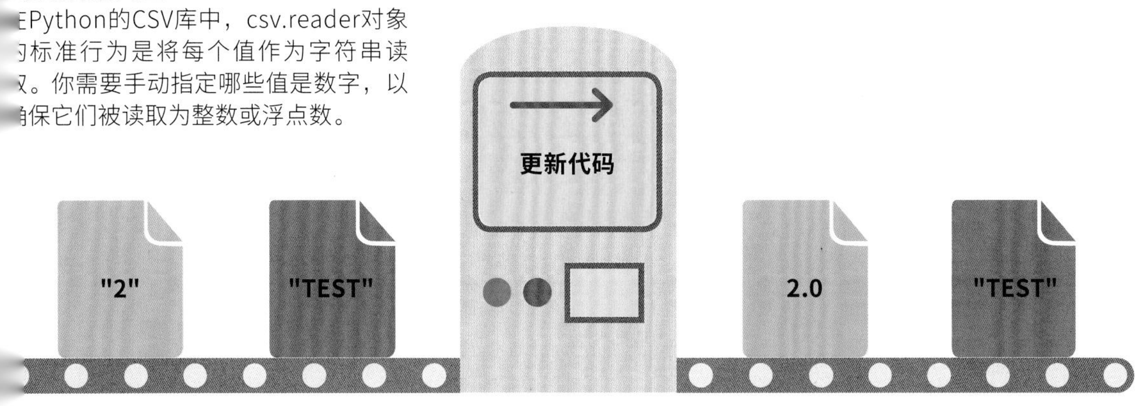

Python集合

Python集合是另一种类似于列表的数据类型，它所包含的值都是唯一的，这使得它类似于Python字典的键。创建集合的语法与创建字典的语法相似。你可以在Shell窗口中尝试下面的示例。

与Python字典一样，Python集合也是在大括号中创建的

```
>>> numbers = {1, 2, 3}
```

定义集合

变量numbers被定义为包含数字1、2和3的集合。记住不要把空集写成“numbers ={}”，因为Python会把它读取为空字典。为了避免这种情况，可以通过调用set（）函数来创建一个空集。

将数字4添加到集合中

```
>>> numbers.add(4)
>>> numbers
{1, 2, 3, 4}
>>> numbers.add(3)
>>> numbers
{1, 2, 3, 4}
```

数字3已经在集合中，所以集合不会被改变

往集合中添加值

你可以使用add（）方法往集合中添加值。由于集合中的值都是唯一的，所以往集合中添加一个已经存在的值，不会使集合有任何改变。

从集合中删除数字3

```
>>> numbers.remove(3)
>>> numbers
{1, 2, 4}
```

从集合中删除值

同样，你也可以使用remove（）方法从集合中删除值。

1.7 将“前提条件”转换为数字集合

到目前为止，你已经将“任务编号”和“任务持续时间”转换为数字，但“前提条件”仍是以字符串（"1"或"2 3"）表示的。要将“前提条件”作为任务编号的集合来读取，首先要使用Python内置的split（）函数将字符串拆分为各个值，然后使用int（）和map（）函数（如右图所示）将字符串的值转换为一个集合。

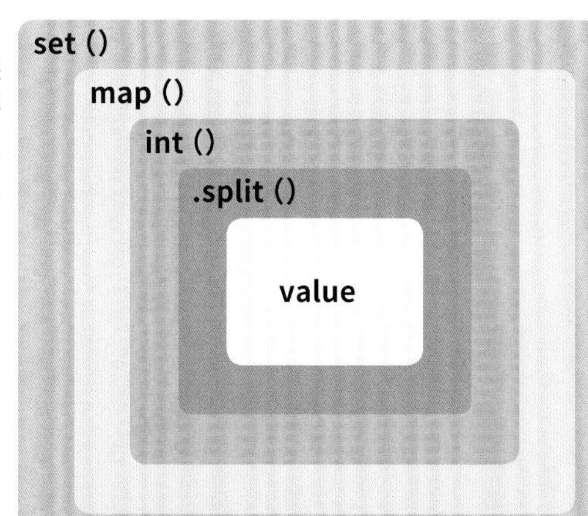


```
>>> value = "2 3"
>>> value.split()
['2', '3']
```

用空格隔开的任务编号将被分割成单独的值

使用split（）函数获取一个字符串，并将其转换为字符串列表

使用map（）函数在列表中的每个字符串上调用int（）函数

```
>>> set(map(int, value.split()))
{2, 3}
```

使用int（）函数将字符串的值转换为整数

将map（）函数返回的值转换为集合数据结构

组合功能

这个示例演示了如何通过简单的函数组合来创建复杂的逻辑。它从原始的字符串值开始，使用split（）函数将其分割为字符串部分，然后使用map（）函数在每个部分上调用int（）函数，然后使用set（）函数将结果转换为Python集合。

1.8 更改“前提条件”的数据类型

现在，利用上一步中的代码更新read_tasks（ ）函数。然后再次运行模块，并切换到Shell窗口进行测试。

将“前提条件”的值从字符串转换为整数集合

```
import csv
def read_tasks(filename):
    tasks = {}
    for row in csv.reader(open(filename)):
        number = int(row[0])
        title = row[1]
        duration = float(row[2])
        prerequisites = set(map(int, row[3].split()))
        tasks[number] = (title, duration, prerequisites)
    return tasks
```

保存

```
>>> read_tasks("project.csv")
{1: ('Design game functionality', 2.0, set()),
2: ('Draw basic images', 1.0, {1}), 3: ('Break
functionality into steps', 2.0, {1}), 4:
('Implement basic functionality', 5.0, {2, 3}),
5: ('Test and review', 2.0, {4}), 6: ('Draw
better images', 3.0, {5}), 7: ('Implement
advanced functionality', 7.0, {5}), 8: ('Test
and review', 4.0, {6, 7}), 9: ('Release onto app
store', 1.0, {8})}
```

所有数值现在都转换为正确的数据类型

1.9 测试程序

数据现在已经准备好了，你可以尝试提取一些特定的值来对程序进行测试。再次运行模块，并切换到Shell窗口，然后输入下面的代码行，把得到的字典存储在一个临时变量中，以便对它进行操作。

```
>>> tasks = read_tasks("project.csv")
>>> tasks[3]
('Break functionality into steps', 2.0, {1})
>>> tasks[3][1]
2.0
```

- `>>> tasks = read_tasks("project.csv")`：将数据分配给临时变量tasks
- `>>> tasks[3]`：使用任务编号[3]为tasks建立索引，以便提取特定任务的数据
- `('Break functionality into steps', 2.0, {1})`：以元组返回数据，元组中包含特定索引位置的3个值
  - 'Break functionality into steps'：标题的索引值为0
  - 2.0：任务持续时间的索引值为1
  - {1}：前提条件的索引值为2
- `>>> tasks[3][1]`：使用值1再次索引，提取任务持续时间
- `2.0`：返回任务编号[3]中索引位置[1]处的值（即任务持续时间）

1.10 使用命名元组函数

通过索引位置获取任务的各个值，不是一种理想的方法。如果能用一个合适的名字称呼它们，例如“Task（标题）”或“duration（持续时间）”，那就更方便了。在Python中使用namedtuple（）方法，可以解决这个问题。它能让你按名称而不是按位置来提取任务的值。使用这种方法，需要先将以下代码添加到文件顶部，以创建命名元组，然后将其存储在变量中。

```
import csv
from collections import namedtuple
Task = namedtuple("Task", ["title", "duration", "prerequisites"])
def read_tasks(filename):
```

- `from collections import namedtuple`：从集合中导入namedtuple（）函数
- `"Task"`：定义一个名为Task的命名元组
- `["title", "duration", "prerequisites"]`：任务值的名称以字符串列表的形式给出

.11 调用命名元组

由于上一步中创建的命名元组存储在变量Task中，所以可以像调用函数一样调用Task，从而创建此类型的新值。首先更新代码中的read_task（）函数以调用Task，然后运行模块并切换到Shell窗口测试代码。程序将在Shell窗口中显示这些值（如下面的输出1），然后尝试通过名称提取其中一个值（如下面的输出2）。

命名元组Task存储在tasks字典中

```
def read_tasks(filename):
    tasks = {}
    for row in csv.reader(open(filename)):
        number = int(row[0])
        title = row[1]
        duration = float(row[2])
        prerequisites = set(map(int, row[3].split()))
        tasks[number] = Task(title, duration, prerequisites)
    return tasks
```

保存

```
>>> tasks = read_tasks("project.csv")
>>> tasks[3]
Task(title="Break functionality into steps", duration=2.0,
prerequisites={1})
```

在Shell窗口中显示命名元组中每个值的名称

输出1

```
>>> tasks[1].title
"Design game functionality"
>>> tasks[3].duration
2.0
>>> tasks[4].prerequisites
{2, 3}
```

提取task[1] 的标题

按名称提取task[3]的任务持续时间

输出2

按名称提取task[4]的前提条件

2 任务排序

在任务已被读取，并转换成有用的格式后，你需要考虑如何对它们进行排序，并确定每个任务在项目启动后的开始时间。你可以通过创建一个函数来完成此项操作。该函数可以根据任务前提条件的状态来确定任务的起点。

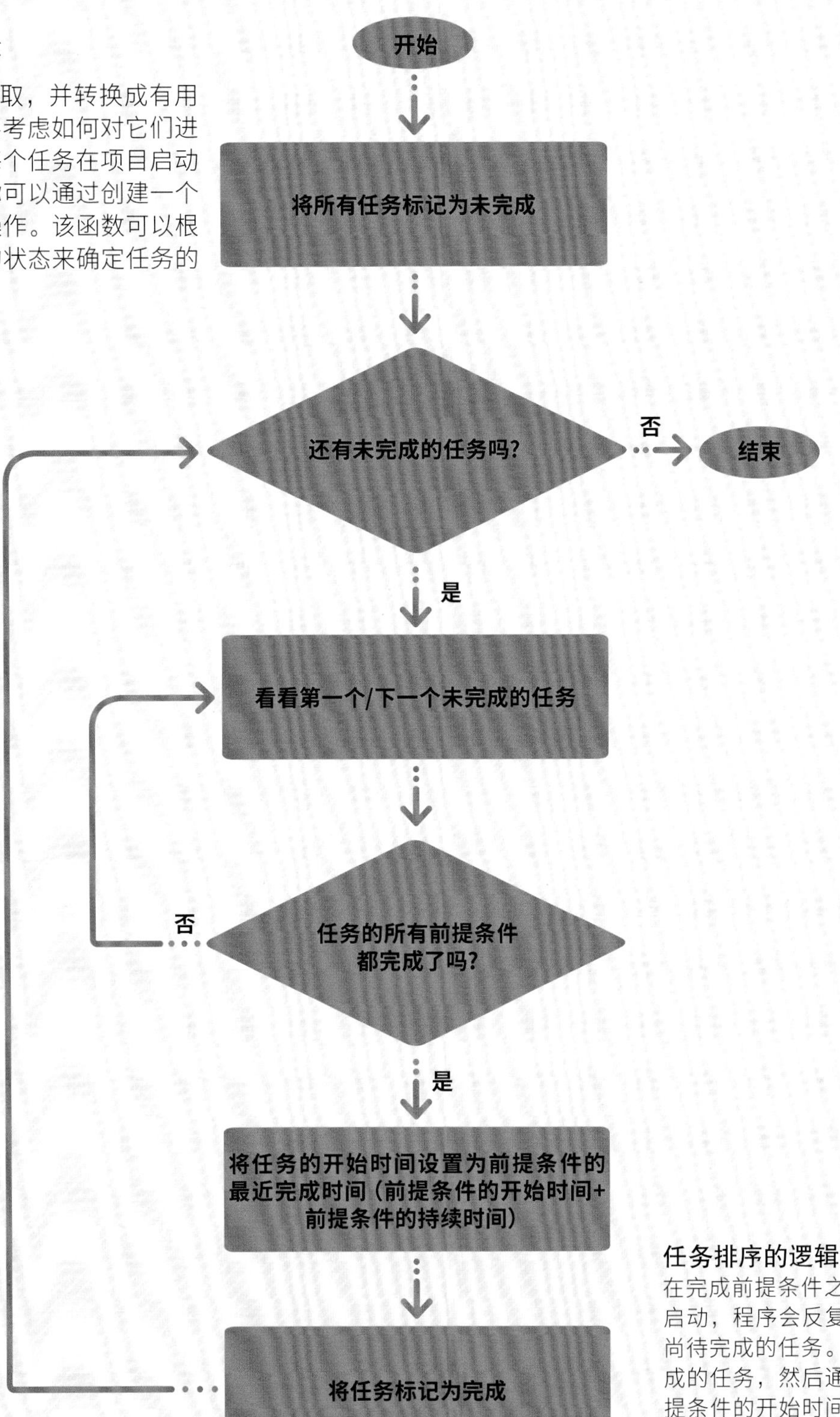

任务排序的逻辑流程图
在完成前提条件之前，任
启动，程序会反复循环迭
尚待完成的任务。选择一
成的任务，然后通过计算
提条件的开始时间和持续
确定何时可以开始此任务。

2.1 安排任务的逻辑顺序

现在可以安排任务的逻辑顺序了。在planner.py文件末尾添加以下函数，结果将返回一个字典。该字典将每个任务编号映射到一个开始时间，即整个项目开始后的天数。其中，第一个任务将在第0天开始。

```
    return tasks

def order_tasks(tasks):
    incomplete = set(tasks)
    completed = set()
    start_days = {}
    while incomplete:
        for task_number in incomplete:
            task = tasks(task_number)
            if task.prerequisites.issubset(completed):
                earliest_start_day = 0
                for prereq_number in task.prerequisites:
                    prereq_end_day = start_days(prereq_number) + \
                                     tasks(prereq_number).duration
                    if prereq_end_day > earliest_start_day:
                        earliest_start_day = prereq_end_day
                start_days(task_number) = earliest_start_day
                incomplete.remove(task_number)
                completed.add(task_number)
                break
    return start_days
```

刚开始时，所有任务都是未完成的，且没有开始时间
获取任务并检查其前提条件是否已完成
如果仍有未完成的任务编号，循环会一直执行下去
根据前提条件的结束时间计算此任务可以开始的最早时间
存储开始时间并记住此任务已经完成
跳出for循环。如果还有一些未完成的任务，循环将重新开始
返回计算完成的每个任务开始时间的字典

issubset()方法

issubset()方法用于判断一个集合的所有元素是否包含在另一个集合中。空集是任何集合的子集，包括另一个空集。这意味着对于没有前提条件的任务，task.prerequisites.issubset(completed)的结果为True，并且会立即开始，即使尚未完成任何任务。因此，在循环处理任务的前提条件之前，要将earliest_start_day设置为0。如果没有前提条件，则此任务将以0作为开始时间。一旦这个任务被添加到已完成的集合中，issubset()方法将允许该任务开始。

2.2 测试代码

保存代码并运行模块，在提示符后测试order_tasks（ ）函数。你将看到任务1可以立即开始（在0天之后），最后一个任务9要在22天后开始。任务2和任务3、任务6和任务7将同时开始，因为本项目假定用户可以在同一时间做两个任务。

```
>>> tasks = read_tasks("project.csv")
>>> order_tasks(tasks)
{1: 0, 2: 2.0, 3: 2.0, 4: 4.0, 5: 9.0, 6: 11.0, 7: 11.0,
8: 18.0, 9: 22.0}
```

这些任务可以同时开始，因为它们的前提条件相同

3 绘制图表

现在你已经设置好CSV文件，为每个任务安排了逻辑顺序，接下来就可以开始绘制这个项目的图表了。Python为图表类应用程序提供了一个内置的跨平台工具包Tk，你可以用它来打开一个窗口并在里面绘图。

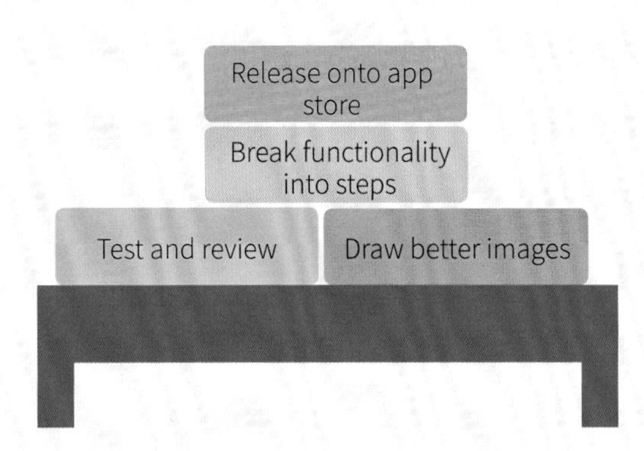

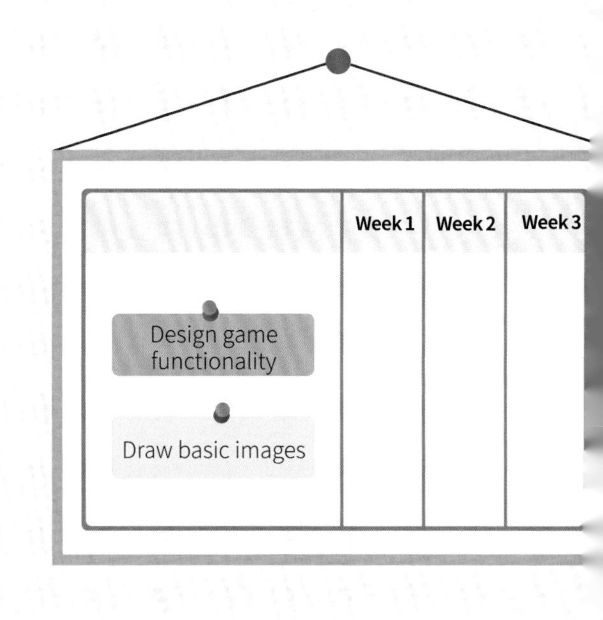

3.1 导入工具箱

首先将Tk功能导入程序，它可以在Python的标准库Tkinter（Tk接口）中找到。然后，将右边的代码添加到planner.py文件的顶部。按照惯例，import语句会按字母顺序排列在文件顶部，不过它们是否按不同顺序排列并不重要。

```
import csv
import tkinter
```

导入Tk功能

Tk图形用户界面（GUI）

Tk中的可视化元素称为控件。将不同的控件放置在彼此内部，可以创建图形元素的层级结构。在这个层级结构中创建的“根”（第一个）控件是顶层窗口控件。控件是通过调用它们的Tk构造函数创建出来的。该函数的第一个参数是“父”控件，后面跟着一组关键字参数。通过这些关键字参数，可以指定控件的不同属性，例如大小和颜色。控件被封装在它们的“父”控件中，可以在窗口中看见。使用Tk模块的mainloop（）函数，可以在屏幕上绘制控件，同时处理鼠标单击和按键等事件。此函数在窗口打开时不返回。如果你想在窗口打开后执行任何操作，就必须定义在特定事件（如按下按钮）发生时调用的mainloop（）函数。

顶层窗口控件
列表控件被封装后置于顶层窗口的顶部
My Application
Thing 1
Thing 2
Thing 3
Press me!
No, Press me!
按钮控件被封装后置于框架左侧
按钮控件被封装后置于框架右侧
框架中的控件被封装后置于顶层窗口的底部

2 创建窗口

接下来，将下面这段代码添加到planner.py文件的末尾，从而建一个窗口。新创建的窗口包含一个按钮控件和一个画布控件。按钮控件将以标签的形式显示文本信息，画布控件将定义一个可绘制的区域。你需要指定画布控件的大小和背景颜色。

```
    return start_days
root = tkinter.Tk()
root.title("Project Planner")
open_button = tkinter.Button(root, text="Open project...", \
                            command=open_project)
open_button.pack(side="top")
canvas = tkinter.Canvas(root, width=800, \
                        height=400, bg="white")
canvas.pack(side="bottom")
tkinter.mainloop()
```

创造一个Tk顶层窗口控件

给窗口一个标题

创建一个按钮控件，并将其置于窗口的顶部

创建一个画布控件，并将其置于窗口的底部

行Tk主事件处理函数

保存

3.3 运行代码

如果此时运行代码，你将看到空白的白色窗口，里面没有按钮，而且还会在Shell窗口中收到一条错误消息。这是因为open_project（ ）函数尚未被定义，因此需要关闭此窗口才能继续。

```
====== RESTART: /Users/tina/ProjectPlanner/planner.py ======
Traceback (most recent call last):
  File "/Users/tina/ProjectPlanner/planner.py", line 35, in <module>
    open_button = tkinter.Button(root, text="Open project...",
command=open_project)
NameError: name 'open_project' is not defined
>>>
```

程序将崩溃，并在Shell窗口中显示此错误信息

3.4 激活按钮

步骤3.2中创建的按钮允许你选择一个CSV文件，然后将其绘制到图表中。为此，你可以使用Tkinter子模块中的Tk对话框，在文件顶部添加import语句（如下所示），然后在步骤2.1中的order_tasks（ ）函数下面添加一个新的open_project（ ）函数。如果现在运行这个程序，你将收到另一条错误消息，因为draw_chart（ ）函数还未被定义。

import tkinter
from tkinter.filedialog import askopenfilename
从tkinter.filedialog中导入单个函数，而不是导入整个模块
调用askopenfilename（ ）函数，选择CSV文件
指定对话标题
“.”是“当前”目录的特殊目录名
    return start_days
def open_project():
    filename = askopenfilename(title="Open Project", initialdir=".", \
                               filetypes=(("CSV Document", "*.csv")))
    tasks = read_tasks(filename)
    draw_chart(tasks, canvas)
在画布控件中绘制任务的图表
从askopenfilename（ ）函数返回的CSV文件中读取任务
指定可接收的文件格式

3.5 绘制图表

现在是时候将项目绘制成甘特图了。在绘制图表之前，你需要确定所希望看到的图表样式，以及需要绘制哪些可视化元素。然后将此项目计划代码放在步骤2.1的代码下面（也就是open_project（）函数的上面），从而绘制图表的表头和分割线。为此，你需要定义一个draw_chart（）函数，并为它的一些参数提供默认值。调用函数实际上只需用到前两个参数（任务和画布）。带有默认值的参数是可选的，它们将接收指定的值，并在函数中创建一些局部“常量”。

使用带有默认值的参数，可以指定在何处绘制可视化元素，以及它们在画布上占用多少空间

参数的默认值

```
def draw_chart(tasks, canvas, row_height=40, title_width=300, \
               line_height=40, day_width=20, bar_height=20, \
               title_indent=20, font_size=-16):
    height = canvas("height")
    width = canvas("width")
    week_width = 5 * day_width
    canvas.create_line(0, row_height, width, line_height, \
                       fill="grey")
    for week_number in range(5):
        x = title_width + week_number * week_width
        canvas.create_line(x, 0, x, height, fill="grey")
        canvas.create_text(x + week_width / 2, row_height / 2, \
                           text=f"Week {week_number+1}", \
                           font=("Helvetica", font_size, "bold"))
def open_project():
```

将画布的高度和宽度定义为局部变量

在表头下面绘制一条水平直线

周数从0到4循环

将x设为标题宽度加上周宽度乘以周数

在x处按照整个图表的高度画一条垂直线

以（x+周宽度的一半，行高的一半）为中心，绘制文本字符串，如“Week 1”“Week 2”等

3.6 运行代码

现在，甘特图已经准备好，你可以保存文件并运行代码。单击按钮，选择一个CSV文件，然后开始绘制表头和分割线。

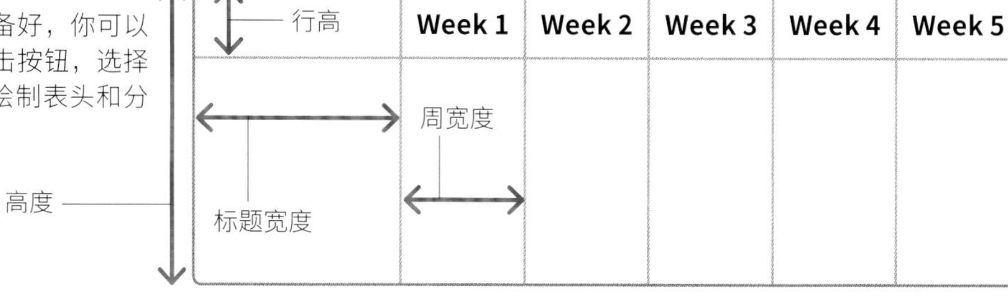

Tk中的画布控件

画布控件在屏幕上提供了一块画布，你可以在其中添加任何元素，如线条、矩形和文本。你需要调用画布对象上的方法创建元素。这些方法采用一个或多个坐标作为参数，后面跟着一些可选的关键字参数——这些参数允许用户指定样式信息，例如颜色、线条粗细或字体（见下表）。

画布坐标以绘图区域左上角的像素为单位确定。颜色可以通过它们的名称确定，如red或yellow，也可以通过它们的十六进制代码确定，如#FF0000。默认情况下，文本以给定坐标为中心绘制。锚定的关键字参数可以设置为“指南针点”常量（tkinter.N、tkinter.NE和tkinter.E），以便在坐标处绘制含有角或边的文本。

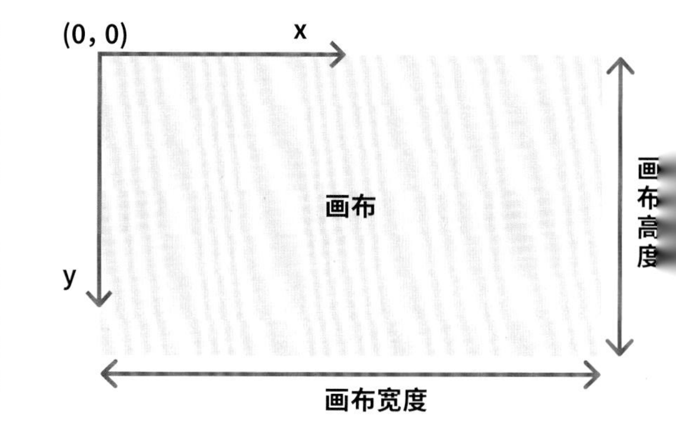

基本方法

方　法	含　义
create_line(x1, y1, x2, y2, ...)	从（x1，y1）到（x2，y2）画线
create_rectangle(x1, y1, x2, y2, ...)	从（x1，y1）到（x2，y2）绘制长方形
create_oval(x1, y1, x2, y2, ...)	添加一个从（x1，y1）到（x2，y2）的带边框的椭圆
create_text(x1, y1, text=t, ...)	添加一个锚定在（x1，y1）处、显示字符串t的文本标签

附加的样式参数

参　数	含　义
width	线段的宽度
fill	使用的画笔的颜色
outline	图形轮廓的颜色
font	用于文本的字体，表示为（名称、大小）或（名称、大小、样式）的元组
anchor	在指定坐标系中绘制文本时使用的锚定点

3.7 绘制任务

最后，在draw_chart（）函数的末尾输入下面这些代码，绘制任务标题和表示每个任务持续时间的条形。然后，保存文件并运行代码。在打开project.csv时，你就可以查看完整的甘特图了。

```
...canvas.create_text(x + week_width / 2, row_height / 2, \
                      text=f"Week {week_number+1}", \
                      font=("Helvetica", font_size, "bold"))
    start_days = order_tasks(tasks)
    y = row_height
    for task_number in start_days:
        task = tasks(task_number)
        canvas.create_text(title_indent, y + row_height / 2, \
                           text=task.title, anchor=tkinter.W, \
                           font=("Helvetica", font_size))
        bar_x = title_width + start_days(task_number) \
            * day_width
        bar_y = y + (row_height - bar_height) / 2
        bar_width = task.duration * day_width
        canvas.create_rectangle(bar_x, bar_y, bar_x + \
                                bar_width, bar_y + \
                                bar_height, fill="red")
        y += row_height
```

绘制锚定在x为文本左中方、y为纵坐标加行高的一半的位置，并从左侧缩进的任务标题

根据开始时间安排任务

从y轴开始，画布的顶部向下移动一行

按照任务编号在start_days字典中出现的顺序循环

计算表示任务持续时间的条形的左上角坐标及其宽度

使用这些值绘制红色条形

在原来的y轴上纵向往下增加一个行高

Week 1 Week 2 Week 3 Week 4 Week 5

Design game functionality

Draw basic images

Implement basic functionality

技巧和调整

禁止调整窗口的大小

你可以手动调整甘特图窗口的大小，但这可能会导致内容移动或被挤压。为此，你可以将下面这行代码添加到程序中，以防止窗口的大小被调整。

```
root.title("Project Planner")
root.resizable(width=False, height=False)
open_button = tkinter.Button(root, text="Open project...", \
                             command=open_project)
```

防止根窗口往任何方向调整大小

用户再也无法调整窗口的大小

Project Planner

Open project...

	Week 1	Week 2	Week 3	Week 4	Week 5
Design game functionality（设计游戏功能）					
Draw basic images（绘制基础图像）					
Break functionality into steps（将设想细化为步骤）					
Implement basic functionality（实现基础构想）					
Test and review（测试与检查）					
Draw better images（绘制更好的图像）					
Implement advanced functionality（实现高级功能）					
Test and review（测试与检查）					
Release onto app store（发布到应用商店）					

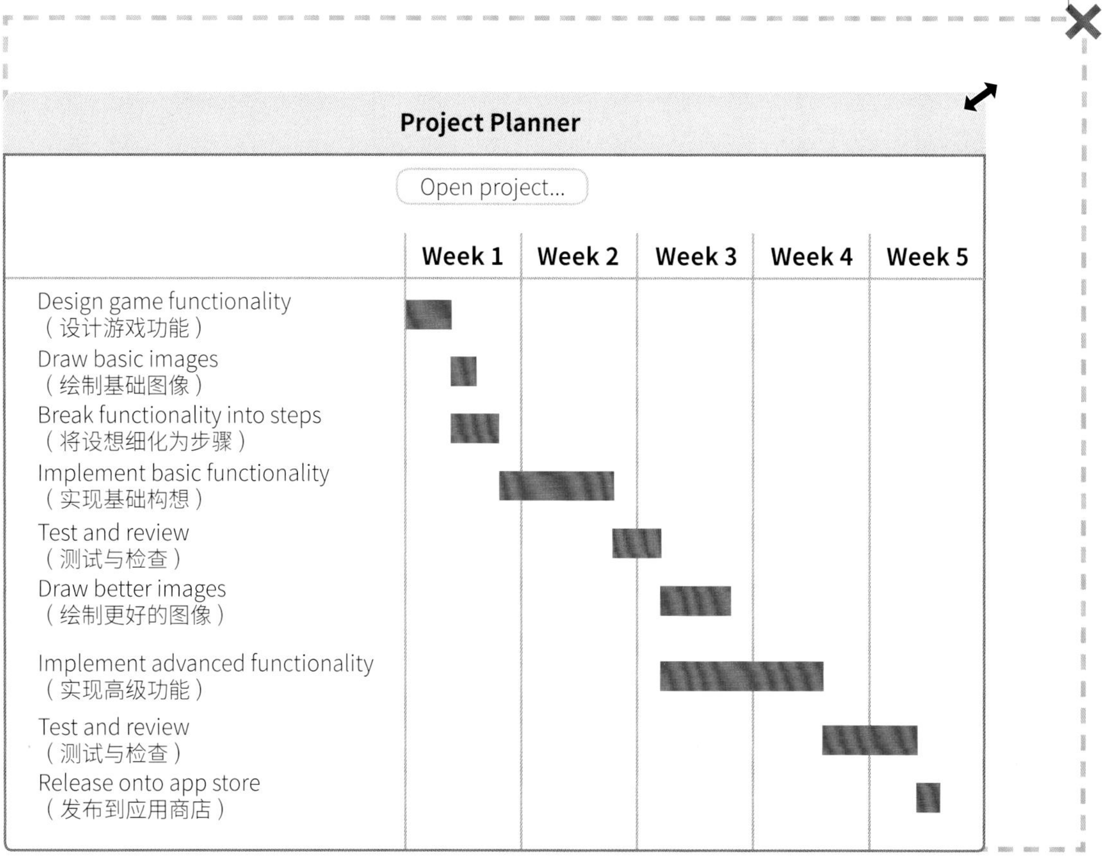

使用框架控件更改按钮位置

使用Tk框架控件，可以更改Open project...按钮的位置。你可以将该按钮从窗口顶部移至左上角，不过要记得在周围留一点空间。你需要做的是在.py文件的底部添加以下代码行，从而创建button_frame，然后更新open_button。这样做完以后，你就能在左上角看到该按钮。

```
root = tkinter.Tk()
root.title("Project Planner")
root.resizable(width=False, height=False)
button_frame = tkinter.Frame(root, padx=5, pady=5)
button_frame.pack(side="top", fill="x")
open_button = tkinter.Button(button_frame, text="Open project...", \
                             command=open_project)
open_button.pack(side="left")
canvas = tkinter.Canvas(root, width=800, height=400, bg="white")
```

在根窗口创建一个框架，框架周围的填充范围为5（x方向和y方向）

将框架置于窗口顶部，填充范围为x方向的整个宽度

将按钮置于框架的左侧

在button_frame中创建open_button，而不是在根窗口中

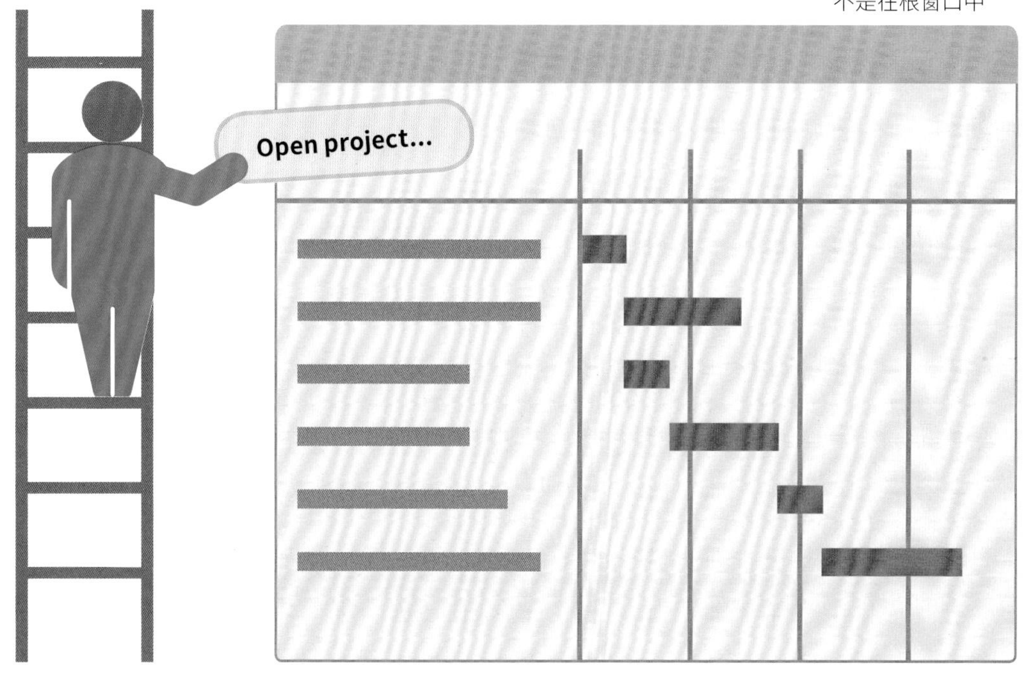

添加文件名标签

你还可以在.py文件中添加下面的代码行，从而在窗口中增加一个标签，以显示用户正在查看的文件名及其路径。代码中的config（ ）方法将允许你在创建控件之后重新配置它。它与原始控件创建函数使用相同的命名关键字，这将允许你在打开文件后指定标签控件的文本属性。

```
def open_project():
    filename = askopenfilename(title="Open Project", initialdir=".", \
                               filetypes=(("CSV Document","*.csv")))
    tasks = read_tasks(filename)
    draw_chart(tasks, canvas)
    filename_label.config(text=filename)
root = tkinter.Tk()
root.title("Project Planner")
root.resizable(width=False, height=False)
button_frame = tkinter.Frame(root, padx=5, pady=5)
button_frame.pack(side="top", fill="x")
open_button = tkinter.Button(button_frame, text="Open project...", \
                             command=open_project)
open_button.pack(side="left")
filename_label = tkinter.Label(button_frame)
filename_label.pack(side="right")
canvas = tkinter.Canvas(root, width=800, height=400, bg="white")
```

用文件名更新标签的文本属性

在button_frame内创建一个新标签

将标签置于框架的右侧

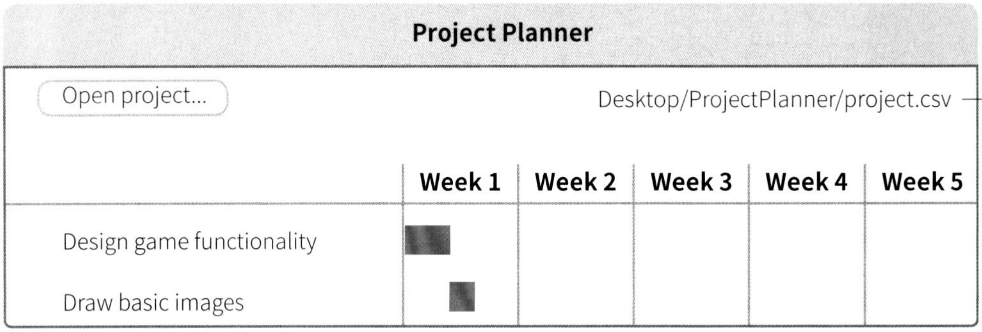

文件名将出现在Open project...按钮的右边

添加一个清除按钮

你还可以往程序中添加一个新按钮，这个按钮将清除窗口中的所有项目并删除图表。你只需要添加以下代码即可。

```
    draw_chart(tasks, canvas)
    filename_label.config(text=filename)
def clear_canvas():
    filename_label.config(text="")
    canvas.delete(tkinter.ALL)
root = tkinter.Tk()
root.title("Project Planner")
open_button = tkinter.Button(root, text="Open project...", \
                             command=open_project)
open_button.pack(side="left")
clear_button = tkinter.Button(button_frame,text="Clear", \
                              command=clear_canvas)
clear_button.pack(side="left")
filename_label = tkinter.Label(button_frame)
canvas = tkinter.Canvas(root, width=800, height=400, bg="white")
canvas.pack(side="bottom")
```

将标签的文本属性更新为空字符串

清除绘图画布上的所有项目

在窗口内创建一个调用clear_canvas ( ) 函数的新按钮，它会在被按下时起到清除作用

将新按钮置于窗口的左侧

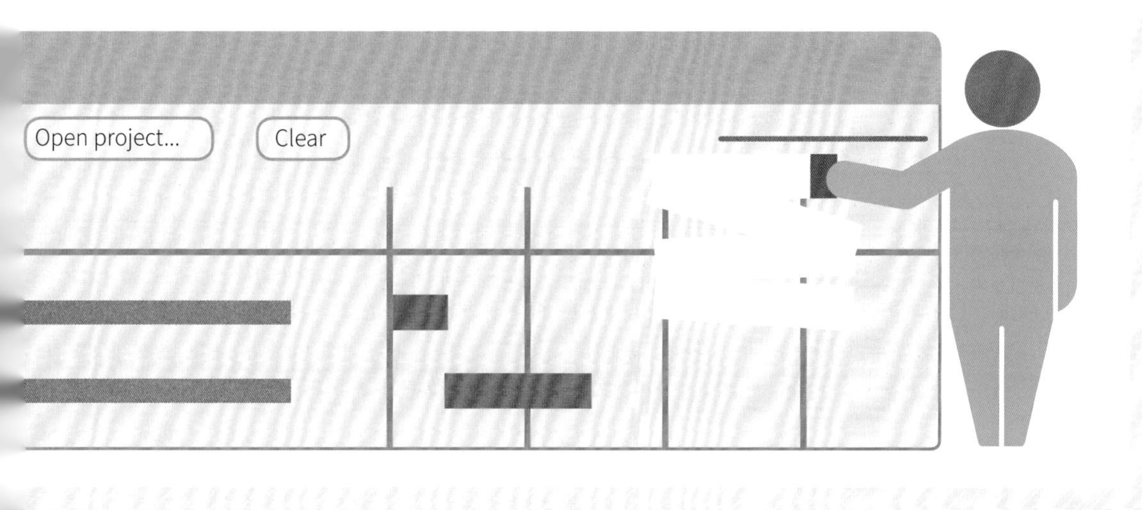

对象和类

Python是一种面向对象的编程语言，这是它最重要的特性之一。这意味着Python中的数据可以按照类和对象进行排列，使用户拥有一个可以创建多个对象的蓝图。

选择

类

程序员通过使用关键字class来对相关事物进行分类。类是一个面向对象结构的分组。在右边的示例中，汽车类（Car）定义了对象应该具有的形式。

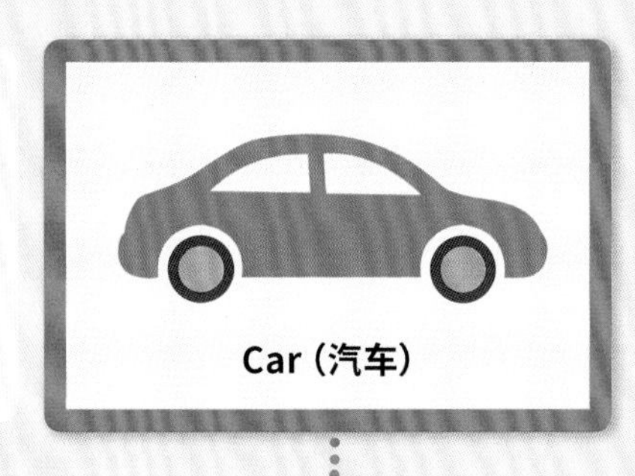

对象

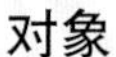

对象是类的实例，正如真正的汽车是汽车概念的实例一样。汽车对象（car）的属性和方法应包含汽车类（Car）的特定实例的数据与代码。因此，名为sports的对象要比名为sedan的对象的max_speed更高。

属性

属性包含对象的数据。在本例中，属性可以是汽车模拟器程序中可能出现的值，例如当前速度、最高速度和燃油油位。

当前速度 (current_s

最高速度 (max_spe

燃油油位 (fuel_leve

什么是对象和类

象是一种数据类型，它是根据真实世界中的项目（如汽车）模拟出来的。程序员可以创建对象的计算表达方式。对象通常由两部分组成：包含数据的属性和包含代码的方法。类定义了一个特定对象应该有的形式，它好比是对象的“思想”，给出了对象应具有的各种属性，以及对象将做什么的方法。

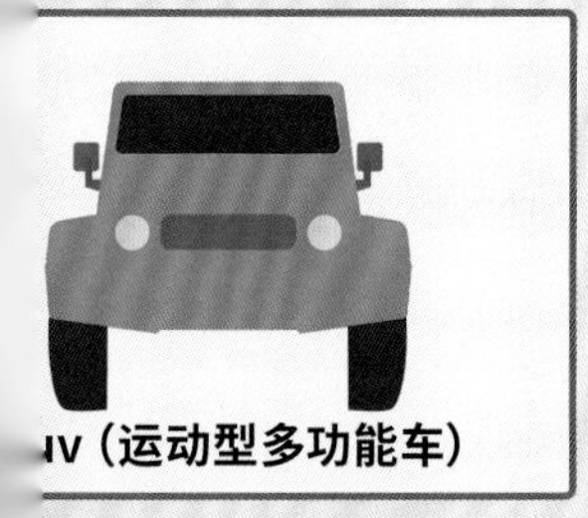

方法
法定义了对象的行为。汽车对象（car）的方法包括对汽车执行或利用汽车执行的操作，例如加速、刹车和转向。

加速（accelerate）
刹车（brake）
转向（turn）

描述任何汽车的通用属性

汽车类（Car）的属性

```
class Car:
    current_speed = 0
    max_speed = 0
    fuel_level = 0
    def accelerate(self):
        print("speeding up")
    def break(self):
        print("slowing down")

my_car = Car()
my_car.current_speed = 4.5
my_car.max_speed = 8.5
my_car.fuel_level = 4.5
```

汽车类（Car）的方法

将对象my_car的属性设为特定的值

类的实例化

定义汽车类（Car）是用户对汽车功能建模的程序，它定义了所有汽车的通用属性。用户的汽车（本示例中为跑车）是汽车类（Car）中的一个对象，其属性包括与特定汽车相关的值，以及定义汽车操作的方法。

操作教程：预算管理器

理财是一项比较乏味的工作，但使用计算机能让它变得更容易。通过各种各样的应用程序，你可以随时了解自己的支出，然后根据支出的类型设定预算。本项目通过使用Python字典和类来创建一个简单的预算管理器。

预算管理器是如何工作的

本项目创建的预算管理器为用户设置了2500元的预算总额，并能跟踪和记录用户的支出。首先，预算管理器可以给不同类型的支出分配预算，如食品杂货（Groceries）和租金（Rent）的预算。然后，预算管理器可以对各类支出的预算和支出进行计算与比较。最后，预算管理器会显示出汇总信息，以直观地列出用户的财务状况。

创建函数

本项目不是直接创建一个程序，而创建一组可以在Python的Shell窗口调用的函数。用户还可以将这些函导出，在其他程序中使用。

Python 3.7.0 Shell

```
>>> add_budget("Groceries", 500)
2000.00
>>> add_budget("Rent", 900)
1100.00
>>> spend("Groceries", 35)
465.00
>>> spend("Groceries", 15)
450.00
>>> print_summary()
Budget            Budgeted      Spent  Remaining
--------------- ---------- ---------- ----------
Groceries           500.00      50.00     450.00
Rent                900.00       0.00     900.00
--------------- ---------- ---------- ----------
Total              1400.00      50.00    1350.00
```

按支出类型分配预算

返回剩余的预算金额

汇总预算和支出情况

你可以学到

- 如何使用Python字典
- 如何通过抛出异常来避免错误
- 如何输出格式化字符串
- 如何创建Python类

时间：
1小时

代码行数： 43

难度等级

实际应用

本项目中开发的库加上用户界面后，就可以作为一个简单的财务规划应用程序使用。将一个程序拆分成多个模块与将代码、数据封装到类中，都是编程中广泛应用的技术。

用函数

项目中编写的函数将允许你将一笔收入分配给不类型的支出，进而确定每类支出的预算。然后，些函数将根据预算跟踪支出，进而对比支出总额颁算总额。下图显示了调用函数的一系列示例。

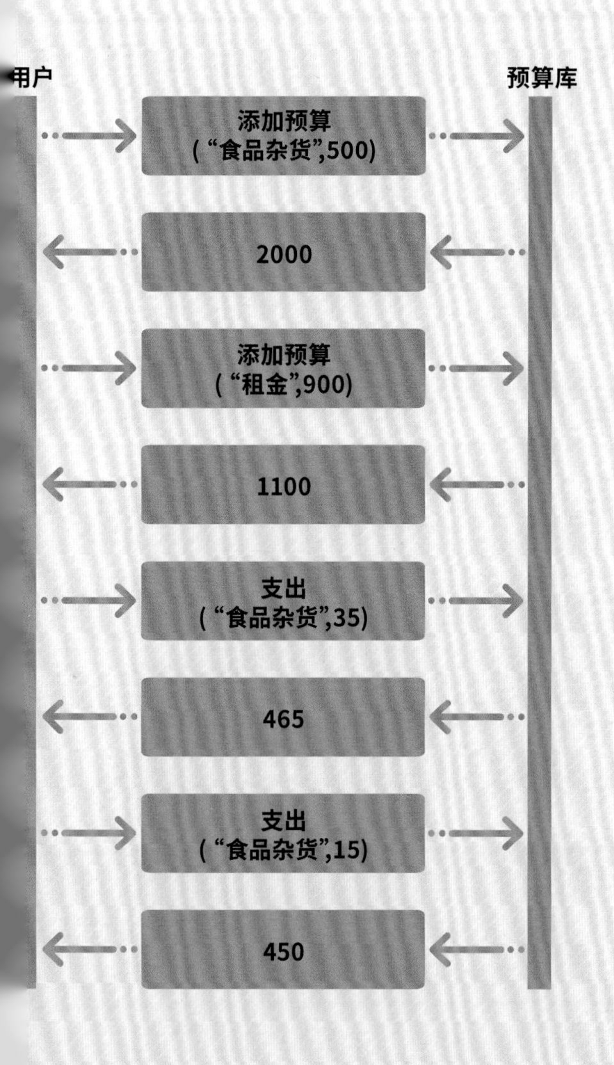

程序设计

本项目通过逐项添加函数来创建预算库，然后输出全部开支的汇总信息。最后，为了能更方便地使用预算库，所有代码都被转换成一个Python类。

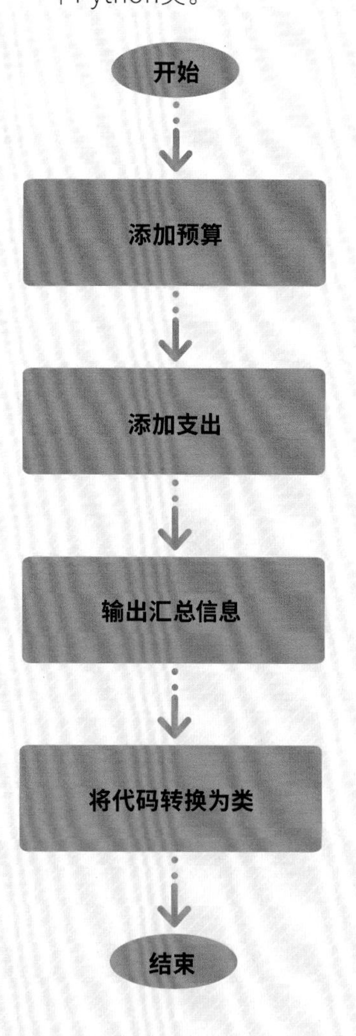

1 开始创建预算管理器

为了创建预算管理器，你需要新建一个Python文件。然后，你可以将一些基础代码添加到该文件中，从而开始创建预算管理器。使用Python字典可以帮你保存预算和支出数据。

1.1 创建一个新文件

首先创建一个包含本项目代码的新文件，方法是：打开IDLE，从File菜单中选择New File。然后在桌面上创建一个名为BudgetManager的新文件夹，并将新建的空文件保存在该文件夹中，将文件命名为budget.py。

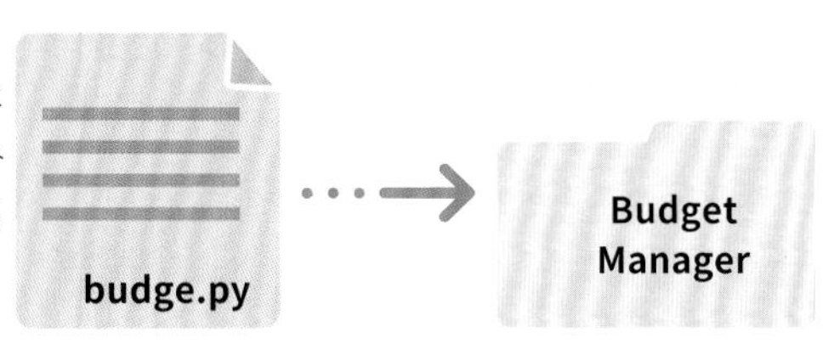

1.2 设置变量

在新文件中输入右边的代码，创建全局变量available，以便跟踪预算和支出金额。通过使用Python字典，你可以将预算（budgets）和支出（expenditure）从一个名称（如groceries）映射到一笔钱数。

```
available = 2500.00
budgets = {}
expenditure = {}
```

给变量available设置预算总额

用大括号创建字典（本示例中为空字典）

Python字典

在决定使用哪种Python数据结构时，你需要考虑如何编写要存储的信息。如果第一列中的信息是唯一的（其中的项不会重复），那么使用Python字典可能是最好的方法（书写方式可参考下面的表格）。字典是由多个键值对组成的数据结构，它可将一个值（如名称）映射到另一个值（如货币数量）。在下表中，第一列包含字典的键，第二列包含值。如果表中有多个值列，可以使用相同的键将它们存储在不同的字典中。例如，你可以用一个字典记录预算，用另一个字典记录支出。

字典格式

预算名称（支出种类）	预算金额
Groceries	500
Bills	200
Entertainment	50

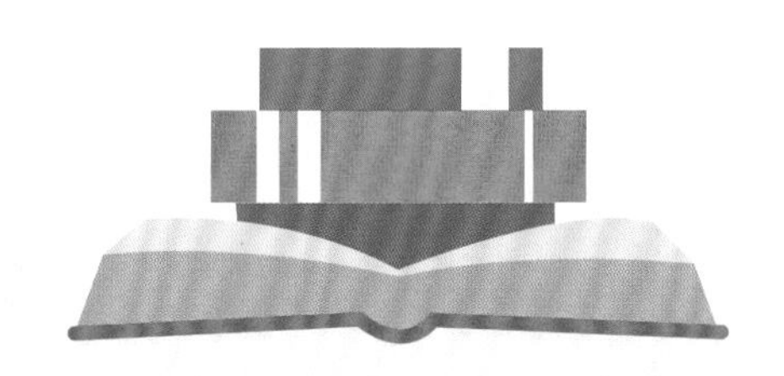

```
{"Groceries": 500, "Bills": 200, "Entertainment": 50}
```

上面表格中的信息可以用一个Python字典来表示

2 添加预算

在本部分，你将为各项支出创建预算。首先，你要加代码，以允许用户添加各项预算；然后，你要确保代码可以防止用户犯一些常见的预算错误。

.1 添加预算函数

将右边的代码添加到全局变量下面，编写一个用于添加预算的函。该函数以预算名称（name）和算金额（amount）作为参数。后，该函数会将它们存储在预算字中，并从预算总额中扣除金额。最，该函数将返回新的预算总额，以示还有多少预算可用。

```
def add_budget(name, amount):
    global available
    budgets[name] = amount
    available -= amount
    expenditure[name] = 0
    return available
```

- global available：当在此函数中设置预算金额时，available将是全局可用的
- budgets[name] = amount：将预算金额存储在预算字典中
- available -= amount：从预算总额中扣除金额
- return available：返回新的预算总额
- expenditure[name] = 0：将此项支出金额重设为0

保存

2 运行程序

保存文件，然后打开Shell窗，从Run菜单中选择Run Module运行程序。你还可以通过在ell窗口中输入一个调用实例的码来测试该函数。在Shell窗口提示符>>>旁边输入一小段thon代码后，按回车键，程序会执行这些代码。

```
>>> add_budget("Groceries", 500)
2000.0
>>> budgets
{'Groceries': 500}
>>> expenditure
{'Groceries': 0}
```

- add_budget("Groceries", 500)：输入该行并按下回车键
- 2000.0：程序调用函数后的返回值
- budgets / expenditure：在提示符后输入变量名，将会显示它们的值

2.3 检查错误

在Shell窗口中输入下面的代码，试试看如果重复添加了同种预算会发生什么。此时，预算字典将使用新值进行更新，预算金额会同步减少。为了避免同一预算名称使用两次的情况，应该在编辑器窗口中添加以下代码，以完善add_budget（ ）函数。

```
>>> add_budget("Rent", 900)
1100.0
>>> add_budget("Rent", 400)
700.0
>>> budgets
{'Groceries': 500, 'Rent': 400}
```

同一类型的预算被扣除了两次

```
def add_budget(name, amount):
    global available
    if name in budgets:
        raise ValueError("Budget exists")
    budgets[name] = amount
```

检查预算字典中是否已经存在name键

如果预算名称不止出现一次，则会显示异常

异常

Python通过抛出异常指出错误，这些异常会中断正在运行的程序。一旦出现异常，程序将立即退出，并显示所抛出的异常及其所在的代码行数。Python中内置有很多种标准异常类型。每种异常都有自己的名称，能够向用户传达错误信息，从而向用户解释出错的原因。下表列出了一些标准异常类型，以及该在何时使用它们。

标准异常类型

名　称	何时使用
TypeError	值不属于期望的类型，例如在该使用数值的地方使用了字符串
ValueError	值在某些方面是无效的，例如太大或太小
RuntimeError	程序运行时发生了其他一些意外错误

2.4 再次运行代码

再次运行代码，检查错误是否已被修复。当你运行代码时，3个全局变量将被设置回它们的初始值。在Shell窗口中输入右边的代码，如果你添加了两次同类的预算，将会收到错误消息。如果你此时检查变量budgets和available，将看到它们不会因错误的值而更新。

```
>>> add_budget("Groceries", 500)
2000.0
>>> add_budget("Rent", 900)
1100.0
>>> add_budget("Rent", 400)
Traceback (most recent call last):
  File "<pyshell>", line 1, in <module>
    add_budget("Rent", 400)
  File "budget.py", line 7, in add_budget
    raise ValueError("Budget exists")
ValueError: Budget exists
```

错误信息显示在Shell窗口中

```
>>> budgets
{'Groceries': 500, 'Rent': 900}
>>> available
1100.0
```

这些变量不会因错误的值而更新

5 检查更多的错误

如果在Shell窗口中出现了预算金额超出预算总额的情况（产生负值），这显然是一个错误，因你的开支不应该大于预算。在add_budget（）函数中添加以下代码，便可修复这个问题。

```
>>> add_budget("Clothes", 2000)
-900.0
```

负值表示预算过高

```
    if name in budgets:
        raise ValueError("Budget exists")
    if amount > available:
        raise ValueError("Insufficient funds")
    budgets[name] = amount
```

检查预算金额是否大于预算总额

如果预算金额大于预算总额，则抛出异常，并立即离开函数

保存

```
>>> add_budget("Groceries", 500)
2000.0
>>> add_budget("Rent", 900)
1100.0
>>> add_budget("Clothes", 2000)
Traceback (most recent call last):
  File "<pyshell>", line 1, in <module>
    add_budget("Clothes", 2000)
  File "budget.py", line 9, in add_budget
    raise ValueError("Insufficient funds")
ValueError: Insufficient funds
```

显示预算金额超出预算总额的错误消息

3 跟踪支出

接下来，你需要给程序添加一个跟踪所有支出的方法。要做到这一点，你必须先添加一个函数，允许用户输入已经支出的金额；再添加另一个函数，以显示支出的总金额及剩余的金额。

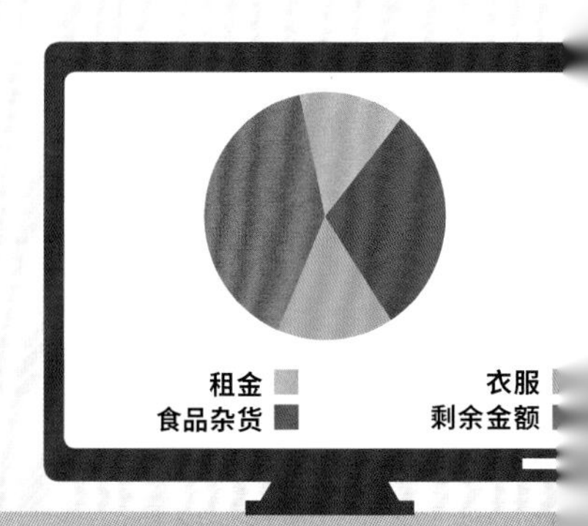

3.1 添加支出函数

在add_budget（ ）函数下面添加一个新的spend（ ）函数，用于记录已经支出的金额及想要跟踪的预算名称。Python中的“+=”运算符的作用是给变量增加一个数值。保存文件后运行代码，测试新函数。

```
    return available

def spend(name, amount):
    if name not in expenditure:
        raise ValueError("No such budget")
    expenditure[name] += amount
```

如果name的值不是支出字典中的键，则会抛出异常

将amount添加到支出字典中相应的键上

3.2 返回剩余金额

在预算中跟踪剩余金额也是非常有用的。你可以将下面的代码添加到刚刚创建的spend（）函数的末尾，然后保存文件、测试代码。你会发现你的支出可能会超出预算，而且，如果你想知道超支的金额，也不需要额外进行操作。

```
    budgeted = budgets[name]        # 获取name键的预算金额
    spent = expenditure[name]       # 获取支出的总金额
    return budgeted - spent         # 返回预算中剩余的金额
```

```
>>> add_budget("Groceries", 500)
2000.0
>>> spend("Groceries", 35)
465
>>> spend("Groceries", 15)
450
>>> spend("Groceries", 500)
-50        负值表示支出超出预算
```

3.3 输出摘要

在本步骤中，你将在文件底部添加一个函数，以便显示每类支出的名称、最初预算金额、支出金额和剩余金额（如果有的话）的摘要。保存对文件的更改，在Shell窗口中运行代码。

```
def print_summary():
    for name in budgets:                          # 遍历预算字典中的所有键
        budgeted = budgets[name]                  # 获取name键的预算金额
        spent = expenditure[name]                 # 获取name键的支出金额
        remaining = budgeted - spent              # 将预算金额减去支出金额，得出剩余金额
        print(name, budgeted, spent, remaining)   # 输出该项预算的摘要
```

```
>>> add_budget("Groceries", 500)
2000.0
>>> add_budget("Rent", 900)
1100.0
>>> spend("Groceries", 35)
465
>>> spend("Groceries", 15)
450
>>> print_summary()
Groceries    500    50    450
Rent         900    0     900
```

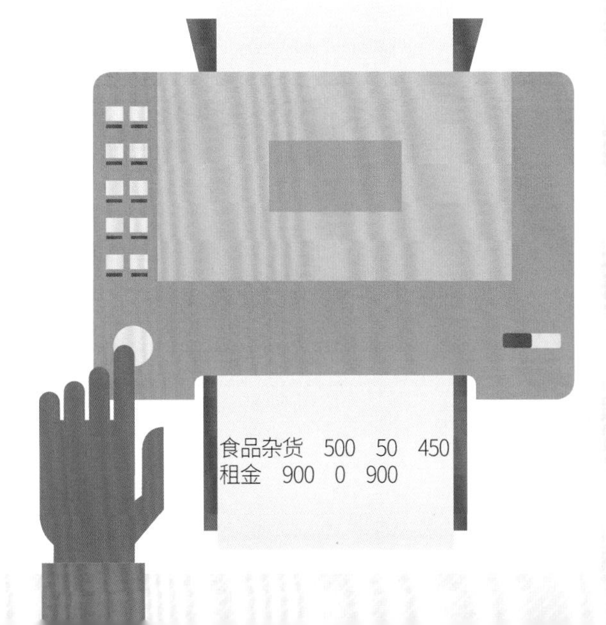

3.4 修改摘要的格式

上一步中输出的摘要，由于数字挤在一起，阅读起来有点困难。为了解决这个问题，你可以对字符串进行格式化处理，并将它们按照合适的方式排列成表格的形式。具体做法是：在print_summary（）函数中更改输出行的代码（如下所示）。这样做可以将每个值都转化为有特定宽度和小数位数的一个字符串，最后输出的结果就是格式化字符串。

```
    remaining = budgeted - spent
    print(f'{name:15s} {budgeted:10.2f} {spent:10.2f} '
          f'{remaining:10.2f}')
```

金额将显示为两位小数

```
>>> add_budget("Groceries", 500)
2000
>>> add_budget("Rent", 900)
1100
>>> spend("Groceries", 35)
465
>>> spend("Groceries", 15)
450
>>> print_summary()
Groceries          500.00       50.00       450.00
Rent               900.00        0.00       900.00
```

这些值将显示为两位小数并按列排放，看起来就像表格一样

格式化字符串

在Python中，可以将带有特殊格式的字符串的值转化为格式化字符串。它们的写法与普通字符串类似，但在引号前有一个字母f。在字符串内部，可以将代码表达式放在大括号内。这些代码将被执行并替换为它们的值。最常见的表达式是变量名，但也可以使用算术表达式。大括号外的字符串的任何部分都可以不加修改地使用。在冒号后面可以添加详细的格式化说明，例如用于定义值格式的字母。在字母前添加数字，可以定义格式化字符串的宽度。

格式化字符串示例

示　例	显示结果
f'{greeting} World!'	'Hello World!'
f'{greeting:10s}'	'Hello'
f'{cost:5.2f}'	' 3.47'
f'{cost:5.1f}'	' 3.5'
f'The answer is {a * b}'	'The answer is 42'

3.5 添加表头

现在给表格添加一个表头，以便区分不同类别的金额。为此，你需要在print_summary（）函数中添加两行print语句。先输入带连字符的行可能更容易一些（15个连字符后跟着3组10个连字符，中间用空格隔开）。注意要将标题末尾与每组连字符的末尾对齐。

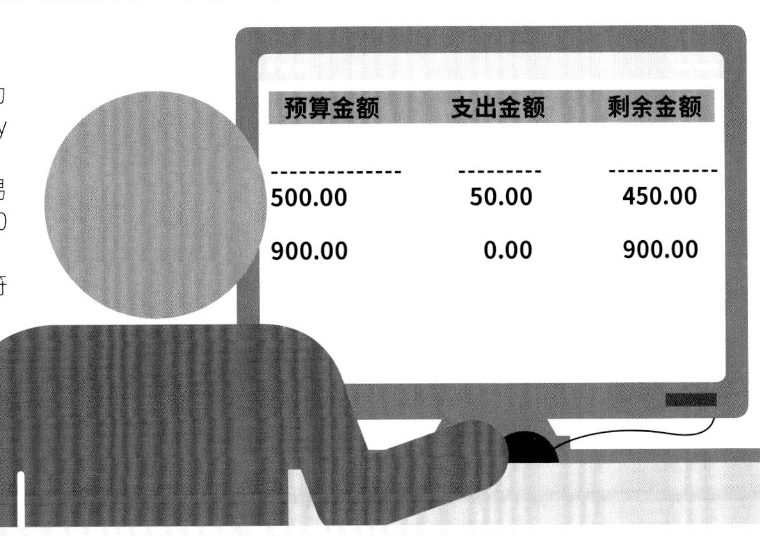

预算金额
支出金额
剩余金额
500.00
50.00
450.00
900.00
0.00
900.00


```
def print_summary():
    print("Budget               Budgeted      Spent   Remaining")
    print("--------------- ---------- ---------- ----------")
    for name in budgets:
        budgeted = budgets(name)
        spent = expenditure(name)
```

标题与连字符对齐

3.6 添加表尾

为了完善摘要表，你还需要给表格添加表尾。在最终的摘要表中，要将各列金额相加并显示总额。为此，你需要更新print_summary（）函数（如下所示），使用与预算相同的格式来输出汇总信息。在print（）中，你要用Total代替预算名称，并用total_budgeted、total_spent和total_remaining作为其他变量。

```
def print_summary():
    print("Budget               Budgeted      Spent   Remaining")
    print("--------------- ---------- ---------- ----------")
    total_budgeted = 0
    total_spent = 0
    total_remaining = 0
    for name in budgets:
```

将汇总变量设为0

```
        budgeted = budgets(name)
        spent = expenditure(name)
        remaining = budgeted - spent
        print(f'{name:15s} {budgeted:10.2f} {spent:10.2f} '
              f'{remaining:10.2f}')
        total_budgeted += budgeted
        total_spent += spent
        total_remaining += remaining
    print("--------------- ---------- ---------- ----------")
    print(f'{"Total":15s} {total_budgeted:10.2f} {total_spent:10.2f} '
          f'{total_budgeted - total_spent:10.2f}')
```

将金额添加到汇总变量中

输出另一行分隔符以及下面的汇总信息

```
>>> add_budget("Groceries", 500)
2000.0
>>> add_budget("Rent", 900)
1100.0
>>> spend("Groceries", 35)
465
>>> spend("Groceries", 15)
450
>>> print_summary()
Budget            Budgeted      Spent  Remaining
--------------- ---------- ---------- ----------
Groceries           500.00      50.00     450.00
Rent                900.00       0.00     900.00
--------------- ---------- ---------- ----------
Total              1400.00      50.00    1350.00
```

输出带表头和表体的最终摘要表

4 将代码转换成类

在本部分，你将用到目前
止编写的所有代码，并将其
换为一个Python类，以便用
同时跟踪多个预算。

.1 缩进代码

因为Python是使用缩进结构
，所以你需要缩进整个代码来将
转换成一个类。选中全部代码，
后从Format菜单中选择Indent
egion（缩进区域），再将新的类
加到文件顶部。

Format Run Options
Indent Region
Dedent Region
Comment Out Region

单击此处，为整个文件添加缩进

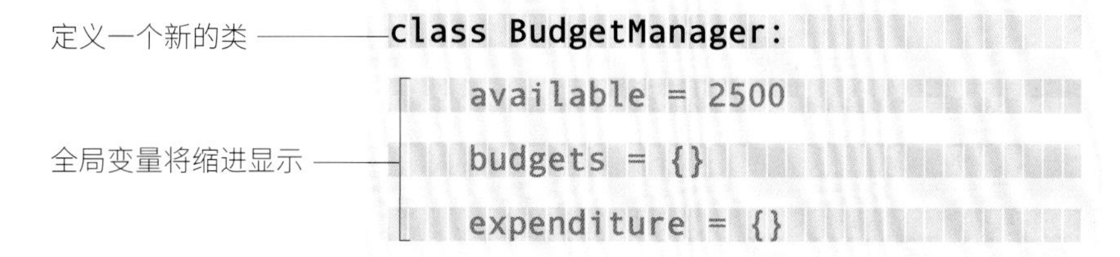

.2 添加初始化设定项

将顶部的3个变量再次缩进，并在其上面添加一个函数名。类中的函数称为方法。当创建类的新实例
，将调用__init__（）方法。该方法称为“初始化”，因为利用它可以设置实例变量的初始值。该方法
第一个参数是新实例，称为self。你还可以在self后面添加其他参数，这些参数将允许你为它们赋予有
义的值，例如此处的amount。

```
class BudgetManager:
    def __init__(self, amount):
        available = 2500
        budgets = {}
        expenditure = {}
```

初始化方法中的参数

4.3 创建实例变量

接下来，你需要将上述3个变量转换为实例变量。这可以通过在每个变量名之前添加self.来实现。使用参数amount代替2500，作为实例变量self.available的初始值。

```
class BudgetManager:
    def __init__(self, amount):
        self.available = amount
        self.budgets = {}
        self.expenditure = {}
```

将变量转换为实例变量

4.4 将函数转换为方法

现在，你需要将代码中其他的函数都转换为方法。与初始化方法类似，你可以在每个函数中添加self，将其作为函数的第一个参数，然后在每个实例变量之前添加self.。你可以按照下面的方法对add_budget（ ）函数进行修改。由于available现在是一个实例变量，所以你需要从add_budget（ ）方法中删除表示变量全局可用的一行代码，即global available。

删除这两行代码中间表示变量全局可用的一行代码（即global available）

```
    def add_budget(self, name, amount):
        if name in self.budgets:
            raise ValueError("Budget exists")
        if amount > self.available:
            raise ValueError("Insufficient funds")
        self.budgets(name) = amount
        self.available -= amount
        self.expenditure(name) = 0
        return self.available
    def spend(self, name, amount):
        if name not in self.expenditure:
            raise ValueError("No such budget")
        self.expenditure(name) += amount
        budgeted = self.budgets(name)
        spent = self.expenditure(name)
        return budgeted - spent
    def print_summary(self):
```

给函数添加参数

```
    print("Budget               Budgeted       Spent   Remaining")
    print("--------------- ---------- ---------- ----------")
    total_budgeted = 0
    total_spent = 0
    total_remaining = 0
    for name in self.budgets:
        budgeted = self.budgets[name]
        spent = self.expenditure[name]
```

每次用到实例变量时都要在前面添加self.

保存

.5 运行模块

保存并运行模块。在Shell窗口中输入下面这些代码，可以新建一个BudgetManager类的实例。在实例变量前面加上outgoings.，就可以对代码进行测试。你还可以将变量名放在函数名之前，并加上一个句点，从而调用方法。

将变量outgoings设置为BudgetManager类的新实例

```
>>> outgoings = BudgetManager(2000)
>>> outgoings.available
2000
>>> outgoings.budgets
{}
>>> outgoings.expenditure
{}
>>> outgoings.add_budget("Rent", 700)
1300
>>> outgoings.add_budget("Groceries", 400)
900
```

```
>>> outgoings.add_budget("Bills", 300)
600
>>> outgoings.add_budget("Entertainment", 100)
500
>>> outgoings.budgets
{'Rent': 700, 'Groceries': 400, 'Bills': 300, 'Entertainment': 100}
>>> outgoings.spend("Groceries", 35)
365
>>> outgoings.print_summary()
Budget           Budgeted      Spent  Remaining
--------------- ---------- ---------- ----------
Rent                700.00       0.00     700.00
Groceries           400.00      35.00     365.00
Bills               300.00       0.00     300.00
Entertainment       100.00       0.00     100.00
--------------- ---------- ---------- ----------
Total              1500.00      35.00    1465.00
```

5 跟踪多个预算

在Shell窗口中输入下面的代码，你就可以创建BudgetManager类的新实例。你还可以使用多个BudgetManager实例来跟踪多个预算。为了测试这一点，你可以创建一个名为holiday的新预算。由于available、budgets和expenditure这3个变量存储在每个实例之中，相互之间区分明显，因此不同实例的变量可以有不同的值。

```
>>> outgoings = BudgetManager(2500)
>>> outgoings.add_budget("Groceries", 500)
2000
>>> outgoings.print_summary()
```

创建BudgetManager类的新实例

输出新实例的摘要

```
Budget            Budgeted      Spent  Remaining
--------------- ---------- ---------- ----------
Groceries           500.00       0.00     500.00
--------------- ---------- ---------- ----------
Total               500.00       0.00     500.00
>>> holiday = BudgetManager(1000)
>>> holiday.add_budget("Flights", 250)
750
>>> holiday.add_budget("Hotel", 300)
450
>>> holiday.spend("Flights", 240)
10
>>> holiday.print_summary()
Budget            Budgeted      Spent  Remaining
--------------- ---------- ---------- ----------
Flights             250.00     240.00      10.00
Hotel               300.00       0.00     300.00
--------------- ---------- ---------- ----------
Total               550.00     240.00     310.00
```

添加BudgetManager类的另一个新实例

.1 使用模块

本项目中编写的代码可以作为一个模块用于其他程序，它可以像其他Python库一样被其他程序导入和使。你可以试着创建一个新的模块并将其导入。首先打开NewFile，新建一个文件，并将其保存在前面创建的ıdgetManager文件夹中，将文件命名为test.py。然后添加下面这段代码，从而创建一个可以调用类中方法的ıdgetManager类的实例。

```
import budget
outgoings = budget.BudgetManager(2500)
outgoings.add_budget("Groceries", 500)
outgoings.print_summary()
```

将budget模块导入到新文件中

在类名前面添加模块名budget和句点，以便引用BudgetManager类

技巧和调整

改变方法

在之前的步骤中，为了防止重复添加同种预算，你修改了add_budget（ ）方法。不过，你也可以在后面通过改变预算来实现上述目的。你可以通过添加一个新方法来做到这一点，即在现有的add_budget（ ）方法下面添加以下新方法。你需要仔细查看下面这段代码，才能理解其中的逻辑。但如果你在test.py模块中添加一行代码来调用这个新方法，就可以清楚地看出它是如何工作的。

```
def change_budget(self, name, new_amount):
    if name not in self.budgets:
        raise ValueError("Budget does not exist")
    old_amount = self.budgets[name]
    if new_amount > old_amount + self.available:
        raise ValueError("Insufficient funds")
    self.budgets(name) = new_amount
    self.available -= new_amount - old_amount
    return self.available
```

检查是否存在需要更改的预算名称

获取预算的旧金额

检查可用金额与旧金额之和是否能覆盖新金额

更新预算金额

在可用金额中减去新旧金额之差

记录支出细节

目前为止，本项目中编写的代码可用于跟踪各项预算的总支出。但是，在更高级的程序中，你可能需要跟踪各项预算的每一笔支出。你可以通过在支出字典中使用金额列表来实现这一目标。然后，你可以在需要总额的时候将列表中的金额相加。

1 创建支出列表

首先，修改add_budget（ ）方法中的支出字典。你需要在支出字典中存储一个允许存储多个值的空列表，用它来代替0。

```
        self.budgets[name] = amount
        self.expenditure[name] =[]
        self.available -= amount
        return self.available
```

存储一个空列表

2 在列表中添加支出金额

现在，你需要在spend（ ）方法中更改支出变量，以便将每笔新的支出金额都添加到列表中。由于支出变量不再自动汇总金额，所以你需要修改spent变量，从而计算出截至目前的支出总额。

```
        raise ValueError("No such budget")
    self.expenditure[name].append(amount)
    budgeted = self.budgets[name]
    spent = sum(self.expenditure[name])
    return budgeted - spent
```

将新的支出金额追加到列表中

3 计算总支出

现在，你需要在print_summary（ ）方法中对每笔金额进行汇总。你需要使用下面的代码来修改spent变量。如果你再次运行test.py模块，并在其中记录每笔支出的金额，将会发现代码的功能是相同的。

```
    for name in self.budgets:
        budgeted = self.budgets[name]
        spent = sum(self.expenditure[name])
        remaining = budgeted - spent
```

获取每项预算的支出金额

Pygame Zero

Pygame Zero是一个允许用户使用Python创建游戏的工具。它提供了一种使用pygame库中强大的函数和数据类型创建程序的简便方法。

在Windows机上安装Pygame Zero

按照下面给出的步骤，可以在Windows机上安装最新版本的pygame和Pygame Zero。此项操作需要连网。

开始

1 打开命令提示符

在Windows 10操作系统中单击“开始”，然后在搜索栏中输入cmd，打开命令提示符。如果你的Windows版本较低，可以在Systems文件夹中找到命令提示符。

命令提示符的缩略图

2 安装pip工具管理器

在系统中安装或更新Python库和模块的最简便方法，是使用名为pip的软件包管理工具。在命令提示符中输入以下命令，并按回车键。

```
python -m pip install -U pip
```

在Mac机上安装Pygame Zero

使用名为Homebrew的软件包管理工具，可以将pygame和Pygame Zero的最新版本安装在带有macOS的计算机上。安装过程中必须连网。

开始

1 打开终端，安装软件包管理工具

Mac机中的终端可用于安装应用程序。在“应用程序”下的“实用程序”文件夹中，可以找到终端。在终端中输入以下命令后按回车键，就可以安装Homebrew。安装过程中要求用户输入登录密码，并且需要一些时间来完成安装。

```
ruby -e "$(curl -fsSL https://raw.
githubusercontent.com/Homebrew/
install/master/install)"
```

2 安装 Python 3

接下来，你可以使用Homebrew
Python 3是否已经正确地安装在系统
如果没有安装，可以通过在终端窗口
入以下命令并按回车键来安装。

```
brew install python3
```

更新

有时候，在更新操作系统后运行Pygame Zero，程序会遇到一些问题。此时，你可以将安装Pygame Zero时添加的工具卸载，然后根据下面的说明重新安装。

结束

安装pygame

安装完pip工具后，输入如下命
令按回车键，就可以使用pip工具
安装pygame库。

```
ip install pygame
```

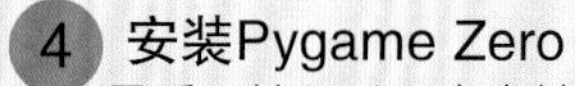

4 安装Pygame Zero

最后，输入以下命令并按回车键，就可以安装Pygame Zero。

```
pip install pgzero
```

安装额外工具

为了安装系统运行Pygame Zero所需的一些额外工具，
使用Homebrew，并在终端窗口中输入以下命令，然后
回车键。

```
ew install sdl sdl_mixer sdl_sound
l_ttf
```

安装pygame

输入右边的命令
回车键，就可以
pygame库。

```
pip3 install pygame
```

结束

5 安装Pygame Zero

最后，使用下面的命令安装Pygame Zero。

```
pip3 install pgzero
```

操作教程：骑士的冒险

这个快节奏的二维游戏能考验你的快速反应能力。它运用坐标创建了一个二维的游戏区域，并运用Pygame Zero中的Actor类引入游戏角色和可收集的物品。同时，事件循环程序可以保证游戏顺利运行。

如何玩这个游戏

这个游戏的玩法是用箭头键控制骑士在地牢（一个二维的游戏区域）中移动，但是骑士无法穿越墙壁或锁着的门。你需要通过移动骑士来收集钥匙，同时避开向骑士移动的卫兵，因为一旦骑士接触到卫兵，游戏就会结束。如果骑士拿到所有钥匙并到达地牢大门，就表示玩家获胜了。

地牢闯关类游戏

本游戏是一个典型的地牢闯关类
戏。在这类游戏中，玩家通常要
迷宫般的环境里操纵游戏角色，
集物品，与敌人战斗或躲避敌人
这款游戏采用经典的自上而下的
面视角（即玩家视角），使玩家
以从上往下看清整个游戏区域。

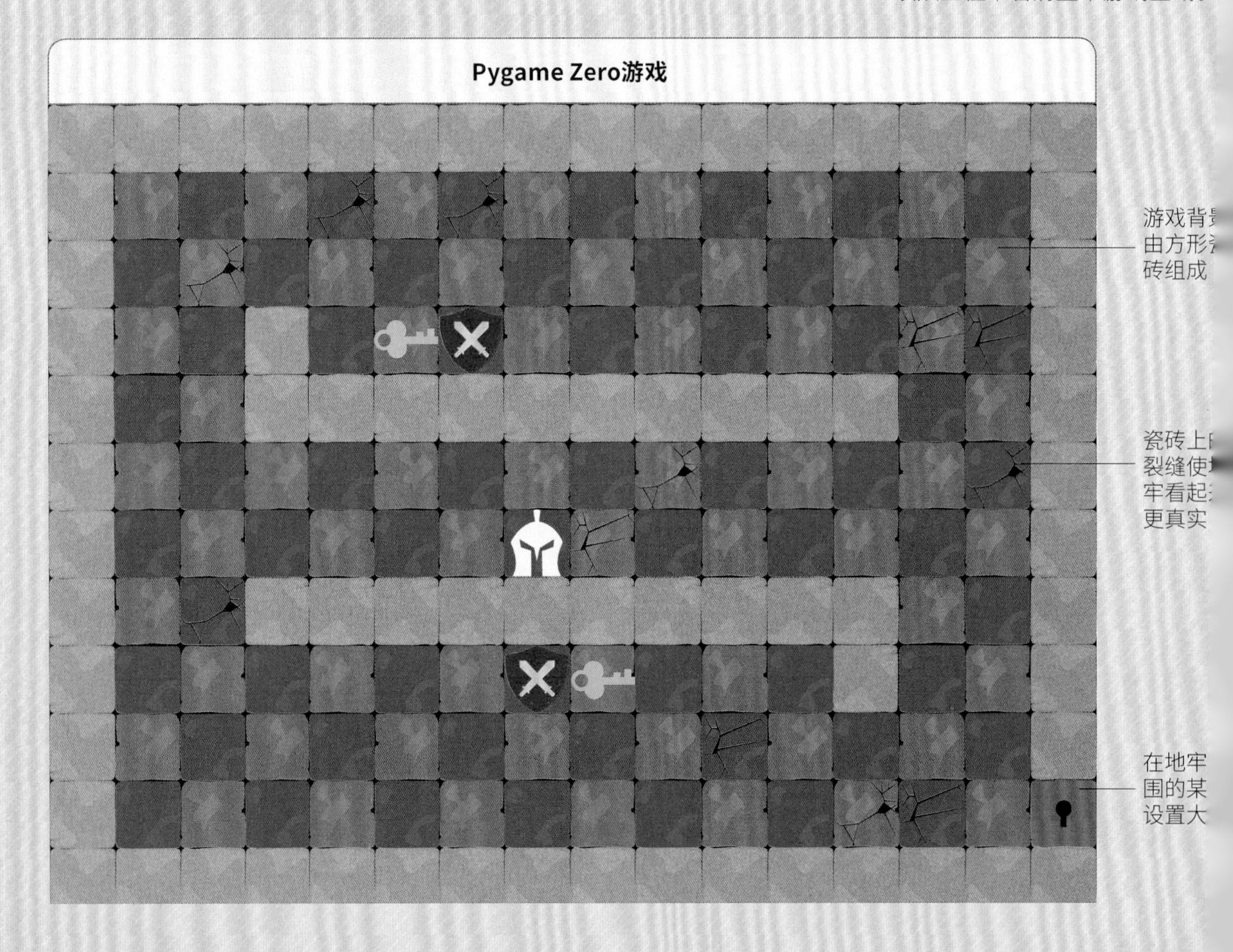

Pygame Zero游戏
游戏背景
由方形
砖组成
瓷砖上
裂缝使
牢看起
更真实
在地牢
围的某
设置大

你可以学到

- 如何使用列表
- 如何索引字符串
- 如何使用嵌套循环
- 如何使用Pygame Zero开发一个简单的游戏

时间： 2小时

代码行数： 151

难度等级

实际应用

本项目中的概念适用于各类二维游戏，特别是手机游戏。除了应用于地牢闯关类游戏外，图像平铺网格还可应用于颜色和形状匹配类游戏。此外，该游戏项目中应用的逻辑也适用于简单的机器人项目。

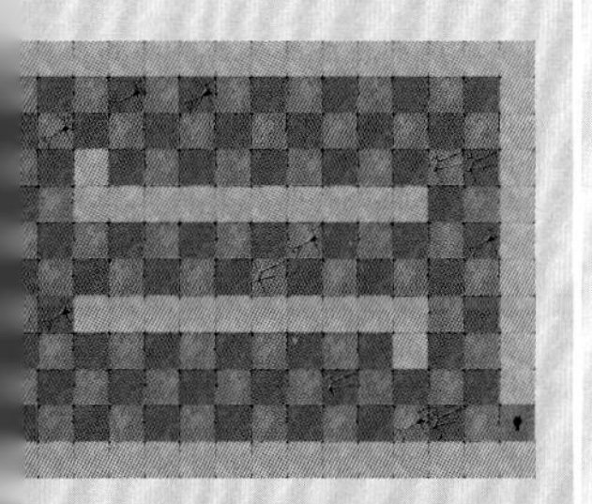

景

个游戏的场景由简单的网格成，每个网格上面都平铺一E方形图像。其中既有作为景的绿色图像，也有代表墙的白色图像，还有代表大门登色图像。

卫兵

骑士

钥匙

色

戏中可以移动或可被收集物品叫作角色。在这个游中，角色的大小与瓷砖相每个角色都被置于一个形网格中。游戏中的角看起来像是被绘制在背景上，这样便可以透过角看到后面的背景。

Pygame Zero游戏循环

Pygame Zero程序是一个事件循环程序。事件循环会持续运行，在事件发生时调用程序中的其他部分，以便执行各种操作。Pygame Zero中内置管理事件循环所需的代码，因此你只需编写处理这些事件的函数即可。

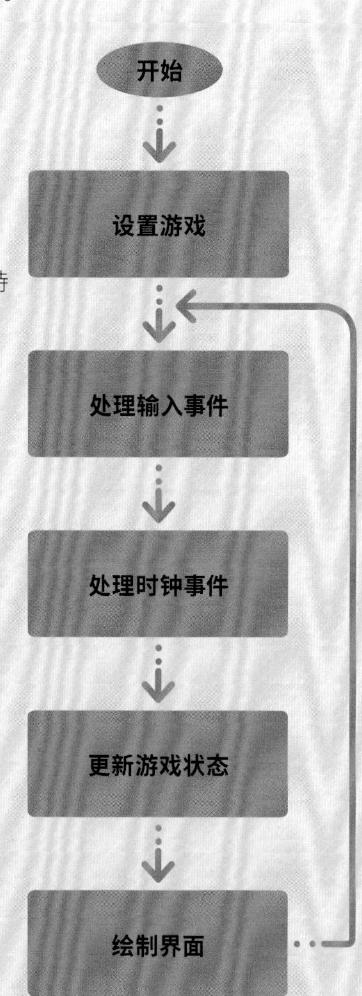

设置游戏

Python文件中的顶层语句会最先被执行，以便初始化游戏状态和配置Pygame Zero。然后，Pygame Zero将打开一个窗口并持续重复事件循环。

处理输入事件

Pygame Zero会检查输入事件，例如键盘按键、鼠标移动和点击按钮等。当其中任一事件发生时，程序将调用适当的函数处理。

处理时钟事件

Pygame Zero中的时钟允许用户在之后处理程序时对函数进行调用。这些延迟的函数调用将在事件循环时进行。

更新游戏状态

此时，Pygame Zero允许用户通过调用update（）函数，在每次循环迭代时执行他们希望完成的操作。这是一个可选函数。

绘制界面

最后，Pygame Zero会调用draw（）函数重新绘制游戏窗口中的内容，以反映当前游戏状态。

1 设置背景

开始本项目时，首先需要创建一个文件夹，用于存放所有文件；其次需要编写一些代码，用于绘制背景和角色。

1.1 创建游戏文件

首先，你要在桌面上创建一个名为KnightsQuest的新文件夹。然后，打开IDLE，从文件菜单中单击NewFile，创建一个新文件，再次单击File，选择Save，将此文件保存到KnightsQuest文件夹中，并命名为quest.py。

File　　Edit　　Shell

New File　⌘N ← 单击此选项创建新文件
Open...　⌘O
Open Module...
Recent Files　▸
Module Browser　⌘B

1.2 设置图像文件夹

现在，你需要创建一个文件夹，用于保存所需图片。打开KnightsQuest文件夹，在其中创建一个名为images的新文件夹。然后访问www.dk.com/coding-course或扫描本书使用指南中提供的二维码，下载本书的资源包，并将此项目中的图像文件复制到images文件夹中。

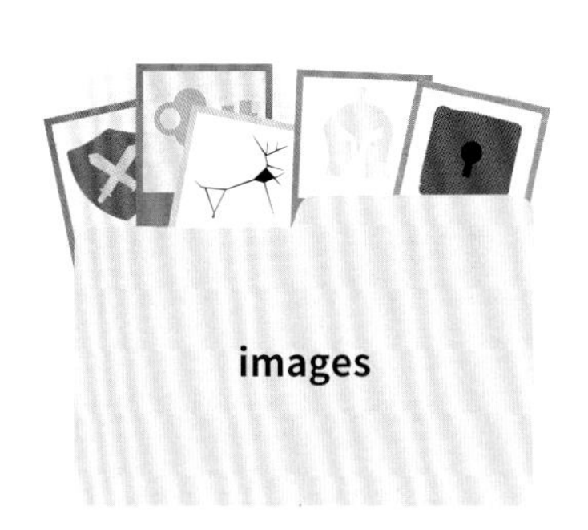

1.3 初始化Pygame Zero

切换到quest.py文件，在文件顶部输入右边的代码行，定义游戏网格的大小。这样便创建了一个可用的Pygame Zero程序。保存文件，从运行菜单中选择Run Module（或按键盘上的F5键），执行代码。此时你只能看到一个黑色窗口。关闭该窗口，继续执行下一步。

```
import pgzrun

GRID_WIDTH = 16
GRID_HEIGHT = 12
GRID_SIZE = 50

WIDTH = GRID_WIDTH * GRID_SIZE
HEIGHT = GRID_HEIGHT * GRID_SIZE

pgzrun.go()
```

导入Pygame Zero的功能（import pgzrun）

定义游戏网格的宽度、高度以及每块瓷砖的大小（GRID_WIDTH、GRID_HEIGHT、GRID_SIZE）

WIDTH和HEIGHT是Pygame Zero中的特定变量名

定义游戏窗口的大小（WIDTH、HEIGHT）

运行Pygame Zero（pgzrun.go()）

敏捷软件开发

本项目中的每个步骤都是先描述一个能使程序更有用、更有趣的新功能，然后向你展示实现此功能需要开发的代码。在每一步结束时，你都可以运行和测试程序。这种通过描述、开发和测试一小部分新功能来不断迭代程序的过程，充分体现了敏捷软件开发的编程风格。

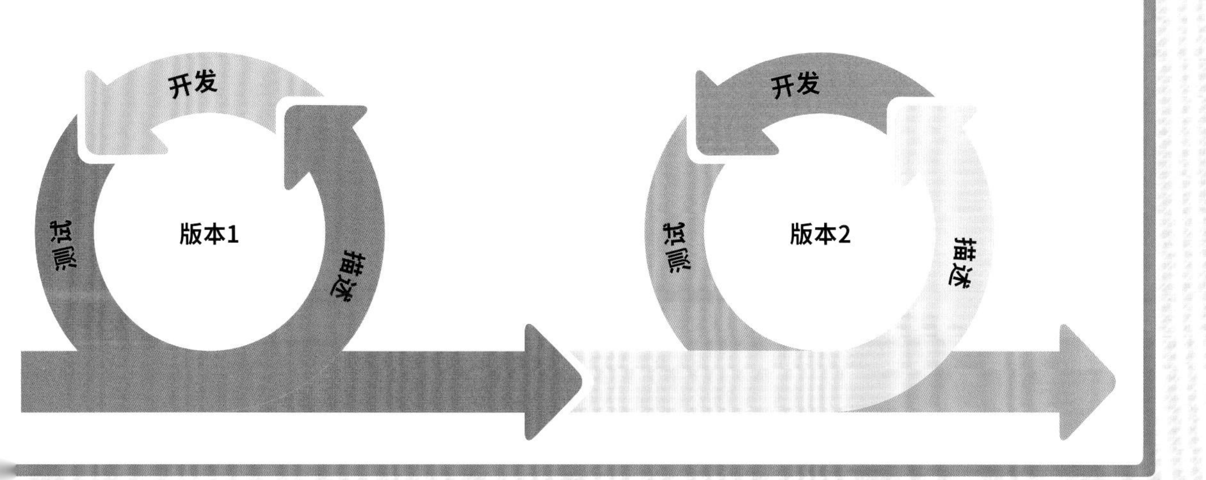

.4 绘制背景

请将下面的代码行添加到程序中。在本步骤中，你将绘制地牢的地板，即在游戏窗口中填充地砖网格。

```
HEIGHT = GRID_HEIGHT * GRID_SIZE
def screen_coords(x, y):
    return (x * GRID_SIZE, y * GRID_SIZE)
def draw_background():
    for y in range(GRID_HEIGHT):
        for x in range(GRID_WIDTH):
            screen.blit("floor1", screen_coords(x, y))
def draw():
    draw_background()
pgzrun.go()
```

此函数将网格位置转换为屏幕坐标

遍历每一个网格行

遍历每一个网格列

游戏循环中自动调用 draw( ) 函数

在屏幕上绘制地牢的地板，作为背景

使用screen.blit ( ) 方法在给定的屏幕位置绘制指定的图像

网格和屏幕坐标

本项目的游戏区域共有12排、16列正方形图像。每个正方形图像的像素都是50×50。正方形的位置用x坐标和y坐标表示，x坐标表示列号，y坐标表示行号。在编程中，是从0开始计数的，因此左上角的网格位置为（0，0），右下角的网格位置为（15，11）。在Python中，range(n)是从数字0到n−1不断循环的，因此range（GRID_HEIGHT）就是从数字0到11循环，range（GRID_WIDTH）就是从数字0到15循环。将一个循环嵌套在另一个循环中，程序就可以在每个网格位置上循环。将网格坐标乘以正方形图像的大小，可以得到该网格正方形左上角相对于游戏窗口左上角的坐标。在Pygame Zero中，这就叫屏幕。

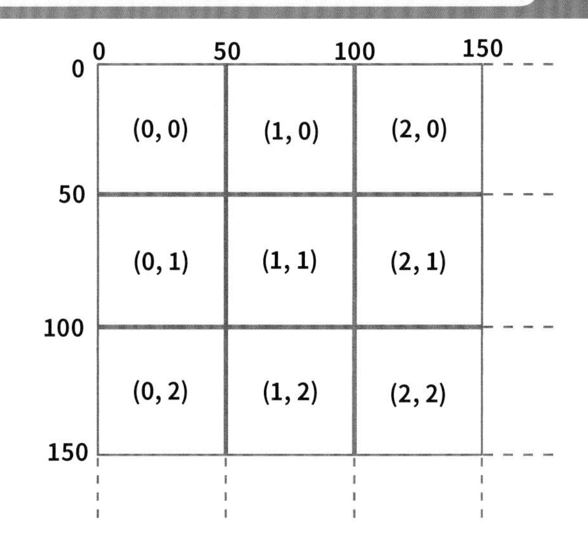

1.5 定义游戏场景

现在，你可以给地牢画上墙壁和大门。将右边的代码添加在IDLE文件中的常量下面，就可以定义游戏地图。该地图被定义为一个由12个字符串组成的列表，每个字符串代表一个网格行，包括16个字符。每个字符代表一个正方形图像。

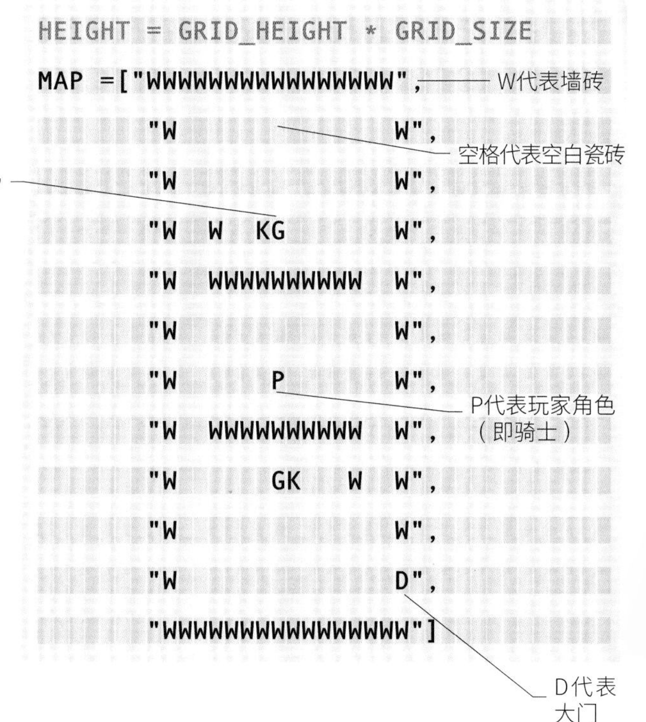

```
HEIGHT = GRID_HEIGHT * GRID_SIZE
MAP =["WWWWWWWWWWWWWWWW",
      "W              W",
      "W              W",
      "W  W  KG       W",
      "W  WWWWWWWWWW  W",
      "W              W",
      "W      P       W",
      "W  WWWWWWWWWW  W",
      "W      GK   W  W",
      "W              W",
      "W              D",
      "WWWWWWWWWWWWWWWW"]
```


地牢中有12排、16列瓷砖

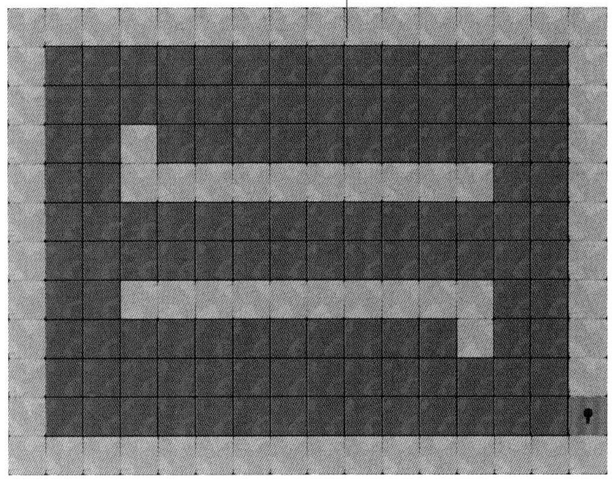

屏幕上的输出

1.6 添加绘制游戏场景的函数

接下来，在draw（）函数的上面添加一个新的draw_scenery（）函数，以便在地图上绘制每块瓷砖的不同背景。由于地图是用字符串列表表示的，因此可以通过map[y]中的下标y来选择y（从0开始计数）所代表的的网格行的字符，通过下标x来选择x（也从0开始计数）所代表的网格列的字符。下标x紧跟在下标y之后，写为MAP[y][x]。

```
        screen.blit("floor1", screen_coords(x, y)

def draw_scenery():
    for y in range(GRID_HEIGHT):
        for x in range(GRID_WIDTH):
            square = MAP[y][x]
            if square == "W":
                screen.blit("wall", screen_coords(x, y))
            elif square == "D":
                screen.blit("door", screen_coords(x, y))

def draw():
    draw_background()
    draw_scenery()
```

遍历每一个网格位置

从以网格位置表示的地图中提取字符

在屏幕上网格位置为W的地方绘制墙砖

在网格位置为D的地方绘制一扇大门

绘制完背景后，再在上面绘制场景

Actor类

在Pygame Zero中，Actor类用来表示游戏角色或可移动物品。你可以创建一个Actor对象，该对象的名称为绘制时应该使用的图像的名称。如有需要，你还可以使用关键字参数定义对象的其他属性。其中最重要的属性是pos，它指定了图像的屏幕坐标。Actor对象的anchor属性则用于指定pos坐标锚定在图像的哪个点上。anchor属性是一对字符串，其中第一个字符串给出x轴上的锚点（左、中或右），第二个字符串给出y轴上的锚点（上、中或下）。你需要把角色的pos锚定在图像的左上角，因为它与screen_coords（）函数返回的坐标相匹配。

角色

点和标签标记了锚点

1.7 初始化骑士角色

为玩家（骑士）创建一个角色，并在地图上设定它的初始位置。具体做法是：在screen_coords（）函数下面添加一个新的setup_game（）函数。

```
def screen_coords(x, y):
    return (x * GRID_SIZE, y * GRID_SIZE)
def setup_game():
    global player
    player = Actor("player", anchor=("left", "top"))
    for y in range(GRID_HEIGHT):
        for x in range(GRID_WIDTH):
            square = MAP[y][x]
            if square == "P":
                player.pos = screen_coords(x, y)
```

将player定义为全局变

创建一个新的Actor对象并设定其锚点位置

遍历每一个网格位置

从以网格位置表示的地中提取字符

检查玩家（骑士）是否在此网格位置

将角色的位置设定为该格位置的屏幕坐标

1.8 绘制骑士角色

初始化骑士角色后，你需要在屏幕上绘制它。首先，在代码中的draw（）函数上面添加一个draw_actors（）函数。然后，在draw（）函数的末尾添加一行调用该函数的代码。最后，在Pygame Zero运行之前调用setup_game（）函数。

```
                screen.blit("door", screen_coords(x, y))
def draw_actors():
    player.draw()
def draw():
    draw_background()
    draw_scenery()
    draw_actors()
setup_game()
pgzrun.go()
```

在屏幕的当前位置绘制角色

在绘制好背景和场景之后再绘制角色

保

2 移动骑士

你已经创建好骑士角色，接下来就可以编写代
来让角色在屏幕上移动了。此时，你需要用到一
事件处理函数，以便执行此项操作，该函数能对
键做出反应。

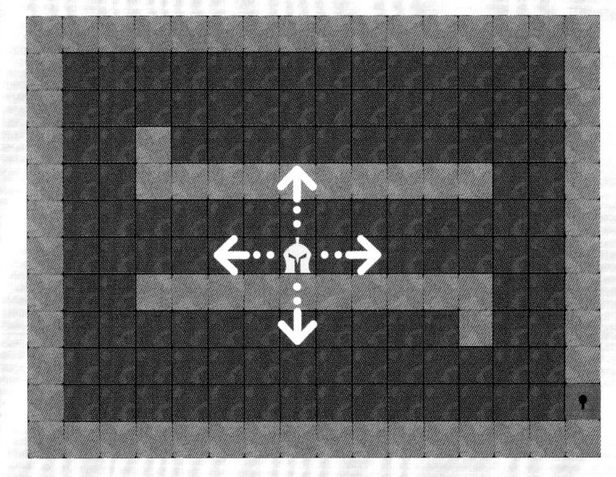

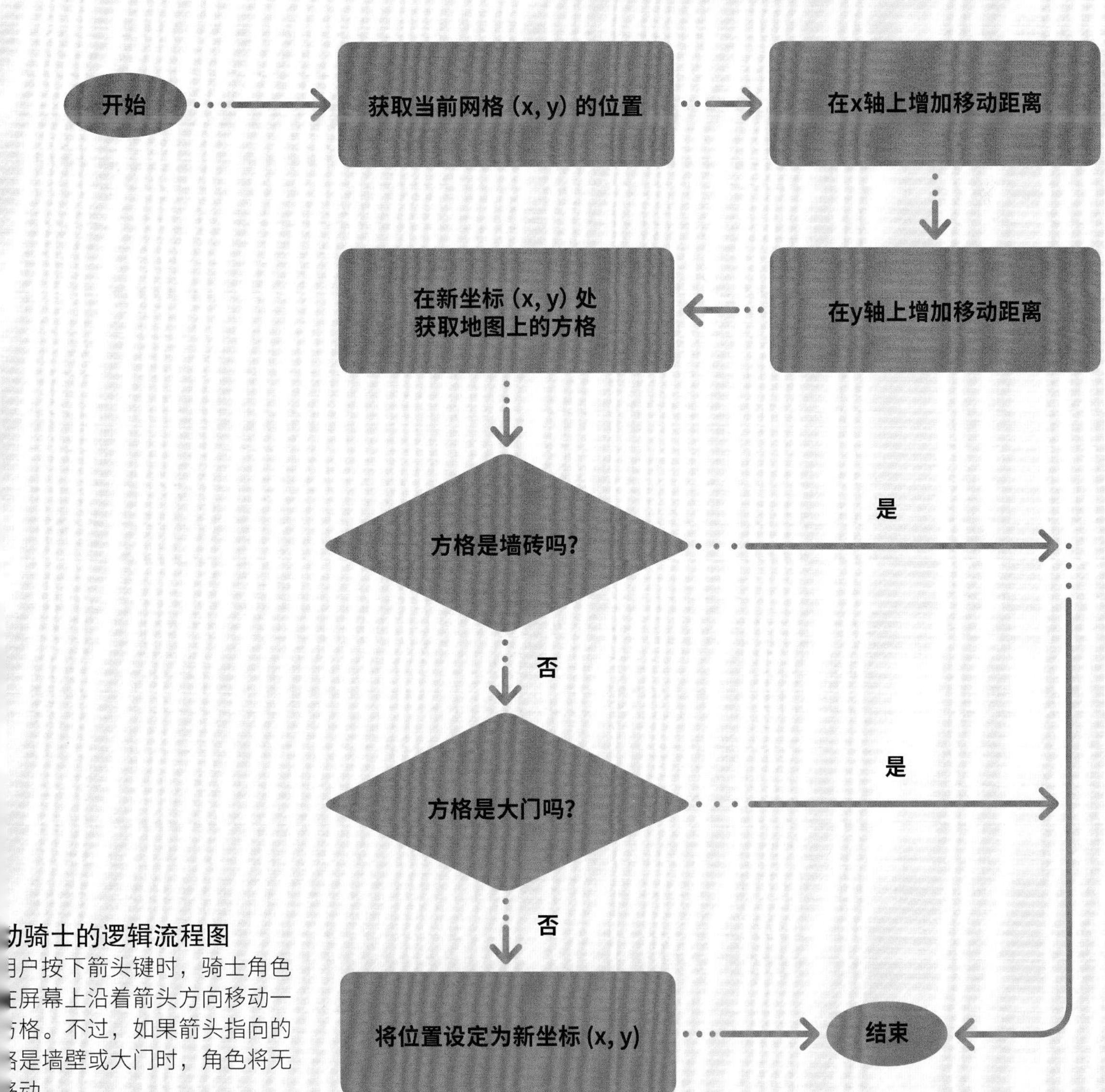

力骑士的逻辑流程图
月户按下箭头键时，骑士角色
E屏幕上沿着箭头方向移动一
ī格。不过，如果箭头指向的
各是墙壁或大门时，角色将无
多动。

2.1 添加常用函数

为了确定角色在哪个网格中，你需要定义一个函数。请将下面的函数添加在已有的screen_coords（ ）函数的下面。你可以将角色的x坐标和y坐标除以网格大小，再使用内置的round（ ）函数来确保结果最接近整数。

```
    return (x * GRID_SIZE, y * GRID_SIZE)
def grid_coords(actor):
    return (round(actor.x / GRID_SIZE), round(actor.y / GRID_SIZE))
```

确定角色在网格中的位置

2.2 添加处理键

现在，请在draw（ ）函数下面添加一个事件处理函数。当用户按下箭头键时，该函数将会做出反应。该函数可以确保角色在四个箭头键中的任意一个被按下时，都能朝着正确的方向移动。

```
    draw_actors()
def on_key_down(key):
    if key == keys.LEFT:
        move_player(-1, 0)
    elif key == keys.UP:
        move_player(0, -1)
    elif key == keys.RIGHT:
        move_player(1, 0)
    elif key == keys.DOWN:
        move_player(0, 1)
```

- draw_actors()：draw（ ）函数的最后一行
- def on_key_down(key):：定义一个对按键做出反应的函数
- move_player(-1, 0)：角色向左移动一个方格
- move_player(0, -1)：角色向上移动一个方格
- move_player(1, 0)：角色向右移动一个方格
- move_player(0, 1)：角色向下移动一个方格

2.3 移动角色

接下来，你需要定义move_player（ ）函数。为此，你需要在on_key_down（ ）函数的下面添加右边的函数。该函数以方格为单位计算玩家在x轴和y轴上的移动距离。

```
def move_player(dx, dy):
    (x, y) = grid_coords(player)
    x += dx
    y += dy
    square = MAP[y][x]
    if square == "W":
        return
    elif square == "D":
        return
    player.pos = screen_coords(x, y)
```

- (x, y) = grid_coords(player)：获取角色的前网格位置
- x += dx：将x轴上的动距离加入量x中
- y += dy：将y轴上的移动距离加入变量y中
- square = MAP[y][x]：给出方格在图上的位置
- 第一个return：如果角色碰到墙壁，停止执行move_ player（ ）函数
- 第二个return：如果方格是门，则立返回
- player.pos = screen_coords(x, y)：将角色位置更新为新的坐标

在网格上移动

当网格和屏幕坐标从左上角开始时，在网格上向左移动表示在x轴上发生了负向变化，而向右移动则表示发生了正向变化。同理，在y轴上向上移动是负向变化，向下移动是正向变化。

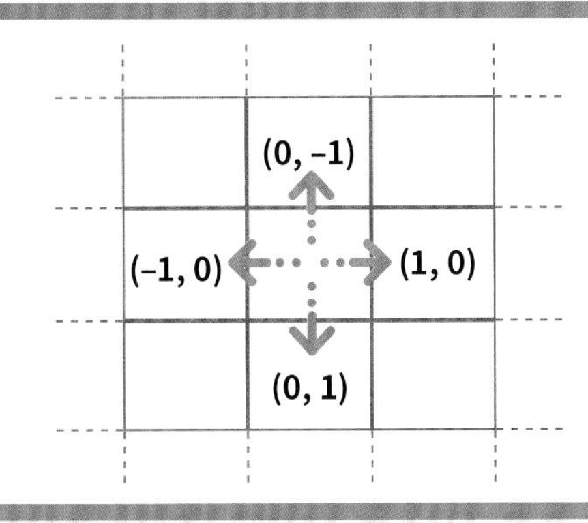

3 添加钥匙

现在，你需要将更多的角色添加到游戏中，例如添加一些钥匙供骑士收集。你需要在地图上标记每把钥匙，通过钥匙图像创建一个钥匙角色，并将其位置设定为该网格位置的屏幕坐标。请将下面的代码添加到setup_game（）函数中，以创建钥匙角色。

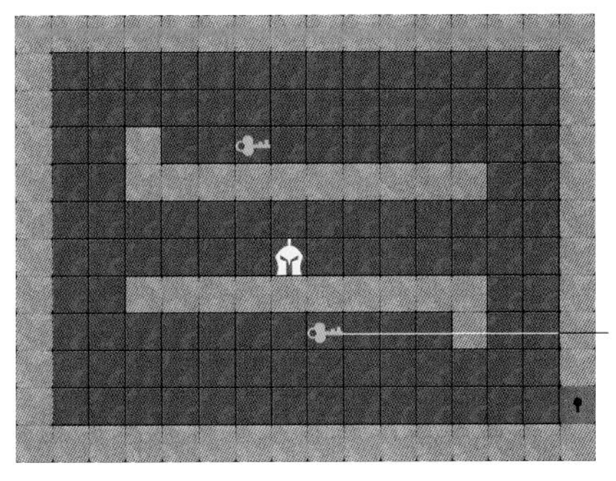

钥匙将出现在代码设定的坐标处

将keys_to_collect定义为全局变量

```
def setup_game():
    global player, keys_to_collect
    player = Actor("player", anchor=("left", "top"))
    keys_to_collect = []
    for y in range(GRID_HEIGHT):
        for x in range(GRID_WIDTH):
            square = MAP[y][x]
            if square == "P":
                player.pos = screen_coords(x, y)
            elif square == "K":
                key = Actor("key", anchor=("left", "top"), \
                            pos=screen_coords(x, y))
                keys_to_collect.append(key)
```

刚开始时，将keys_to_collect设为一个空列表

如果方格为K，则创建一把钥匙

通过图像、锚点和位置3个属性创建钥匙角色

将该角色添加到上面创建的钥匙列表中

特殊的名称

将代表钥匙角色列表的全局变量命名为keys。在为变量命名时要避免与内置函数名或Pygame Zero中的特定名称混淆。谨记，keys是一个特殊对象，其中的项代表键盘上的所有键。

3.1 绘制新的钥匙角色

多添加一些钥匙供骑士收集，可以使游戏更有趣。你可以在draw_actors（ ）函数中添加以下代码，以便绘制新的钥匙角色。

```
def draw_actors():
    player.draw()
    for key in keys_to_collect:
        key.draw()
```

绘制钥匙列表中的所有角色

3.2 收集钥匙

当骑士角色移动到钥匙所在的网格方块时，程序会从钥匙列表中删除该钥匙，并停止在屏幕上绘制该钥匙。当不再有钥匙需要收集时，骑士角色就可以前往大门所在的网格方块。为此，请对move_player（ ）函数进行以下更改，并保存代码，然后尝试运行该程序，检查骑士是否可以四处移动并收集钥匙。一旦骑士收集完所有钥匙，就可以进入大门。不过，要想知道接下来会发生什么，我们还需要在后面的步骤中对程序进行完善。

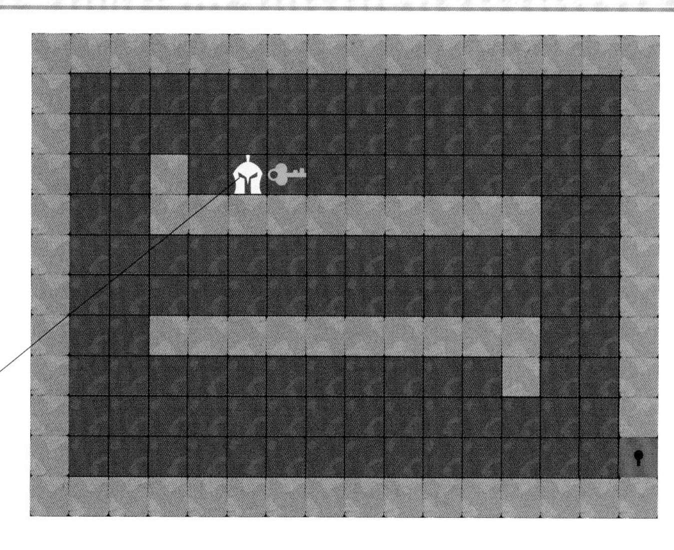

将骑士移到钥匙上，以便收集钥匙

```
    elif square == "D":
        if len(keys_to_collect) > 0:
            return
    for key in keys_to_collect:
        (key_x, key_y) = grid_coords(key)
        if  x == key_x and y == key_y:
            keys_to_collect.remove(key)
            break
    player.pos = screen_coords(x, y)
```

- 检查keys_to_collect列表不为空
- 如果列表不为空，则立即返回
- 遍历列表中的每一个钥匙角色
- 获取钥匙的网格位置
- 检查骑士的新位置与钥匙位置是否匹配
- 如果骑士的位置与钥匙位置匹配，则从列表中删除该钥匙
- 跳出for循环，因为每个方块中只有一把钥匙

保存

.3 设置游戏结束的全局变量

当骑士收集完所有钥匙并移动到大门后时游戏结束，此时的骑士应该不能再移动。为此，你需要更新etup_game（）函数来设计一个新的全局变量，用于检查游戏是否结束。

```
def setup_game():
    global game_over, player, keys_to_collect
    game_over = False
    player = Actor("player", anchor=("left", "top"))
    keys_to_collect = []
    for y in range(GRID_HEIGHT):
```

将game_over定义为全局变量

将变量的初始值设为False

.4 触发游戏结束

现在，请将游戏设置为骑士抵达大门时结束。你要对move_player（）函进行更改，然后运行程序，试程序是否正确。当骑士达大门后，应该不能再移，这样程序才不会崩溃。

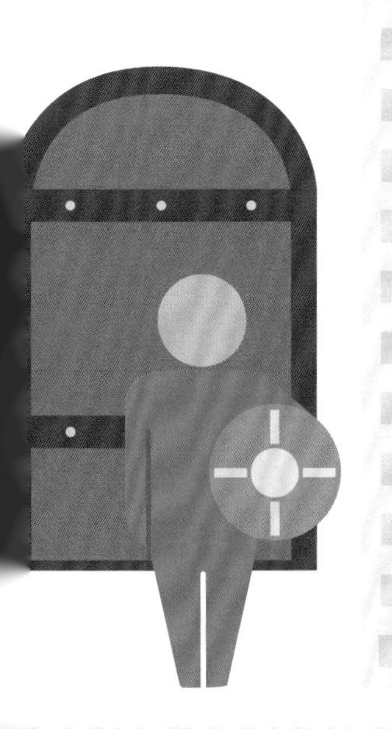

```
def move_player(dx, dy):
    global game_over
    if game_over:
        return
    (x, y) = grid_coords(player)
    x += dx
    y += dy
    square = MAP[y][x]
    if square == "W":
        return
    elif square == "D":
        if len(keys_to_collect) > 0:
            return
        else:
            game_over = True
    for key in keys_to_collect:
```

检查是否设置了game_over

立即返回，不再移动

检查所有钥匙是否都被收集了

将game_over设为True并继续移动

保存

3.5 添加游戏结束信息

当骑士抵达大门，程序就会停止，但用户此时可能并不清楚游戏已经结束。这时，你需要在代码中添加一条GAME OVER的消息，在游戏结束时显示在屏幕上，以提示用户。为此，你需要创建一个新的函数draw_game_over()，以便在屏幕的覆盖层上绘制GAME OVER的信息，同时在draw()函数中添加以下代码。

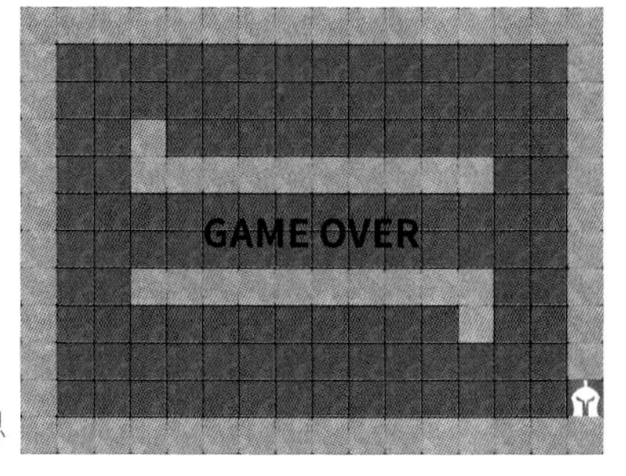

设置GAME OVER信息在屏幕上的位置

锚定文本的底部边缘

在此位置绘制文本

字体大小同网格像素

```
def draw_game_over():
    screen_middle = (WIDTH / 2, HEIGHT / 2)
    screen.draw.text("GAME OVER", midbottom=screen_middle, \
                     fontsize=GRID_SIZE, color="cyan", owidth=1)
def draw():
    draw_background()
    draw_scenery()
    draw_actors()
    if game_over:
        draw_game_over()
```

使用Pygame Zero绘制文本

使用screen.draw.text()函数，可以在屏幕上绘制文本。该函数的第一个参数是以字符串表示的文本，然后是一些可选的关键字参数（如右表所示）。有关该函数的其他关键字参数，请参阅Pygame Zero在线文档。

关键字参数

属性名称	描述
fontsize	字体大小（以像素为单位）
color	代表颜色名称的字符串，或HTML样式的颜色（如#FF00FF），或类似（255,0,255）这样的代表红、绿、蓝三色组合的元组
ocolor	代表每个字符轮廓宽度的数字。如果未指定，则默认为0，而1表示一个合理的轮廓宽度
owidth	轮廓颜色（与上面所说的颜色格式相同）。如果未指定，则默认为黑色
topleft、bottomleft、topright、bottomright、midtop、midleft、midbottom、midright、center	将其中一个属性与一对数字一起使用，以给出相对于锚点的屏幕坐标（x, y）

3.6 创建卫兵角色

目前，这个游戏还是很容易取胜的。想要提高游戏难度，你可以增加一些卫兵来阻挡骑士。你需要给每名卫兵都创建一个带有卫兵图像的角色，并将其位置设为该网格位置的屏幕坐标。为此，请依照下面的做法更新setup_game（）函数。

```
def setup_game():
    global game_over, player, keys_to_collect, guards
    game_over = False
    player = Actor("player", anchor=("left", "top"))
    keys_to_collect = []
    guards = []
    for y in range(GRID_HEIGHT):
        for x in range(GRID_WIDTH):
            square = MAP[y][x]
            if square == "P":
                player.pos = screen_coords(x, y)
            elif square == "K":
                key = Actor("key", anchor=("left", "top"), \
                            pos=screen_coords(x, y))
                keys_to_collect.append(key)
            elif square == "G":
                guard = Actor("guard", anchor=("left", "top"), \
                              pos=screen_coords(x, y))
                guards.append(guard)
```

将guards定义为全局变量

刚开始时，将guards设为一个空列表

创建卫兵角色

如果网格为G，则创建一名卫兵

将该角色添加到上面创建的卫兵列表中

7 绘制卫兵

要在游戏中添加另一名卫兵，需要将这些代码添加到draw_actors（）函数。添加后保存代码，然后运行程序，检查屏幕上是否出现了卫兵。

```
        key.draw()
    for guard in guards:
        guard.draw()
```

绘制卫兵列表中的所有角色

4 移动卫兵

一旦卫兵就位，它们就会沿着x轴或y轴每隔0.5秒向骑士移动一个方格，除非它们碰到了墙壁。如果卫兵与骑士移动到相同的位置，那么游戏结束。此时，卫兵和骑士一样不再移动。你需要在本节中添加代码，让卫兵移动起来。

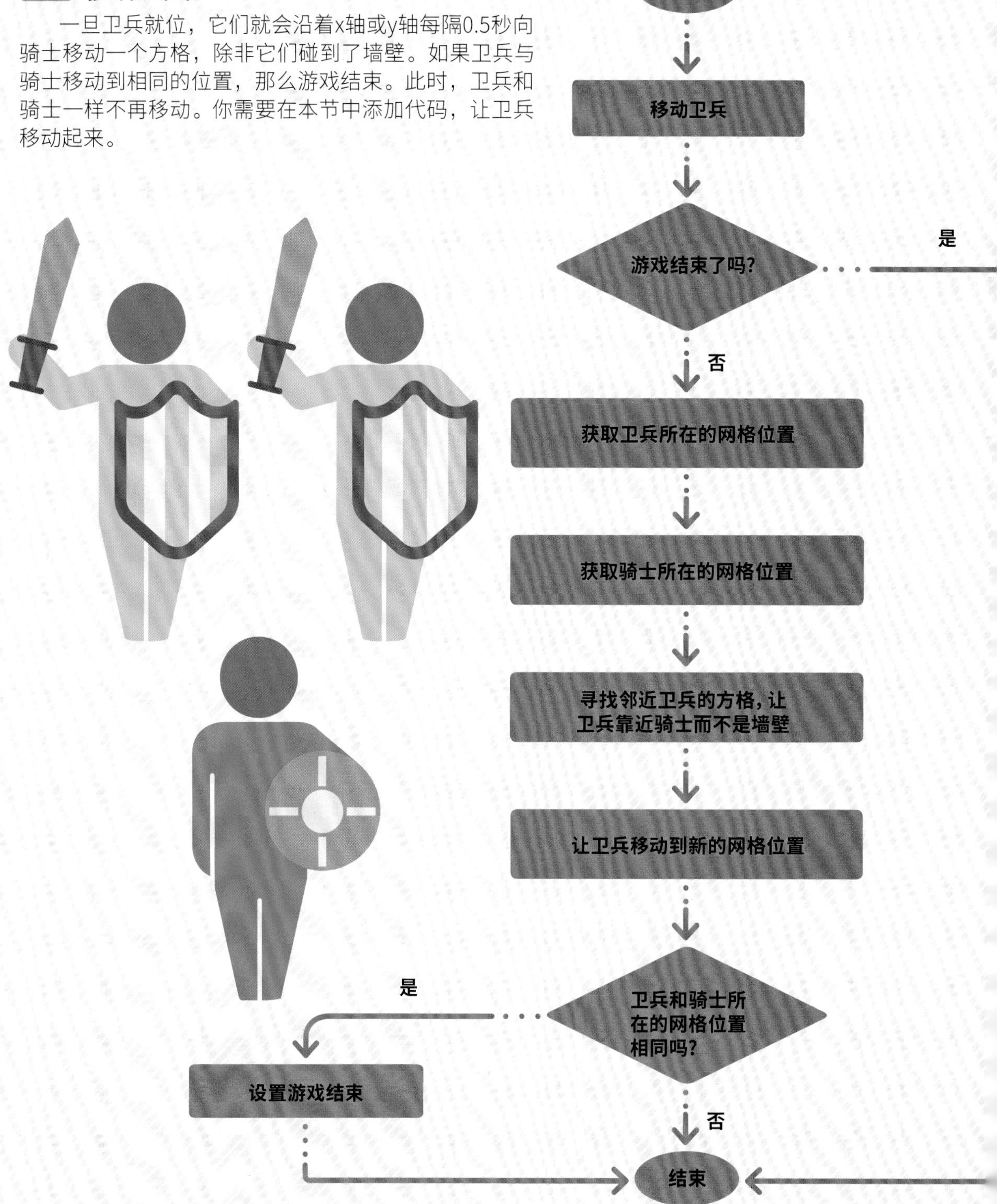
开始
移动卫兵
游戏结束了吗？
是
否
获取卫兵所在的网格位置
获取骑士所在的网格位置
寻找邻近卫兵的方格，让卫兵靠近骑士而不是墙壁
让卫兵移动到新的网格位置
卫兵和骑士所在的网格位置相同吗？
是
设置游戏结束
否
结束

4.1 添加移动卫兵的函数

首先定义一个新函数move_guard（），以移动单个卫兵。请立即在move_player（）函数之后添加以下代码，因为该代码将适用于所有卫兵，所以要给你想移动的卫兵传递一个参数。

```
            break
    player.pos = screen_coords(x, y)
def move_guard(guard):
    global game_over
    if game_over:
        return
    (player_x, player_y) = grid_coords(player)
    (guard_x, guard_y) = grid_coords(guard)
    if player_x > guard_x and MAP[guard_y][guard_x + 1] != "W":
        guard_x += 1
    elif player_x < guard_x and MAP[guard_y][guard_x - 1] != "W":
        guard_x -= 1
    elif player_y > guard_y and MAP[guard_y + 1][guard_x] != "W":
        guard_y += 1
    elif player_y < guard_y and MAP[guard_y - 1][guard_x] != "W":
        guard_y -= 1
    guard.pos = screen_coords(guard_x, guard_y)
    if guard_x == player_x and guard_y == player_y:
        game_over = True
```

将game_over定义为全局变量

如果游戏结束，立即返回，不再移动

获取骑士所在的网格位置

获取该名卫兵所在的网格位置

检查骑士是否在卫兵右边，以及卫兵右边的网格是否为墙壁

如果上述条件成立，则将卫兵所在网格位置的x坐标加1

检查骑士是否在卫兵左边

将卫兵角色的位置更新为（如果有更新的话）所在网格位置的屏幕坐标

如果卫兵所在的网格位置与骑士所在的网格位置相同，则游戏结束

2 移动所有卫兵

接下来，在上一步中输入的代码行下面添加右边这段代码，以便轮流移动每名卫兵。

```
def move_guards():
    for guard in guards:
        move_guard(guard)
```

遍历卫兵列表中的每名卫兵

移动列表中的所有卫兵

4.3 调用函数

最后，添加右边这段代码，以便每隔0.5秒调用一次move_guards（）函数。为此，你需要在文件顶部添加一个用于设置时间间隔的新常量。

```
GRID_SIZE = 50
GUARD_MOVE_INTERVAL = 0.5
```

设置卫兵在屏幕上移动的时间间隔

4.4 安排调用

为了确保卫兵每0.5秒后都能平稳移动，你需要添加一个计时器，以便在程序运行过程中反复调用move_guards（）函数。为此，你需要在文件底部添加以下代码，使程序每隔GUARD_MOVE_INTERVAL秒调用一次move_guards（）函数。请保存文件并运行程序，检查卫兵是否会追捕骑士。如果有一名卫兵抓住了骑士，你就能在屏幕上看到GAME OVER的消息。你还可以试着修改GUARD_MOVE_INTERVAL的值，使游戏变得更简单或更困难。

```
setup_game()
clock.schedule_interval(move_guards, GUARD_MOVE_INTERVAL)
pgzrun.go()
```

定期调用move_guards（）函数的方法

保存

clock对象

clock对象具有在程序中调度函数调用的方法（如下表所示）。在调用函数时，请确保所使用的是不含括号的函数名。因为你只能对不带参数的函数调用进行调度，而无法指定之后调用函数时将使用哪些参数。

调度函数调用的方法

方法	描述
clock.schedule（function, delay）	延迟多少秒调用函数。多次调用将导致之后对该函数的多次调用，即使先前的调用尚未发生
clock.schedule_unique（function, delay）	类似于clock.schedule（），区别在于多次调用将取消先前尚未发生的任何已调度的调用
clock.schedule_interval（function, interval）	每隔多少秒调用一次函数
clock.unschedule（function）	取消先前设定的对函数调用的任何调度

追踪游戏结果

当游戏结束并显示GAME OVER的信息时，你可以通过增加一条附加信息来显示骑士是获胜了（成功打开大
）还是失败了（被卫兵抓住）。具体做法是：创建一个新的全局变量来追踪骑士是获胜了还是失败了，并将
下代码添加到setup_game（ ）函数中。

将player_won定义为全局变量

```
def setup_game():
    global game_over, player_won, player, keys_to_collect, guards
    game_over = False
    player_won = False
    player = Actor("player", anchor=("left", "top"))
```

将变量的初始值设为False

1 设置变量

当骑士带着全部钥匙抵达大
时，游戏结束，骑士获胜。此
，需要在move_player（ ）函
中设置一个全局变量。请将右
的代码添加到move_player（ ）
数中。

```
def move_player(dx, dy):
    global game_over, player_won
    if game_over:
        return
    (x, y) = grid_coords(player)
    x += dx
    y += dy
    square = MAP[y][x]
    if square == "W":
        return
    elif square == "D":
        if len(keys_to_collect) > 0:
            return
        else:
            game_over = True
            player_won = True
    for key in keys_to_collect:
```

当骑士获胜时，将变量player_won设为True

5.2 添加信息

收集全部钥匙后抵达大门，这是骑士赢得游戏的唯一方法。由此可以肯定，如果游戏以任何其他方式结束，骑士都输了。针对不同的游戏结果，你需要在屏幕上显示不同的信息。为此，你需要将以下代码添加到draw_game_over（ ）函数中，并使用midtop属性来设置新信息所在的位置。这样做可以将该条新信息的顶部边缘锚定在屏幕中央。当GAME OVER信息被它的底部边缘锚定时，新信息将出现在GAME OVER底下的中间位置。试着运行游戏，看一看当骑士胜利或失败时屏幕上显示的信息是否不同。

```
    screen.draw.text("GAME OVER", midbottom=screen_middle, \
                     fontsize=GRID_SIZE, color="cyan", owidth=1)
    if player_won:
        screen.draw.text("You won!", midtop=screen_middle, \
                         fontsize=GRID_SIZE, color="green", owidth=1)
    else:
        screen.draw.text("You lost!", midtop=screen_middle, \
                         fontsize=GRID_SIZE, color="red", owidth=1)
```

在屏幕上绘制信息

用不同的颜色突出显示不同的游戏结果

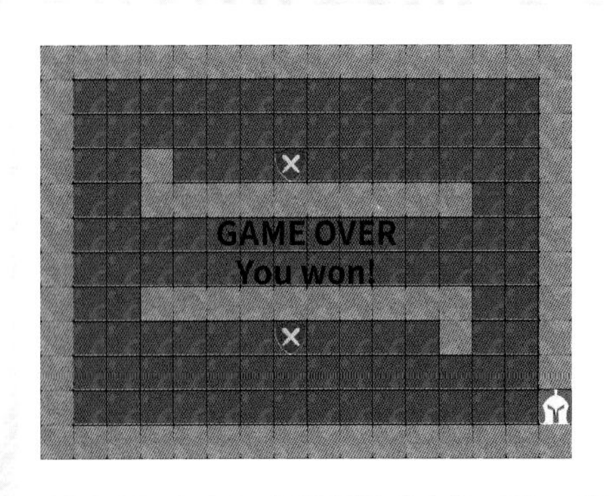

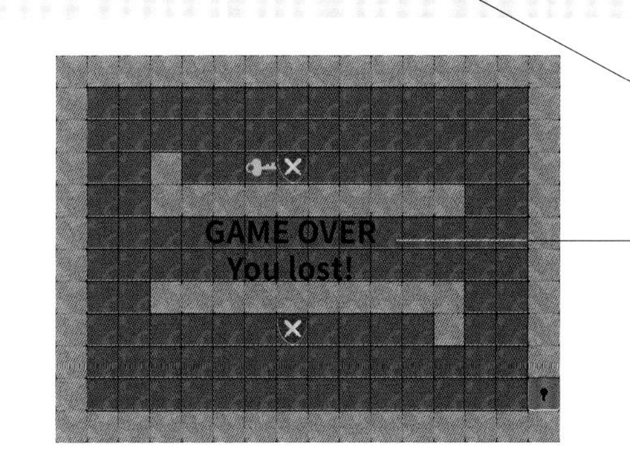

新信息出现在这里

保存

5.3 重启游戏

目前，要想重新开始游戏，唯一的办法就是关闭窗口并再次运行程序。请将下面的代码添加在draw（ ）函数的下面，以便在游戏结束后按空格键即可重新开始游戏。重启游戏时，你只需调用setup_game（ ）函数即可。该函数包含了初始化游戏所需的全部代码，并将在起始位置重新创建所有角色。它还会重置追踪游戏进程的变量。

```
    if game_over:
        draw_game_over()
def on_key_up(key):
    if key == keys.SPACE and game_over:
        setup_game()
```

检查游戏结束后空格键是否被按下

调用setup_game（ ）函数，重新开始游戏

5.4 添加其他信息

在draw_game_over（）函数的末尾添加一条新信息，让玩家知道可以通过按空格键来重新开始游戏。此时，你需要再次使用midtop属性来指定新信息所在的位置，让该信息出现在屏幕中心的下方。保存后再次运行游戏，你就可以通过按空格键来重启游戏了。

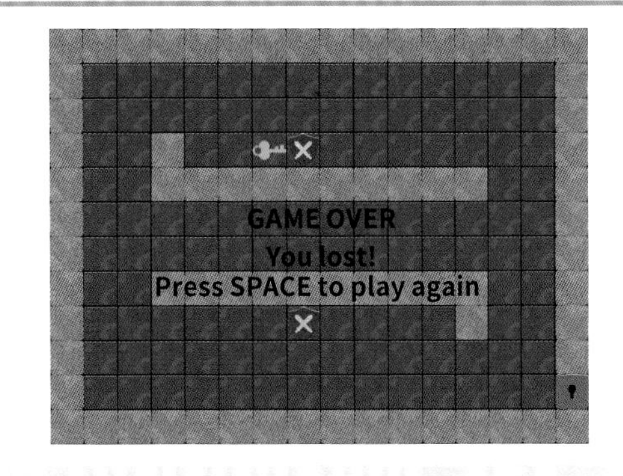


```
else:
    screen.draw.text("You lost!", midtop=screen_middle, \
                     fontsize=GRID_SIZE, color="red", owidth=1)
screen.draw.text("Press SPACE to play again", midtop=(WIDTH / 2, \
                 HEIGHT / 2 + GRID_SIZE), fontsize=GRID_SIZE / 2, \
                 color="cyan", owidth=1)
```

在屏幕上绘制新信息

6 给角色添加动画效果

当角色从一个方格跳到另一个方格时，游戏画面会显得很奇怪。试着调整一下代码，让角色看起更像是在屏幕上移动。你可以使用Pygame Zero的animate（）函数来实现上述动画效果。

.1 给卫兵添加动画效果

首先给卫兵添加动画效果。animate（）函数的作用是创建在游戏循环的每次迭代中自动运行的动画，从而更新角属性。请对move_guard（）函数进行以下更改，使卫兵具有动画效果。animate（）函数的参数包括需要添加动画果的角色（guard）、需要更改的属性(pos)，以及动画运行时长（duration）。保存并运行代码，你将看到卫兵在幕上朝着骑士平滑移动的效果。

```
elif player_y < guard_y and MAP[guard_y - 1][guard_x] != "W":
    guard_y -= 1
animate(guard, pos=screen_coords(guard_x, guard_y), \
        duration=GUARD_MOVE_INTERVAL)
if guard_x == player_x and guard_y == player_y:
    game_over = True
```

让角色平滑移动，而不是突然改变位置

动画

animate()函数可以使用其他两个可选的关键字参数——tween和on_finished。tween定义了如何对属性的中间值进行动画处理；on_finished允许你指定动画完成后想要调用的函数名称。tween的值见下表中。

关键字参数tween的值

值	描述
"linear"	从当前属性值平滑过渡到新属性值的动画；这是默认设置
"accelerate"	慢慢启动，然后加速
"decelerate"	快速启动，然后慢慢减速
"accel_decel"	先加速再减速
"end_elastic"	在结束时摆动（像是系在橡皮筋上一样）
"start_elastic"	在开始时摆动
"both_elastic"	在开始和结束时都摆动
"bounce_end"	在结束时弹跳（像球一样）
"bounce_start"	在开始时弹跳
"bounce_start_end"	在开始和结束时都弹跳

6.2 给骑士添加动画效果

现在是时候给骑士添加动画效果了。与卫兵不同的是，骑士没有特定的移动速度，所以你需要给它设定移动速度。你可以通过在文件顶部添加一个新常量来执行此操作。首先，选择0.1秒作为用户按箭头键以快速躲避卫兵的持续时间；其次，更新move_player()函数（如下所示）；最后，保存文件，再次进行游戏，检查骑士能否快速从一个方格移动到另一个方格。

```
GUARD_MOVE_INTERVAL = 0.5
PLAYER_MOVE_INTERVAL = 0.1
```

骑士从一个方格移动到另一个方格所花的时间

```
            keys_to_collect.remove(key)
            break
    animate(player, pos=screen_coords(x, y), \
            duration=PLAYER_MOVE_INTERVAL)
```

0.1秒后更新骑士所在位置

保存

7 制作棋盘背景

现在返回到之前设置的图像元素，试着使游戏起来更有趣一些。目前的游戏背景只是用单一的砖重复铺满整个地板。你可以添加一些棋盘图案，“打破”一些瓷砖，使地板看起来更真实。

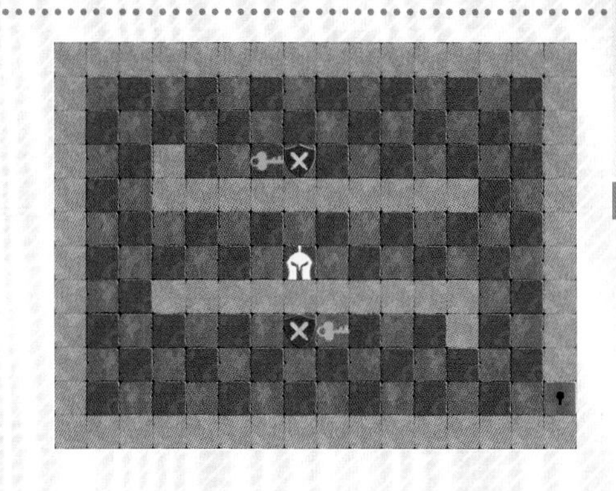

7.1 更新背景函数

对于棋盘图案，第一行中的所有奇数方格应该是一种颜色，偶数方格应该是另一种颜色；第二行中的颜色则是反过来；其他行依此类推。你可以通过在奇数行的奇数列或偶数行的偶数列上使用第一种颜色，然后在其他方格上使用第二种颜色来完成此操作。为了确定一个数字是奇数还是偶数，你需要用到Python的取模（取余）运算符。对draw_background（ ）函数进行以下更改，将选中的方格替换为不同的地砖图像。

```
def draw_background():
    for y in range(GRID_HEIGHT):
        for x in range(GRID_WIDTH):
            if x % 2 == y % 2:
                screen.blit("floor1", screen_coords(x, y))
            else:
                screen.blit("floor2", screen_coords(x, y))
```

检查x坐标和y坐标的值是否同为奇数或同为偶数

如果上述条件成立，则在此位置绘制floor1

如果x坐标和y坐标的值既有奇数又有偶数，则绘制floor2

取模（取余）运算符

根据一个数除以2之后是否有余数，可以确定它是奇数还是偶数。Python中有一个算术运算符，称为取模运算符，它可以返回除法的余数，所以又叫取余运算符。它被写成a%b，可以给出a除以b的余数。观察x坐标和y坐标除以2的余数后发现：如果余数相同，则行和列同为奇数或同为偶数。右图显示了取模（取余）运算符的工作原理。

N	N % 2	N % 3	N % 4	N % 5
0	0	0	0	0
1	1	1	1	1
2	0	2	2	2
3	1	0	3	3
4	0	1	0	4
5	1	2	1	0
6	0	0	2	1
7	1	1	3	2
8	0	2	0	3
9	1	0	1	4

7.2 添加裂缝

最后，你可以在地砖上添加一些裂缝，使地牢看起来更加逼真。你可以通过在地砖图像的上面绘制裂缝来做到这一点。你可以随意选择需要添加裂缝的地砖，但应确保只在少数地砖上添加。首先，你要导入Python的随机（random）模块，并将其添加到文件顶部。然后，你需要使用此模块中的randint（a，b）函数，该函数会在a和b之间返回一个随机整数。你需要在draw_background（）函数中选择随机数，并决定何时根据它们绘制裂缝。为使每次调用draw_background（）函数时都选择相同的地砖添加裂缝，所以要在函数开始前将“种子值（seed value）”设为特定的数字

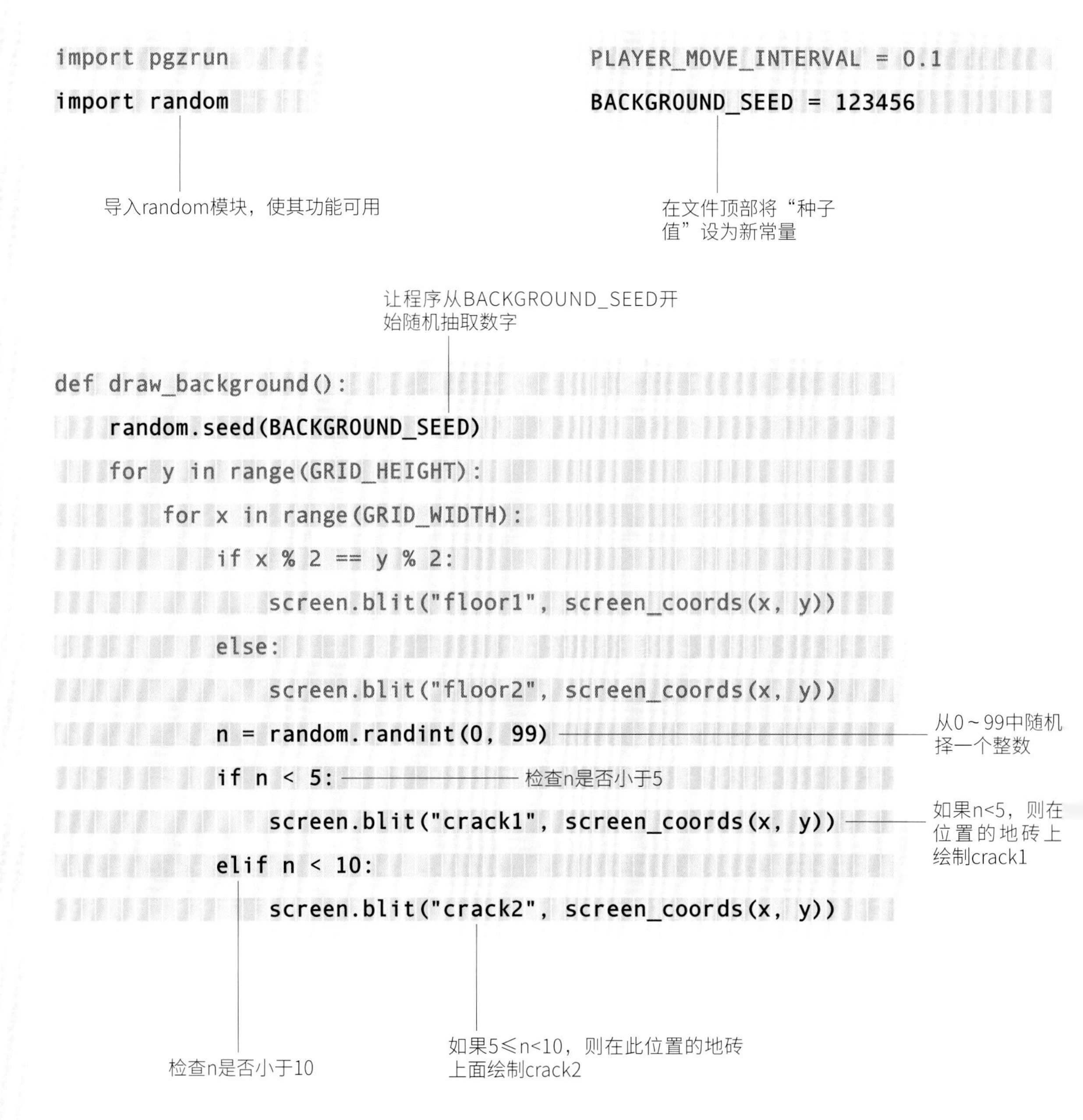

随机数与概率

randint( )函数的作用是返回一个特定范围内的数字。重复调用该函数，将返回从该范围内随机抽取的一系列数字。更准确地说，该函数返回的实际上是一个伪随机数。这些数字看起来是随机生成的，因为它们在整个范围内均匀分布，排序规则看起来也很难预测，但它们实际上是通过某种算法生成的，这种算法总是从给定的起始点开始，生成相同的数字序列。你可以把一个伪随机序列的起始点称为“种子（seed）”。如果你反复在0至99之间随机选择整数，那么你得到0、1、2、3、4的概率大约是5%。从下面的例子可以看出，如果n在0和4之间，那么将绘制第一种裂缝（crack1）。所以，大约5%的地砖上面将绘制crack1图像。如果n大于5，且在5至9之间，那么大约5%的地砖上面将绘制crack2图像。如果你仔细观察地图，将会发现共有118块暴露在外的地砖，所以绘制有各种裂缝的地砖大约是6块（118块地砖的5%）。

```
n = random.randint(0, 99)
if n < 5:
    screen.blit("crack1", screen_coords(x, y))
elif n < 10:
    screen.blit("crack2", screen_coords(x, y))
```

从0至99之间随机选择一个整数

如果n在0至4之间，则绘制crack1

如果n在5至9之间，则绘制crack2

.3 游戏时间

现在可以正式开始游戏了。请运行这个程序，确保游戏能正常进行。如果出现问题，请仔细检查代码中的ug，修复后再次运行程序。

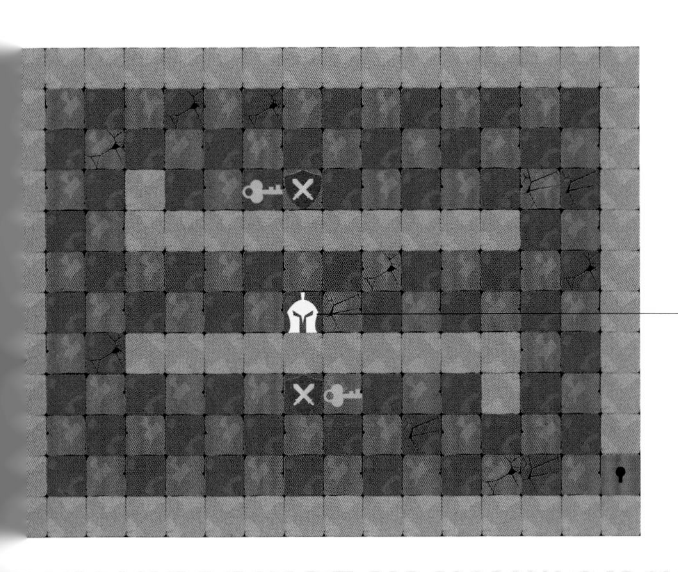

快速移动骑士角色，收集全部钥匙，同时注意躲开卫兵

保存

技巧和调整

打开大门

在玩游戏时，用户可能知道需要收集钥匙，但并不知道什么时候可以离开地牢。如果能在骑士收集到最后一把钥匙时，让用户看到大门已经开启，用户就能知道下一步该如何操作。最简单的实现办法就是，只有当左侧还有钥匙可被收集时才绘制大门。为此，你需要在draw_scenery（ ）函数中更改何时绘制大门的逻辑（如下所示）。

```
            screen.blit("wall", screen_coords(x, y))
        elif square == "D" and len(keys_to_collect) > 0:
            screen.blit("door", screen_coords(x, y))
```

检查是否还有可被收集的钥匙

持续移动

在玩游戏时，如果用户可以通过一直按住箭头键而不是重复地按箭头键来让骑士持续朝着一个方向移动的话，将使游戏的体验感更佳。为此，你需要用到animate（ ）函数的on_finished参数。该参数允许用户指定骑士完成移动后要调用的函数名称。如下所示，你需要在move_player（ ）函数下面添加一个新的repeat_player_move（ ）函数，它可以使用Pygame Zero的键盘对象的成员来检查用户是否按下了特定的键。如果你觉得现在的游戏变简单了，还可以通过改变文件顶部的PLAYER_MOVE_INTERVAL的值来降低骑士的移动速度，使比赛更具挑战性。

```
        break
    animate(player, pos=screen_coords(x, y), \
        duration=PLAYER_MOVE_INTERVAL, \
        on_finished=repeat_player_move)
```

检查箭头键是否一直被按着

将骑士的移动间隔时间减少为卫兵的一半（即0.25，原来为0.1），削弱骑士的优势

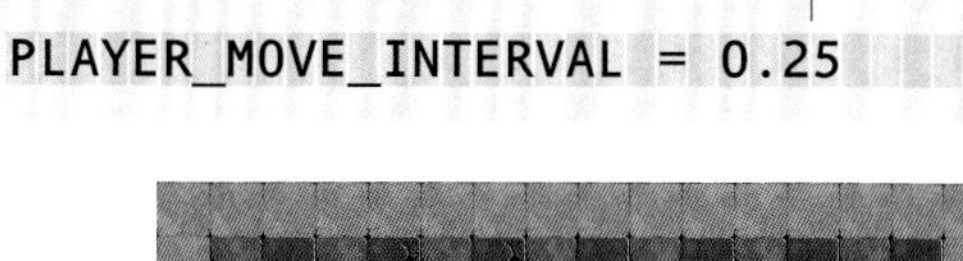

```
GUARD_MOVE_INTERVAL = 0.5
PLAYER_MOVE_INTERVAL = 0.25
```

```
def repeat_player_move():
    if keyboard.left:
        move_player(-1, 0)
    elif keyboard.up:
        move_player(0, -1)
    elif keyboard.right:
        move_player(1, 0)
    elif keyboard.down:
        move_player(0, 1)
```

检查“向左”箭头键是否一直被按着

再次调用move_player（ ）函数，重复向左的移动

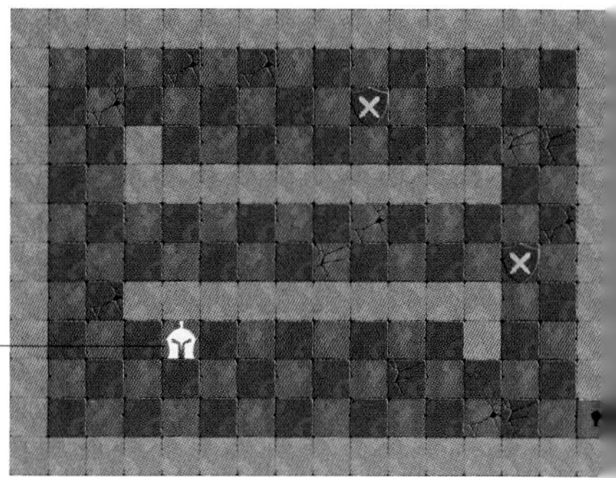

骑士现在将持续朝着用户选择的方向移动

扩大游戏区域

设计一个更大、更复杂的地牢，能使游戏变得更有趣。你可以试一试下面这个修改程序的方法。首先，通过修改文件顶部常量的值来更改网格大小；然后，仔细编辑MAP常量（如下所示）。此外，你还可以增加卫兵和钥匙的数量。

```
GRID_WIDTH = 20
GRID_HEIGHT = 15
```

增加这些变量的值

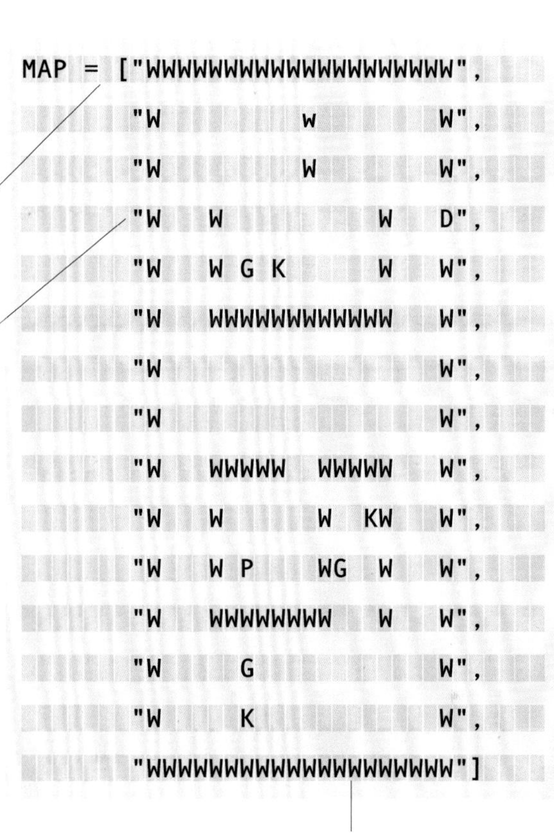

```
MAP = ["WWWWWWWWWWWWWWWWWWWW",
       "W         w        W",
       "W         W        W",
       "W   W          W   D",
       "W   W G K      W   W",
       "W   WWWWWWWWWWWW   W",
       "W                  W",
       "W                  W",
       "W   WWWWW  WWWWW   W",
       "W   W      W  KW   W",
       "W   W P    WG  W   W",
       "W   WWWWWWWW   W   W",
       "W     G            W",
       "W     K            W",
       "WWWWWWWWWWWWWWWWWWWW"]
```

这个地牢共有20列方格，所以这一行应该有20个W字符

记住在这一行添加大门

这个地牢共有15行方格，所以总共应该有15行字符串

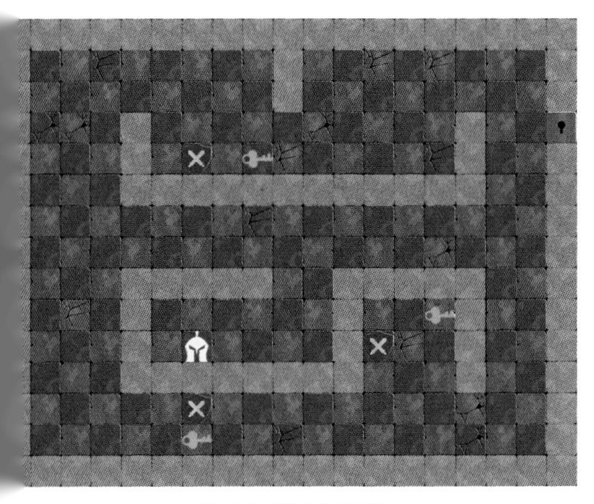

扩大的游戏区域

传新角色

可以使用自定义的图片来不同的角色添加到游戏，或者为游戏设置一个全的背景。为此，你需要先新图像复制到先前创建的ages文件夹中，然后更代码，使角色图像的名称新的文件名称匹配。

敌人

玩家

宝石

第4部分
Web技术

网络是如何工作的

万维网（world wide web, WWW）也称Web，是一组技术，它们协同工作，允许计算机通过因特网共享信息。Web的特点是将文本、图像、视频和音频组合在一起，以提供交互式的多媒体体验。

连接到网站

Web是基于客户端/服务器模型的。浏览器是向服务器请求访问网页的客户端。服务器通过发送一个HTML文件来响应浏览器的请求。每个请求的内容由所使用的通信协议决定。超文本传输协议（HTTP）是互联网（数十亿设备相互连接而成的全球网络）上最常用的协议。

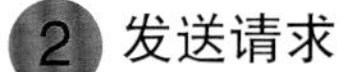

2 发送请求

Web浏览器发送一条请求消息给路由器，路由器通过Internet（互联网、因特网）将消息发送给目标服务器。然后，目标服务器将向请求访问URL的计算机发送一条响应消息。

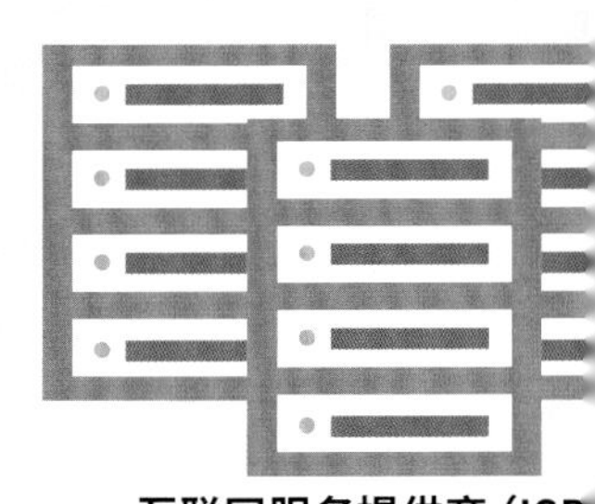
互联网服务提供商（ISP

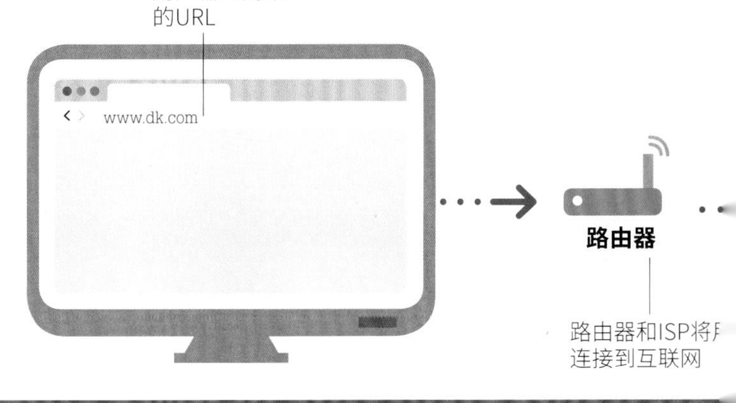
用户输入网站的URL
www.dk.com
路由器
路由器和ISP将
连接到互联网

1 输入网页地址

当用户在Web浏览器的地址栏中输入统一资源定位符（URL，即网页地址）时，上网的过程就开始了。URL包含所请求的网页地址，可用于定位托管该网站的Web服务器。

数据包和IP路由

Web上的所有通信都是通过将请求分解成很多小的数据包来完成的。这些数据包被路由器从源头传输到目的地。在目的地，这些数据包被重新组合成原始消息。使用数据包传输数据的网络叫作“分组交换网络”。数据包由信息和数据两部分组成。其中，信息定义了数据传输的位置和方式，数据则是数据包准备传输的内容。

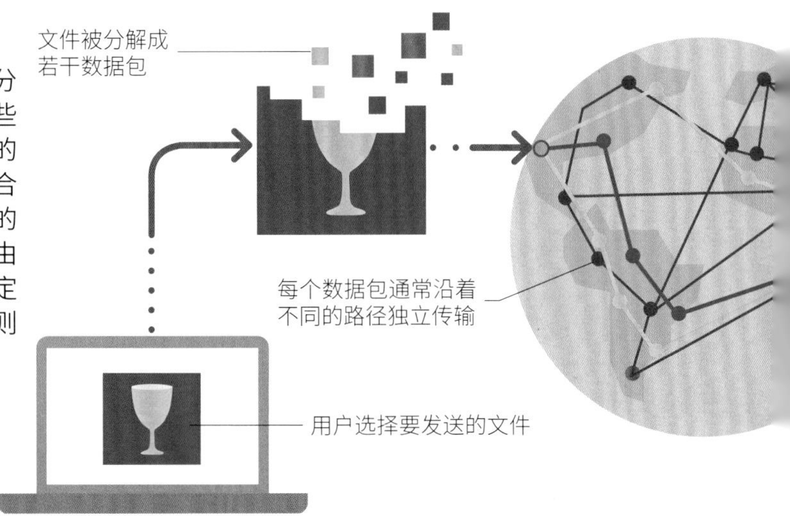
文件被分解成若干数据包
每个数据包通常沿着不同的路径独立传输
用户选择要发送的文件

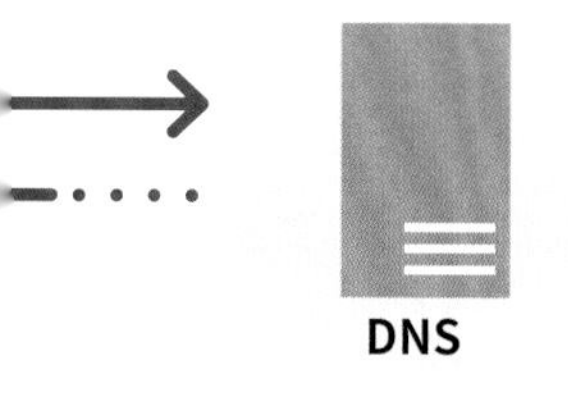
DNS

3 找到网站域名

域名系统（DNS）协议允许浏览器将用户易于理解的文本转换为IP地址，然后路由器使用此地址查找到Web服务器的路径。浏览器发送的请求在到达目标服务器之前，可能要经过许多路由器。

网站显示在用户的硬件上

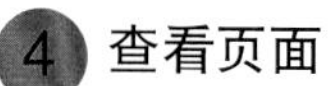

4 查看页面

Web服务器接受访问请求并返回一个HTML文件，作为对浏览器的响应。浏览器读取HTML文档的内容，并在屏幕上显示文本、图像和数据。

为什么使用数据包

为了更有效地利用通信通道，图像、文本，甚至是基本的HTTP请求，都要被分解成数据包并逐段传输。每段数据都有一个数据包序列，它告诉接收服务器如何重新组合信息。

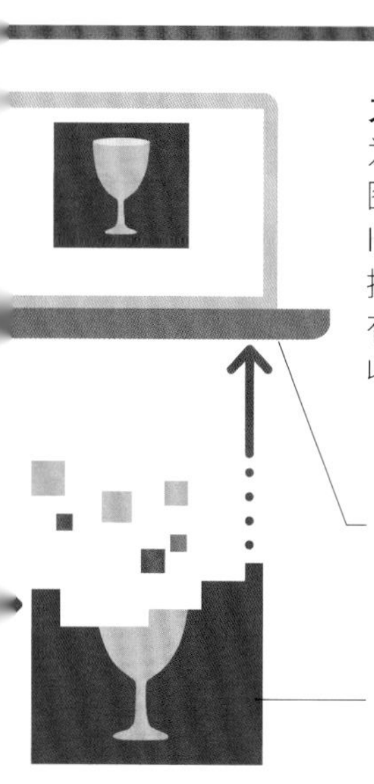
接收方可以查看重新组合后的文件
文件按正确的顺序重新组合

协议

协议是管理两个设备之间通信的一组规则。Web上的协议用于管理客户端浏览器和Web服务器之间的通信。网络协议分为很多层，每一层都为特定目的而设计，存在于发送和接收的主机上。

应用层协议

定义应用程序必须格式化数据，以便与其他应用程序通信。例如，HTTP和文件传输协议（FTP）定义了Web浏览器如何与Web服务器通信。

链路层协议

定义如何使用路由器查找目标计算机并传输消息，从而将数据从一个网络传输到另一个网络。

传输层协议

定义如何管理通信，维持源计算机和目标计算机之间的会话，并将接收到的数据包按照正确的顺序重新组合。

Web协议

传输控制协议（TCP）管理数据包到达浏览器的会话和顺序。网际协议（IP）处理客户端和服务器之间的数据路由。HTTP/FTP/UDP（用户数据包协议）定义浏览器和服务器之间传输的消息。

HTTP

HTTP是一个应用层协议，定义了客户端如何格式化数据并向服务器发送请求消息，以及服务器如何格式化数据并向客户端回复响应消息。

- 使用GET方法检索数据。
- 使用POST方法更新数据。
- 使用PUT方法创建数据。
- 使用DELETE方法删除数据。

代码编辑器

作为程序员最重要的工具之一，代码编辑器是专为编辑计算机程序源代码而设计的。它们可以是独立的应用程序，也可以是任何IDE（集成开发环境）或Web浏览器的一部分。许多代码编辑器都可在线使用，是为适应特定的工作环境或编程语言而定制的。

代码编辑器工具

简单的文本编辑器（如记事本）可用于编写代码，但它们无法增强或简化代码编辑过程。在线代码编辑器具有特定功能或某些内置特性，可以简化和加快代码编辑过程。它们能自动执行常见的重复性任务，并通过识别问题和调试代码来帮助程序员更好地开发软件。

语法高亮显示

用不同颜色显示代码的不同部分，使代码更易于阅读。例如，HTML标签用一种颜色突出显示，而注释则用另一种颜色突出显示。

多视图

允许程序员并行查看多个文件。一些代码编辑器甚至允许程序员同时并行查看同一个文件的两个实例。

打印机

便于用户打印代码的硬件设备。它还可以共享输出，作为促进通信和解决问题的工具。

预览窗口

允许程序员快速查看HTML代码，而不需要启动Web服务器来运行代码。

代码编辑器的类型

程序员最常用的两类编辑器是轻量级代码编辑器和集成开发环境（IDE）。选择和使用何种编辑器，取决于所使用的编程语言和被编辑的程序类型。

轻量级代码编辑器

轻量级代码编辑器用于快速打开和编辑文件。它们具有基本的功能，使用起来又快又简单。轻量级代码编辑器只能用于处理单个文件。右表列出了一些常用的轻量级代码编辑器。

轻量级代码编辑器	
代码编辑器	特　性
Brackets	一款开源的代码编辑器，主要用于Web开发言，如HTML、CSS和JavaScript。它有很多有的扩展和插件
Atom	一款可破解的开源代码编辑器，支持多种语言主要用于Web开发。Atom与Git（一个跟踪源代变化的免费系统）很好地集成在一起，并且有多自定义插件
Sublime Text	一款小型但功能强大的代码编辑器，可以使用种语言，并有许多工具和快捷方式来帮助编码
Visual Studio Code	代码比Visual Studio Community版本更小、更单，是一款非常流行的代码编辑器，可以使用多语言，并且具有高级功能

客户端脚本和服务器端脚本

客户端脚本在Web浏览器上运行。代码通过因特网从Web服务器传输到用户的浏览器。
服务器端脚本在Web服务器上运行。用户通过因特网向Web服务器发送请求，当服务器生成响应的动态HTML页面并通过同一个通道将其发送到用户的浏览器时，请求就完成了。

选项卡

选项卡提供了在代码编辑器中排列和管理多个打开文件的简单方法。每个选项卡显示一个文件名称。单击名称，便可在代码中显示该文件。

缩放

放大可以使文本的一部分变大，更便于阅读。与之相反，缩小则是一种快速查看整个文档的工具。使用缩放功能，用户可以方便地在屏幕上查看整个文档。

插件

很多代码编辑器都允许程序员编写用于扩展代码编辑器特性的插件。例如，通过添加拼写检查器或插件格式化HTML。

错误和警告标志

这个标志表示存在拼写或语法错误——这些错误可能会导致程序停止运行或出现意外结果。

IDE	
代码编辑器	特　　性
ebStorm	一款功能齐全、用于Web开发的IDE。它使用Angular、TypeScript、Vue和React等客户端JavaScript框架以及Node.js等服务器端开发应用程序
etBeans	可使用开源语言（如Java和PHP）和Web开发语言（如HTML、CSS和JavaScript）开发Web网站和桌面应用程序
odePen	一款在线代码编辑器，可用于测试和共享HTML、CSS和JavaScript代码片段。它对在网站上查找要使用的重要组件非常有用
ual Studio Community	用于为Microsoft、macOS和Linux环境创建Web网站与桌面应用程序。它帮助程序员使用多种语言和框架构建大型系统

IDE

IDE是功能强大的编辑器，具有多种语言和高级功能，使程序员能将多种语言集成到单个解决方案中。左表列出了一些常用的IDE。

HTML基础

HTML是Web最基本的构件。HTML文件包括所有在浏览器上显示的文本、图像和数据，还包括其他任何文件的列表，如正确呈现HTML元素所需的字体、样式和脚本。

HTML标记

HTML标记是一个关键字或一组字符，用于定义网页格式、确定网页内容如何在屏幕上显示。HTML标记的组合和顺序决定了HTML文档的结构与设计。客户端浏览器通过每个标记中的信息来了解标记内容的性质以及如何正确显示它们。标记及其内容的组合称为元素。一些标记被称为父标记，可以包含子标记。大多数标记必须有一个开始标记和结束标记，如同一组括号；有些标记则不需要结束标记，而是使用一个结束斜杠来表明它们是单独标记。

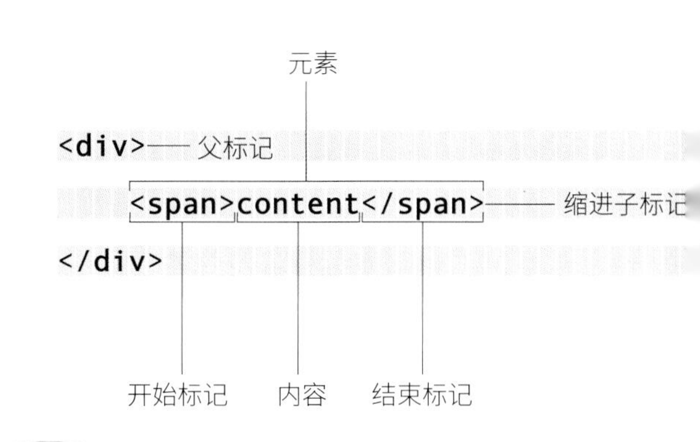

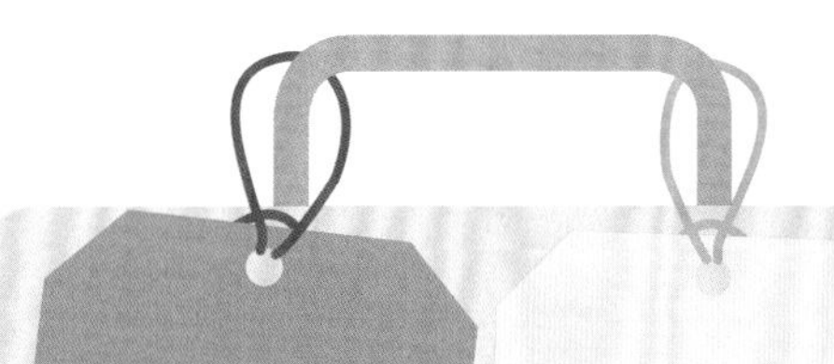

<body></body>
<body>标记用于表示HTML网页的主体部分，包含在浏览器中打开HTML文档时显示的所有文本、数据和图像。

<p></p>
<p>标记包含应在屏幕上显示为段落的文本。浏览器将自动换行并另起一段，同时在段落前后添加空白。

<div></div>
<div>标记用于定义文档中的节或分区，是所有可被设置样式和定位的一组HTML元素的容器。该标记会在新行上显示元素。

<img/>
<img/>标记用于描述网页上的图像。它的src属性包含指向图像文件位置的URL。

<html></html>
这些标记是应用于整个HTML文档的外部标记。起始<html>标记是用于文档的标记语言，结束</html>标记则表示网页结尾。

<a></a>
<a>（锚）标记描述了一个超链接——用于将一个网页链接到另一个网页。此标记包含href属性，其中有链接地址。

<h1></h1>
<h1/h2/h3/h4/h5/h6>标记用于表示标题。其中，<h1>标记通常用于表示网页标题，其他标记则用于在文件中设置较小标题的样式。

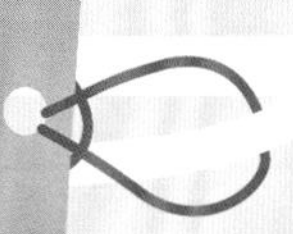

**
**

标记告诉浏览器另起一行。它是一个单独标记，在结束符号>之前有一个结束斜杠/。

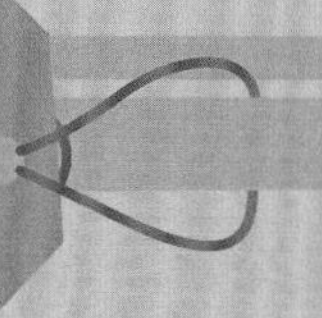

缩进标记

使用可视化辅助工具进行编程，可使代码更具可读性。提高代码可读性的简便方法之一是在父标记中缩进子标记。用来格式化代码和缩进子标记的常用工具有Tidy HTML和Format HTML。

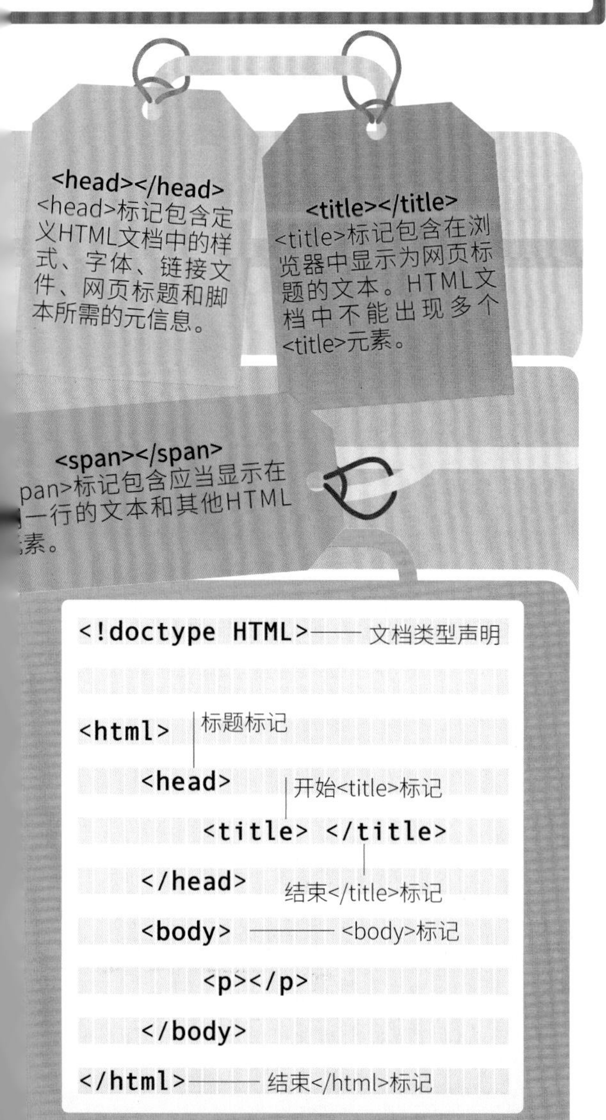


```
<!doctype HTML>—— 文档类型声明

<html>        标题标记
    <head>        开始<title>标记
        <title> </title>
    </head>        结束</title>标记
    <body> ——————  <body>标记
        <p></p>
    </body>
</html>———— 结束</html>标记
```

HTML文档结构

每个HTML文档都要用到一定数量的标记。考虑到标记在代码中的重要性，如今的大多数代码编辑器都已自动将这些标记添加到空白的HTML文档中。

属性

大多数的HTML标记都包含有为HTML元素提供附加信息的属性。属性用于描述元素的性质或特征。它总是以key=“value”的格式出现在元素的开始标记中。为了正确呈现标记类型，可能需要用到某些属性类型；其他属性则可能是可选项。

< img / >标记属性

除了src属性外，width和height属性用于定义图像尺寸，alt属性用于为无法显示的图像提供文本描述。

<a> 标记属性

href属性包含一个指向超链接地址的URL，target属性用于指明在何处（新的浏览器选项卡或当前的选项卡）打开超链接。

id属性

id属性用于描述元素的身份。它可以被添加到任何类型的标记中，使其成为一个特定的标记。该属性还可用于选择CSS和JavaScript中的元素。

name属性

name属性用于规定input元素的名称，或是用于对提交到服务器后的表单数据进行标识。对于表单中的每一个元素，该属性必须是唯一的。

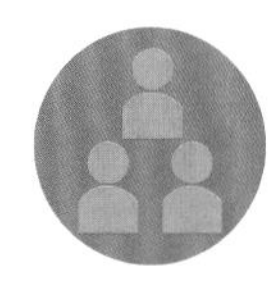

class属性

class属性用于描述元素所属分组的名称。同一页面上的众多元素可以是同一个类的成员。

style属性

style属性用于描述元素的视觉特征。它定义了一个键值对列表。每一个键值对的样式定义都用分号隔开。

HTML表单和超链接

网页通过超链接和表单相互连接。超链接发送特定URL的请求，表单发送包含当前网页数据的请求。然后，服务器使用这些数据处理请求。

HTML表单

HTML的<form>标记包含input元素，允许用户输入要发送到服务器的数据。当用户单击“提交”按钮时，浏览器将向服务器发送表单中所有输入字段的值。每个输入字段必须有一个name属性——此标识符用作数据值的键。表单可以包含用于输入数据的各种元素，如文本框、文本域、标签、复选框、单选按钮、下拉列表和隐藏字段等。

标签

<label>标记将文本标签和输入控件联系起来。单击文本标签时，光标会跳到输入控件中。<label>标记的for属性必须指向输入控件的id属性。

```
<label for="Name">Name:</label>
<input type="text" id="Name" name="Name"
placeholder="Enter name" />
```

复选框

复选框用于指明true或false值。如果勾选了复选框，浏览器将提交value属性中的值。

```
<input type="checkbox" name="hasDrivingLicense"
value="true"> Do you have a driving license?
```

下拉列表

下拉列表允许用户从可能值的列表中选择一个值输入。被选定的值包含在发送到服务器的表单数据中。

```
<select name="city">
    <option value="delhi">Delhi</option>
    <option value="cairo">Cairo</option>
</select>
```

单选按钮

单选按钮用于从一组可能值中选择一个值。每个单选按钮的name属性都有相同的值。这表明它们是同一字段的可能答案。

```
<input type="radio" name"gender" value="male"
checked/> Male<br/>
<input type="radio" name"gender" value="female"
/> Female
```

超链接和网址

超链接是文本热点。单击热点后，浏览器将会打开一个新的HTML文档。使用超链接还可以引用同一页上的其他元素。在这种情况下，浏览器将直接滚动到网页上的指定区域。在HTML中，超链接通过锚标记<a>指明。<a>标记含有href属性，用于存储新的HTML文档的URL地址。

外部超链接

右边是指向另一个网页的HTML文档的超链接。它需要使用一个完整的URL来导航。

```
<a href="http://www.dkp.com/otherPage.html">link</a>
```

外部超链接以http:// 开头

文本框

文本框用于输入字母数字值。通过使用<input>标记，可以将文本框放置在网页上。通过使用placeholder属性，可以在input文本框中添加提示信息。

```
<input type="text" name="name"
placeholder="Enter name"/>
```

输入验证

浏览器使用type属性来确保在input文本框中输入了正确的数据。考虑到用户很容易在浏览器中输入无效的值，因此必须在服务器端进行输入验证。在下面的文本框中，浏览器将不会接受电子邮件地址以外的其他输入。

```
<label for="email">Email</label>
<input name="emailaddress"
type="email" />
```

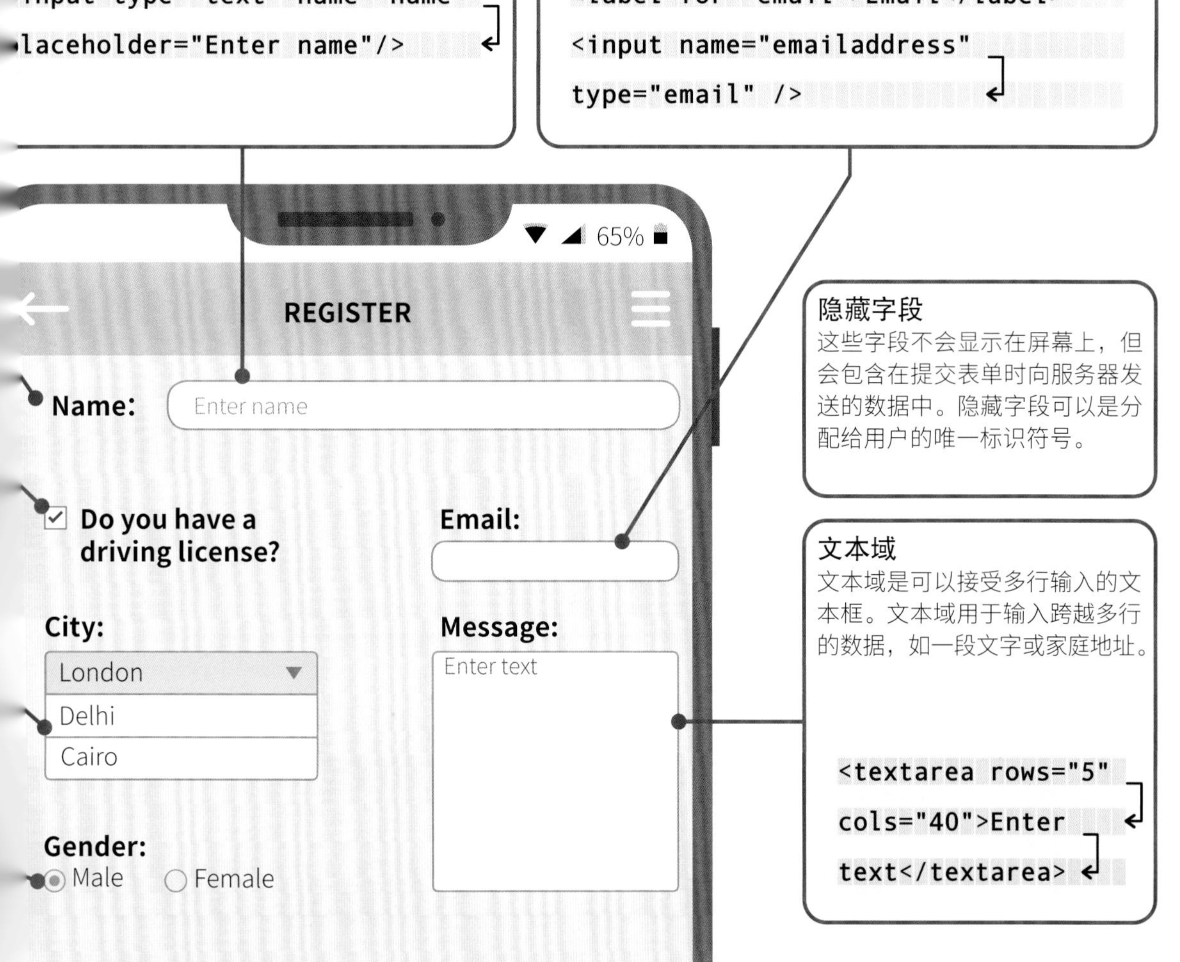

隐藏字段

这些字段不会显示在屏幕上，但会包含在提交表单时向服务器发送的数据中。隐藏字段可以是分配给用户的唯一标识符号。

文本域

文本域是可以接受多行输入的文本框。文本域用于输入跨越多行的数据，如一段文字或家庭地址。

```
<textarea rows="5"
cols="40">Enter
text</textarea>
```

建设一个更好的网站

好的网站应易于阅读和浏览。在编写网站代码时，应允许尽可能多的客户端访问网站，使网站能被更多的搜索引擎检索到，以吸引更多的用户浏览。

可访问性

并非所有的客户端都是Web浏览器。那些将文本转换为盲文，或是为听力有障碍的人朗读文本的设备，也可以读取HTML文档。为了确保HTML文档能被这些设备正确地读取，需要对HTML文档进行编程。这就需要在HTML标记中添加额外的属性，同时添加网址导航的其他方法，以确保有特殊需求的用户能够访问。程序员可以从以下几个方面改善网站的可访问性。

内容易于阅读

确保背景和文字的颜色对比明显，使内容易于阅读。在浅色背景中放置深色字体能使文字更易于阅读；反之亦然。

HELLO WORLD!

内容编排合理

网站内容应当按照一定的逻辑，以直观的方式进行编排。应该在网页上设置按钮和超链接，提示正在浏览网站的用户访问下一页。“面包屑”链接可以清楚地标明当前用户浏览的网站内容所在的位置，并在用户有需要时允许他们返回到上一页。

键盘操作

有些用户可能更喜欢使用键盘而不是鼠标，因此网站应该允许用户使用键盘进行操作，如用键盘来代替鼠标实现滚动操作。

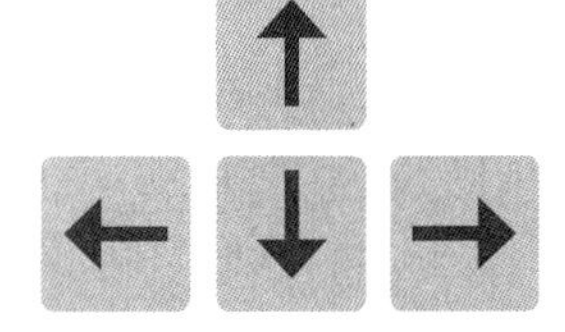

文本替代

非浏览器客户端需要将非文本项目替换为文本。例如，在<img/>标记中添加alt属性，可以让非浏览器客户端在不能显示图像时通过文本进行显示。

用文本描述图像

```
<img src="image.jpg" alt="Eiffel Tower"/>
```

义化

TML中的关键概念之一是，标记或语义元素要
传达其中所包含的文本、数据和图像的含义。
如，<h1>标记包含主页标题，<p>标记包含应
段落样式显示的文本，<ul>标记包含列表中的
有项。使用正确的标记和标记属性能让浏览器
其他类型的Web客户端正确理解程序员的意
，并以该客户端的输出格式正确呈现内容——
论是屏幕上的网页还是盲文终端上的纸胶带。

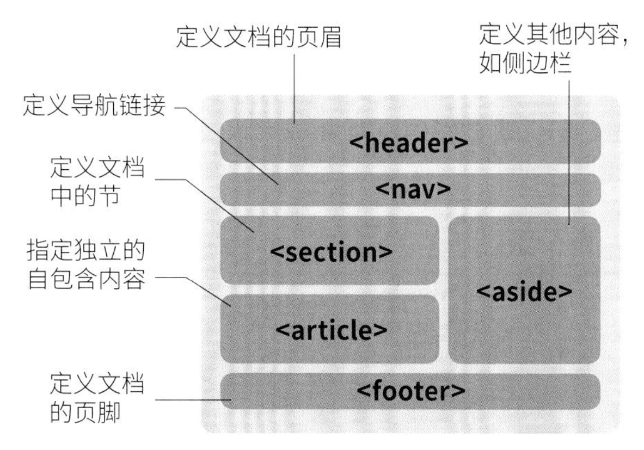

语义元素

响应式布局

在过去，人们主要通过桌面上的浏览器浏览网站，HTML文档的宽度通常是用固定的像素量定义的。如今，许多用户都是在智能手机和平板电脑等设备上浏览网页，因此有必要对HTML进行编码，以便网页能够自适应任何尺寸的屏幕。HTML通过拉伸和变形来适应不同屏幕的能力，被称为“响应”。

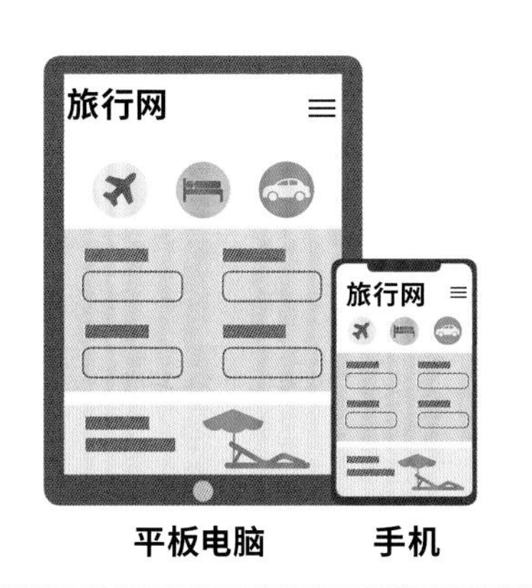

网络守则

所有代码都应当符合网页内容无障碍指南，以确保残疾人用户也能够享受互联网服务。

托管注意事项

托管是一项使网站可以通过万维网进行访问的服务。虽然可以把网站托管在个人计算机上，但最好还是托管在服务器上，因为服务器是全天候在线的，可以提供备份和网站安全保护。

共享主机托管

在共享主机托管中，Web服务器上托管着众多不同的网站和数据库。每个用户都可以租用足够的磁盘空间、带宽和数据库空间，从而为单个网站提供托管服务。

虚拟专用服务器（VPS）托管

这涉及将一台服务器分割成多个虚拟机。被托管的每个网站都租用一台机器，这台机器作为独立的服务器进行管理，但实际上它与该服务器上的其他所有虚拟机共享资源。

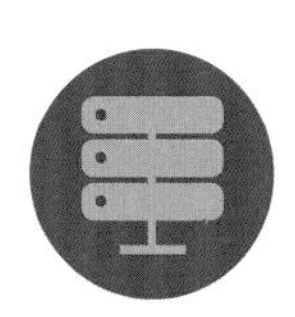

独立服务器托管

独立服务器托管是将网站托管在一台独立的服务器上，不与其他网站共享资源。用户负责在服务器上安装和配置所有软件，维护服务器安全。

弹性云计算

该系统可以进行调整，使系统需求与可用资源相匹配。与其他托管服务相比，它的功能更强大、灵活性更好，但成本也更高。

操作教程：创建网站

现代的网站都是用多种编程语言创建的。接下来，你将学习如何创建一个基本的网站——本例中为宠物商店。本项目由三部分组成，你需要组合使用HTML、CSS和JavaScript来创建网站。在本部分的教程中，你将首先学习如何创建HTML框架。

项目规划

使用HTML、CSS和JavaScript元素，可使网站结构化、易于浏览且具有交互性。

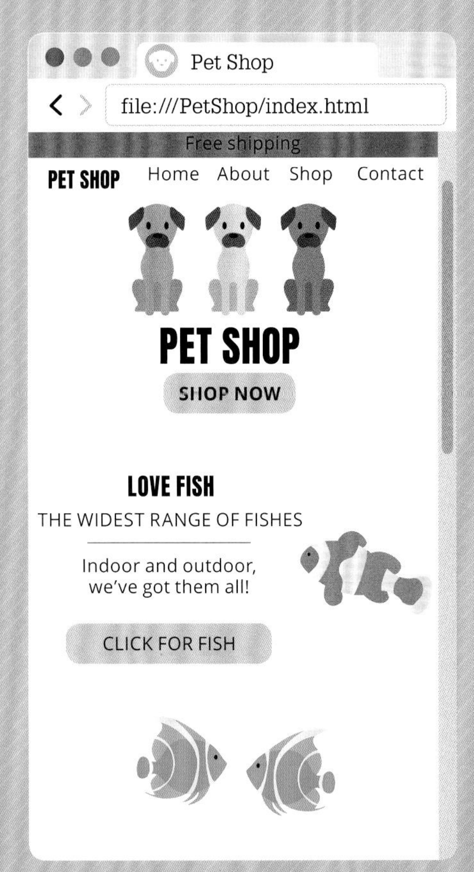

最终的网站

该网站最终将是宠物用品零售店的主页。CSS将添加视觉样式和布局定义；JavaScript将在页面上添加交互行为，给用户带来更加丰富的体验。

HTML阶段

在本项目的第一部分中，你将创建网页的所有HTML元素
包括网站上需要显示的所有文本、信息和数据。

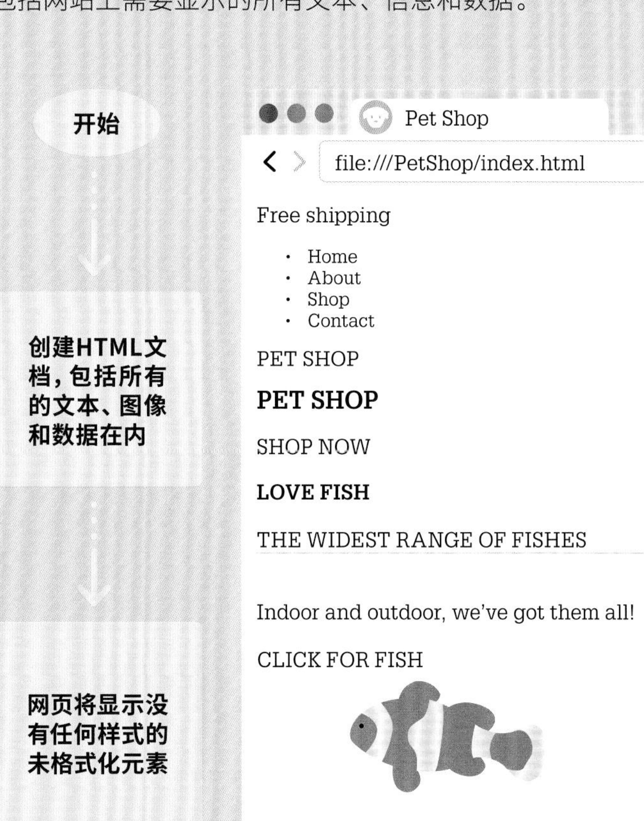

结束

程序设计

HTML文档

在第一阶段(HTML阶段)结束时，你将
到一个很长的垂直网页。HTML文件中
含一个有效网站所需的最小代码量。
个文件定义了网站的基本结构。

你可以学到

· 如何构造一个页面
· 如何创建特征框
· 如何使用HTML标记和属性

时间: 2～3小时
代码行数: 182
难度等级

实际应用

HTML是所有网站的基础。本项目中使用的HTML代码可用于创建不同类型的网页。所有Web浏览器都可将HTML文档读取为网页，包括Google Chrome、Internet Explorer和Safari。

目要求

需要使用一些编程元素来创建这个网站。你开始编写代码之前，可能还需要下载安装某些组件。

开发环境

本项目使用的IDE是Microsoft Visual Studio Community 2019。它是一个免费软件，可用于Windows和macOS系统，支持多种编程语言。

浏览器

本项目使用Google Chrome浏览器来运行和调试代码。你也可以使用自己喜欢的其他浏览器。

图像

你可以登录www.dk.com/coding-course或通过扫描本书提供的二维码下载images文件夹，因为创建网站主页需要用到此文件夹的图像。你也可以使用自己喜欢的其他图像。

1 安装IDE

要为网站编写代码，首先需要一个开发环境。按照以下步骤，在你的计算机上安装Microsoft Visual Studio Community 2019。

1.1 下载Visual Studio

打开浏览器，前往下面提到的网站，下载Visual Studio社区版。在Mac机上，浏览器会将一个.dmg文件下载到Downloads文件夹中。如果它没有自动运行，请转到文件夹并通过双击文件来运行它。在Windows机上，将installation.exe保存到硬盘上，然后运行它即可。

www.visualstudio.com/downloads

1.2 安装组件

Visual Studio安装程序将显示可编程语言的列表，本项目需要使用Web开发语言，所以一定要勾选.Net Core和ASP.NET和Web开发选项。安装程序将会下载并安装必要的组件。

Visual Studio for Mac
使用.NET开发适用于iOS和Android的应用与游戏以及Web。

.NET Core
使用.NET Core（一种跨平台的.NET实现）在Windows、Linux和macOS上构建Web应用。

Mac

ASP.NET和Web开发
使用ASP.NET Core、ASP.NET、HTML/JavaScript和包括Docker支持的容器生成Web应用程序。

Windows

1.3 打开Visual Studio

允许任何更新，然后打开Visual Studio。在Mac机上，可以通过单击“应用程序”文件夹、任务栏或桌面上的Visual Studio图标打开它。在Windows机上，可以通过单击启动菜单、任务栏或桌面上的Visual Studio图标打开它。

注意

HTML、JavaScript和CSS文件都只是文本文件。它们的代码可以在简单的文本编辑器中编写，如记事本、txt文本编辑器。不过，想要改进编程的体验，还是必须使用专用的开发环境（如Visual Studio）。

2 新手入门

在安装完IDE之后，还需要获取网页编程所需的基本元素。接下来的几个步骤将教你如何为网站创建根文件夹，以及编写HTML代码所需的解决方案文件和索引文件。

2.1 创建根文件夹

你需要一个文件夹来存放网站上的所有文件。你可以使用Finder导航到Mac机上的Users/imac/Desktop文件夹，或使用File explorer导航到Windows机上的C盘驱动器。然后通过右击快捷菜单新建文件夹，并将该文件夹重命名为PetShop。

2.2 获取图像文件夹

将之前下载的images文件夹粘贴到网站的根文件夹中。它包含创建主页所需的全部图像。在Mac机上，文件夹的完整路径应该是Users/imac/Desktop/PetShop/images；在Windows机上，文件夹的完整路径应该是C:/PetShop/images。

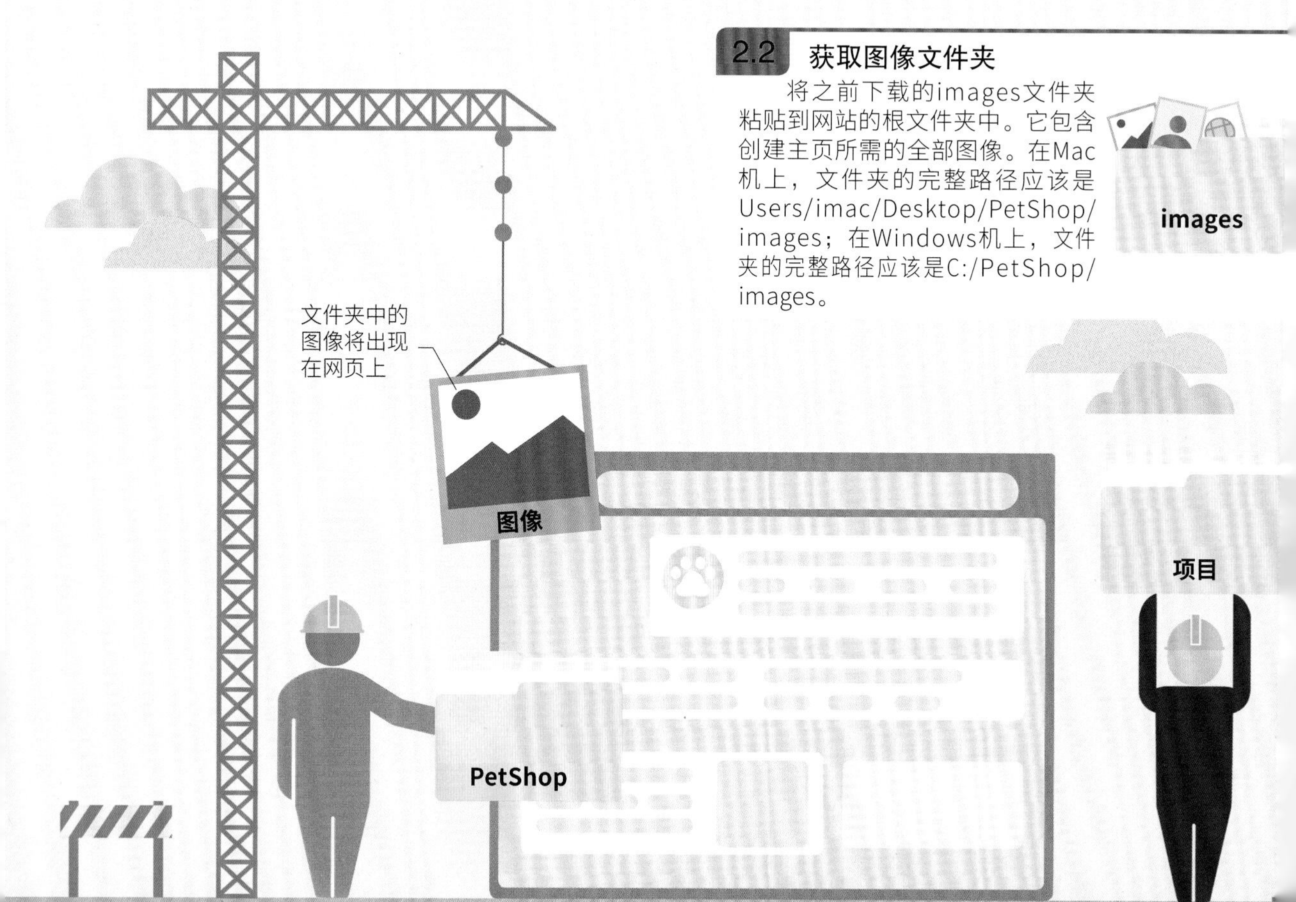

.3 新建一个项目

在Visual Studio中新建一个网站项目。在Mac机上，打开Visual Studio，转到“文件”菜单，然后选择“新建解决方案...”，在“其他”中选择“杂项”，然后选择“空解决方案”。在Windows机上，打开“文件”菜单，选择“打开”，然后选择“网站”。最后，选择在上一步中创建的PetShop文件夹。

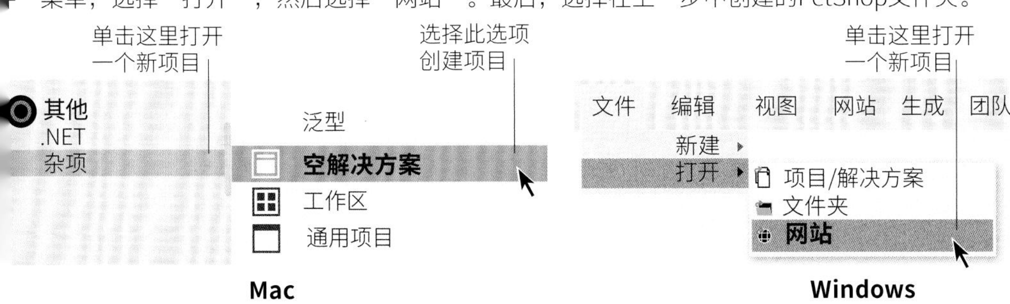

.4 创建解决方案文件

创建一个解决方案文件，以便跟踪项目的首选项。Mac机上，在“配置新解决方案”窗口中输入解决方的名称PetShop，然后输入网站文件夹的位置。单“创建”，将名为PetShop.sln的文件保存到此文件夹。在Windows机上是通过保存项目来创建.sln文件。击“文件”菜单，选择“全部保存”，保存一个名为tShop.sln的文件（保存在PetShop文件夹中）。

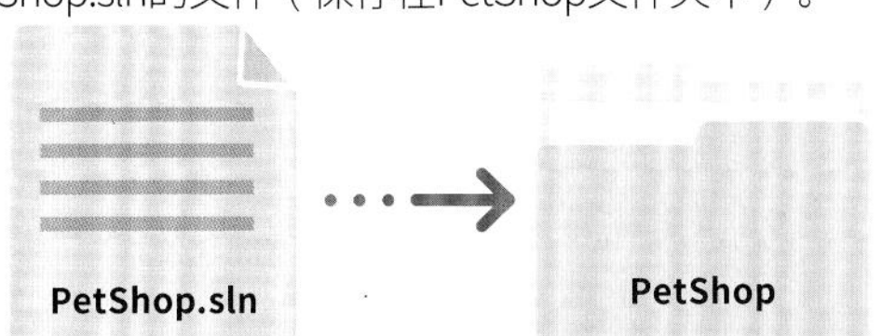

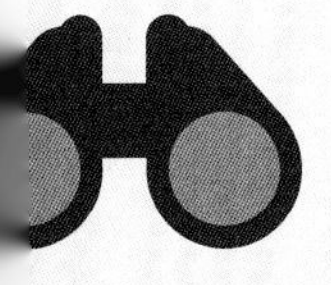

如果看不到“解决方案资源管理器”，请在“视图”菜单中查找它

2.5 添加索引文件

接下来，请将index.html文件添加到网站的根文件夹中。在Mac机上的解决方案资源管理器中，右击PetShop并选择添加HTML页面，将其命名为index.html。在Windows机上添加新项，选择“HTML页”，并将其命名为index.html。

2.6 HTML页面

Visual Studio将使用有效HTML页面所需的最少代码来创建index.html文件。如果你正在使用其他开发环境，请将右边的代码输入到新的索引文件中。

```
<!DOCTYPE html>
<html>
<head>
    <meta charset="utf-8" />
    <title></title>
</head>
<body>

</body>
</html>
```

<!DOCTYPE html>：文档类型声明

<meta charset="utf-8" />：charset属性定义了HTML文档的字符编码。字符编码告诉计算机如何把二进制数据转换成真正的字符

<title></title>：此标记是文本的容器，该文本将作为网页标题显示在浏览器中

<body>：此标记包含网页上可见的所有文本、数据和图像

</html>：HTML文档的结束标记

3 主页结构化

在HTML中，主页是由一系列的元素水平叠加组成的。第一层中包含一行带动画效果的促销信息。紧随其后的是顶部菜单和横幅。其中，横幅中包含一张大图、公司logo和行动召唤（call to action）按钮。再下一个元素是一个特征框（feature box），然后是一个大图像（特征框和大图像交替的模式可以重复出现多次）。主页底层则是联系我们、订阅链接、页脚超链接和版权声明。你还可以在主页底层添加一个“返回顶部”按钮，帮助用户轻松导航回到页面顶部。

3.1 添加网站名称

在把文本、图像和数据添加到页面中之前，要先将页面标题定义添加到<title>标记中，以便将网站名称添加到<head>标记中。

```
<head>
    <meta charset="utf-8" />

    <title>Pet Shop</title>
</head>
```

该文本将作为选项卡标题出现在浏览器中

<head>标记在显示页面之前会先加载元数据

.2 添加收藏图标的定义

接下来，在<title>标记下面的<link>标记中添加收藏图标的定义，为网页添加图标。href属性指向images文件夹的图标文件。

```
<title>Pet Shop</title>
<link rel="icon" type="image/png"
href="images/favicon.png">
```

本书中使用该图标将代码分成两行

收藏图标(favicon)

收藏图标（favorites icon,简称favicon）是出现在浏览器选项卡中标题旁边的小图标。它是一个正方形的图像，能使用户更容易地在浏览器中找到网页的选项卡。收藏图标的背景可以是实心的，也可以是透明的，但格式必须是.png或.ico。

.3 添加文本

现在，你可以开始在<body>标记中添加文本、数据和图像。在浏览器中打开HTML文档时，这些元素就出现。添加促销信息时，先添加一个父<div>标记，然后在子<div>标记中添加信息。除了第一条促销信息，其他所有子<div>标记中的信息都必须有样式属性（告诉浏览器暂时不显示它们），此时浏览器将只显示一条促销信息。在之后的项目步骤中，你可以利用JavaScript使全部促销信息循环显示。

```
<body>
    <div id="promo" >
        <div>Free shipping</div>
        <div style="display:none;">New toys for puppies</div>
        <div style="display:none;">Buy 5 toys and save 30%</div>
        <div style="display:none;">Same day dispatch</div>
    </div>
</body>
```

3.4 查看页面

首先保存HTML文件，然后在“解决方案资源管理器”窗口中右击index.html，在弹出的快捷菜单中选择“在浏览器中查看”。你还可以打开浏览器，在地址栏中输入URL。在Windows机上，URL是file:///C:/PetShop/index.html; 在Mac机上，URL是file:///Users/[user account name]/PetShop/index.html。现在，你可以在浏览器中查看到选项卡中的页面标题、地址栏中的URL和浏览器窗口中的Free Shipping文本。

Google Chrome浏览器

开发人员工具

要查看浏览器内的HTML页面上发生了什么，请打开开发人员工具。开发人员工具允许你选择单独的HTML元素，查看这些元素所使用的CSS样式。

打开开发人员工具的快捷键

浏览器	键盘快捷键 (macOS)	键盘快捷键 (Windows)
Chrome	Cmd+Option+J	Ctrl+Shift+J
Opera	Cmd+Option+I	Ctrl+Shift+I
Safari	Cmd+Option+C	不适用
Internet Explorer	不适用	F12
Edge	不适用	F12

3.5 添加顶部菜单

接下来添加顶部菜单。在promo区域下面，添加一个id为topMenu的新区域。为使顶部菜单运行在全屏幕的本页面的中心，可以用一个wrap区域将其包围。这个wrap类将在后面的CSS项目操作教程中定义，以便让浏览器在页面中心显示顶部菜单。请在topMenu区域中添加一个class为wrap的区域，然后在wrap区域中添加另一个id为topLinks的区域——该区域将包含顶部菜单中的超链接列表。

3.6 添加超链接列表

在topLinks区域中，添加一个无序列表。该列表包含HTML页面的顶部菜单中的实际超链接Home、About、Shop和Contact。再添加一个带有超链接的公司logo，单击后将返回主页。然后在topLinks区域下面添加另一个锚标记，以包含网站名称。网站名称将超链接到主页上。

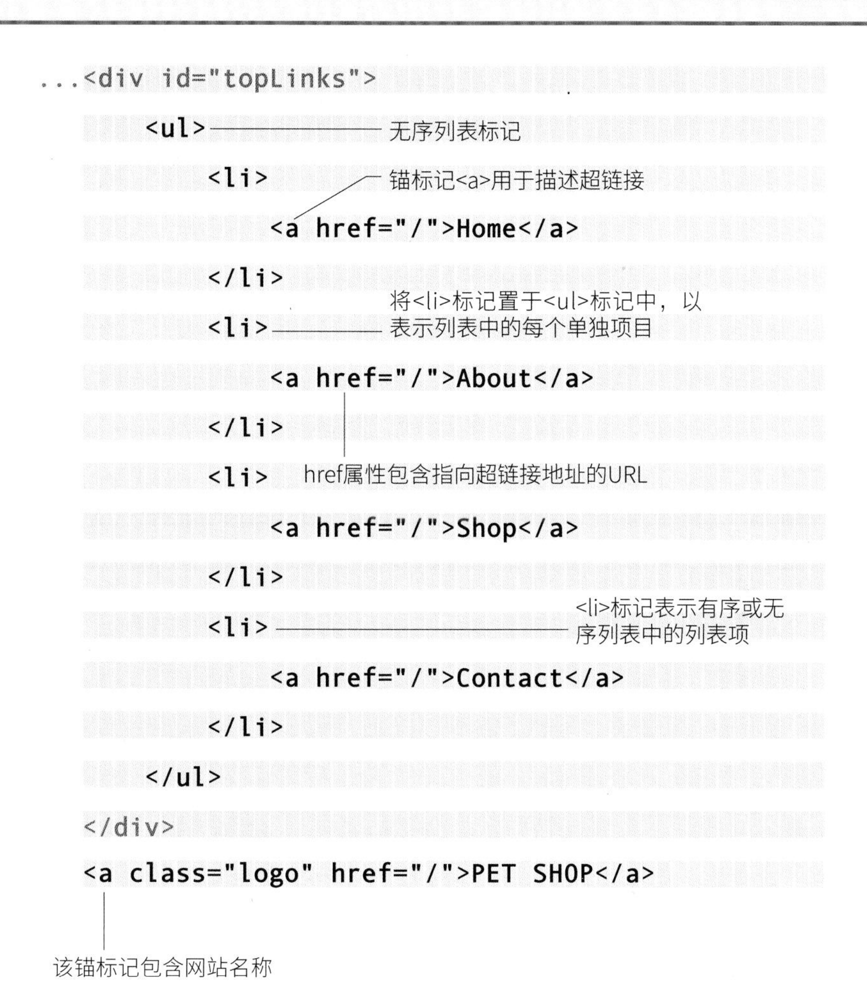

```
...<div id="topLinks">
    <ul>
      <li>
        <a href="/">Home</a>
      </li>
      <li>
        <a href="/">About</a>
      </li>
      <li>
        <a href="/">Shop</a>
      </li>
      <li>
        <a href="/">Contact</a>
      </li>
    </ul>
</div>
<a class="logo" href="/">PET SHOP</a>
```


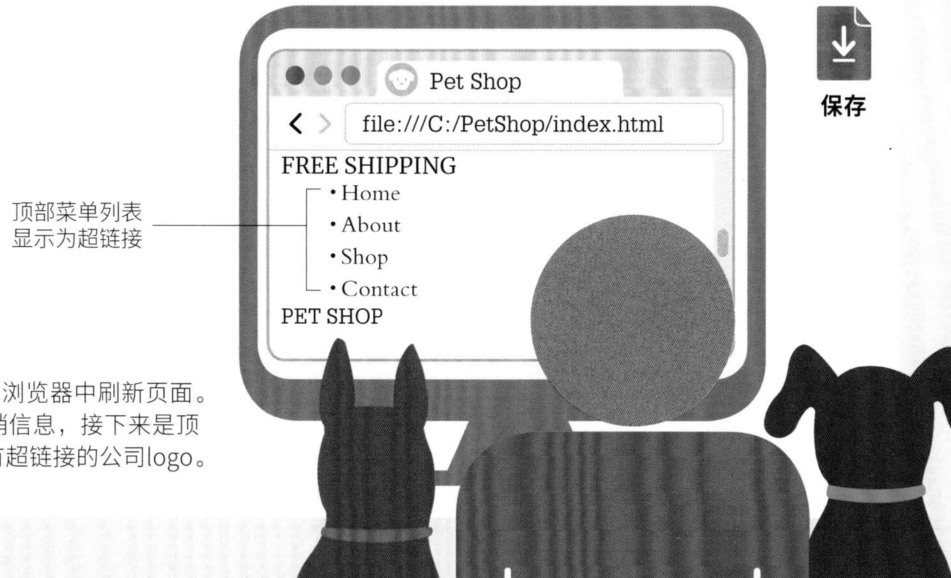

看网站

存HTML文件，然后在浏览器中刷新页面。会在网页顶部看到促销信息，接下来是顶菜单列表，然后是带有超链接的公司logo。

3.7 添加横幅

横幅区域包含公司logo和访问购物页面的行动召唤（call-to-action）按钮。这个横幅图像和标题应出现在页面中心，所以需要用一个class为wrap的区域包围它。

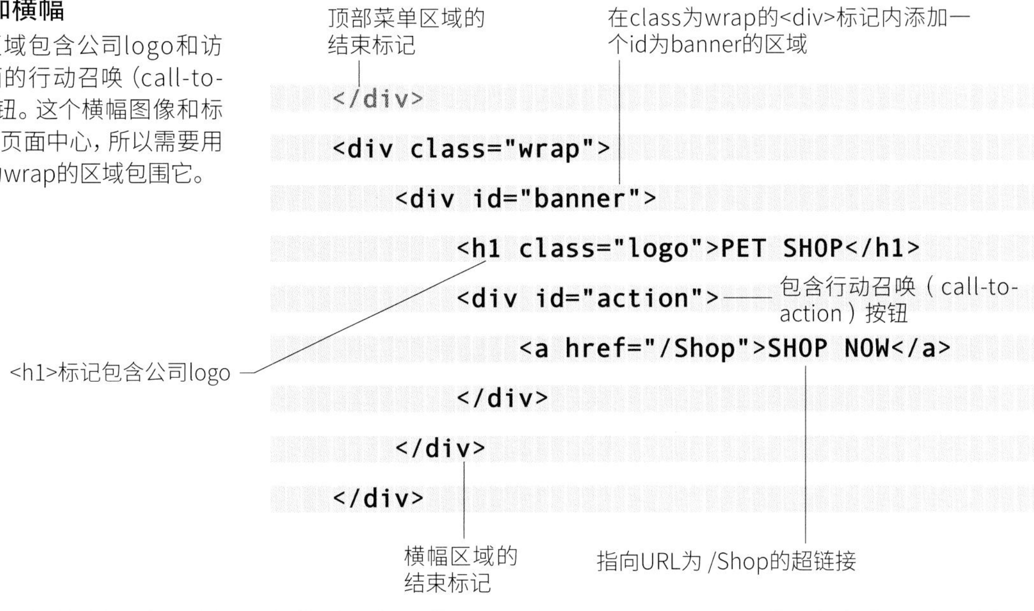


```
</div>
<div class="wrap">
    <div id="banner">
        <h1 class="logo">PET SHOP</h1>
        <div id="action">
            <a href="/Shop">SHOP NOW</a>
        </div>
    </div>
</div>
```

3.8 添加垂直间距

在横幅区域的底下添加另一个class为 clear spacer v80的区域。spacer v80类将用于设计网页的样式，以定义元素之间的标准垂直间距。clear类则会在之后用于指示浏览器在新行中添加下一个元素。

```
    </div>
    <div class="clear spacer v80"></div>
</div>
```

4 特征框控件

下一步是添加一个特征框控件，为鱼类商品做广告。这个特征框控件可以在页面上重复使用多次，每次使用时可让图像和文本交替出现在页面的左右两边。

特征框结构

特征框的左半部分包含一个标题、一个副标题、一条水平线、一段文本描述和一个指向网站商品类别的链接。特征框的右半部分用于存放图像。

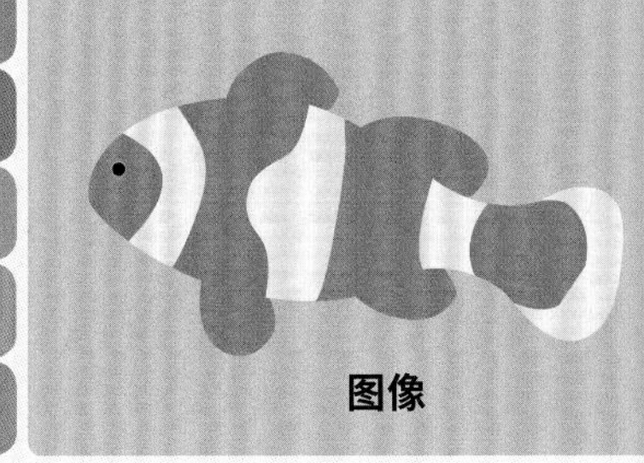

.1 使用class属性

将下面的代码添加到spacer区域底下，定义鱼类商品特征框的左右两栏。之所以使用class属性而非id属性来设计HTML标记的样式，是因为要在同一页面上重复多次使用特征框。

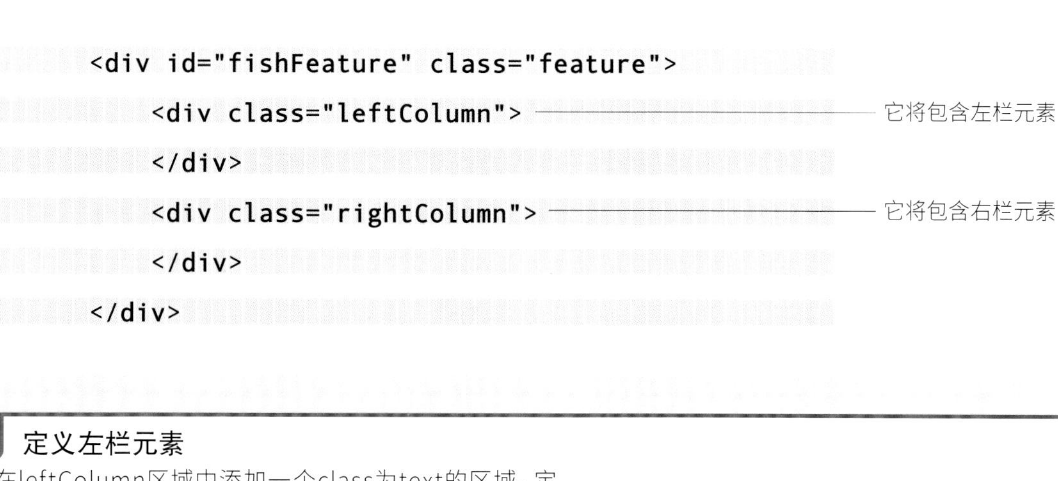

```
<div id="fishFeature" class="feature">
    <div class="leftColumn">
    </div>
    <div class="rightColumn">
    </div>
</div>
```

它将包含左栏元素
它将包含右栏元素

.2 定义左栏元素

在leftColumn区域中添加一个class为text的区域，定
左栏的文本元素。下面这段代码将在特征框的左栏中添加
个标题、一个副标题、一条水平线和一段文本描述。添加
个class为spacer的区域，定义元素之间的垂直间距，然后
添加一个超链接。

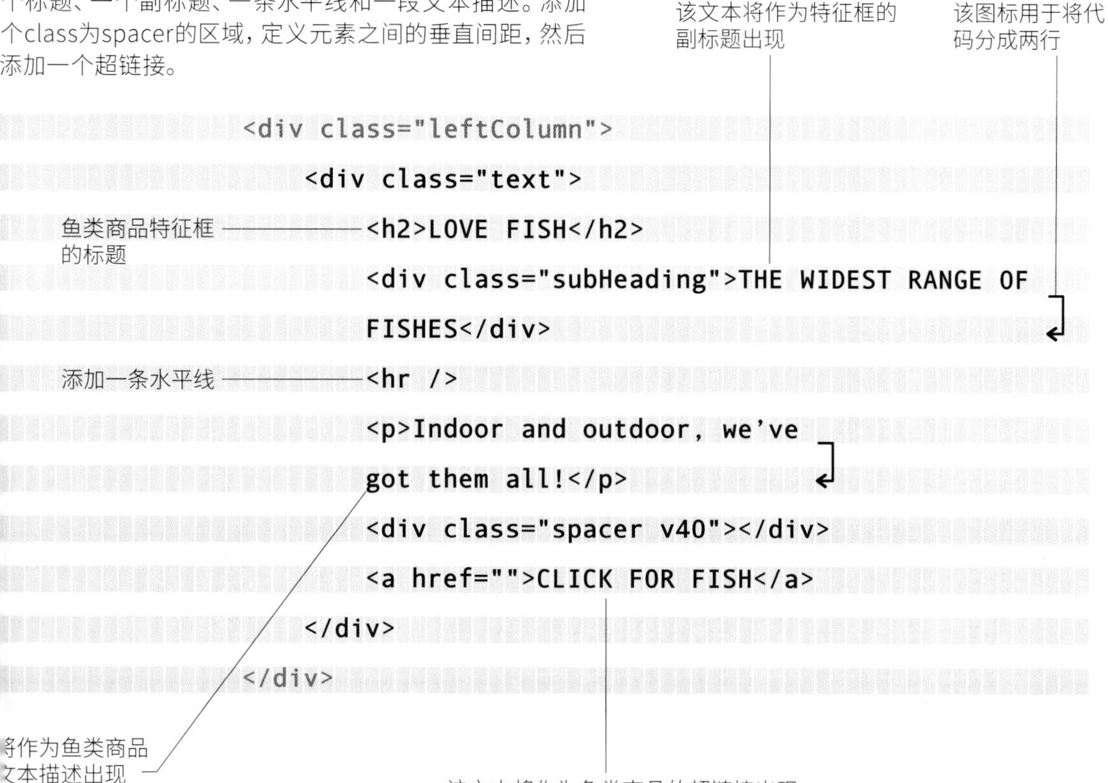

```
<div class="leftColumn">
    <div class="text">
        <h2>LOVE FISH</h2>
        <div class="subHeading">THE WIDEST RANGE OF
        FISHES</div>
        <hr />
        <p>Indoor and outdoor, we've
        got them all!</p>
        <div class="spacer v40"></div>
        <a href="">CLICK FOR FISH</a>
    </div>
</div>
```

该文本将作为特征框的副标题出现
该图标用于将代码分成两行
鱼类商品特征框的标题
添加一条水平线
将作为鱼类商品
文本描述出现
该文本将作为鱼类商品的超链接出现

4.3 定义右栏元素

现在添加下面这段代码，定义特征框的右栏元素。在rightColumn区域中添加一个<a>标记，在<a>标记内添加一个包含鱼类商品图像的<img/>。然后，添加一个可以在整个网站中重复使用的垂直间距，以便使元素之间的垂直高度一致。

```
<div class="rightColumn">
    <a class="featureImage" src="/Fish">
        <img src="images/fish_feature_1.jpg" />
    </a>
</div>
</div>
<div class="clear spacer v20"></div>
```


4.4 添加一个新区域

在spacer区域底下添加一个id为fishImage、class为middleImage的新区域。该区域将包含鱼类商品的第二个图像。该图像将显示在鱼类商品特征框的底下。这些middleImage容器在之后的页面中还会再次用到。

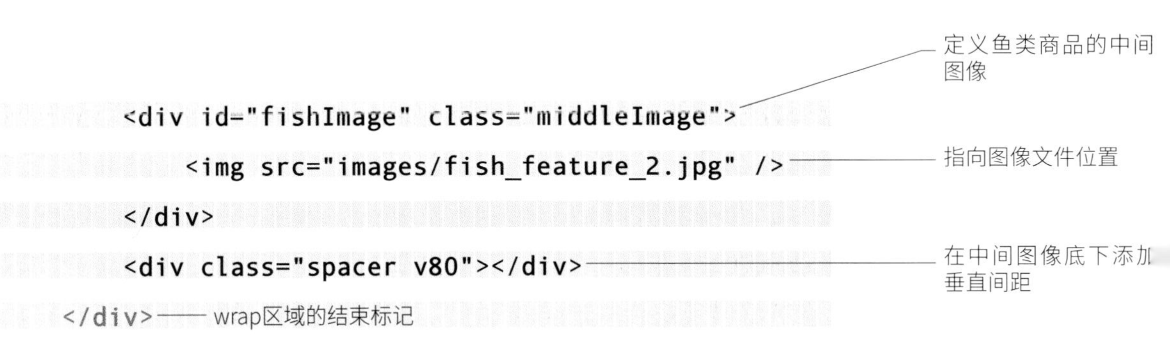

```
<div id="fishImage" class="middleImage">
    <img src="images/fish_feature_2.jpg" />
</div>
<div class="spacer v80"></div>
</div>
```

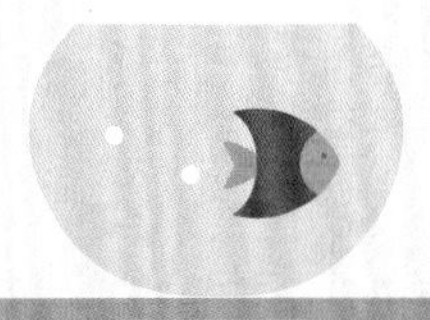

5 为狗类商品做广告

现在是时候在网站上增加第二个商品类别，为狗类商品广告了。狗类商品特征框将出现在鱼类商品特征框下面。类商品特征框中的图像位于左边，所有文本元素位于右边。

.1 狗类商品特征框

为了创建狗类商品特征框，需要在spacer区域底下添加一个区域。在这个新的dogFeature区域中添加leftColumn区域和ghtColumn区域，其中包含为狗类商品做广告所需的图像元素和有文本。

```
<div id="dogFeature" class="feature">
    <div class="leftColumn">
        <a class="featureImage">
            <img src="images/dog_feature_1.jpg" />
        </a>
    </div>
    <div class="rightColumn">
        <div class="text">
            <h2>HAPPY DOGS</h2>
            <div class="subHeading">EVERYTHING YOUR DOG
            NEEDS</div>
            <hr />
            <p>Make sure your pooch eats well and feels good
            with our range of doggie treats.</p>
            <div class="spacer v40"></div>
            <a href="">CLICK FOR DOGS</a>
        </div>
    </div>
</div>
```

images文件夹中狗类商品的图像文件名

该文本将作为副标题出现

狗类商品特征框的标题

href属性包含指向超链接地址的URL

该文本将作为狗类商品的超链接出现

狗类商品的文本描述

5.2 添加中间图像

在dogFeature区域底下添加另一个class为clear的区域，开始新的一行。然后为狗类商品特征框添加第二个图像。随后，在图像底下添加另一个垂直间距。

```
<div class="clear"></div>
<div id="dogImage" class="middleImage">
    <img src="images/dog_feature_2.jpg" />
</div>
<div class="spacer v80"></div>
```

在中间图像底下添加一个垂直间距

中间图像的文件名

6 为鸟类商品做广告

下一个特征框是为鸟类商品做广告用的。与鱼类商品特征框类似，鸟类商品特征框中也是文本元素位于左栏，图像位于右栏。在网站上，鸟类商品的广告将出现在狗类商品下面。

6.1 鸟类商品特征框

在spacer区域底下输入下面的代码行，以便添加另一个特征框来为鸟类商品做广告。该特征框将包含左栏的文本元素和右栏的图像元素。

定义鸟类商品的特征框控件

鸟类商品广告的副标题

鸟类商品广告的标题

```
<div id="birdFeature" class="feature">
    <div class="leftColumn">
        <div class="text">
            <h2>BIRDY NUM NUM</h2>
            <div class="subHeading">KEEP YOUR BIRDS
            CHIPPER</div>
            <hr />
```

```
                <p>Yummy snacks and feeders for
                every kind of bird.</p>
                <div class="spacer v40"></div>
                <a href="">CLICK FOR BIRDS</a>
            </div>
        </div>
        <div class="rightColumn">
            <a class="featureImage" src="/Bird">
                <img src="images/bird_feature.jpg" />
            </a>
        </div>
    </div>
```

鸟类商品广告的文本描述

鸟类商品的超链接

右栏的结束标记

特征框中鸟类商品的图像文件名

.2 添加中间图像

现在添加另一个clear区域，开始新的一行。随后，添加鸟类商品的中间图像。在birdImage区域中，添带有图像URL的<img/>标记。

birdFeature区域的结束标记

```
    </div>
    <div class="clear"></div>
    <div id="birdImage" class="middleImage">
        <img src="images/bird_feeder.jpg" />
    </div>
```

中间图像的文件名

鸟类商品图像是从images文件夹中挑选出来的，会显示在网站上

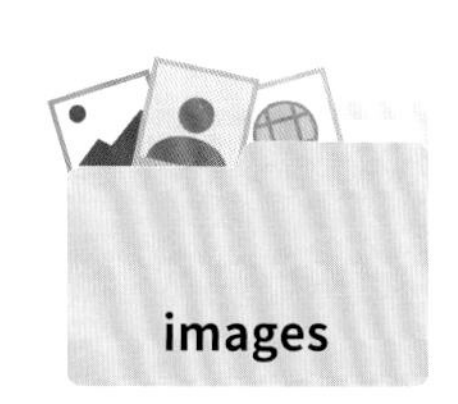

7 返回顶部按钮

接下来添加一个按钮，允许用户返回页面顶部。创建一个scrollToTop区域，在其中添加一个含有表示向上箭头的HTML实体的<span>标记。title属性会在按钮上添加一个“工具提示”，这样当用户将鼠标指针悬停在按钮上时，按钮上面会出现一个写着Scroll to top的标签。然后，将垂直间距添加到按钮底下。

```
</div>                                          ——— birdImage区域的结束标记
<div id="scrollToTop" title="Scroll to top">    ——— 定义返回顶部按钮
    <span>&uarr;</span>                          ——— <span>标记包含表示向上箭头的HTML实体
</div>
<div class="clear spacer v40"></div>            ——— 在返回顶部按钮底下添加垂直间距
```

8 添加“联系我们”部分

在上一步的spacer区域底下添加网站的“联系我们”部分。你可以再次使用特征框控件将页面分为左、右两栏，然后在左栏中添加地址和其他联系信息。

```
<div id="contactUs" class="feature">            ——— 定义“联系我们”部分
    <div class="leftColumn">                    ——— 定义特征框左栏元素
        <div class="text">
            <h2>CONTACT US</h2>                 ——— 此文本将显示为标题
            <hr />
            <p>                                 ——— <p>标记使文本信息分段显示
            TEL : 012-345-6789
            </p>
            <p>
            EMAIL : <a href="mailto:INFO@PETSHOP.COM"
            class="emailLink">INFO@PETSHOP.COM</a>   ——— 此邮箱地址将显示为网站的E-mail链接
            </p>
```

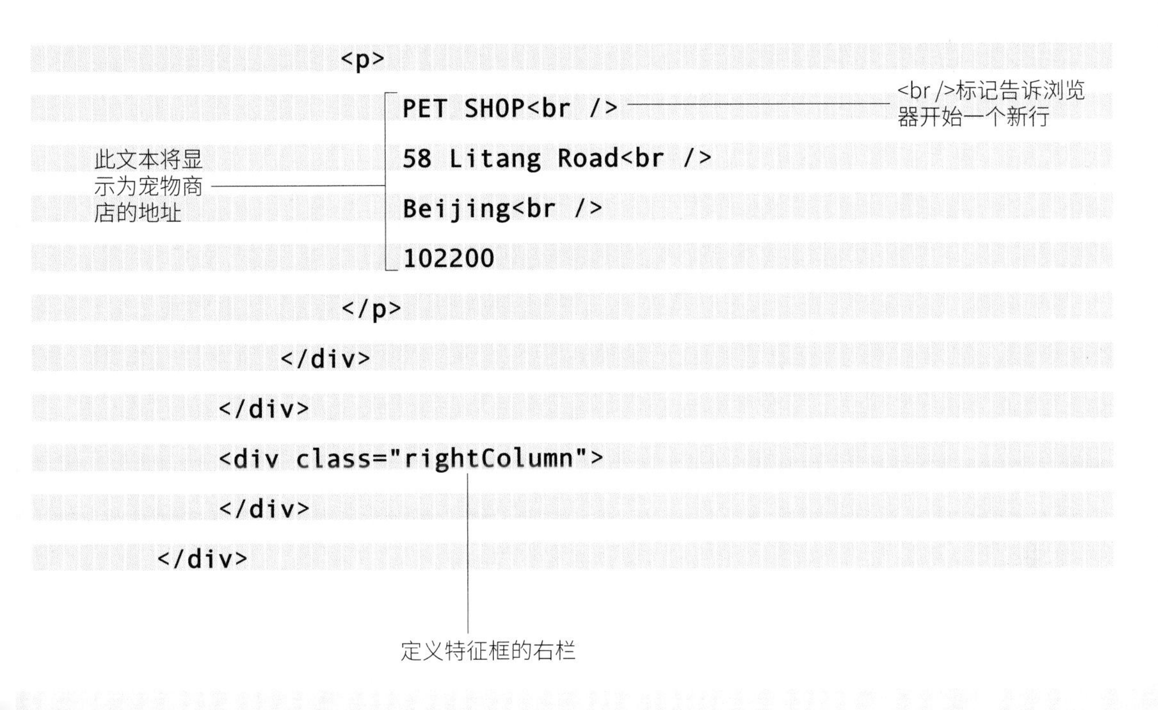

```
                <p>
                    PET SHOP<br />
                    58 Litang Road<br />
                    Beijing<br />
                    102200
                </p>
            </div>
        </div>
        <div class="rightColumn">
        </div>
    </div>
```


标记告诉浏览器开始一个新行
此文本将显示为宠物商店的地址
定义特征框的右栏

9 添加“联系我们”部分的地图

现在，你可以在右栏中嵌入一个地图，显示宠物商店的位置。即在ghtColumn区域中添加一个<iframe>标记，并将src属性设置为百度地图上的地图URL。<iframe>标记用于将其他网页中的内容插入到你的网页中。

```
        <div class="rightColumn">
                <iframe src="https://map.baidu.com/poi/北京臻悦宠物医
院/@12959238.56,4835267.459999999,12z?uid=89b3381e870ac02a81a12e01&ugc_
type=3&ugc_ver=1&device_ratio=2&compat=1&querytype=detailConInfo&da_
src=shareurl" frameborder="0" style="border:0" allowfullscreen
class="contactMap"></iframe>
        </div>
    </div>
</div>
<div class="clear spacer v80"></div>
```

链接到百度地图中的地图

</div> —— contactUs区域的结束标记

</div> —— wrap区域的结束标记

<div class="clear spacer v80"></div> —— 添加这条线，使地图增加一个垂直间距

10 添加“订阅”部分

接下来，添加网站的“订阅”部分。首先，在spacer区域下面添加subscribe区域，使该部分在整个屏幕上运行。然后，在subscribe区域内添加一个标题，以及一个action属性为/subscribe、method属性为post的表单。当用户单击submit按钮时，action属性和method属性规定了向何处发送表单数据，以及如何发送。随后，在<form>标记中添加一个文本输入字段，允许用户输入电子邮件地址，同时添加一个名为Jion Now的按钮。

```
<div id="subscribe">
    <h2>SUBSCRIBE TO OUR MAILING LIST</h2>
    <form action="/subscribe" method="post">
        <input name="email" type="text" placeholder="Enter
        your email address" />
        <input type="submit" value="Join Now" />
    </form>
</div>
```

此文本将显示为“订阅”部分的标题

按钮文本

11 添加“页脚”部分

接下来，在subscribe区域的结束标记之后添加“页脚”部分。该部分将包含网站页脚超链接的无序列表。

```
<div id="footer">
    <ul>
        <li>
            <a href="/storeFinder">Store Finder</a>
        </li>
        <li>
            <a href="/shipping">Shipping</a>
        </li>
        <li>
            <a href="/FAQ">FAQ</a>
        </li>
    </ul>
</div>
```

12 添加版权声明

接下来，在页面底部添加版权声明。版权声明中包含版权信息和公司logo。请注意，在下面的代码中，公司logo包含在<span>标记中，以便在以后设计网页样式时可以对其进行样式设置。版权符号也使用了HTML实体。现在，你已经创建了网页的基本框架。你还可以创建其他页面，以完善网站功能。

© 2020 PET SHOP

版权信息的文本

```
    <div id="copyright">
        <div>&copy; 2020 <span class="logo">PET SHOP</span>
        </div>
    </div>
</body>
```

版权符号的HTML实体

公司logo

HTML实体

某些HTML、CSS或JavaScript预留的字符，在HTML中是不允许使用的。如果你想让这些受限制的字符出现在屏幕上，就必须用HTML实体为它们编写代码，以便浏览器能正确显示它们。

该HTML实体将显示为一个©符号

```
<p>
    &copy; DK Books 2020
</p>
```

常用的实体

右边是一些常用的HTML实体的列表。完整列表参见https://dev.w3.org/html5/html-author/charref。

常用的实体

样式	含　义	HTML实体
"	引号	"
	空格/空格键	
&	和	&
%	百分比	&percent;
$	美元	$
©	版权	©
'	撇号	'

层叠样式表

层叠样式表（CSS）定义了HTML文件的内容在Web浏览器中的显示方式。通过更改CSS样式定义，可以轻松实现网站设计的更新。

为什么使用CSS

直到1996年，网站设计都是在单独的HTML标记内完成的，其弊端是代码又长又乱。CSS通过将样式与内容分离，使代码变得更加简单。CSS文件中包含一个规则列表，提供了一种定义单个元素样式的简易方法。而且，HTML文档中的多个元素之间可以共享相同的样式。客户端Web浏览器读取CSS文件，并将样式定义应用于HTML文档中的每一个元素。

将CSS样式添加到HTML文档

可以在HTML文档的三个位置定义CSS样式：一是在外部CSS文件中；二是在HTML文件的<style>标记中；三是在HTML标记的style属性中。

外部CSS文件

当CSS样式定义包含在一个外部CSS文件中时，该样式定义可以被网站上的所有页面共享。使用<link>标记可以在HTML文档中导入样式表。

```
<head>
    <link rel="stylesheet" type="text/css"
    href="styles.css">
</head>
```

<link>标记指示浏览器从外部文件导入CSS样式

链接到外部样式表

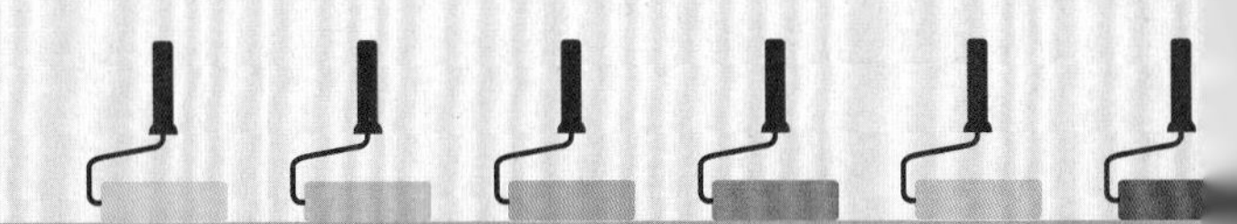

<style>标记

HTML文件可以在<style>标记中包含CSS定义，该标记通常被置于<head>区域内。通过这种方式定义的CSS样式并不适用于网站上的其他页面。

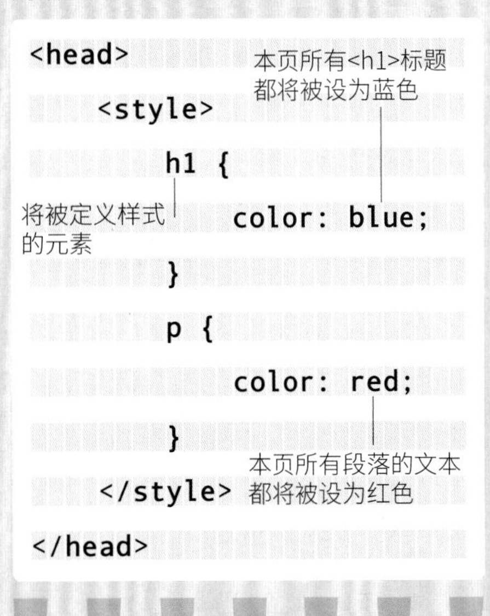

```
<head>
    <style>
        h1 {
            color: blue;
        }
        p {
            color: red;
        }
    </style>
</head>
```

本页所有<h1>标题都将被设为蓝色

将被定义样式的元素

本页所有段落的文本都将被设为红色

内联CSS

CSS样式定义可以作为内联样式属性，被添加到HTML标记中。这些内联样式属性将覆盖外部CSS文件或<style>标记中设置的任何全局样式。

```
<p style="color: red;">Hello world!</p>
```

只有这个段落的文本将被设为红色

样式选项

SS可以定义元素在屏幕上的示方式，包括元素的位置、体、字号、颜色、边框样式动画等特殊效果。CSS中含指示浏览器如何在屏幕上呈HTML元素的指令。为了适所有的浏览器，CSS需要用属性和值的精确名称。例，要使HTML元素不出现在幕上，该元素的display属值应为none。

CSS样式选项	
CSS代码	含　义
display:block;	该元素将显示为块元素
display:inline;	该元素将显示为内联元素
display:none;	该元素将不会出现在屏幕上
font-family: "Times New Roman", serif; font-weight: bold; color: red;	设置字体及其颜色
padding: 10px 12px 15px 30px; margin: 40px;	设置间距
background-color: white;	设置背景颜色

SS是如何工作的

SS的工作原理是先选择一组HTML元素，然后为选中的所有元素添加样式。每个CSS指令由选择器和式定义两部分组成。选择器告诉浏览器，指令中包含哪些元素；样式定义告诉浏览器，如何显示选器中包含的元素。

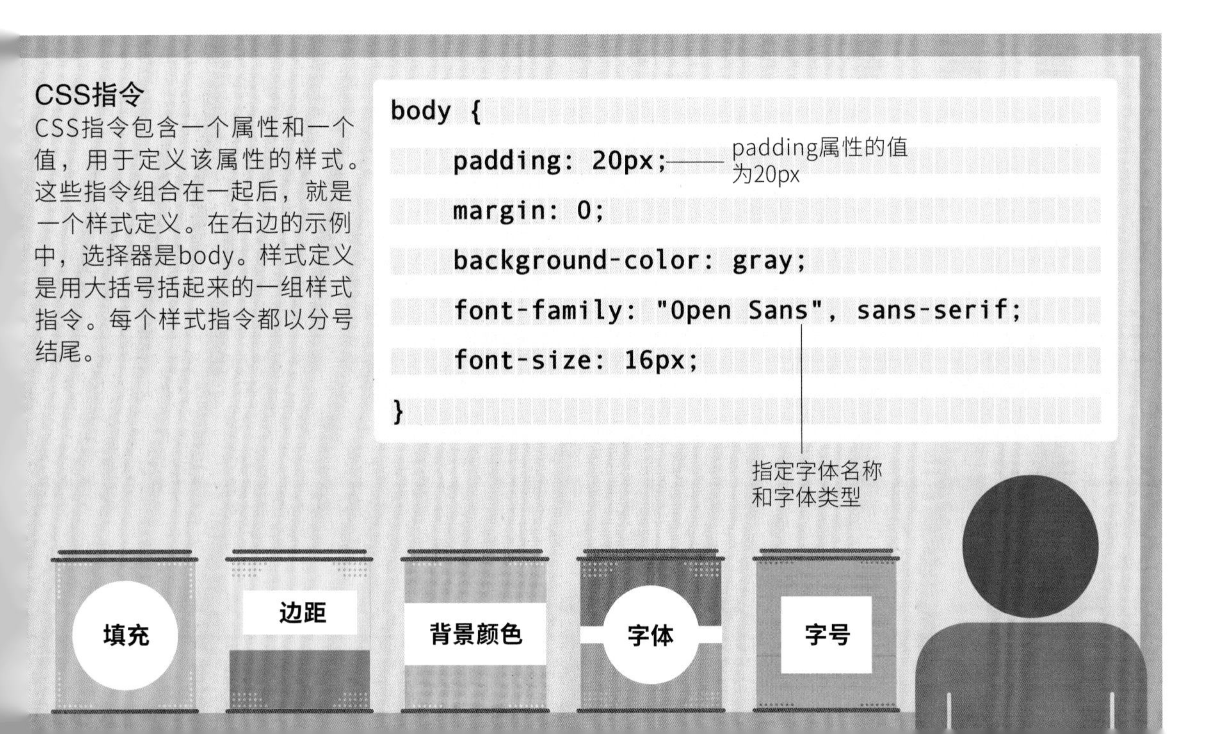

CSS指令
CSS指令包含一个属性和一个值，用于定义该属性的样式。这些指令组合在一起后，就是一个样式定义。在右边的示例中，选择器是body。样式定义是用大括号括起来的一组样式指令。每个样式指令都以分号结尾。
body {
padding: 20px;
margin: 0;
background-color: gray;
font-family: "Open Sans", sans-serif;
font-size: 16px;
}
padding属性的值为20px
指定字体名称和字体类型
填充
边距
背景颜色
字体
字号

CSS选择器

CSS选择器告诉浏览器需要设置哪些HTML元素的样式，而元素必须符合选择条件才能应用样式。选择器可以针对单个元素，也可以针对一组元素。

基本选择器

一个CSS选择器就是一种模式，用于选择需要应用样式的HTML元素。CSS选择器允许程序员针对特定的HTML元素使用样式表。CSS中有三大基本选择器，分别是元素选择器、类选择器和id选择器。

元素选择器

元素选择器用于选择特定类型的所有HTML元素。如右边所示，<p>标记中的所有元素都将被显示为红色。

```
<p>This text to be in red</p>
```

HTML

该文本将应用<p>标记所应用的样式定义

```
p {
    color: red;
}
```

CSS

选择所有的段落元素

类选择器

类选择器前面有一个“.”号。HTML文档中的多个元素可以共享同一个类。类选择器用于选择一组同时具有特定class属性值的HTML元素。如下所示，class属性为roundedCorners的所有元素都将被样式化。

```
<div class="roundedCorners"></div>
```

HTML

该区域将应用.roundedCorners样式定义

```
.roundedCorners{
    border-radius: 20px;
}
```

CSS

选择class属性为roundedCorners的所有元素

分组选择器

如果多个元素具有相同的样式，则没有必要分别定义它们。此时可以使用逗号将多个选择器组合在一起，使所有分组选择器都应用相同的样式。

```
h1, h2, h3{
    font-size: 24px;
}
```

<h1>、<h2>、<h3>标记被分成一组，它们的字号都是24px

复杂的选择器

将选择器组合在一起，就可以基于元素之间的关系提供更具体的定义。你可以将id、类或标记类型组合到复杂的选择器定义中。

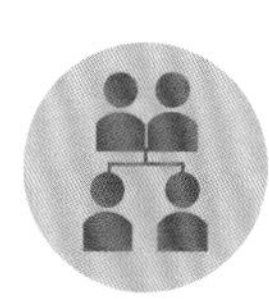

子选择器

子选择器包含特定元素的所有子元素。子选择器用大于号（>）来表示，如div > p。

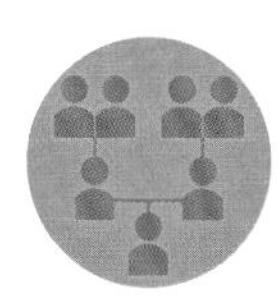

后代选择器

后代选择器用于定义特定元素的所有后代元素。它与子选择器有点类似，但它还包含子元素的子元素。后代选择器用空格表示，如div p。

通用兄弟选择器

通用兄弟选择器用于定义特定元素的所有兄弟元素。这些元素有相同的父元素。通用兄弟选择器用波浪号（~）表示，如p ~ div。

相邻兄弟选择器

相邻兄弟选择器用于定义特定元素之后相邻位置的兄弟元素。相邻兄弟选择器用加号（+）表示，如div + p。

多类选择器

多类选择器用于定义一个必须包含选择器中所有类的元素。类名之间没有空格，表示所有类都必须存在，如.roundedCorners.featureBox。

组合id和类的选择器

组合id和类的选择器用于定义一个元素，该元素必须包含id和所有提供的类。id名和类名之间没有空格，表明两者都必须存在，如#mainContent.minHeight。

选择器

选择器用于选择具有特定id属性值的单个ML元素，前面有一个“#”号。在一个ML文档中，一个id只能应用于某个页面一个元素。

```
div id="header"></div>
```

ML

该区域将应用#header样式定义

```
header{
  text-align: center;
```

选择id属性为header的单个元素

CSS样式

CSS样式定义用于设置Web网页中的背景颜色、字号、字体、边框和其他元素。由于父元素（包含CSS样式的元素）的样式可以被子元素继承，因此CSS样式被认为是层叠的。

颜色样式

CSS允许程序员定义网站元素的颜色，包括背景颜色、边框颜色和文本颜色。最常见的颜色（如白色、红色和蓝色）可以使用颜色名的文本值来设置。所有的现代浏览器都支持140种HTML颜色名。其他任何颜色值都可用十六进制、RGB或RGBA格式来描述。

HTML中的颜色代码

格　式	表示蓝色的颜色值
文本	color : blue;
十六进制（全写）	color : #0000ff;
十六进制（简写）	color : #00f;
RGB	color : rgb(0, 0, 255);
RGBA	color : rgba(0, 0, 255, 1);

```
color:rgba(0,0,255, 0.5);
```

RGBA格式中alpha通道的参数用于描述颜色的透明度

字号选项

在CSS中定义字号的方法有以下几种。

- **像素：** 以像素为单位定义字号。数字后面紧跟字母px。
- **尺寸：** 以large或small等关键字定义字号。
- **相对尺寸：** 使用large之类的关键字定义相对于父元素字号大小的字号。
- **百分比：** 定义相对于父元素字号大小的字号。例如，200%表示的是父元素字号大小的2倍。
- **Em单位 (em)：** 该方法仍与父元素字号大小相关。例如，2em表示的是父元素字号大小的2倍，即200%。

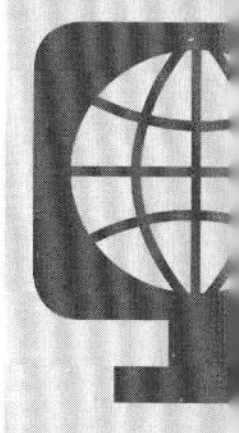

CSS有助于维护整个网站的设计

边框样式

CSS边框属性允许程序员指定一个元素边框的样式、宽度和颜色。定义边框样式的方法有以下几种。

- 在一行内定义边框设置：
  border: 1px solid black;
- 在不同的行内定义边框设置：
  border-width: 1px;
  border-style: solid;
  border-color: black;
- 定义宽度不同的垂直边框（包括上边框和下边框）和水平边框（包括左边框和右边框）：
  border-width: 1px 0px;
- 为每一条边框定义不同的宽度：
  border-width: 1px 0px 3px 2px;

动画

CSS中的transition（过渡）指令允许程序员在现代浏览器中创建简单的动画。例如，当鼠标指针悬停在按钮上时，该按钮的大小或颜色会改变。为此，应当在CSS文件中设置动画的属性和持续时间。

层叠样式

一个HTML元素可以应用多种样式。许多HTML标记还可以从包含它们的父标记中继承属性。浏览器会依据下列规则决定应用何种样式。

来源

浏览器内置有应用于HTML标记的默认样式。这些默认样式被称为用户代理样式。不过，由程序员设计的样式（被称为创作人员样式）将会覆盖这些用户代理样式。

重要性

带有!important声明的样式指令的优先级高于其他指令。无论该指令位于CSS层级结构中的哪个位置，它始终会被应用于元素。

特殊性

具有更详细选择器的样式将会在不太具体的样式之前被应用。这意味着选择器中的元素数量越多，其样式指令的优先级越高。

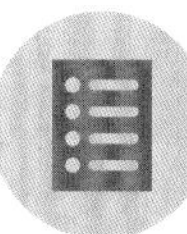

指令顺序

在CSS文件中，先前定义的样式将被后来定义的样式覆盖。在CSS文件中定义的样式，将会被HTML标记中通过style属性定义的内联样式覆盖。

!important声明

!important声明是一种指示浏览器优先使用样式定义的简便方法，但只能在万不得已的情况下使用。通过在选择条件中包含额外的class值或id值来使选择器更具体，是更合适的做法。CSS将应用最具体的选择器的样式定义，而避免使用!important声明。

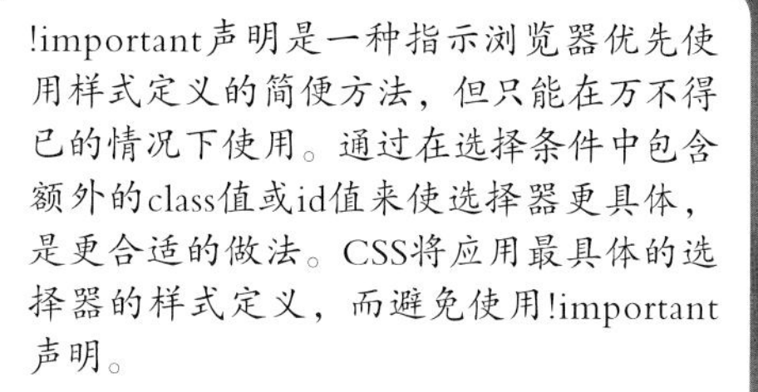

响应式布局

响应式网站被设计成自适应任何尺寸的屏幕。无论是台式计算机、笔记本电脑还是智能手机、平板电脑，响应式网站都可以在上面正确显示。这是通过HTML、CSS和JavaScript的巧妙组合来实现的。

视口

viewport（视口）声明告诉浏览器，网站具有响应式布局。该声明是与其他元数据放在一起的。content属性指示浏览器，将页面宽度设为屏幕宽度，同时还设置初始缩放比例。这些元指令允许页面元素调整到屏幕的最大宽度，并通过在任何尺寸的屏幕上显示正确的样式和布局来改进用户体验。如果没有这些指令，浏览器将缩小显示整个页面，而不是允许页面元素根据屏幕宽度进行调整。

可以将多个CSS文链接到一个HTML档，以生成响应式Web页面

什么要采用响应式布局

eb问世时，几乎所有用户都是在台式计算机的显示器上浏览网站。早期的网站都被设定为800px的固宽度。随着用户所用屏幕尺寸的增大，网站页面显示宽度也在逐渐增大。到了智能手机时代，屏幕变更窄，开发人员必须要维护一个网站的多个版本，让每个版本的设计都能在大小不同的屏幕上正确显。如今，众多尺寸不同的设备都可以正常显示网页。之所以能做到这一点，就是因为网页拥有可以应任何屏幕大小的灵活布局。

体查询

本查询用于根据页面宽度切换不同的布局样式。它是创建响应式网页的主要方法，这些网页可以缩以适应任何尺寸的屏幕。例如，在下面的代码中，specials类中元素的背景颜色将根据屏幕宽度进调整：默认背景颜色是红色；如果屏幕宽度大于993px，则背景颜色改为蓝色。

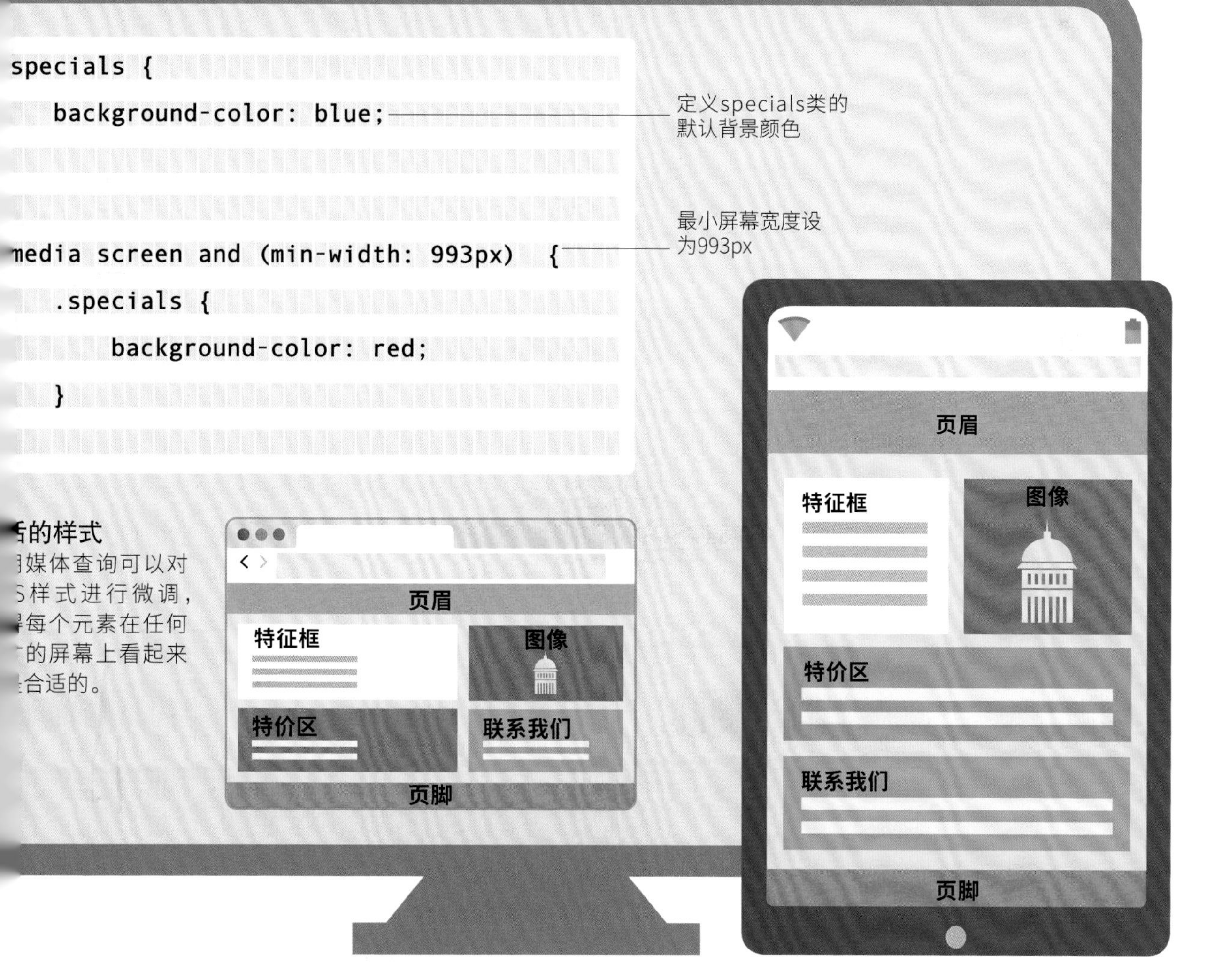
specials {
background-color: blue;
}
media screen and (min-width: 993px) {
.specials {
background-color: red;
}
}
定义specials类的默认背景颜色
最小屏幕宽度设为993px
的样式
媒体查询可以对S样式进行微调，每个元素在任何的屏幕上看起来合适的。
页眉
特征框
图像
特价区
联系我们
页脚

操作教程：设计网页样式

在本部分中，样式将被应用于本项目第一部分中创建的HTML框架。使用CSS，程序员可以更好地控制网站的布局。使用单独的样式表，可以使网站外观保持一致，从而使网站的维护变得更加高效。这样做既能节省时间，也能使网页设计更容易更新。

程序设计

在本项目的第二部分中，你将使用CSS分别为第一部分中创建的HTML元素选择和设计样式。每个元素都将根据其角色和功能进行格式化，以使网页更易于导航。

开始

为HTML元素添加视觉样式和布局定义

检查网页是否易于浏览

结束

程序设计

样式化网站

本项目HTML部分中创建的长长的垂直网页现在将显示样式，网页上的各个部分都有明确的定义，所有文本和图像都被格式化了。添加CSS后，网页将更加直观，更具个性化。

项目要求

要给网页添加样式，你需要
文件和本项目第一部分中的im
件夹。你可以继续使用Visual
作为开发环境。

HTML文件

images文件夹

开发环境

你可以学到

- 如何使用CSS样式表
- 如何创建滚动按钮
- 如何添加CSS动画和过渡效果

时间: 2～3小时

代码行数: 315

难度等级

如何应用

CSS被用于所有注重外观设计和视觉形象的现代网站。使用CSS，可以给网站上的每个元素设置独特的风格。呈现效果良好的网页可以增强与用户的交互，同时也更易于导航。

设置

在开始设计网站样式之前，要先创建一个用于包含代码的特殊的CSS文件，并将其链接到先前创建HTML文件中。以下步骤将创建一个专门的styles文件夹及其内部的CSS文件。

1 创建新文件夹

首先，在Visual Studio中创建一个包含CSS样式表新文件夹。

在Windows机上，右击“解决方案资源管理器”的PetShop，在弹出的快捷菜单中选择“添加”后再择“新建文件夹”，将此文件夹命名为styles。这个件夹的完整路径是C:\PetShop\styles。

在Mac机上，打开Finder，在PetShop文件夹中创一个名为styles的新文件夹。完整的路径应该是ers/ [user account name]/PetShop/styles。然后，开Visual Studio，右击PetShop文件夹，在弹出的快菜单中选择“添加”后选择“解决方案文件夹”。

解决方案
PetShop —— 名为PetShop的解决方案文件夹

生成PetShop
重新生成PetShop
清理PetShop
卸载
运行解决方案
启动调试解决方案
设置启动项目（T）…
添加

新建项目…
现有项目…
解决方案文件夹…
新建文件（F）…
现有文件…

将styles文件夹添加到“解决方案文件夹”中

2 添加CSS文件

接着在styles文件夹中创建一个新的CSS文件，命名global.css。在Windows机上，该文件的完整路径是C:\PetShop\styles\global.css。在Mac机上，该文件的完整路径应是Users/[user account name]/PetShop/styles/global.css。网站文件夹PetShop现在应包含有images文件夹、styles文件夹和HTML文件。

查找文件夹

在Windows机上，如果你想查看在Visual Studio中创建的文件夹所在的创建位置，请前往“解决方案资源管理器”窗口，右击要查找的文件夹，在弹出的快捷菜单中选择“在文件资源管理器中打开文件夹”。这样就可以打开文件夹所在位置的文件资源管理器。

在Mac机上，要在Visual Studio中查看文件夹的位置，请前往“解决方案资源管理器”窗口，按住Command键，单击要查找的文件夹，然后在Finder中选择Reveal。这样就可以打开文件夹所在位置的Finder了。

1.3 引用 CSS 文件

将新创建的CSS文件链接到HTML文档，以便CSS文件中的样式可以应用于HTML文档中的所有元素。引用global.css文件时，必须在index.html的<head>标记中使用<link>标记。此网页的字体将从Google字体中的可用选项中选择。为此，你需要将Google字体网站链接到index.html，并指定你要使用的字体。此处使用的字体是Anton和Open Sans，你也可以选择自己喜欢的其他字体。

```
<head>
    <meta charset="utf-8" />
    <title>Pet Shop</title>
    <link rel="icon" type="image/png" href="images/favicon.png">
    <link href="styles/global.css" rel="stylesheet" />
    <link href="https://fonts.googleapis.com/css?
    family=Anton|Open+Sans" rel="stylesheet">
</head>
```

将在浏览器选项卡中显示的标题

链接到定义所有样式的自定义文件global.css

链接到Google字体的CSS样式表

1.4 添加注释

在global.css样式表顶部添加一条带有网站字体名称和所用颜色列表的注释。将下面的信息添加到注释块“/* */”中，浏览器将忽略注释块中的所有内容。这些注释只是为了帮助程序员统一网站风格，并提供一个简单的参考。请注意，font-family定义中包含所用的主要字体的名称，以及当主要字体不可用时要用到的备用字体的类型。你还可以根据自己的喜好，为网站选择不同的配色方案。

```
/*
    font-family: "Anton", cursive;
    font-family: "Open Sans", sans-serif;

    Text color : #333;
    Dark blue : #345995;
    Light blue : #4392F1;
    Red : #D7263D;
    Yellow : #EAC435;
    Orange : #F46036;
*/
```

这种字体将用于标题和其他需要重点显示的文本元素

这种字体将用于普通段落的文本元素

所用颜色的十六进制代码

HTML

CSS

2 设计页面元素的样式

现在，CSS文件已经准备好了包含所有的样式定义，你可以从添加影响整个页面元素的样式开始，体操作如下。

2.1 定义标题

首先定义整个网站所用的h1 和h2标题。此处指定的样式将被用于这两级标题的所有实例。虽然这两级标题的样式相同，但它们具有不同的字号定义。

```
body {
}
h1, h2 {
    margin: 0;
    padding: 0;
    font-family: "Anton", cursive;
    font-weight: normal;
}
h1 {
    font-size: 110px;
}
h2 {
    font-size: 30px;
}
```

默认情况下会出现<body>标记

将样式定义应用于网页上所有的h1和h2标题

font-family属性指定要使用的首选字体，并在首选字体不可用时指定备用字体的类型

标题将使用Anton cursive字体

只有h1标题的字号为110px

只有h2标题的字号为30px

边距和填充

边距是从边框开始往外计算的区域，位于元素外部。填充是边框和内容之间的区域。描述边距和填充样式的方法有很多种。

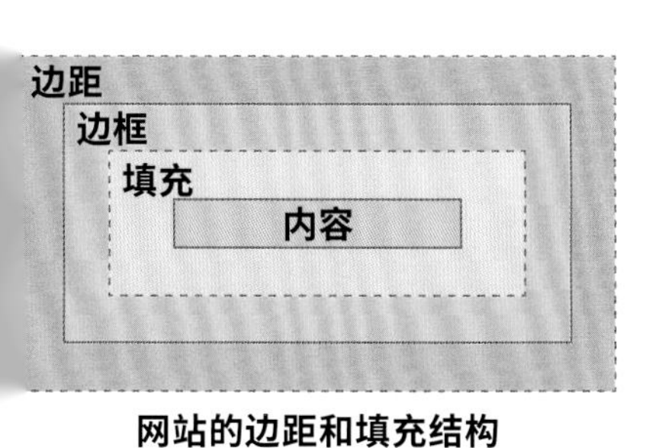

网站的边距和填充结构

边距的样式	
代　码	输　出
margin: 40px;	顶部、底部、左侧和右侧边距均为40px
margin: 20px 40px;	顶部和底部边距为20px，左侧和右侧边距为40px
margin: 10px 20px 30px 40px;	顶部边距为10px、右侧边距为20px、底部边距为30px、左侧边距为40px
margin: 0 auto;	顶部和底部边距均为0，左侧和右侧边距相等（类似于中心对齐）

页面元素
每个网站都是由服务于不同目的的各种元素组成的。CSS可以为每个元素添加独特的样式。

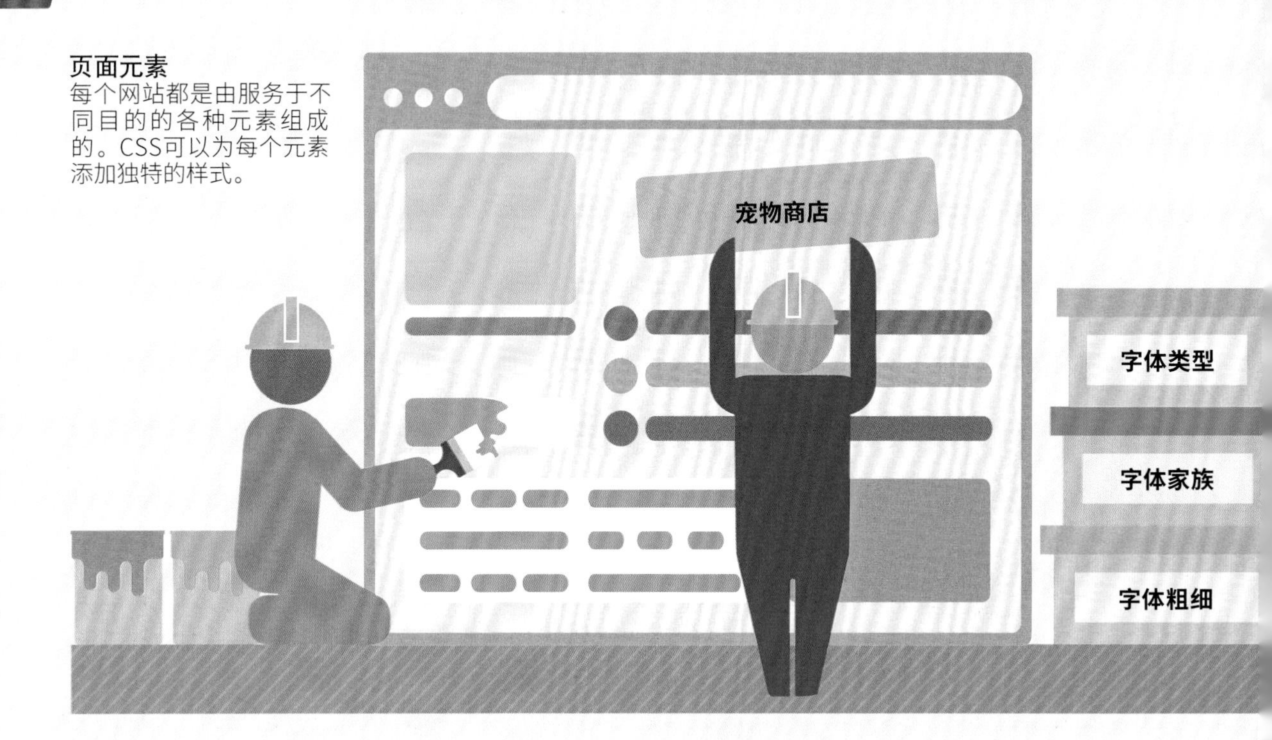

2.2 添加垂直间距

网页的每个部分都可以用空格隔开，以使网站易于浏览。这些空格是通过标准化的垂直间距在整个网站上创建的。在CSS中，可以使用复合样式签名来关联所需的样式定义。

```
.spacer.v20 {
    height: 20px;
}
.spacer.v40 {
    height: 40px;
}
.spacer.v80 {
    height: 80px;
}
```

含有spacer类和v20类的复合样式签名

如果标记中同时含有spacer类和v40类，那么高度为40px

如果标记中同时含有spacer类和v80类，那么高度为80px

2.3 在新行中添加元素

现在为clear类创建一个样式。如果前面的元素没有固定高度或是被设置为在一侧浮动，就要用到该样式。clear属性是与left、right或both等值一起使用的。它可以防止浮动对象出现在应用了clear的元素的指定一侧。

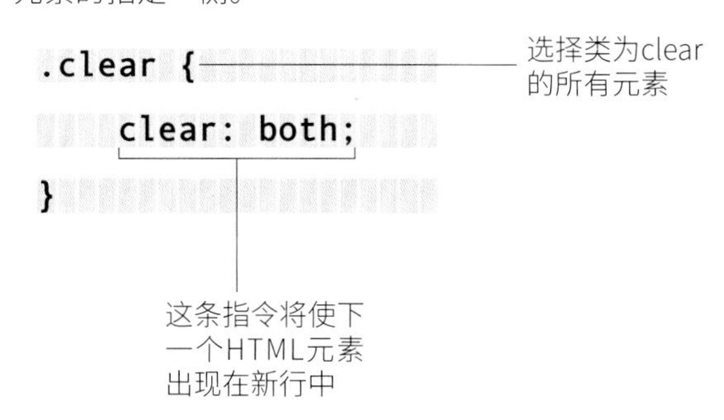

```
.clear {
    clear: both;
}
```

选择类为clear的所有元素

这条指令将使下一个HTML元素出现在新行中

在HTML标记中使用多个类来实现更有意义和更有针对性的样式方案

2.4 设置<body>元素的样式

为步骤2.1中的<body>元素添加样式定义，样式签名为body。右边的样式定义将设置边距、填充、字体、字号、背景颜色和字体颜色的值。

```
body {
    margin: 0;
    padding: 0;
    font-family: "Open Sans",
    sans-serif;
    font-size: 15px;
    background-color: white;
    color: #333;
}
```

- padding: 0; —— 浏览器窗口和网页之间没有间隙
- font-size: 15px; —— 网页上所有文本的默认字号
- background-color: white; —— 网页的背景颜色
- color: #333; —— 代表深灰色的十六进制代码，是<body>标记中文本的字体颜色

3 设置单个元素的样式

在本部分中，你可以自上而下为网页上的各个HTML元素添加样式。网页上的每个部分都可以看作是一个平层，具有单独定义的视觉样式和间距要求。你可以从为网页上的第一个元素（促销信息）添加样式开始。

3.1 定义样式签名

“促销信息”“订阅”“页脚”这三部分可共享一些相同的样式定义。它们都需要居中对齐，含有白色文本，最小宽度为1000px。在步骤2.3的代码底下添加以下代码，可使这三个样式签名具有相同的定义。

```
    clear: both;
}
#promo,
#subscribe,
#footer {
    text-align: center;
    color: #fff;
    min-width: 1000px;
}
```

- #promo, #subscribe, #footer —— 对这三个选择器应用相同的样式定义
- color: #fff; —— 代表白色的十六进制代码
- min-width: 1000px; —— 元素宽度至少为1000px

3.2 设置“促销信息”部分的背景颜色

接下来为“促销信息”部分添加背景颜色，使它在网页上更加显眼。该样式只能应用于“促销信息”部分。

```
#promo {
    background-color: #F46036;
}
```

代表橙色的十六进制代码

3.3 为promo区域添加填充

在“促销信息”部分的文本周围添加填充，使边框和文本之间有一些间隙。该样式将应用于promo区域中包含的所有促销信息。

```
#promo > div {
    padding: 15px;
}
```

选择<promo>标记中的所有<div>标记

<div>边框与文本内容之间的间距

保存

3.4 查看页面

打开浏览器并输入地址栏中的URL就可以查看页面了。在Windows机上，URL是file:///C:/PetShop/index.htm 在Mac机上，URL是file:///Users/[user account name]/PetShop/index.html。如果刷新后页面没有更新，那么浏 器可能缓存了前一个版本的网站。此时请打开历史记录设置，选择“清除浏览数据”后就可以清空缓存，强制浏 器获取最新的文件。

促销信息将与所应用的样式一同显示在浏览器上

3.5 定义wrap类

接下来为HTML中创建的wrap类添加样式定义。wrap类中包含了大部分的网站信息。wrap区域的固定宽度为1000px。如果屏幕宽度超过1000px，系统就会自动调整水平边距，以使该区域位于屏幕中央。

```
    color: #333;
}
.wrap {
    margin: 0 auto;
    padding: 0;
    width: 1000px;
}
```

添加在步骤2.4的代码底下

将wrap元素与页面中心对齐

3.6 定义顶部菜单

现在开始为“顶部菜单”部分添加样式定义。该面板将在整个模式上运行，并包含菜单项和公司logo。为菜单项设置固定高度，并在所有方向上为面板中包含的菜单项列表添加填充。

```
    padding: 15px;
}
#topMenu {
    height: 60px;
}
#topLinks {
    float: right;
    padding-top: 20px;
}
```

- #topMenu {：添加在步骤3.3的代码底下
- padding-top: 20px;：topLinks的边框与它所包含的列表之间的间距

3.7 定义水平菜单列表

顶部菜单和页脚菜单中的列表都是水平的，可以为它们设置相同的样式定义。菜单项应在它们的容器列表中居左对齐，以便与左侧第一项显示在一条水平线上。

```
#topLinks ul,
#footer ul {
        list-style-type: none;
        margin: 0;
        padding: 0;
        overflow: hidden;
}
#topLinks li {
        float: left;
}
```

- #topLinks ul, #footer ul：这两个选择器共享相同的样式定义
- list-style-type: none;：没有项目符号被添加到列表项中
- overflow: hidden;：隐藏超出元素维度（宽度和高度）的内容
- float: left;：元素浮动到它的容器的左侧

3.8 设置超链接的样式

顶部菜单中的超链接在正常状态下是一种样式，而当鼠标指针悬停在它们上面时则是另一种样式。关键字: hover是一个伪类，它指示浏览器在鼠标指针经过元素时应用该样式。在上述两种样式定义中添加一个transition指令，可以使鼠标指针悬停效果更加流畅。下面的代码中包含三个版本的transition指令，分别对应不同的浏览器。针对不同的浏览器提供多条指令的做法并不常见，但偶尔也要用到。

```
#topLinks li a {
        color: #333;
        text-align: center;
        padding: 16px;
        text-decoration: none;
        -webkit-transition: all 250ms ease-out;
        -ms-transition: all 250ms ease-out;
        transition: all 250ms ease-out;
}
```

- text-align: center;：居中对齐超链接内容
- text-decoration: none;：超链接下方没有下画线
- -webkit-transition：针对Google Chrome浏览器的过渡指令
- -ms-transition：旧版Microsoft浏览器（如Internet Explorer）所需的过渡定义
- transition：鼠标指针离开超链接时的过渡效果

```
#topLinks li a:hover {
    color: #4392F1;
    -webkit-transition: all 250ms ease-out;
    -ms-transition: all 250ms ease-out;
    transition: all 250ms ease-out;
    text-decoration: underline;
}
```

代表浅蓝色的十六进制代码

鼠标指针移动到超链接上时的过渡效果

当鼠标指针悬停在超链接上时，超链接下方会显示下画线

过渡

所有主流的Web浏览器都会对transition属性使用不同的名称，因此CSS样式定义中必须包含全部三个版本的transition指令，以确保过渡效果能在所有浏览器上正确呈现。当浏览器执行CSS样式定义时，它将忽略针对其他浏览器的指令，而应用它能理解的指令。此时可能会出现CSS属性无效的警告消息，但你可以放心地忽略。

3.9 设置公司logo的样式

下一步是设置顶部菜单中公司logo的样式。该logo在页面上共使用了三次，分别是在顶部菜单、横幅和版权声明中。因此，你可以将logo的字体样式封装到它自己的名为logo的类中。顶部菜单中的小logo是一个返回主页的超链接，你需要定义它在正常状态和鼠标指针悬停状态下的样式。

```
#topMenu .logo {
    float: left;
    padding-top: 13px;
    font-size: 24px;
    color: #333;
    text-decoration: none;
}

    #topMenu .logo:hover {
        color: #4392F1;
    }

.logo {
    font-family: "Anton", cursive;
}
```

将logo放在topLinks元素的左侧

将字号设为24px

logo超链接下方没有下画线

当鼠标指针悬停在logo上时，它将显示为浅蓝色

logo的默认字体

保存

3.10 查看网站

保存代码，然后在浏览器中刷新页面。此时，“顶部菜单”部分的左侧将会显示一个小logo，右侧将会显示超链接。

收藏图标和页面标题出现在浏览器选项卡中

“顶部菜单”部分的样式化logo现在有了过渡效果

“顶部菜单”显示为水平的超链接列表

3.11 设置横幅样式

接下来需要为横幅设计样式，它包含网站名称和图像。首先，通过定义banner区域的宽度、高度和对齐方式设置样式，其中还应包括背景图像。

```
#banner {
    background-image: url("../images/banner.jpg");
    background-repeat: no-repeat;
    background-position: center top;
    width: 100%;
    height: 250px;
    text-align: center;
    padding-top: 300px;
    color: #333;
}
```

链接到横幅的背景图像

背景图像不能垂直或水平重复

横幅的内容居中对齐

代表深灰色（文本颜色）的十六进制代码

横幅顶部边框与内部文本之间的间距

3.12 设置横幅中的logo样式

现在你可以为横幅部分的logo添加样式。在HTML文档中，横幅部分的logo还有一个<h1>标记。因此，这个logo将同时接收来自h1和logo的两个样式定义。

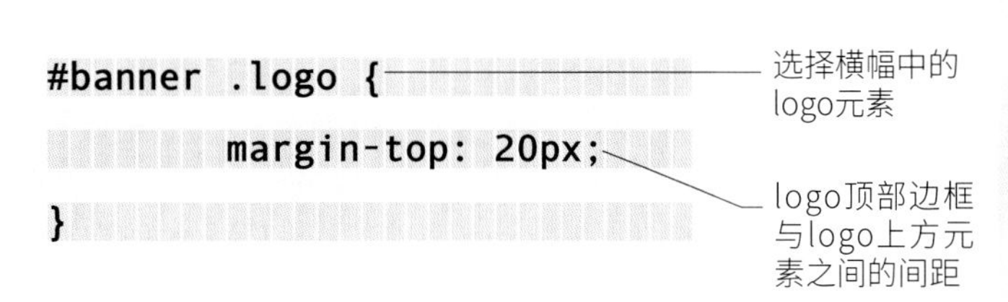

```
#banner .logo {
        margin-top: 20px;
}
```

选择横幅中的logo元素

logo顶部边框与logo上方元素之间的间距

3.13 为超链接添加样式

接下来为action区域和Shop Now超链接添加样式。该链接的样式定义中也将包含过渡指令，以便可以在正常状态的样式和鼠标指针悬停状态的样式之间更改动画效果。

```
#banner #action {
    font-weight: bold;
    width: 200px;
    margin: 20px auto 0 auto;
}

    #banner #action a {
        -webkit-transition: all 250ms ease-out;
        -ms-transition: all 250ms ease-out;
        transition: all 250ms ease-out;
        padding: 20px;
        color: white;
        text-decoration: none;
        border-radius: 30px;
        background-color: #4392F1;
    }

        #banner #action a:hover {
            -webkit-transition: all 250ms ease-out;
            -ms-transition: all 250ms ease-out;
            transition: all 250ms ease-out;
            background-color: #F46036;
            padding: 20px 40px;
        }
```

包含超链接的区域的样式定义

三个版本的过渡指令

代表浅蓝色的十六进制代码

鼠标指针移动到超链接上时的过渡效果

当鼠标指针悬停在按钮上时，水平填充将增加到40px

代表橙色的十六进制代码

保存

3.14 查看网站

在浏览器中刷新并查看页面。现在，你可以在横幅中看到背景图像，以及SHOP NOW链接的动画效果。

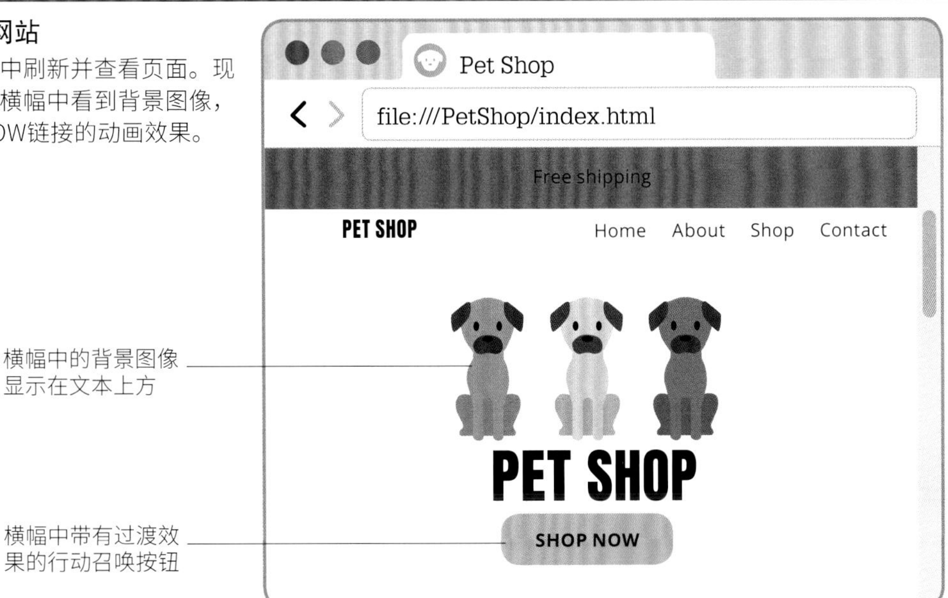
Pet Shop
file:///PetShop/index.html
Free shipping
PET SHOP
Home
About
Shop
Contact
PET SHOP
SHOP NOW
横幅中的背景图像显示在文本上方
横幅中带有过渡效果的行动召唤按钮

4 设置特征框的样式

本部分将为特征框控件添加样式，它将页面分成左右两栏。该控件的样式被定义为类，应用于网上的多个元素。类的定义还允许改变页面上的图像位置。

4.1 定义左栏

首先，定义特征框的左栏。这将占用一半的可用空间。默认情况下，每个新区域会占用一个新行。但因为该元素必须在左侧浮动，所以下一个元素（即右栏）将出现在同一行中。

选择同时含有feature类和leftColumn类的所有元素
.feature .leftColumn {
width: 50%;
float: left;
text-align: center;
}
将左栏宽度设为容器宽度的50%
将内容与左栏的中心对齐

4.2 定义右栏

添加下面的代码，定义特征框的右栏。该定义指示浏览器在可用空间的左侧留出边距，即左栏所在的位置。

选择同时含有feature类和rightColumn类的所有元素

```
.feature .rightColumn {
    margin-left: 50%;
    width: 50%;
    text-align: center;
}
```

将内容与右栏的中心对齐

4.3 设置非图片元素的样式

现在，为位于特征框一侧的非图片元素设置样式。在HTML阶段，你曾使用class为text的区域来表示非图片元素。现在，你可以使用相同的定义来定义位于左边和右边的文本栏。

```
.feature .leftColumn .text,
.feature .rightColumn .text {
    padding: 80px 20px 20px 20px;
    min-height: 260px;
}
```

配置左右两栏中text区域的选择器

4.4 定义正常状态和鼠标指针悬停状态

添加下面的代码，为text区域中出现的超链接定义正常状态和鼠标指针悬停状态。与先前设计的SHOP NOW按钮类似，该文本也将被设计成一个按钮。当鼠标指针悬停在文本上时，按钮的颜色会发生变化。

```
.feature .leftColumn .text a,
.feature .rightColumn .text a {
        -webkit-transition: all 250ms ease-out;
        -ms-transition: all 250ms ease-out;
        transition: all 250ms ease-out;
        padding: 20px;
        background-color: #4392F1;
        color: white;
        text-decoration: none;
        border-radius: 30px;
}
    .feature .leftColumn .text a:hover,
    .feature .rightColumn .text a:hover {
        -webkit-transition: all 250ms ease-out;
        -ms-transition: all 250ms ease-out;
        transition: all 250ms ease-out;
        background-color: #F46036;
        text-decoration: none;
        padding: 20px 40px;
    }
```

配置左右两栏中text区域中的<a>标记的选择器

ease-out定义过渡效果的速度

鼠标指针离开超链接时的过渡效果

将超链接的边框设为圆角

鼠标指针移动到超链接上时的过渡效果

当鼠标指针悬停在超链接上时，文本下方没有下画线

4.5 定义水平线

现在，你还需要为出现在特征框中的水平线添加样式定义。这条线将把栏标题与底下的文本分开。

```
.feature hr {
    background-color: #333;
    height: 1px;
    border: 0;
    width: 150px;
}
```

将水平线的颜色设为深灰色

设置水平线的宽度

4.6 定义图像

现在，你已经设置好了文本栏的样式，接下来就可以定义featureImage区域的图像样式。

选择featureImage区域的所有<img>标记

```
.featureImage img {
    width: 500px;
}
```

将图像宽度调整为500px，系统会自动调整图像的高度

保存

4.7 查看样式定义

刷新浏览器，查看应用于网页的的样式定义。此时，所有的特征框有了正确的样式，图像会交替出现左栏和右栏。

图像将以正确的宽度显示在右栏中

LOVE FISH
THE WIDEST RANGE OF FISHES
Indoor and outdoor,
we've got them all!

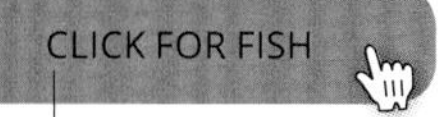

行动召唤按钮将被设置样式，具有过渡效果

浏览器测试

新的CSS特性不断被添加到浏览器中。但是，除非你能确认网站用户可以利用这些特性，否则这些特性是没有意义的。旧的浏览器将会忽略现代的CSS指令，以及HTML文档中不符合预期布局的样式。幸运的是，所有的现代浏览器都能接受CSS3，尽管它们处理某些指令的方式可能会有细微的差别。建议你经常在几个不同的浏览器中测试所创建的网页，以便找出它们共有的一系列功能。

4.8 为电子邮件超链接添加样式

在index.html文件中，feature类不仅可用于为三类商品做广告，还可用于接下来出现的“联系我们”部分。在本步骤中，你将使用feature布局定义来设置“联系我们”部分的样式，其中包括一个在用户的电子邮件程序中打开新电子邮件的超链接。

```
.feature .leftColumn .text a.emailLink,
.feature .rightColumn .text a.emailLink {
        color: white;
        text-decoration: none;
        transition: none;
        padding: 10px;
        border: 0;
        background-color: #4392F1;
}
        .feature .leftColumn .text a.emailLink:hover,
        .feature .rightColumn .text a.emailLink:hover {
            -webkit-transition: all 250ms ease-out;
            -ms-transition: all 250ms ease-out;
            transition: all 250ms ease-out;
            background-color: #F46036;
        }
```

同时在左右两栏中选择emailLink超链接

当鼠标指针悬停在它们上面时，:hover伪类会选择超链接

代表橙色的十六进制代码

4.9 定义中间图像

下一个需要定义的部分是位于页面中间的图像。为使中间图像显示在页面中间位置，必须将含有middleImage类的div容器的内容在该区域内居中对齐。此外，还应当用<img>标记来使中间图像以相同的最大宽度显示。

```
.middleImage {
    text-align: center;
}

    .middleImage img {
        max-width: 1000px;
    }
```

将middleIma 的内容与页面 心对齐

选择含有middleImage类的区域中的所有<img>标记

保存

.10 查看图像

保存代码，然后刷新浏览器，查看更新后的网
页。现在，中间图像将显示在特征框的下方，在页面
上居中对齐。

fishImage（鱼的中间图像）将居中对齐

4.11 检查图像样式

你将注意到，含有feature类和middleImage类的div容器中的其他实例都会在页面上按照正确的样式显示。这是因为你将这些样式定义为了类，所以它们能在同一页面上反复使用。

dogImage（狗的中间图像）将居中对齐

5 设置剩余元素的样式

到目前为止，你已经定义了网页上主要元素的样式。接下来，你还需要给剩余元素添加样式定义，这些剩余元素包括滚动按钮、地图、订阅部分和页脚。

.1 设置滚动按钮的样式

现在需要将样式定义添加到“返回顶部”按钮中。在正常状态下，按钮的不透明度应为50%；鼠标指针悬停在按钮上时，按钮的不透明度应为100%。打开页面时，“返回顶部”按钮应设为不可见。该按钮将在本项目的第三部分中使用JavaScript激活。

```
#scrollToTop {
    display: none;
    opacity: .5;
    background-color: #F46036;
    padding: 0 20px;
    color: white;
    width: 26px;
    font-size: 40px;
    line-height: 48px;
```

display: none; —— 打开页面时，按钮是不可见的

background-color: #F46036; —— 将按钮的颜色设为橙色

font-size: 40px; —— 设置按钮中向上箭头文本的大小

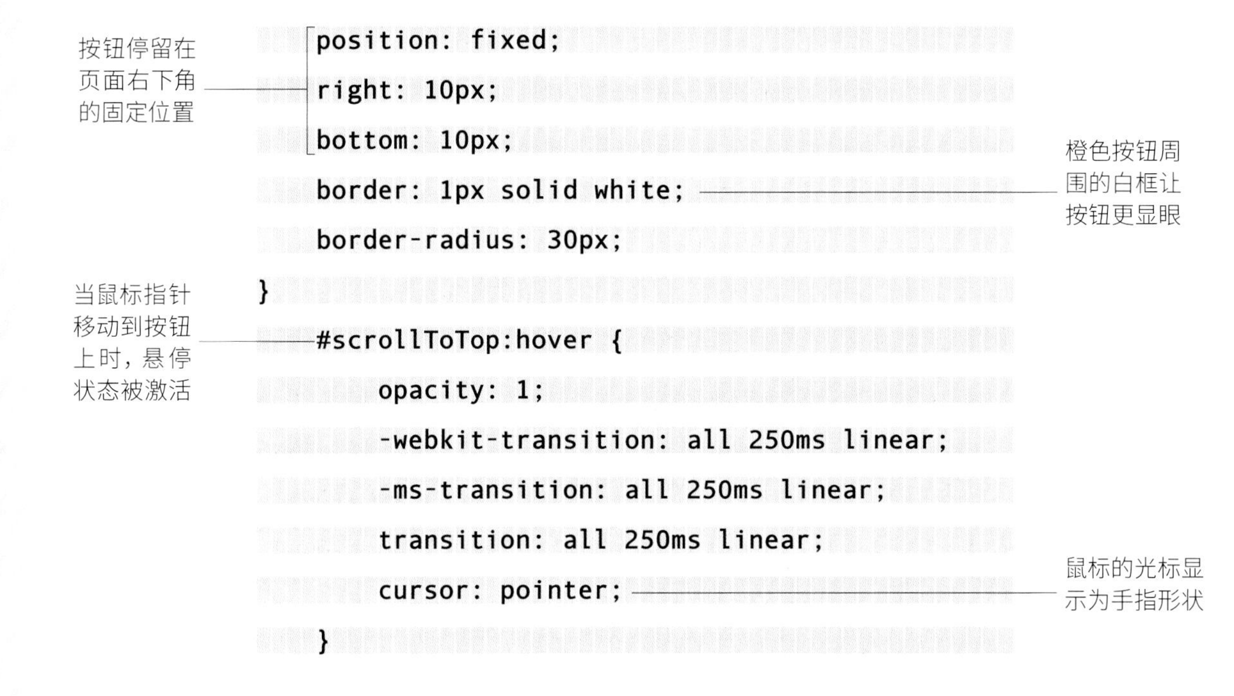

按钮停留在页面右下角的固定位置
橙色按钮周围的白框让按钮更显眼
当鼠标指针移动到按钮上时，悬停状态被激活
鼠标的光标显示为手指形状

```
    position: fixed;
    right: 10px;
    bottom: 10px;
    border: 1px solid white;
    border-radius: 30px;
}
#scrollToTop:hover {
    opacity: 1;
    -webkit-transition: all 250ms linear;
    -ms-transition: all 250ms linear;
    transition: all 250ms linear;
    cursor: pointer;
}
```

5.2 设置“联系我们”部分的样式

现在需要为“联系我们”部分定义样式。含有feature类的div容器先前已经定义了“联系我们”部分的左右两栏。左栏包含文本元素，右栏包含来自百度地图的嵌入式地图。你需要添加一条指令来正确格式化地图的iframe元素，然后保存代码，刷新浏览器，检查该部分能否正确显示。

```
.contactMap {
    width: 100%;
    height: 400px;
}
```

地图宽度为右栏可用空间的100%

保存

Pet Shop

file:///PetShop/index.html

CONTACT US

TEL: 012-345-6789

EMAIL: INFO@PETSHOP.COM

Pet Shop
58 Litang Road
Beijing
102200

电子邮件的样式（一个行动召唤按钮）已在步骤4.8中设置好

百度地图上的一个点表示确切的地理位置

5.3 设置“订阅”部分的样式

现在需要为“订阅”部分定义样式。在网页上，“订阅”部分位于“联系我们”部分的下方。添加以下代码，为“订阅”面板及其内部的标题设置样式。

```
#subscribe {
    background-color: #4392F1;
    height: 160px;
    padding-top: 40px;
}

    #subscribe h2 {
        margin: 15px 0 20px 0;
        color: white;
        font-size: 24px;
        font-family: "Open Sans", sans-serif;
        font-weight: bold;
    }
```

将“订阅”部分的背景颜色设为浅蓝色（十六进制代码）

文本与“订阅”面板顶部边框之间的距离

将文本设为白色

指定用于h2标题的字体

5.4 设置input文本框的样式

“订阅”部分有一个文本框，用户可以在其中输入电子邮件地址。为这个input文本框添加样式，从而定义其大小和外观，以及将出现在其中的placeholder（占位符）文本的样式。

```
#subscribe input[type=text] {
        border: 0;
        width: 250px;
        height: 28px;
        font-size: 14px;
        padding: 0 10px;
        border-radius: 30px;
}
```

确保只有文本字段被选中

电子邮件地址的input文本框周围没有边框

在input文本框的左右两侧添加空间

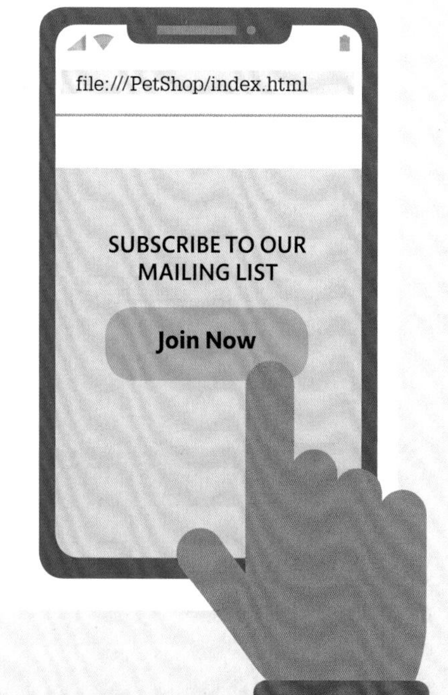

5.5 设置订阅按钮的样式

添加下面的代码，定义“订阅”部分<input>标记内的按钮及其鼠标指针悬停状态的样式。当鼠标指针移到按钮上时，按钮的背景颜色将从深蓝色变为橙色；当鼠标指针移开时，按钮的背景颜色又会重新变为深蓝色。

在subscribe区域内选择input按钮

```
#subscribe input[type=submit] {
	border: 0;
	width: 80px;
	height: 30px;
	font-size: 14px;
	background-color: #345995;
	color: white;
	border-radius: 30px;
	-webkit-transition: all 500ms ease-out;
	-ms-transition: all 500ms ease-out;
	transition: all 500ms ease-out;
	cursor: pointer;
}

	#subscribe input[type=submit]:hover {
		background-color: #F46036;
		-webkit-transition: all 250ms ease-out;
		-ms-transition: all 250ms ease-out;
		transition: all 250ms ease-out;
	}
```

将按钮宽度设为80px

代表深蓝色的十六进制代码

过渡指令

当鼠标指针位于按钮上时，光标将显示为手指形状

代表橙色的十六进制代码

重复鼠标指针悬停效果的过渡指令

保存

5.6 查看网站

保存代码，然后刷新浏览器，查看更新后的网页。确保“订阅”面板正确地显示在“联系我们”部分的下方。

.7 设置页脚的样式

现在，你可以为网页的页脚设置样式。首先为footer区域添加样式，然后为无序列表和包含链接的列表项添加样式。

```
#footer {
    background-color: #F46036;
    height: 80px;
}
#footer ul {
        list-style-type: none;
        margin: 28px 0 0 0;
        padding: 0;
        overflow: hidden;
        display: inline-block;
}

    #footer li {
        float: left;
    }
```

设置“页脚”部分的固定高度

无序列表中不显示项目符号

列表边框与列表项之间没有空格

作为允许填充和边距的内联块状元素显示

将列表项从左侧开始挨个排列

5.8 为页脚超链接添加样式

接下来需要为页脚中的超链接添加样式。当鼠标指针悬停在文本上时，文本的颜色将从白色变成深灰色。

样式将应用于footer区域的列表项内的所有锚标记

```
#footer li a {
        color: white;
        text-align: center;
        padding: 20px;
        text-decoration: none;
        font-size: 18px;
        -webkit-transition: all 250ms linear;
        -ms-transition: all 250ms linear;
        transition: all 250ms linear;
}

        #footer li a:hover {
            color: #333;
            -webkit-transition: all 250ms linear;
            -ms-transition: all 250ms linear;
            transition: all 250ms linear;
        }
```

- color: white; —— 页脚超链接文本将显示为白色
- text-decoration: none; —— 超链接文本下方没有下画线
- color: #333; —— 页脚超链接文本的颜色将变成深灰色

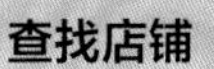

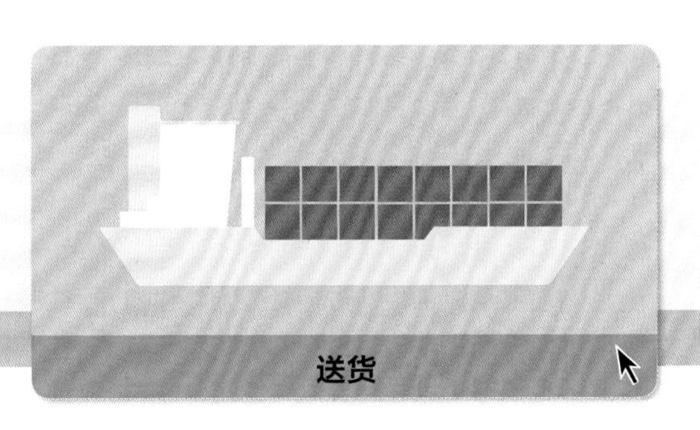

5.9 设置“版权声明”部分的样式

最后，为“版权声明”部分添加样式。在本步骤中，你将为copyright区域及其所包含的公司logo添加样式。添加以下代码后刷新浏览器，检查“页脚”部分和“版权声明”部分能否正确显示。

```
#copyright {
    text-align: center;
    background-color: #345995;
    color: white;
    height: 40px;
    padding-top: 18px;
    font-size: 16px;
}

    #copyright .logo {
        font-family: "Open Sans", sans-serif;
        font-weight: bold;
    }
```

选择id为copyright的标记

将copyright的内容在页面上居中对齐

copyright的文本将显示为白色

copyright部分的顶部边框与其中文本之间的间距为18px

选择id为copyright的标记中所包含的class为logo的标记

用无衬线字体(sans-serif)覆盖logo的默认样式定义

保存

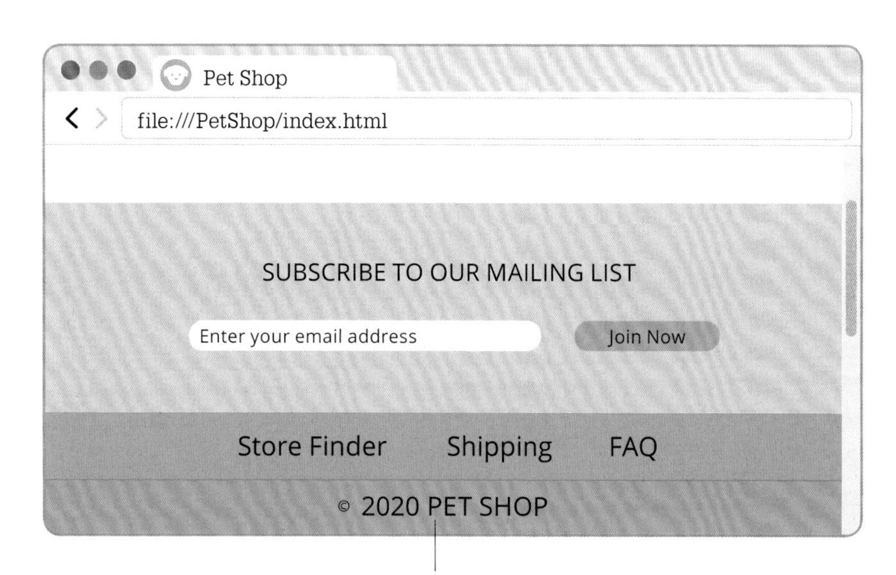

版权文本显示在页面中心，其中含有一个表示版权符号的HTML实体

什么是JavaScript

JavaScript是Web上最流行的现代编程语言之一。它是一种面向对象的语言，可以通过向网站添加动态和交互元素来增强HTML页面。使用JavaScript编写的程序被称为脚本。

为什么要使用JavaScript

JavaScript是为了在Web浏览器中执行客户端行为而发明的。不过，如今它已被应用于各种各样的软件和服务器端的Web应用程序。例如，开发人员可以使用Node.js之类的跨平台运行时环境在浏览器外部运行脚本，生成动态的HTML页面。

在线使用JavaScript

所有的现代Web浏览器都可以在呈现HTML页面时读取和运行JavaScript。JavaScript代码由浏览器实时解释和运行，在执行前不需要编译。浏览器中执行脚本的程序被称为JavaScript引擎。它是一个解释器，首先读取脚本并将其转换成机器码，然后再执行机器码。

在HTML页面中

要在HTML页面中使用JavaScript，只需将脚本括在<script>标记中。该标记可以放在<head>标记或<body>标记中，具体取决于脚本的运行时间是在HTML之前、之中还是之后。

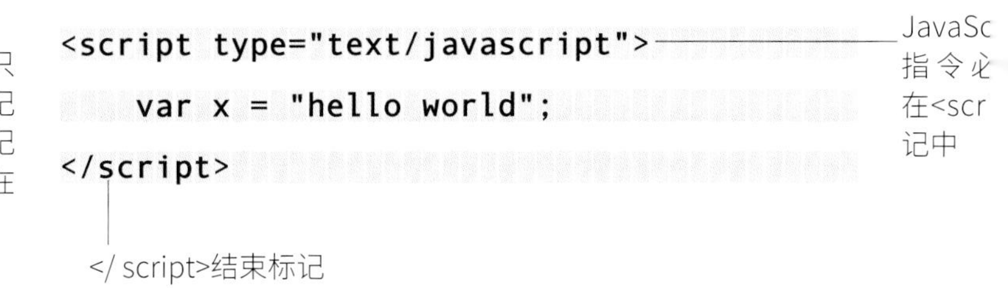

在外部文件中

JavaScript也可以放在外部文件中，通过在<script>标记中使用src属性来引用。外部JavaScript文件不需要包含<script>标记，因为在调用文件中已经声明了该标记。

```
<script src="customScript.js"></script>
```

通过src属性指定外部JavaScript文件

JavaScript的由来

当前被称为JavaScript的语言是由网景（Netscape）公司的布兰登·艾奇（Brendan Eich）为Netscape浏览器开发的。在开发阶段，它被称为Mocha。在Netscape浏览器发布时，网景公司将脚本语言的名称改为了LiveScript，接着又在发布后的第一年内更名为JavaScript。

交互和反馈改善了用户体验，促进了网站的高效导航

vaScript的特点

aScript允许程序员执行运算、验证用户输入，以及在页面上操纵和注入HTML元素。它还拥有大量的功能库。程序员可以轻松将这些库导入并应用于自定义脚本中。尽管JavaScript是一种灵活的语言，avaScript引擎在浏览器中的功能还是受限制的。例如，它无法将文件写入硬盘驱动器或是在浏览器外行程序。

专用的代码编辑器

vaScript可以在任何标准文本文件中编写，但更简的方法还是在专用的代码辑器中进行处理。有一些码编辑器可用于处理vaScript。

脚本语言

JavaScript是一种动态语言，每次运行时都要对它进行解释。当用户请求HTML页面时，HTML页面及其JavaScript代码会被发送给处理和执行JavaScript的浏览器。

Web浏览器

尽管所有的现代浏览器都可以执行JavaScript语言，但每种浏览器在执行时都略有不同。这就是程序员要使用JQuery等库来编写指令，以便每种浏览器都能正确执行的原因。

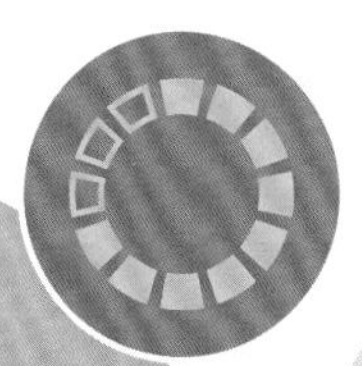

AJAX

AX（异步JavaScript和ML）可用于对浏览器中的容进行部分更新，而无须载整个网页。它允许用户发送请求和接收服务器响时停留在同一文档中。

文档对象模型

文档对象模型（document object model，DOM）是HTML文档的编程接口。它构造了一个网页，以便程序员可以轻松地访问和操纵页面上的元素。JavaScript可以通过与DOM的交互来添加、编辑或删除HTML文档中的元素。

社区共享

程序员可以通过在线社区或是将所编写的项目添加到原有的JavaScript库来实现共享。有些代码共享网站是可以在线使用的，如Dabblet、JSFiddle、Codeshare和Github Gist。

变量和数据类型

变量是存储数据的容器。运行JavaScript代码时，可以对这些变量进行比较和操作。变量可以包含不同类型的数据。逻辑操作只能使用相同数据类型的变量。

基本数据类型

基本数据类型是一种简单的数据值，而非对象或方法。JavaScript中有三种主要的基本数据类型：数值、布尔值和字符串。在声明变量时，不需要明确说明数据类型，JavaScript能自动从代码中推断出来。

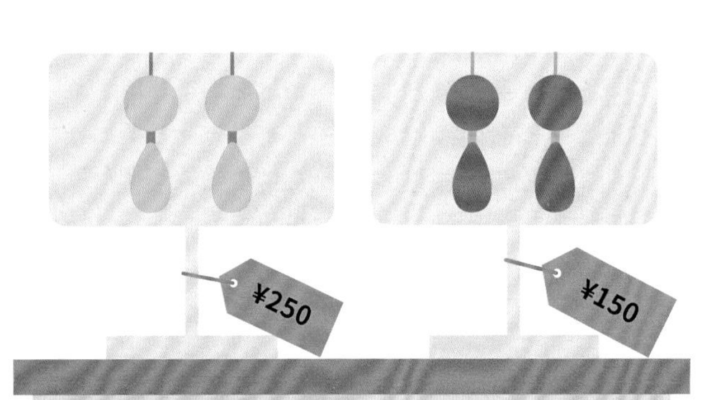

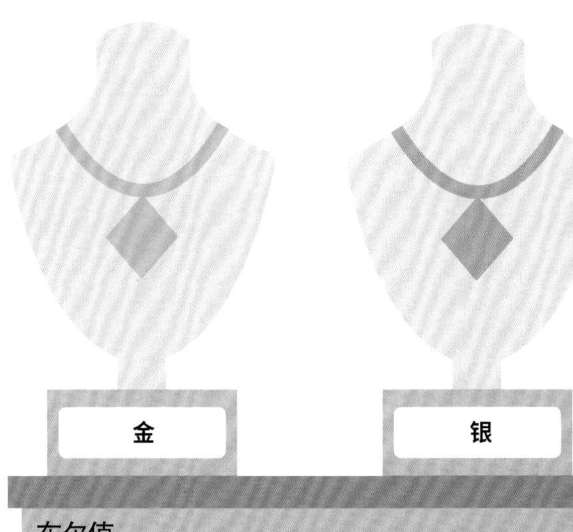

数值

与其他编程语言不同，JavaScript不区分整数（不带小数的整数）和浮点数（带小数的数字）。在JavaScript中，所有数字都被视为浮点数。

```
var price= 250;
```

数值的周围没有引号

布尔值

与Scratch和Python类似，JavaScript中的布尔型变量也只包含两个可能的值：true或false。因为每个逻辑操作的结果都是一个布尔值，所以这些变量决定了程序的流程。

```
var is This Gold = true
```

布尔值的周围也没有引号

声明变量

脚本中使用变量之前，声并初始化变量是很重要。初始化是指给变量赋。它允许JavaScript确定量包含的数据类型并访问量值。在一个程序中，一变量只能声明一次。

```
var lastName = "Smith";
var fullName = firstName + " " + lastName;
var firstName = "John";
console.log(fullName);
```

声明变量lastName并将其值设为Smith

在声明之前使用变量firstName

不正确的声明

在上面的例子中，变量firstName还未在代码中声明就已经使用了。因为它的值在使用时并不清楚，所以输出的结果将是显示undefined Smith。

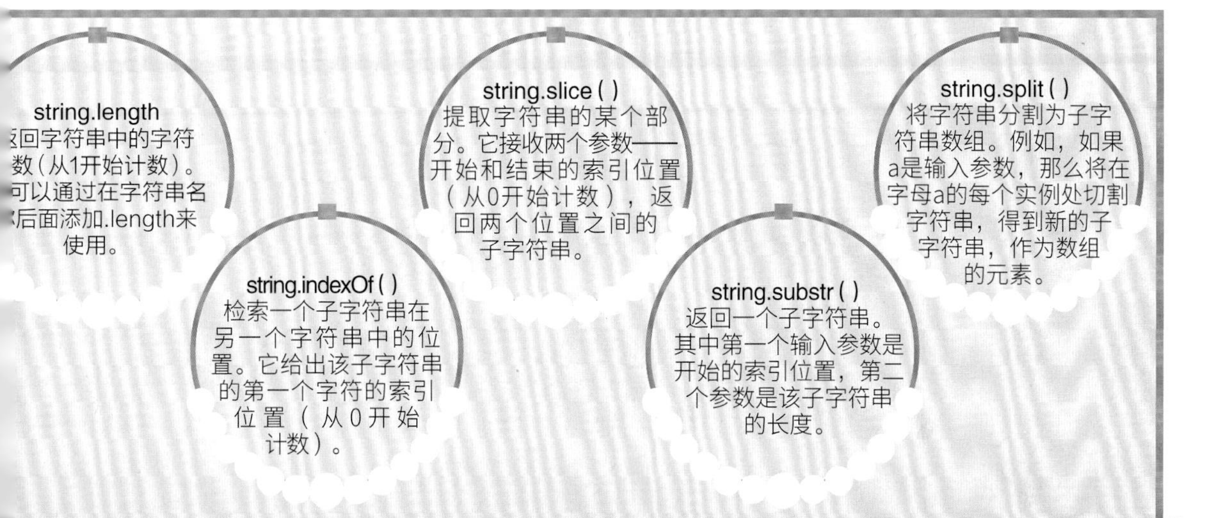

string.length
返回字符串中的字符数（从1开始计数）。可以通过在字符串名后面添加.length来使用。
string.indexOf()
检索一个子字符串在另一个字符串中的位置。它给出该子字符串的第一个字符的索引位置（从0开始计数）。
string.slice()
提取字符串的某个部分。它接收两个参数——开始和结束的索引位置（从0开始计数），返回两个位置之间的子字符串。
string.substr()
返回一个子字符串。其中第一个输入参数是开始的索引位置，第二个参数是该子字符串的长度。
string.split()
将字符串分割为子字符串数组。例如，如果a是输入参数，那么将在字母a的每个实例处切割字符串，得到新的子字符串，作为数组的元素。

字符串

字符串是可以存储一系列字符或数字的数据类型。上面介绍了一些有用的属性和方法。

```
var myString = "Hello world";
```

字符串值的周围总是有引号

连接字符串

与其他编程语言一样，JavaScript中的字符串可以使用加号（+）连接在一起。不过，连接字符串的更好方法是使用模板字面量符号，即反引号（`）。这种格式比使用加号更易于阅读和维护。

```
var myBook = {
    title: "Great Expectations",
    format: "paperback",
};
var myBookDetails = `Title: ${myBook.title}
Format: ${myBook.format}`;
console.log(myBookDetails);
```

title是一个字符串值

模板字面量用反引号括起来，而不是用引号

模板字面量可以包含占位符，用美元符号和大括号表示

非基本数据类型

JavaScript中的基本数据类型可以组合在一起，从而形成复合数据类型。这些非基本数据类型有助于将变量组织成有意义的数据结构，从而促进数据的有效处理。它们也被称为“引用变量”，因为它们给出了数据存储的位置。

数组

数组是包含值列表的单个变量。这些值可以是字符串、数字，甚至是对象。每个数组项都可以通过其索引位置进行访问。与字符串类似，数组中第一项的索引值为0，第二项的索引值为1，依此类推。

```
var jewellery = ["Locket","Earring","Ring"];
```

JavaScript数组的值必须用方括号括起来

这个数组包含三个字符串

Earring的索引值为1

排序数组中的项

使用sort ( ) 方法可以将数组中的项按字母顺序进行排列。但它不能用于对数字进行正确排序。要对数字进行排序，你需要在sort ( ) 方法中添加一个比较函数，如array.sort (compareFunction)。

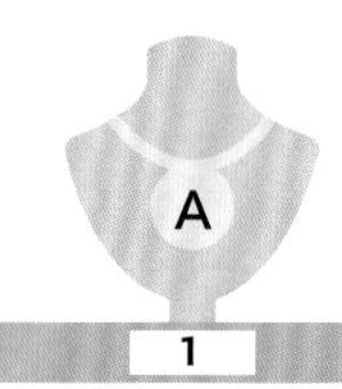

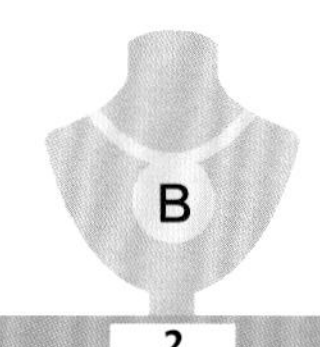

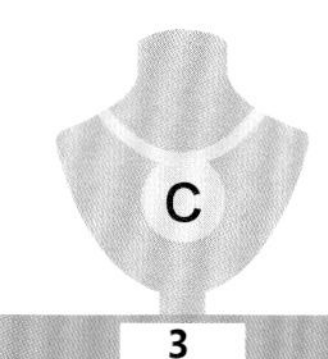

数组长度

数组长度是指数组中的项数。与字符串一样，数组长度也是从1开始计数的，而不是从0开始。

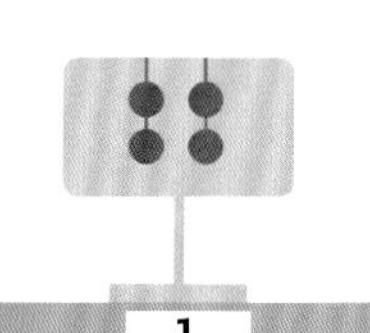

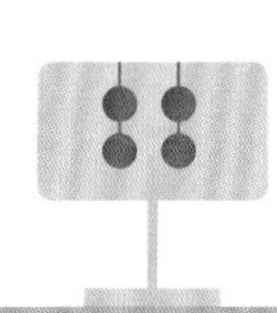

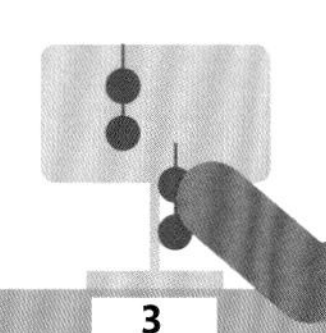

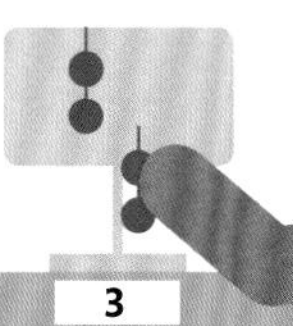

数组索引

数组中的项的值可以通过其索引值来获取，使用的语法是value=array[index]。要想通过索引值来更新数组中的项，需用到的语法是array[index]=newValue。

向数组中添加项

使用push ( ) 方法可以向现有数组中添加项。虽然也可以通过直接调用数组索引来向数组中添加项，但更方便的做法还是使用push ( ) 方法。

展开语法

使用push ( ) 方法，一次只能向数组中添加一个项。要想一次性添加所有项，请使用展开语法（...）。这样做不仅可以一次性添加多个新项，还可以决定是在现有数组项之前还是之后添加这些新项。

遍历数组

使用for循环可以访问数组中的所有项。循环计数器循环遍历数组中的每一项，从0开始一直到数组中的项数。

变量的作用域

变量的作用域描述了可以访问变量的代码区域。JavaScript只有两种作用域：局部作用域和全局作用域。根据作用域的不同，变量可分为局部变量和全局变量。局部变量在函数内部声明，只能从该函数内部访问。全局变量在函数外部声明，具有全局作用域，可以从HTML文档的任意位置访问。

全局变量

在右边的示例中，变量firstName是在函数之前声明的，具有全局作用域。它既可以从函数内部访问，也可以从函数外部访问。

声明具有全局作用域的变量firstName

变量firstName和lastName在函数内部可用，因为它们具有全局作用域

```
var firstName = "John";
var lastName = "Smith";
function getFullName() {
        var result = firstName +
" " + lastName;
        return result;
}
console.log(getFullName());
```

vaScript对象

vaScript对象是一组属性的集合，这些属性由基本数据型组成。这种封装数据的方式被称为Json数据格式。为它易于使用和处理，所以已经成为在Web应用程序寸装和传输数据的主要格式。

每个属性用逗号分隔

属性列表用大括号括起来

```
var person =
{
        firstName: "John",
        lastName: "Smith",
        age: 39,
        hasDrivingLicense: true,
        education: [
            "Primary School",
            "High School",
            "BA Degree"
        ]
}
```

属性的键和值用冒号分隔

如果值是字符串，则必须用引号括起来

如果值是数组，则必须用方括号括起来

有混合属性类型的Json对象

右边的示例中，Json对象所包含属性具有不同的数据类型。当值分配给变量时，每个属性的数据也就设定了。

逻辑和分支

逻辑是用于判断一个陈述的真假的。JavaScript使用逻辑语句来判断一个变量是否满足特定条件，并根据该语句的真假做出决定。

布尔值

布尔数据类型只有两个可能的值：true或false。这意味着逻辑语句将始终返回两个布尔值中的一个。这些值允许算法执行特定的代码分支，以产生所需的结果。

比较不同的值

在条件语句中使用比较运算符，可以比较不同的值，以判断语句的真假。

比较运算符

符　号	含　义
==	等于
===	全等（不但值相等，而且数据类型也相同）
!=	不等于
!==	不全等（值不相等或数据类型不同）
>	大于
>=	大于或等于
<	小于
<=	小于或等于

逻辑运算符

逻辑运算符将多个布尔值组合成单个布尔结果。最常见的逻辑运是“逻辑与（and）”“逻辑或（or）”“逻辑非（not）”。“逻辑与”符（&&）要求两个布尔值都为真。“逻辑或”运算符（||）要求其中有一个布尔值为真。“逻辑非”运算符（!）会交换布尔值，使tru false，或使false变为true。例如，variable1 & &!variable2 是：variable1为true与variable2为false同时成立吗？如果同时成则返回true。

逻辑与
汉堡与薯条。两个语句必须同时为true，逻辑语句才能返回true。
逻辑或
套餐1或套餐2。其中必个语句为true，逻辑语返回true。

avaScript中的分支

常用的条件语句是if-then分支语句。此语句指示序仅在逻辑条件为true时执行代码块。程序（或法）实际上是一系列有条件的逻辑步骤，通过这步骤可以将给定的输入转换为所需的输出。通过用if-then-else和else-if分支语句，可以将更多的步添加到条件逻辑中。

```
if (amount >= 30) {
        payment = "Card";
}
```

如果金额大于或等于30，则刷卡支付

if-then
if语句指示JavaScript在条件为ture时执行代码块。

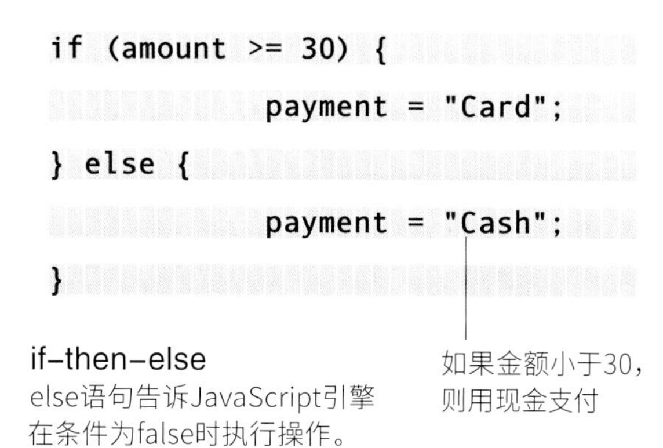

```
if (amount >= 30) {
        payment = "Card";
} else {
        payment = "Cash";
}
```

如果金额小于30，则用现金支付

if-then-else
else语句告诉JavaScript引擎在条件为false时执行操作。

逻辑非
不加洋葱和番茄的汉堡。逻辑非可反转逻辑状态，使true变为false、false变为true。

开关（switch）语句

表达复杂条件逻辑的更好方法是使用开关语句。一个开关语句可以代替多个else-if语句。每种可能的状态都用一个case表示，如果没有一个case与条件语句匹配，那么将执行默认代码块。每个代码块用break语句分隔。

输入和输出

Web的最大特点之一是具有交互性。使用JavaScript，可以对网页进行编程，以不同形式向用户输出信息，同时以各种方式接收来自用户的输入。

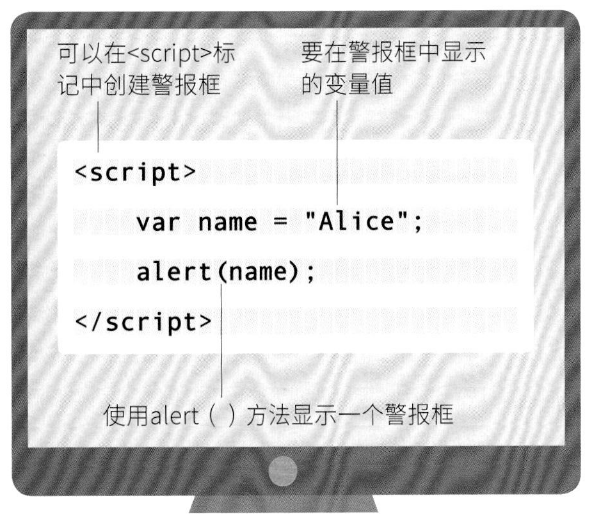

显示模态警报框

警报框是在正常浏览器窗口上方打开并显示消息的模态窗口。用户在关闭警报框之前无法继续操作。

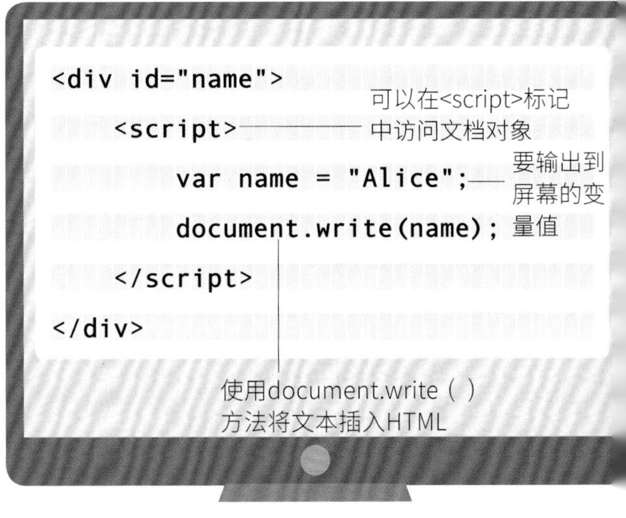

在HTML输出中插入数据

这允许程序员执行JavaScript并将某些数据输出到HTML中，使之出现在屏幕上的指定位置。

用户输入

在JavaScript中获取用户输入和处理数据的方法有好几种。选择何种输入方法，取决于输入数据的紧迫程度，输入字段是否需要符合页面的视觉样式，以及用户是否必须按特定顺序回答问题。

提示框

提示框是一个模态消息框，要求用户在其中输入一行信息。用户必须先回答问题，之后才能在浏览器中执行其他操作。在用户必须紧急回答问题或按特定顺序回答问题的情况下，提示框是非常有用的。

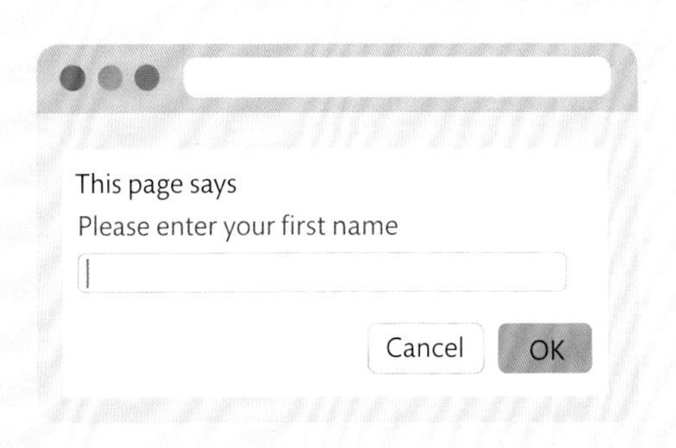

在屏幕上输出数据

JavaScript有四种在屏幕上显示数据的方法。采用何种方法，取决于所显示信息的类型，以及输出是针对开发人员还是最终用户。例如，紧急警报或问题应该显示在模态窗口中，因为用户必须在继续操作之前对它进行确认。又如，调试信息是为开发人员准备的，所以应该显示在JavaScript的控制台日志中。

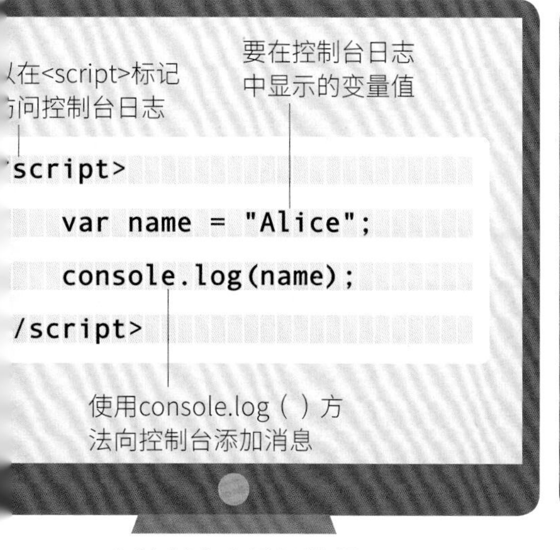

在控制台中显示数据

可以输出到JavaScript控制台日志。这些日志消息在调试代码时非常有用，开发人员可以很方便地查看代码执行期间发生的情况。

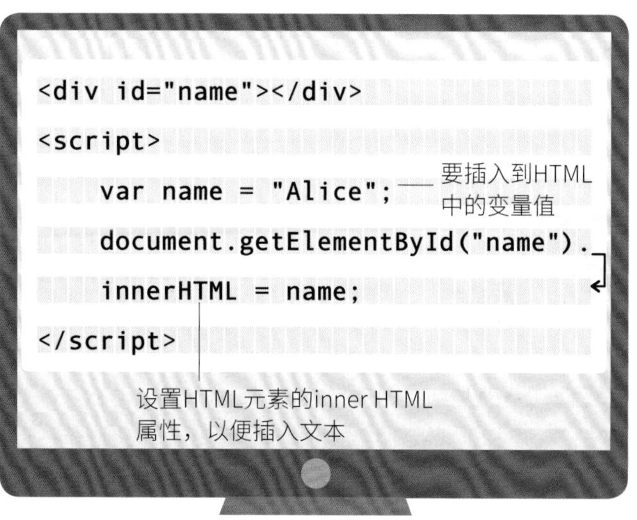

<div id="name"></div>
<script>
var name = "Alice";
要插入到HTML中的变量值
document.getElementById("name").
innerHTML = name;
</script>
设置HTML元素的inner HTML属性，以便插入文本

将数据插入到HTML元素中

允许在脚本执行期间对输出进行计算，然后通过占位符HTML元素将其插入到正确的位置。

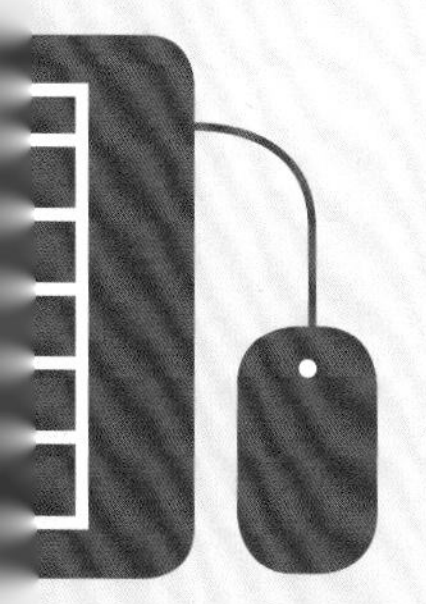

确认框

确认框是用于验证用户意图的模态对话框。用户在返回主页之前，必须与确认框进行交互。

This page says

Are you enjoying JavaScript?

Cancel OK

HTML输入

HTML中的<form>标记通常用于将输入字段中的信息发送回服务器。不过，这些数据也可以用在JavaScript代码中。例如，使用HTML输入控件来获取用户的名和姓。

First Name: John

Last Name: Smith

Click me

This page says

Hello John Smith

Cancel OK

for循环

for循环将重复执行一个代码块，每次执行时计数器将会递增或递减，直到计数器不再满足给定条件。随着计数器的每次递增（或递减），循环将从上往下（或从下往上）运行。

```
for (let loopCounter = 0; loopCounter < 5;
loopCounter++) {
    console.log(loopCounter);
}
```

逻辑条件出现在循环之前

含有正增量的for循环
循环每重复一次代码块，循环计数器便增加1。当循环计数器等于5时，该循环将停止。

在控制台日志中显示变量loopCounter的值

while循环

while循环将重复执行一个代码块，直到返回的条件为false。这与do while循环类似，只不过while循环的条件是在代码块之前。如果条件为false，则while循环将不执行代码块。

使用while循环
当指令重复次数未知时，最好使用while循环。但是，根据条件的不同，while循环可能连执行一次的机会都没有。

```
var numberOfDaysCounter = 0;
var numberOfDays = 3;
var daysOfWeek = ["Monday", "Tuesday", "Wednesday", "Thursday",
"Friday", "Saturday", "Sunday"];
while (numberOfDaysCounter < numberOfDays) {
    console.log(daysOfWeek[numberOfDaysCounter]);
    numberOfDaysCounter++;
}
```

逻辑条件规定了循环执行的时机。在这里，如果计数器小于天数（numberOfDays），那么循环将会执行

JavaScript中的循环指令

在程序设计中，指令可能经常需要重复执行一定的次数，或是直到满足某个条件为止。循环使我们能够控制一组指令的重复次数。本部分介绍了几种不同的循环，每种循环都有不同的停止方式。

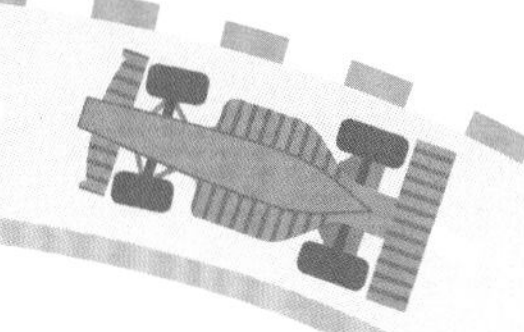

or in循环

or in循环为对象的每个属性重复执行一个代码块。
循环指令内部声明了一个变量，该变量将保存循环
在处理的属性的值。

遍历数组

for in循环非常适合处理数据数组。代码块将处理数组中的每个项，并在没有更多项需要处理时停止。

```
var myBook = {
    name: "Great Expectations",
    numberOfPages: 250,
    format: "paperback"
}
for (let property in myBook) {
    console.log(` ${property} ${myBook[property]}`)
}
```

变量myBook有三个属性，分别是name、numberOfPages和format

format属性中有字符串值paperback

变量property表示循环正在处理的当前属性

o while循环

while循环类似，do while循环也会重复执行一个代
块，直到返回条件为false。所不同的是，do while
环的条件出现在代码块之后。只有当代码块第一次
行之后，do while循环才会检查条件是否成立。

使用do while循环

当代码块的重复次数未知但又必须至少执行一次时，应当使用do while循环。

```
ar numberOfDaysCounter = 0;
ar numberOfDays = 3;
ar daysOfWeek = ["Monday", "Tuesday", "Wednesday", "Thursday",
Friday", "Saturday", "Sunday"];
o {
    console.log(daysOfWeek[numberOfDaysCounter]);
    numberOfDaysCounter++;
 while (numberOfDaysCounter < numberOfDays)
```

条件可能取决于循环外部变量的状态

在检查条件是否成立之前执行代码块

嵌套循环

循环可以嵌套或包含在其他循环中。这使得我们可以依次遍历列表或多维数组（包含一个或多个数组的数组）中的所有项。

使用嵌套循环

在下面的示例中，数组表示的是星期几和当天的温度度数。嵌套循环用于查找最高温度。外部循环表示的是星期几，内部循环表示的是每天的数据。

```
var daysAndTemperature = [
    ["Monday", 26,21,24],
    ["Tuesday", 24],
    ["Wednesday", 28,21],
];
var maxTemperature = 0;
for (let outerCounter = 0; outerCounter < daysAndTemperature.
length; outerCounter++) {
    for (let innerCounter = 0; innerCounter < daysAndTemperature
    [outerCounter].length; innerCounter++) {
        var innerValue = daysAndTemperature[outerCounter]
        [innerCounter];
        if (isNaN(innerValue)) {
            continue;
        } else {
            if (maxTemperature < innerValue) {
                maxTemperature = innerValue;
            }
        }
    }
}
console.log(`Max Temperature ${maxTemperature}`);
```

每个数组的项数不同

outerCounter循环遍历每一天

innerValue表示daysAndTemperature[outerCounter]中的每个数组项

如果innerValue不是数字，那么代码将跳转到innerCounter循环的下一个迭代

innerCounter循环遍历每天的数据

该变量将保存在数组项中找到的最高温度值

在控制台日志中显示最高温度值

跳出循环

有时，循环的当前迭代没有必要继续执行，或者程序员已经找到了所要查找的答案。为避免把时间浪费在处理不必要的循环上，你可以使用continue命令来终止循环的当前迭代，并开始下一个迭代。break命令可用于终止整个循环的执行。

break语句

break语句告诉JavaScript引擎终止循环，并跳转至循环后面的下一个指令。这很有用，因为一旦循环找到了所要查找的内容，就可以继续处理程序的其余部分。

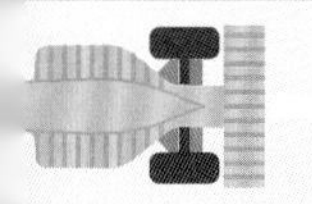

```
var days = ["Monday", "Tuesday", "Wednesday", "Thursday"];
var whenIsWednesday = function (days) {
    let result = null;
    for (let i = 0; i < 7; i++) {
        if (days[i] === "Wednesday") {
            result = i + 1;
            break;
        }
    }
    return result;
};
console.log(`Wednesday is day ${whenIsWednesday(days)}`);
```

这个函数将返回与字符串Wednesday匹配的数组项的索引

每次循环迭代时，计数器i将增加1

检查数组项的值是否与字符串Wednesday的值全等

由于数组的索引通常从0开始计数，因此经常需要加上1，以便得出的结果更容易被理解

循环完成后，返回变量result的值

在控制台日志中显示函数的结果：Wednesday is day 3

continue语句

continue语句指示循环停止当前迭代，并开始下一个迭代。当你知道了当前迭代不需要执行，并且可以在循环中继续进行下一个迭代时，continue语句是非常有用的。

```
for (let i = 0; i < 7; i++) {
    if (days[i] !== "Wednesday") {
        continue;
    }
    result = i + 1;
```

whenIsWednesday函数使用的是continue语句，而不是break语句

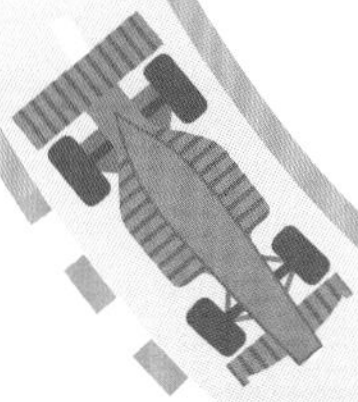

JavaScript中的函数

函数是执行任务的指令块。函数内部的代码通常只在函数被调用时才执行。要想使用某函数，必须先在该函数需要被调用的作用域（局部作用域或全局作用域）内进行定义。

声明函数

可以通过为函数提供名称、输入参数列表和用大括号括起来的代码块来声明函数。函数可以使用return语句返回值。

```
var firstName = "John";
function getFirstName() {
        return firstName;
}
console.log(getFirstName());
```

输入参数在内声明。本没有输入参

函数名称

将被执行的代码

将getFirstName（）函数的结果输出到控制台日志

简单的函数定义

一旦定义了函数，就可以在代码中的其他位置多次调用它。

函数语句与函数表达式

在JavaScript中，函数的行为取决于它是如何声明的。函数语句可以在函数被声明之前调用，而函数表达式则必须在使用之前声明。

函数语句

函数语句以 function 开头，紧随其后的是函数名称、输入参数，再然后是大括号中的代码块。

```
function getFullName(firstName, lastName) {
        return `${firstName} ${lastName}`;
}
console.log(getFullName("John","Smith"));
```

函数getFullName（）的输入参数

模板字面量返回一个嵌入了变量值的字符串

函数表达式

函数表达式以变量声明开头，然后将函数赋给变量。

```
var fullName = function getFullName(firstName, lastName) {
        return `${firstName} ${lastName}`;
}
console.log(fullName("John","Smith"));
```

变量声明

嵌套函数

在一个函数中也可以嵌套另一个函数。但是，内部函数只能由它的外部函数调用。内部函数可以使用外部函数的变量，但外部函数不能使用内部函数的变量。

```
var car = function (carName) {
        var getCarName = function () {
            return carName;
        }
        return getCarName();
}
console.log(car("Toyota"));
```

函数表达式声明

在car函数中声明的嵌套函数表达式

内部嵌套函数getCarName ( ) 可以访问外部父函数car的变量carName

为什么使用嵌套函数

嵌套函数中的内部函数只能从外部函数（又称父函数）中访问，这意味着内部函数包含外部函数作用域。

自执行函数

通常情况下，函数只有被调用了才能执行它的代码。但是，被自执行函数包围的函数可以在声明后立即运行。自执行函数通常用于通过声明全局范围变量计数器来初始化JavaScript应用程序。

```
(function getFullName() {
        var firstName = "John";
        var lastName = "Smith";
        function fullName() {
            return firstName + " " + lastName;
        }
        console.log(fullName());
})();
```

这些变量只能在自执行函数中访问

使用自执行函数

在自执行函数中声明的变量和函数只能在该函数中访问。在上面的例子中，嵌套函数fullName ( ) 可以通过外部父函数getFullName ( ) 访问变量firstName和lastName。

JavaScript调试

程序员要花费大量的时间来诊断和改正代码中的错误和遗漏。调试会减慢JavaScript的执行速度，同时逐行显示应如何修改数据。由于JavaScript是在运行时解释并在浏览器中执行的，因此要使用浏览器的内置工具来进行调试。

JavaScript中的错误

在JavaScript中，当程序试图执行非预期的或禁止的动作时，会检测到错误或抛出错误。JavaScript使用Error对象来提供有关非预期事件的信息。JavaScript错误可以在浏览器的开发者工具中的控制台选项卡中查看。每个Error对象都有两个属性：名称和消息。名称指出错误的类型，消息提供有关该错误的更多详细信息，如所抛出的错误在JavaScript文件中的具体位置。

语法错误
代码编写方式错误会导致语法错误。当JavaScript引擎在运行的环境中解释代码时，可能会发生语法错误。

类型错误
当使用了错误的数据类型时，会发生此错误。例如，将string.substring（）方法应用于数字变量。

范围错误
当代码试图使用可能值范围之外的数值时，JavaScrip会检测到此错误。

URI错误
URL中不允许使用某些字母数字字符。由于使用了保留字符，导致对URI进行编码或解码出现问题时，将抛出URI错误。

eval()函数执行错误
当eval（）函数没有被正确执行时，会发生此错误。在新版本的JavaScript中，不会抛出此错误。

引用错误
当代码引用了一个不存在的或不在范围内的变量时，会发生此错误。

开发者工具

所有的现代浏览器都包含一套开发者工具，以帮助程序员使用HTML、CSS和JavaScript。开发者工具具有在浏览器中调试JavaScript和查看HTML元素状态等功能。要打开Google Chrome的开发者工具，请按快捷键Command+Option+I（Mac）或Ctrl+Shift+I（Windows和Linux）。

控制台

Web开发人员可以将消息输出到控制台日志，以确保所编写的代码按预期执行。“控制台”选项卡包含两个区域。

- ConsoleOutputLog：显示来自JavaScript执行的系统消息和用户消息。
- **控制台命令行界面**：接收任何JavaScript指令，并立即执行它们。

JavaScript调试器

JavaScript调试器可以在“资源”选项卡中找到。通过调试器，可以逐行地单步调试代码，以便检查代码执行时的变量情况。调试器的左侧是HTML文档使用的所有源文件的列表，可从中选择要调试的文件。

作用域

“资源”选项卡的右侧窗口中包含作用域。其下方的“局部”和“全局”部分能够显示当前作用域中定义的变量。只有在调试脚本时，作用域窗格中才会出现变量。

断点

JavaScript引擎在遇到断点时将暂停代码执行，允许程序员检查代码。执行可通过以下方式之一进行。

- 继续脚本执行（resume script execution）：继续执行直至程序遇到另一个断点或程序结束。
- 步入（step over）：在一步中执行下一行代码，然后在下一行暂停。它跳过函数而不对函数进行单步调试。
- 步进（step into）：执行下一行代码，然后在下一行暂停。它将进入函数内部进行单步调试。
- 步出（step out）：函数调用后，执行当前函数中的剩余代码，然后在下一个语句暂停。

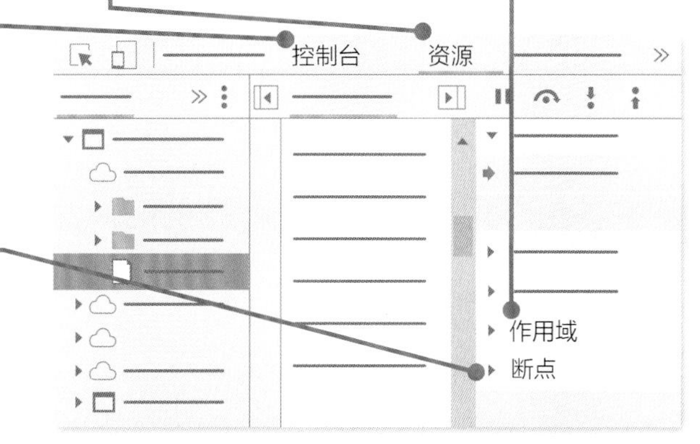

Google Chrome中的开发者工具

错误处理

在JavaScript中，开发人员可以使用try...catch语句处理代码中的错误。通常，当JavaScript引擎抛出错误时，程序将停止执行。但是，如果代码被包裹在try模块中，那么当异常被抛出时，执行将跳转到catch模块，程序将继续正常执行。此时，开发人员可以使用throw语句手动抛出错误。

```
try {
        noSuchCommand();    —— 该函数并不存在
}
catch (err) {    —— 代码跳转到catch模块，而不是停止程序执行
        console.error(err.message);
}
console.log("Script continues to
run after the exception");
```

错误消息将会显示在控制台中

try ... catch语句

使用throw操作符生成一个错误

```
throw("Oops there was an error");
```

throw语句

面向对象的JavaScript

在编程中，创建多个同类型的对象是很常见的。面向对象的编程是将属性和方法封装到类中。通过创建新的子类，可以重复使用类的功能。

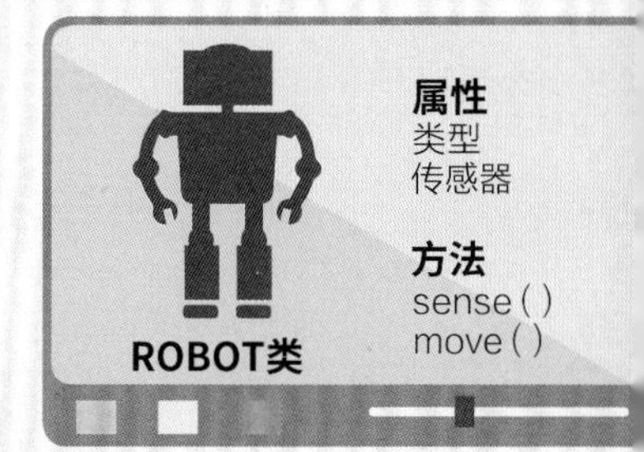

类继承

在JavaScript中，可以将对象声明为类的实例，它将继承属于该类的所有属性和方法。在这里，ROBOT类的每个子对象都可以继承它的属性和方法。

原型

每个JavaScript对象都带有一个名为原型（prototype）的内置变量。添加到原型对象的任何属性或函数都可以被子对象访问。使用关键字new可以将子对象创建为父对象的实例。

```
let parentObject = function() {
    this.title = "123";
}
let childObject = new parentObject();
childObject.title = "ABC";
parentObject.prototype.getTitle = function(){
    return this.title;
}
console.log(childObject.getTitle());
```

创建一个新的父对象

创建一个新的子对象，作为父对象的实例

设置子对象的title属性

为父对象原型添加一个新方法

从子对象调用父对象原型中的方法，并返回子对象的title属性（ABC）

函数

与在原型中一样，使用new命令也可以将对象声明为函数的实例。new命令的作用是执行构造函数（对类的属性进行初始化的方法）。子对象可以继承函数中定义的所有属性和方法。

```
function Book(title, numberOfPages) {
        this.title = title;
        this.numberOfPages = numberOfPages;
};
let JaneEyre = new Book("Jane Eyre", 200)
console.log(JaneEyre.title);
```

实例化对象new Book

函数的属性和方

avaScript中定义对象

aScript是一种基于原型的语言，这
着可以通过对象的“原型”属性来
属性和方法。这与其他面向对象的
（如Python）构造类的方法不同。
面向对象的方式定义和实例化
aScript对象的方法有三种：原型、
和类。

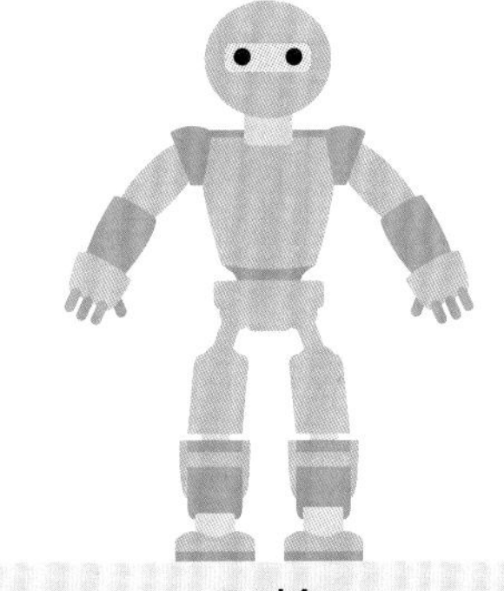

子对象

属性
类型：类人机器人
传感器：温度

方法
sense()
move()

子对象

属性
类型：工业机器人
传感器：光

方法
sense()
move()

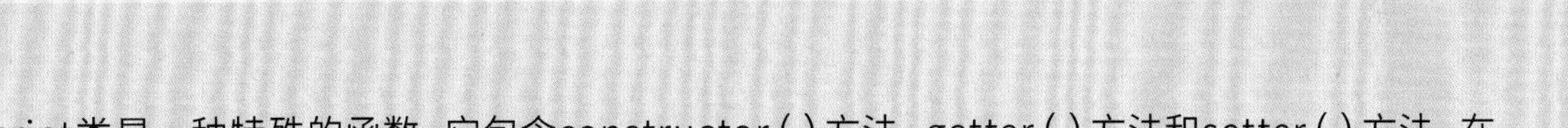

aScript类是一种特殊的函数，它包含constructor()方法、getter()方法和setter()方法。在
new命令实例化对象时，constructor()方法将运行，而getter()方法和setter()方法则会定
何读取和写入属性。与函数类似，类也可以按以下方式进行定义。

明
以用关键字class来
。constructor()
获取初始化对象属
需的输入参数。

```
class Book {
    constructor(title, numberOfPages, format) {
        this.title = title;
        this.numberOfPages = numberOfPages;
        this.format = format;
    }
}
let JaneEyre = new Book("Jane Eyre", 200, "Paperback")
console.log(JaneEyre.title);
```

定义Book类的属性和方法

对象的title属性

达式
可以被赋给变量，
变量可以通过函
传递与返回。

赋给变量Book的类

```
let Book = class {
    constructor(title, numberOfPages, format) {
        this.title = title;
```

库和框架

一方面，JavaScript广泛使用可在代码中调用的预先编写的功能库，使得编程更加轻松、快捷。另一方面，框架提供了一种可以根据需要调用和使用代码的标准化编程方法。

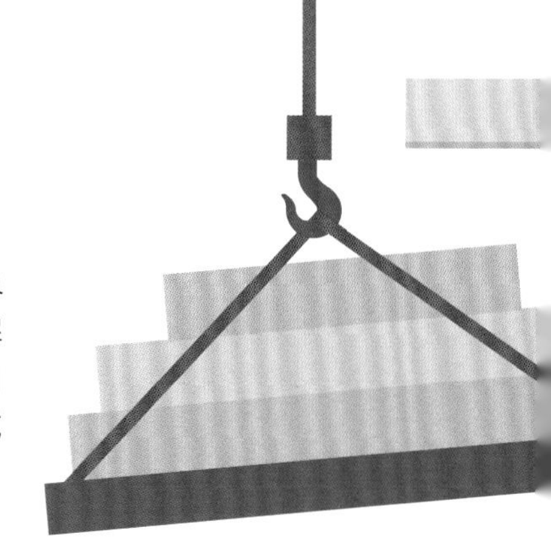

库和框架的类型

有很多JavaScript库可用于帮助完成所有常见的编程任务。在用户界面方面，有一些工具可用于响应式布局、操纵HTML元素，以及管理屏幕上的图形。在数据处理方面，有一些库可用于保持数据同步、验证用户输入，以及处理数学问题、日期、时间和货币。甚至还有完善的测试框架，可用于保证代码在未来按照预期运行。

JQuery

JQuery是一个包含许多实用工具的框架，如动画、事件处理和AJAX。它接收复杂的JavaScript代码并将其包装成更简单的方法，这些方法可以用一行代码调用。

Node.js和NPM

Node.js是一个运行时环境，用于在JavaScript中创建Web服务器和API应用程序。它拥有一个庞大的JavaScript文件库，可以执行Web服务器上的所有常见任务，如向计算机的文件系统发送请求，并在文件系统读取和处理请求后将内容返回客户端。定义Node.js环境的JavaScript文件，由浏览器外部的谷歌JavaScript引擎来解释。

Node包管理器（node package manager，NPM）是一个用JavaScript编写的软件包管理器。它包含免费和付费应用程序的数据库。在使用Node包管理器之前，需要先安装Node.js。

ReactJS

ReactJS用于构建交互式用户界面（UI），它允许程序员通过组件（小的代码片段）来创建复杂的UI。ReactJS使用组件模型来维护单页面应用程序的状态和数据绑定。

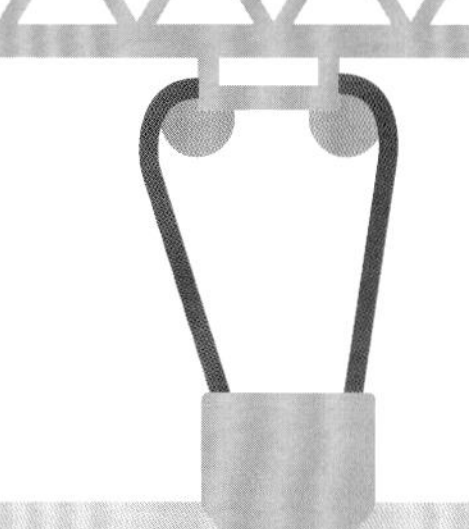

TypeScript
TypeScript是一种脚本语言，用于导出可在浏览器中运行的简单JavaScript文件。它为最新的和不断发展的JavaScript功能提供支持，以帮助构建功能强大的组件。

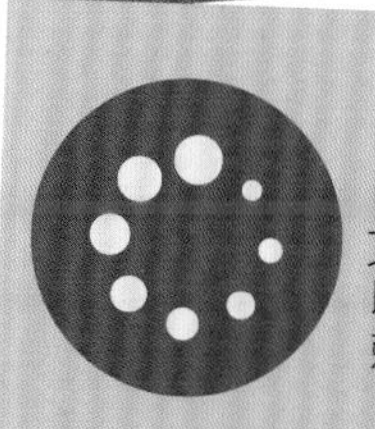

RequireJS
RequireJS负责管理JavaScript文件和模块的加载，确保脚本以正确的顺序加载，并可供依赖于它们的其他模块使用。

Angular
Angular用于构建动态的单页面应用程序，可以满足应用程序的复杂需求，如数据绑定、浏览“视图”和动画。Angular提供有关如何结构化和构建应用程序的特定准则。

Moment.js
Moment.js可以帮助我们在JavaScript中轻松地处理日期和时间，同时能帮助用户解析、操作、验证和在屏幕上显示日期和时间。Moment.js在浏览器和Node.js中均可使用。

MathJS
MathJS是一个含有大量数学处理工具的库，支持分数、矩阵、复数、微积分等。它与JavaScript内置的Math库兼容，能在任何JavaScript引擎中运行。

Bootstrap
Bootstrap包含许多实用的图形元素和网格布局工具，可用于创建富有视觉吸引力的网站——可以缩放以适应任何尺寸的屏幕。Bootstrap是HTML、CSS和JavaScript的结合。将它应用于网页，可以创建富有吸引力的图形用户界面。

图形用户界面

网页是一个图形用户界面（GUI），用户可以通过它浏览网站。HTML和CSS为图形设计提供了基础，JavaScript则可以为页面上的元素添加自定义的逻辑和业务规则，以提高交互的质量。

使用JavaScript处理图形

在HTML文档中，<img/>标记用于显示图像文件，<svg>标记用于显示矢量图像。JavaScript可用于修改这些响应用户交互的图形元素的属性。HTML中的canvas元素允许JavaScript将图形直接绘制到屏幕上。除此之外，JavaScript还具有扩展的库和框架，导入后可以生成复杂的图形应用程序。

可缩放矢量图形(SVG)

SVG是一种用代码描述二维图形的格式。通过浏览器可以在屏幕上绘制这些图形。SVG文件很小，缩放至任意大小都不会降低图片质量。我们也可以利用图形软件（如Adobe Illustrator或Gimp）来绘制和导出它。SVG中的图形也可以使用CSS设置样式，并通过搜索引擎搜索。

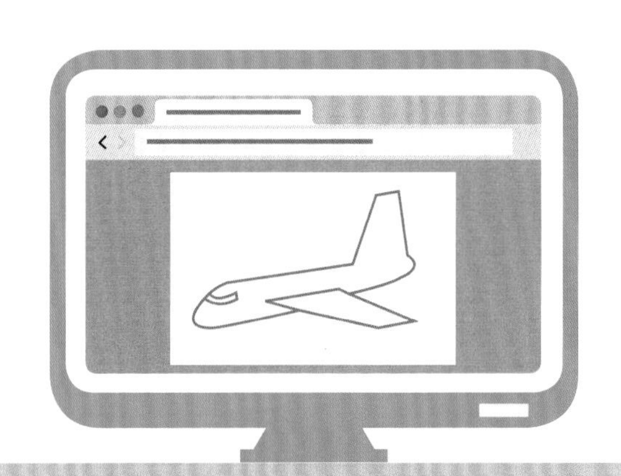

用SVG绘制公司标识

在下面的例子中，你可以用<rect>标记为背景绘制矩形，用<text>标记绘制logo文本，还可以使用样式属性修改最终的图形。

绘制一个带灰色边框的红色矩形

```
<svg width="200" height="100">
        <rect style="stroke:grey;stroke-width:10px;fill:red;"
        x="0" y="0" height="100" width="200" />
        <text fill="white" font-size="30" font-family="Verdana" x="20"
        y="60">SVG LOGO</text>
</svg>
```

</svg>结束标记

在矩形前面绘制logo文本

使用CSS样式属性定义SVG元素

TML画布

nvas元素定义了一个可在其中使用JavaScript建图形的网页空间。这空间是一个二维网格，以使用JavaScript在上绘制线条、形状和文。网格坐标（0,0）是左上角开始算起的。

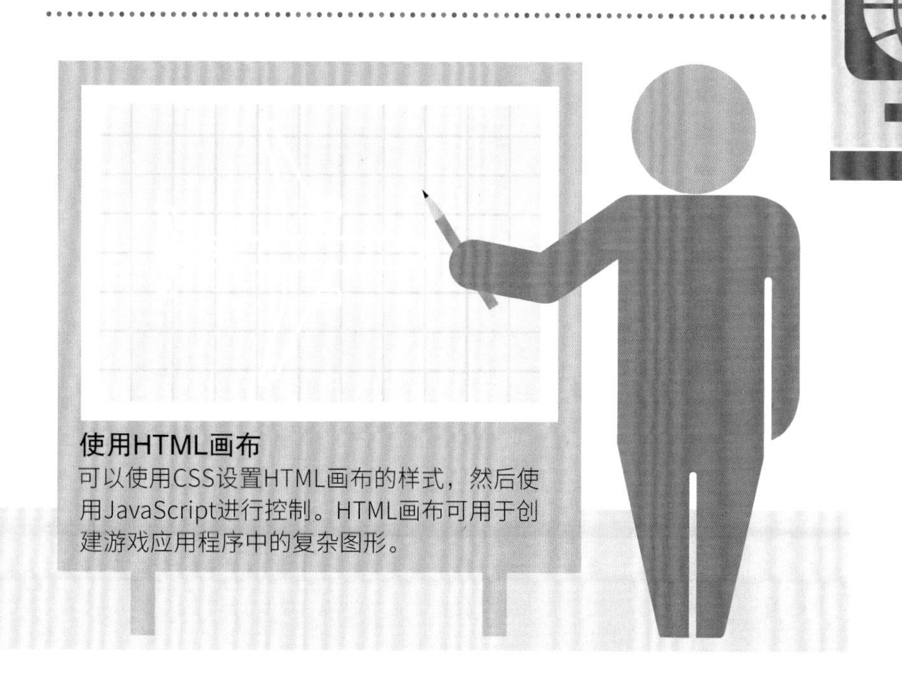

使用HTML画布

可以使用CSS设置HTML画布的样式，然后使用JavaScript进行控制。HTML画布可用于创建游戏应用程序中的复杂图形。

形库

/aScript有几个内置的图形库，使复杂的图形在Web上处理起来更加容易。每个图形库都有特殊目的，如将数值居转化成图形，将统计数据表示为图表，绘制计算机游戏中的虚拟世界等。

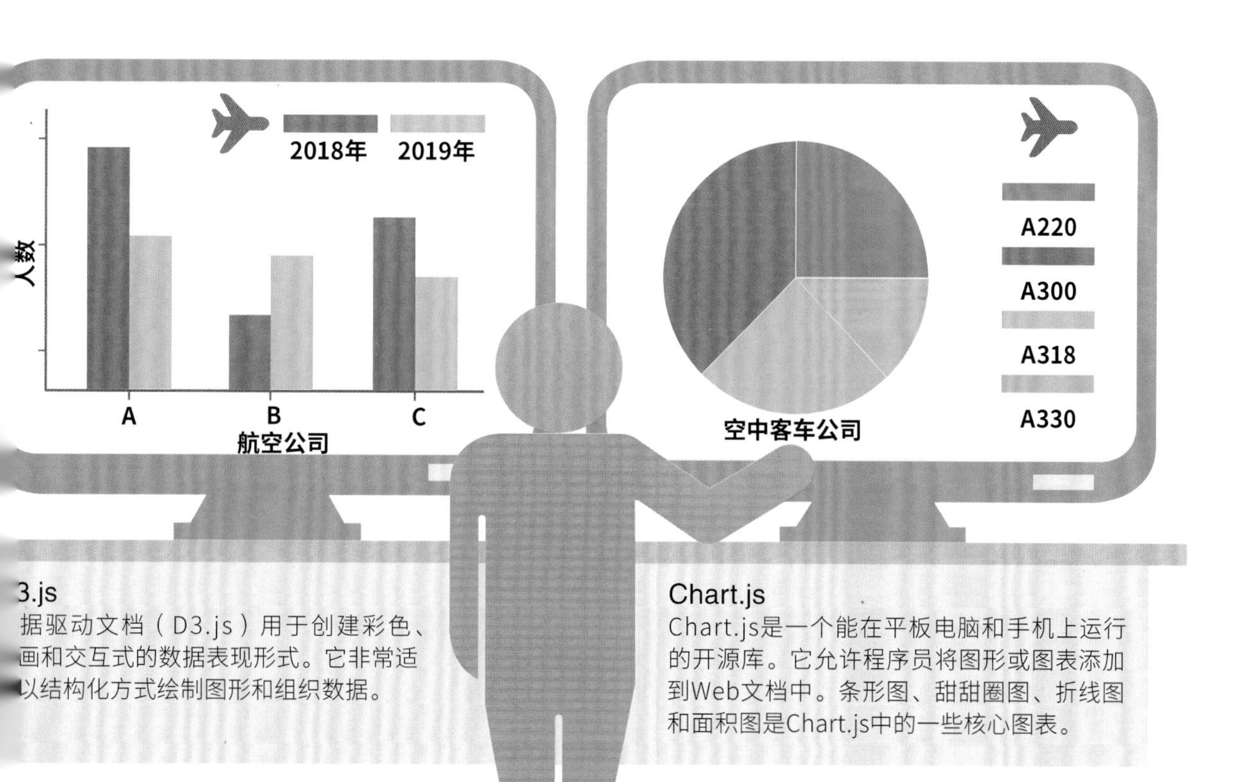

3.js

据驱动文档（D3.js）用于创建彩色、画和交互式的数据表现形式。它非常适以结构化方式绘制图形和组织数据。

Chart.js

Chart.js是一个能在平板电脑和手机上运行的开源库。它允许程序员将图形或图表添加到Web文档中。条形图、甜甜圈图、折线图和面积图是Chart.js中的一些核心图表。

操作教程：设计网页动画

JavaScript可用于扩展网站的功能，使网页更具动态性和交互性。在本部分中，JavaScript将帮助你在现有的HTML框架内添加智能动画效果和交互性语言，从而完成整个网页设计项目。

程序设计

在本项目的第三部分中，JavaScript将会被添加到此前在本项目的第二部分中创建的结构化和样式化网页中。本部分所添加的功能将实现用户与网页的交互。

交互式网站

该网页将具有交互功能：顶部的促销信息栏将循环显示四条信息；“返回顶部”按钮将出现在网页底部，单击该按钮后，网页将向上滚动至顶部。

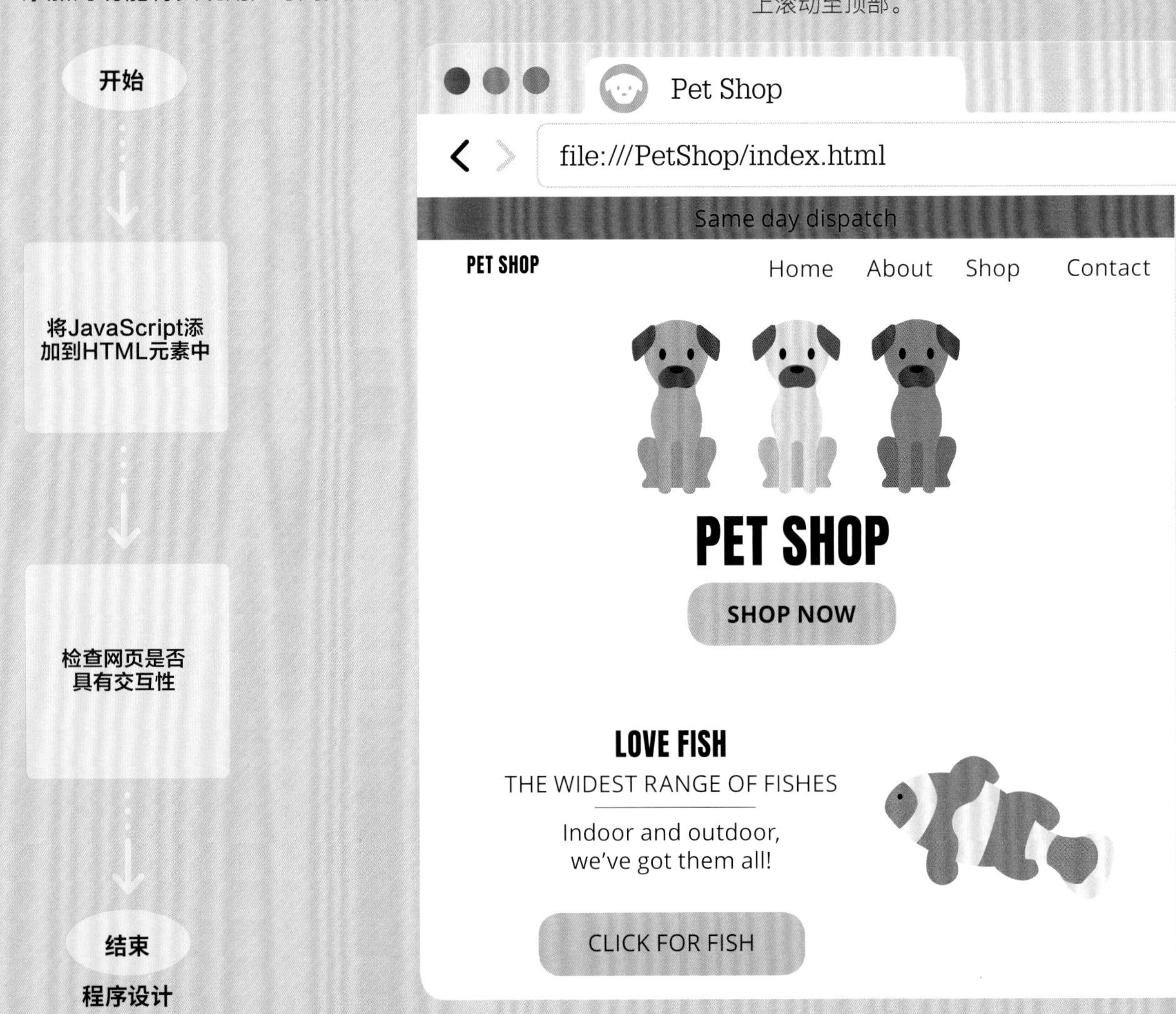

你可以学到

- 如何创建JavaScript文件
- 如何使用JQuery
- 如何为HTML元素设计动画

时间：1小时

代码行数：89

难度等级

如何应用

几乎所有网站都会使用JavaScript。它通过实现自定义客户端脚本来帮助开发人员创建更具吸引力和交互性的网页。它甚至允许使用跨平台的运行时引擎（如Node.js）来编写服务器端代码。

目要求

本项目中，你需要用到之前建的HTML文件和CSS文件。可以继续使用相同的IDE。

HTML文件

CSS 文件

开发环境

1 准备开始

为了将JavaScript的交互功能添加到网站中，你需要用到多个JavaScript文件。而且，为了使编程变得更容易，你还需要将HTML文档链接到JavaScript框架。

1.1 添加文件夹

创建一个名为scripts的新文件夹，用于存储JavaScript文件。在Mac机上，打开Finder并在网站文件夹内创建文件夹，然后打开“解决方案”，右击项目名称，在弹出的快捷菜单中选择“添加”子菜单中的“解决方案文件夹”选项；在Windows机上，右击“解决方案资源管理器”中的项目名称，在弹出的快捷菜单中选择“添加”子菜单中的“新建文件夹”选项。

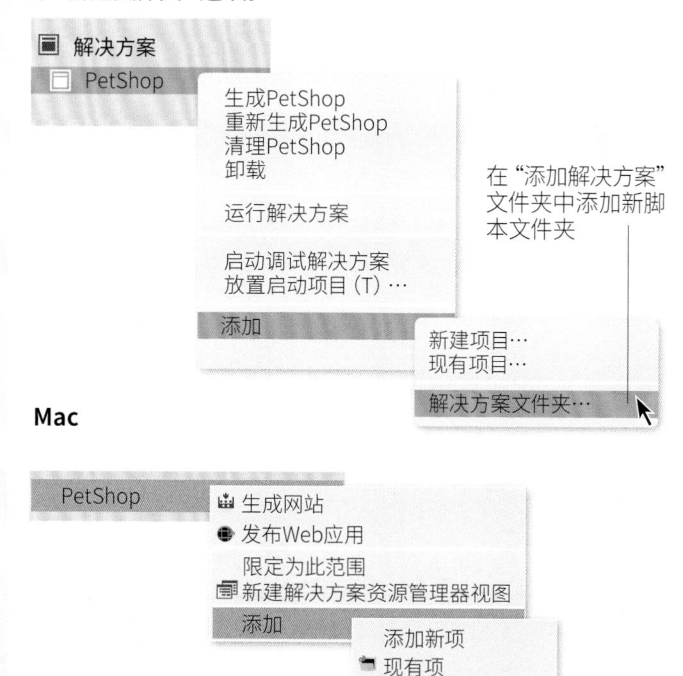

1.2 添加JQuery

在添加自定义的JavaScript文件前，你需要先将JQuery添加到HTML文件中。在自定义脚本中使用JQuery，可以更轻松地定位HTML元素。在index.html文件的<head>标记内添加一个<script>标记，用来访问JQuery的在线引用地址。这个在线引用地址又称内容分发网络（content delivery network，CDN）。你也可以将这些文件下载到自己的站点中，不过使用CDN会更轻松、快捷。

HTML

```
<link href="https://fonts.googleapis.com/css?family=Anton|
Open+Sans" rel="stylesheet">
<script src="https://code.jquery.com/jquery-3.3.1.min.js">
</script>
</head>
```

src属性指向JQuery的CDN

链接到JQuery的在线引用地址（需确保浏览器能正常访问该网址，否则请将其替换为可访问的网址）

2 添加JavaScript文件

本项目中的网页需要添加3个自定义的JavaScript文件。在本节中，你只需创建前两个文件，其中一个包含全局变量，另一个包含主页的功能。

2.1 添加新文件

你需要添加的第一个自定义脚本名为app.js。这样做将添加一个app类或函数，你可以将其实例化，以保存所有全局变量。右击scripts文件夹，在弹出的快捷菜单中选择“添加”子菜单中的“新文件”选项，创建一个名为app.js的JavaScript文件。

解决方案
PetShop
解决方案
scripts脚本
生成PetShop
重新生成PetShop
清理PetShop
卸载
查看档案
运行项目
开始调试
添加
添加新项
添加已存在项
添加解决方案
新文件

单击此处，创建一个新的JavaScript文件

.2 引入app.js文件

现在，你需要将上面创建的JavaScript文件链接到HTML文件中。在index.html文件中的<head>标记内添加一个指向该JavaScript文件的<script>标记，放置在用来访问JQuery的<script>标记下方。注意，JavaScript文件的声明顺序很重要，因为脚本必须加载到JavaScript引擎中才能被执行。例如，必须先将JQuery加载完成，才能使用它里面的方法。

HTML

```
<script src="https://code.jquery.com/jquery-3.3.1.min.js">
</script>
<script src="scripts/app.js"></script>
```

添加一个指向新JavaScript文件的<script>标记

.3 在app.js文件中创建函数

在app.js文件中声明一个名app的变量，它是一个自执行数。然后，在这个函数内添加个名为websiteName的属性一个名为getWebsiteName方法。右边的示例是向app类加功能的具体操作。

JS

```
var app = (function () {
    /* Properties */
    var websiteName = "PetShop";
    /* Methods */
    return {
        getWebsiteName: function () {
            return websiteName;
        }
    }
})();
```

圆括号指示JavaScript引擎立即执行该函数

JavaScript中的注释，用符号//或/**/标识

保存

2.4 添加另一个文件

接下来添加另一个新的自定义脚本，其中包含主页所需的所有逻辑。参照步骤2.1，在scripts文件夹中创建一个新的JavaScript文件，并将其命名为home.js。

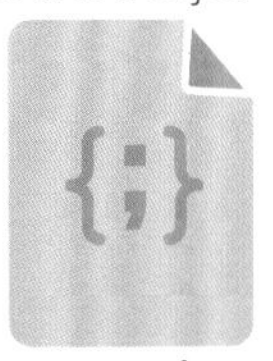

home.js

2.5 引入home.js文件

参照步骤2.2，将新的JavaScript文件链接到HTML文件中。在index.html文件中添加一个指向home.js文件的<script>标记，并将其放在步骤2.2中添加的引入app.js文件的代码下方。

HTML

```
<script src="scripts/app.js"></script>

<script src="scripts/home.js"></script>
```

表明文件位于scripts文件夹中

保存

2.6 在home.js文件中创建函数

在home.js文件中创建一个名为HomeIndex（）的函数，该函数将包含主页所需的所有功能。在该函数下，添加一个$（document）.ready（）函数。它是一个JQuery指令，用于指示JavaScript引擎等待页面上的所有元素都加载完成后再执行其中的代码。在$（document）.ready（）函数中，将HomeIndex（）函数实例化，作为app对象的属性，该对象已在app.js文件中被实例化了。

JS

```
function HomeIndex() {
}
$(document).ready(function () {
    /* Instantiate new Home class */
    app.homeIndex = new HomeIndex();
});
```

符号$代表JQuery函数

使函数在文档加载后可用

注释会被忽略，不会被执行

将home.js文件链接到app.js文件中

3 设置“返回顶部”按钮

本部分将详细讲解如何设置“返回顶部”按钮。你需要添加代码来控制按钮在何时可以被看见，并确保按钮被单击时页面能顺利返回顶部。

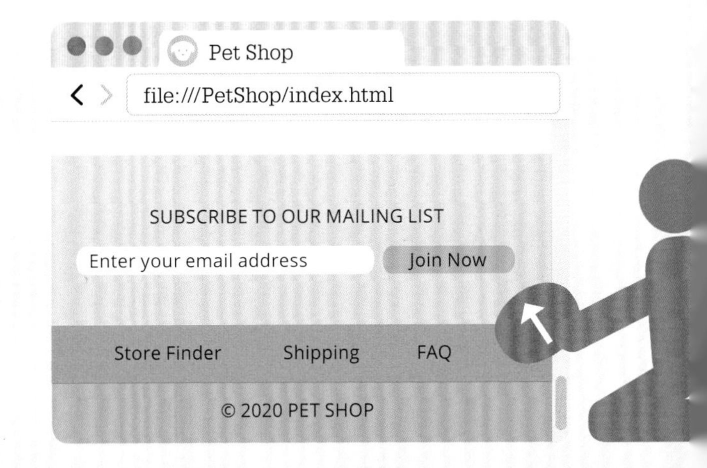

3.1 定义属性

在HomeIndex（ ）函数中添加一个属性，以设置“返回顶部”按钮距离网页顶部的高度。大于此高度时，“返回顶部”按钮应该可见。

```
function HomeIndex() {
    /* Properties */
    const heightFromTop = 300;
}
```

由于高度是不变的，因此将其定义为常量

3.2 定义方法

现在，你需要添加一个方法来初始化“返回顶部”按钮，以便对按钮进行控制。首先添加一个on scroll事件处理程序，每当用户在浏览器中滚动网页时，JavaScript引擎都会检查网页的滚动距离是否大于在HomeIndex（ ）函数中定义的值。滚动距离大于该值时，按钮可见；否则，按钮隐藏。然后添加一个on click事件处理程序，以便单击“返回顶部”按钮时能顺利返回顶部页面。请在HomeIndex（ ）函数中添加以下代码。

```
    const heightFromTop = 300;
    /* Methods */
    this.initialiseScrollToTopButton = function () {
    }
}
```

关键字this指的是它所属的对象，此例中是指HomeIndex（ ）函数

3.3 添加对初始化方法的调用

在document ready（ ）函数中，将以下代码添加到app.homeIndex声明的下面。这表示添加了一个运行initialiseScrollToTopButton（ ）方法的调用。

```
$(document).ready(function () {
    /* Instantiate new Home class */
    app.homeIndex = new HomeIndex();
    /* Initialize the Scroll To Top button */
    app.homeIndex.initialiseScrollToTopButton();
});
```

初始化“返回顶部”按钮

3.4 显示按钮

在initialiseScrollToTopButton（ ）函数中添加一个on scroll事件处理程序。它能通过使用JavaScript中的scrollTop（ ）函数确定当前的滚动距离。此时将当前滚动距离与步骤3.1中所设常量进行比较，便可看出“返回顶部”按钮是否需要淡入或淡出。

```
/* Methods */
this.initialiseScrollToTopButton = function () {
    /* Window Scroll Event Handler */
    $(window).scroll(function () {
        /* Show or Hide Scroll to Top Button based on
        scroll distance*/
        var verticalHeight = $(this).scrollTop();
        if (verticalHeight > heightFromTop) {
            $("#scrollToTop").fadeIn();
        } else {
            $("#scrollToTop").fadeOut();
        }
    });
}
```

该指令告诉JQuery在用户每次滚动页面时执行代码块

面向窗口（window）对象的JQuery选择器

该选择器告诉JQuery使用触发事件的元素（即本示例中的窗口对象）

JQuery使用该选择器获取id为scrollToTop的HTML元素

自动设置按钮动画效果的JQuery方法

3.5 单击按钮

接下来，你需要添加一个事件处理程序，来管理当“返回顶部”按钮被单击时可能出现的情形。为此，先添加一个click（ ）函数，以侦测按钮何时被单击，再使用animate（ ）命令告诉JQuery，在按钮被单击时设置html和body元素的动画效果。

```
            $("#scrollToTop").fadeOut();
        }
    });
    /* Scroll to Top Click Event Handler */
    $("#scrollToTop").click(function () {
        $("html, body").animate({ scrollTop: 0 },"slow");
    });
}
```

每次单击按钮时，此代码都会被执行

设置html和body元素的动画效果

返回到网页顶部时，滚动停止

保存

3.6 查看页面

接下来测试“返回顶部”按钮的动画效果。打开浏览器，在地址栏中输入网页的URL。在Windows机上，本地计算机上文件的网址是file:///C:/PetShop/index.html。在Mac机上，网址是file:///Users/[user account name]/PetShop/index.html。此时，“返回顶部”按钮会出现在网页右下脚。单击该按钮，网页将返回到顶部。

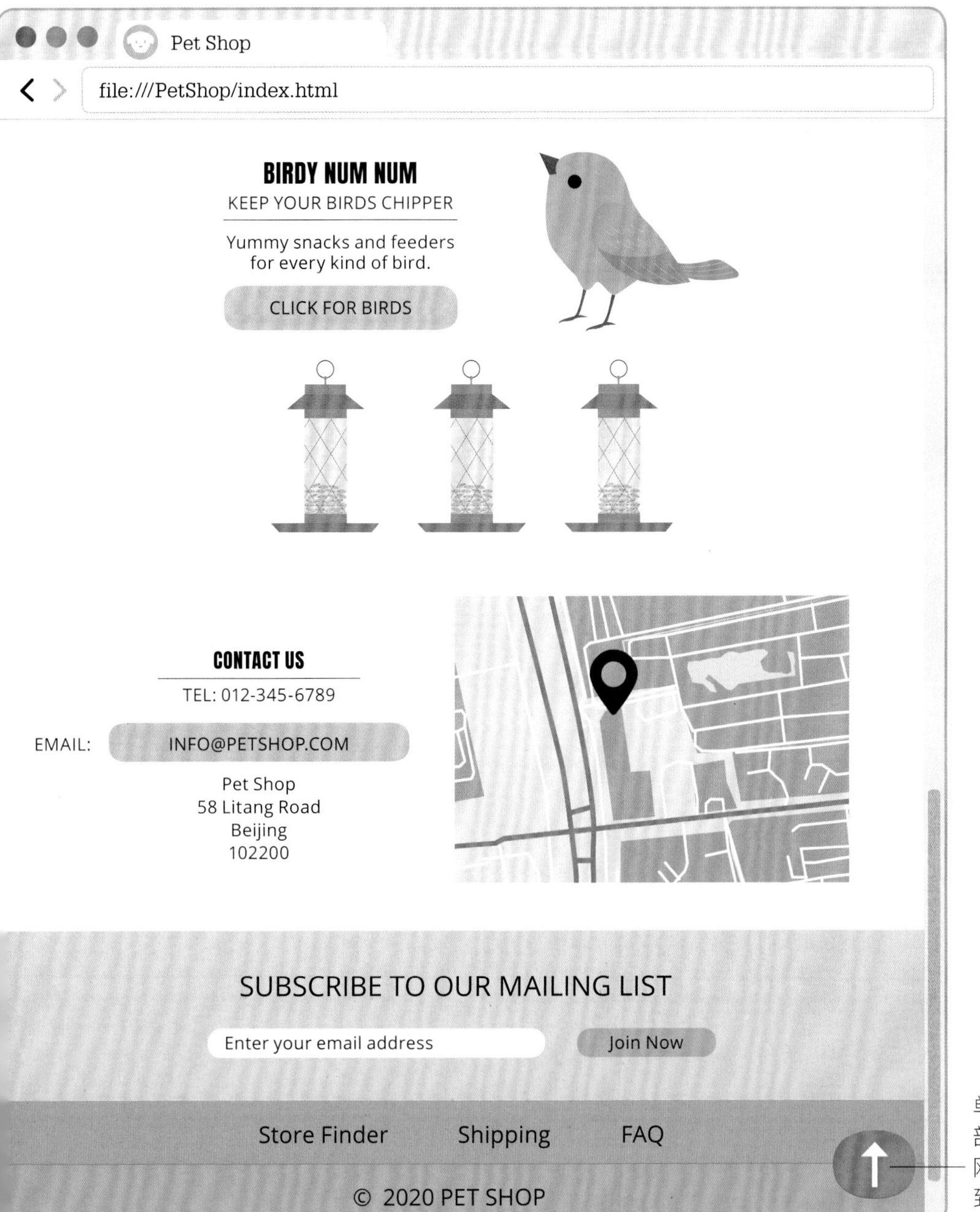

单击“返回顶部”按钮后，网页将返回到顶部

4 管理促销信息

下一个需要完成的元素是出现在网页顶部的促销信息栏。HTML中的promo区域包含4条促销信息。你可以使用JavaScript对促销信息栏进行编程，在促销信息栏内循环显示这4条信息，且一次只显示一条。

4.1 添加新的自定义脚本

为了使促销信息在网站的所有页面都可见，你需要新建一个名为common.js的javaScript文件。该文件中的代码能实现促销信息栏的部分功能。参照步骤2.1，在scripts文件夹中创建一个新的JavaScript文件。

4.2 引入common.js文件

在index.html文件中添加一个指向common.js文件的<script>标记，并将下面这行代码添加在引入home.js文件的代码下方。

```
<script src="scripts/home.js"></script>
<script src="scripts/common.js"></script>
```

将JavaScript文件链接到HTML文件中

4.3 创建函数

在common.js中创建一个名为Common ( ) 的新函数。该函数将充当一个类，它可以被实例化为前面定义的app对象的属性。然后，在Common ( ) 函数下添加一个$(document).ready ( ) 函数，将Common类实例化为app对象的属性。

```
function Common() {
}
$(document).ready(function () {
    /* Instantiate new Common class */
    app.common = new Common();
});
```

将Common类实例化为app对象的属性

4.4 添加属性

接下来，在Common（ ）函数中添加一个名为promoBar的属性。它是一个JavaScript对象，包含促销信息部分用于管理自身的所有变量。

```
function Common() {
    let self = this;
    /* Properties */
    this.promoBar =
        {
            promoItems: null,
            currentItem: 0,
            numberOfItems: 0,
        };
}
```

创建对该对象的引用，以便在之后的方法中使用

带有促销信息的<div>标记的列表

null表示变量为空值

当前可见的促销信息的索引

带有促销信息的<div>标记的数量

4.5 初始化促销信息

添加一个对促销信息部分进行初始化的方法。该方法可对promoBar对象中包含的属性值进行设置，同时启动循环，以显示下一条促销信息。

```
        numberOfItems: 0,
    };
/* Methods */
this.initialisePromo = function () {
    /* Get all items in promo bar */
    let promoItems = $("#promo > div");
    /* Set values */
    this.promoBar.promoItems = promoItems;
    this.promoBar.numberOfItems = promoItems.length;
    /* Initiate promo loop to show next item */
    this.startDelay();
```

该JQuery选择器将返回id为promo的元素中所有的div数组

返回该数组中元素的个数

```
}
    this.startDelay = function () {
        /* Wait 4 seconds then show the next message */
        setTimeout(function () {
            self.showNextPromoItem()
        }, 4000);
}
```

该函数指示JavaScript每4000毫秒（即4秒）重复一次调用

该函数能使当前促销信息淡出，同时淡入下一条促销信息

4.6 循环显示促销信息

在initialisePromo（ ）函数下面添加一个新方法。该方法将隐藏当前的促销信息，然后确定下一条将在网页上显示的促销信息的索引。如果当前显示的促销信息是信息列表中的最后一项，那么下一条要显示的促销信息必须是列表中的第一项。这里将用到数组索引属性。变量currentItem的值表示所显示信息的索引号。当此值改变时，所显示的信息也会改变。

```
this.showNextPromoItem = function () {
    /* Fade out the current item */
    $(self.promoBar.promoItems).fadeOut("slow").promise().
    done(function () {
        /* Increment current promo item counter */
        if (self.promoBar.currentItem >= (self.promoBar.
        numberOfItems - 1)) {
            /* Reset counter to zero */
            self.promoBar.currentItem = 0;
        } else {
            /* Increase counter by 1 */
            self.promoBar.currentItem++;
        }
        /* Fade in the next item */
```

该代码指示JQuery获取具有给定索引号的数组项

确保currentItem的值不超过索引号

循环显示促销信息

```
        $(self.promoBar.promoItems).eq(self.promoBar.currentItem).
        fadeIn("slow", function () {
            /* Delay before showing next item */
            self.startDelay();
        });
    });
  }
}
```

显示列表中的下一条促销信息

.7 添加对初始化方法的调用

最后，添加一个调用，使促销信息开始循环显示。在common.js文件的$(document).ready（ ）函数中添加一个调用，以便运行app.common.initialisePromo（ ）函数。

```
$(document).ready(function () {
    /* Instantiate new Common class */
    app.common = new Common();
    /* Initialize the Promo bar */
    app.common.initialisePromo();
});
```

保存

.8 查看页面

现在，你可以打开浏览器并刷新页面，检查网页顶部的橙色促销信息栏是否会循环显示HTML文件中指定的4条促销信息。

一次只显示一条促销信息

Pet Shop

file:///PetShop/index.html

Buy 5 toys and save 30%

PET SHOP

Home About Shop Contact

技巧和调整

字体和图标

你可以通过使用不同的图像和字体来改变网站外观，使网站更具独特性、更加个性化。你还可以使用图标来区分网站的不同部分和页面，如主页（Home）、联系我们（Contact）、购物车（Shopping Cart）等。在本项目中，网页上的所有文本使用的都是Google字体，你可以尝试使用其他字体来美化网页，还可以修改收藏图标。

file:///PetShop/index.html

你可以更改网页上任何文本元素（包括正文和网站标题）的字体

LOVE FISH

THE WIDEST RANGE OF FISHES

Indoor and outdoor, we've got them all!

CLICK FOR FISH

1 选择新的图标或字体

你可以在Google官方图标网站寻找更多的收藏图标。而要更改网页上的字体，则必须更新HTML和CSS文件。首先，从Google官方字体网站中选择你想使用的新字体；其次，在index.html文件的<head>标记内对<link>标记的内容进行编辑，该<link>标记包含对字体的引用；最后，将原有字体名称替换为要使用的新字体名称。

```
<link href="https://fonts.googleapis.com/css?
family=Anton|Oswald" rel="stylesheet">
```

将Open Sans字体替换为Oswald字体

2 应用新的字体

打开global.css文件，试着更改body元素的字体，如右例所示。要想更改字体，你必须对body选择器中的font-family样式定义进行编辑。完成上述修改后，保存修改后的两个文件，并对程序进行测试。此时，body元素的文本将显示为新字体（参见p286的图片）。

```
body {
  margin: 0;
  padding: 0;
  font-family: "Oswald", sans-serif;
  font-size: 15px;
  background-color: white;
  color: #333;
}
```

字体由Open Sans改为Oswald

其他元素保持不变

CSS

保存

3 加载更新文件

有时候，虽然代码文件已经更新，但浏览器显示的仍是更新前的网页。这可能是因为浏览器正在使用之前保存的文件版本，而没有再次下载新文件。考虑到用户可能不会在每次访问网站时都刷新页面，你可以使用查询字符串（网址的一部分，为指定的参数赋值）来强制浏览器下载最新的文件版本。你可以使用任何与先前已保存版本不同的查询字符串。查询字符串应被添加到HTML文件的<link>标记中。

HTML

```
<link href="styles/global.css?v=2" rel="stylesheet" />
```

加社交媒体按钮

今，大多数网站都在宣传自己的社交媒体账号，以吸引各种平台上的用户关注自己的账号。为此，你以在网页上添加社交媒体链接。例如，通过添加一个社交媒体按钮，可以促使用户在Twitter上关注己的网站。

1 加载小部件

为了在网页上显示Twitter小部件，你需要加载一个来自witter的脚本widgets.js。打开index.html文件，在<head>标记内添加一个<script>标记，将Twitter小部件链接到网页。

新的<script>标记可以放置在<head>标记内的任意位置

HTML

```
<script src="scripts/app.js"></script>
<script src="scripts/common.js"></script>
<script async src="https://platform.twitter.com/widgets.js"
charset="utf-8"></script>
```

2 添加按钮

现在，为顶部菜单添加一个Twitter按钮。在topLinks区域的无序列表中添加一个新列表项，其中包含指向Twitter页面的超链接。此时刷新网页，你可以看到网页顶部的菜单栏旁边会显示一个社交媒体按钮。

```
...<div id="topLinks">
    <ul>
        <li>
            <a href="/">Home</a>
        </li>
        <li>
            <a href="/">About</a>
        </li>
        <li>
            <a href="/">Shop</a>
        </li>
        <li>
            <a href="/">Contact</a>
        </li>
        <li>
            <a href="https://twitter.com/PetShop"
            class="twitter-follow-button" data-show
            -count="false"> Follow @PetShop</a>
        </li>
    </ul>
</div>
```

链接到Twitter页面

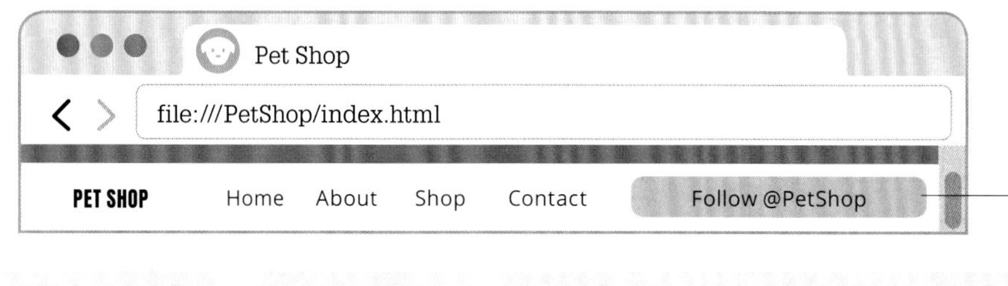

该按钮将出现在菜单栏旁边

网页模板

本项目只编写了网站主页的代码。如果要创建一个功能齐全的网站，则还需要设计顶部菜单栏中的其他页面，如关于我们（About）、商城（Shop）和联系我们（Contact）。为了创建这些网页，你需要用到模板，其中包含的全部元素是网站上的每个网页所共有的。该模板包含指向CSS和JavaScript文件的链接，以及所有常见的HTML代码。

关于我们

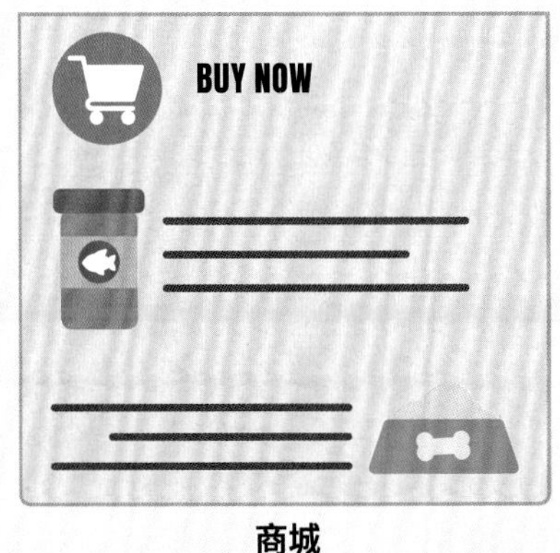

商城

联系我们

1 模板的HTML文件

创建一个新文件，将其命名为template.html，然后将主页包含的HTML代码复制到这个新文件中，并将右边显示的代码插入到模板文件中。

现在尝试创建网站的其他页面。首先，将template.html的内容复制后粘贴到新文件中，并将新文件命名为contact.html；然后，使用主页中给出的指令，将联系我们（Contact）页面的HTML代码插入到模板代码所给出的占位符 ## Insert page content here ### 中。

```
                <a href="/Shop">SHOP NOW</a>
            </div>
        </div>
</div>
<div class="clear spacer v80"></div>
<div class="wrap">
    ## Insert page content here ###
</div>
<div id="footer">
```

用这几行代码代替横幅和页脚部分之间的代码

在class为wrap的<div>标记之间插入新页面的HTML代码

2 服务器端模板选项

你可以使用C#MVC或Python Django等服务器端语言将模板自动注入每个页面。在本项目中，你必须反复地将CSS和JavaScript文件的链接引入到网站上的每个HTML页面中。这显然会使网站的更新和维护变得更加困难，尤其是当网站有很多网页时。为了解决这一问题，你需要认真了解C#MVC（https://www.asp.net/MVC）中的“布局文件”概念和Python Django（https://www.djangoproject.com）中的“模板继承”功能。

操作教程：创建响应式网站

响应式布局能让程序员在任何数字化平台上创建和发布相同的内容。这是通过灵活使用HTML和CSS实现的。在本项目中，你将学习如何使用HTML、CSS、JavaScript以及JQuery和Bootstrap来创建一个响应式网站。

项目规划

本项目的重点是使用JQuery和Bootstrap来创建响应式网站。你将同时使用HTML、CSS和JavaScript来为网站的每个元素编程，以便了解它们是如何协同工作从而实现视觉效果的。你还需要在自定义脚本中使用JQuery来定位HTML元素，然后使用Bootstrap来使网站具有响应性。

网站最终呈现效果

本项目所创建的网站分为几个部分，其中很多部分都将包含指向网站其他页面的超链接。通过对所有元素进行编程，可以使它们适应不同大小的屏幕。

你可以学到

- 如何使用Bootstrap的网格布局
- 如何在网站中使用Bootstrap控件
- 如何使用JQuery定位HTML元素

时间： 3～4小时

代码行数： 659

难度等级

如何应用

响应式布局允许程序员只对网站进行一次编程，就能在台式计算机、平板电脑、智能手机等设备上正确呈现网站。使用响应式布局开发的网站，能够适应不同大小的屏幕，从而吸引更多的用户访问。

项目要求

需要使用以下几个编程元素来创建网站，从而完成本项目。

文本文件
创建网站时，你需要用到HTML、CSS和JavaScript文件。你可以使用简单的文本编辑器来创建这些文件，也可以使用本项目中用到的专用IDE。

开发环境
本项目使用的IDE是Microsoft Visual Studio Community 2019。它支持多种编程语言和范例。

浏览器
本项目使用Google Chrome浏览器运行代码。该浏览器中的开发者工具有助于你更好地理解网站显示的内容。你也可以使用其他浏览器。

图像
你可以登录www.dk.com/coding-course或通过扫描本书提供的二维码下载创建网站所需的图像，也可以使用自己喜欢的图像。

1 准备开始

创建网站之前，你需要先安装Visual Studio。之后，你就可以添加创建网站主页所需的所有文件夹和文件了。

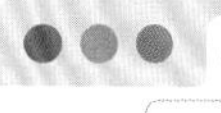

这一层包含公司logo和链接网站其他页面的顶部菜单按钮

这一层显示旅行名言，每5秒更换一句

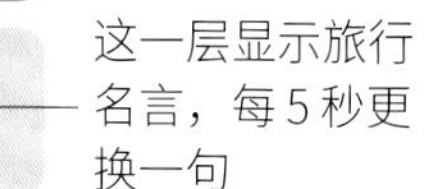

这一层循环显示图片，单击图片即可跳转到网站其他页面

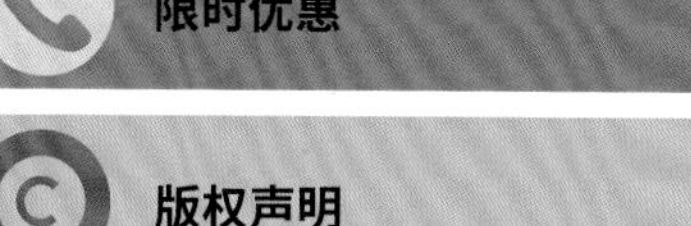

主页设计
本网站的主页元素是水平叠加的，共有七层。网站的每个页面都会有一些重复出现的常见元素。

1.1 创建文件夹

首先，在计算机上创建一个名为Travel-now的文件夹，用来存放这个网站的所有文件。然后，在Visual Studio中打开一个新项目，创建一个名为Travel-now.sln的解决方案文件，将其保存在网站文件夹中。接着，按照“操作教程：创建网站”中的步骤，将之前创建好的图像文件夹粘贴到网站文件夹中。计算机上的网站文件夹路径应如下所示：

```
Users/[user account name]/Travel-now
```

Mac

```
C:/Travel-now
```

Windows

1.2 添加索引文件

按照“操作教程：创建网站”步骤2.5中的说明创建一个名为index.html的文件，并将其添加到网站文件夹中。Visual Studio将使用有效HTML页面所需的最少代码来创建该文件。

index.html

1.3 添加样式表

现在，你需要为网站添加一个名为styles的文件夹，然后在该文件夹中添加一个名为global.css的新CSS文件，该文件中定义的样式将被应用到网站的所有页面中。在Windows机上，右击styles文件夹，在弹出的快捷菜单中选择“添加”子菜单中“添加新项”下的“样式表”选项。在Mac机上，右击styles文件夹，在弹出的快捷菜单中选择“添加”子菜单中的“新建文件”选项。进入Web后选择空CSS文件并将其保存。接着，在CSS文件顶部添加网站的颜色和字体样式。

CSS

```
/*
    font-family: "Merriweather", serif;
    font-family: "Open Sans", sans-serif;
    font-family: "Merienda One", cursive;
    Text color : #000;
    Dark blue : #345995;
    Light blue : #4392F1;
    Red : #D7263D;
    Yellow : #EAC435;
    Mauve : #BC8796;
    Silver : #C0C0C0;
    Light gray : #D3D3D3;
*/
```

浏览器会忽略该标记中包含的注释

标题和logo使用的字体

普通段落文本使用的字体

“旅行名言”部分使用的字体

网站所用颜色的十六进制代码

1.4 设置<body>元素的样式

在注释部分的下面为<body>元素添加样式定义，包括设置边距和填充，字体、字号、字体颜色和背景颜色的值等。当这些样式应用于<body>元素时，它们将应用于文档中的所有文本元素。之后，你可以用这些样式来覆盖标题、按钮和超链接的默认字体样式。

CSS

```
body {
    margin: 0;
    padding: 0;
    font-family: "Open Sans", sans-serif;
    font-size: 15px;
    color: #000;
    background-color: white;
}
```

指示浏览器调整<body>元素，以适应屏幕的宽和高

设置字体的字号和颜色的值

1.5 添加垂直间距

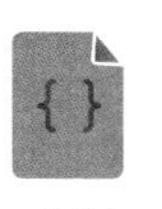
CSS

接下来，为整个网站中使用的垂直间距添加样式定义，使页面的各个部分都用标准化的空格隔开。

含有spacer类和v80类的复合样式签名

```
.spacer.v80 {
    height: 80px;
}
.spacer.v60 {
    height: 60px;
}
.spacer.v40 {
    height: 40px;
}
.spacer.v20 {
    height: 20px;
}
```

该间距只能应用于class属性值中同时包含spacer和v20的元素

1.6 设置标题样式

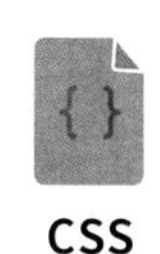
CSS

现在，给标题设置样式，定义将在整个网站中使用的h1、h2和h3标题的字体样式。所有标题使用的字体相同，字号不同。在步骤1.5的代码后面添加下列代码。

所有标题使用的字体

```
h1, h2, h3 {
    font-family: "Merriweather", serif;
}
h1 {
    font-size: 60px;
}
h2 {
    font-size: 30px;
}
h3 {
    font-size: 20px;
}
```

该属性指定要使用的首选字体，并在首选字体不可用时指定备用字体的类型

只有h1标题的字号为60px

只有h2标题的字号为30px

只有h3标题的字号为20px

1.7 定义圆角样式

网站上的很多元素都要做成圆角边框。你可以通过重复使用roundedCorners类来使这些元素实现圆角效果。你只需给“边框半径”（border-radius）提供一个值，就能同时设置四个圆角的半径。将右边的代码添加到global.css文件中，具体位置是在步骤1.6的代码后面。

CSS

```
.roundCorners {
    border-radius: 15px;
}
.roundCorners.top {
    border-radius: 15px 15px 0 0;
}
.roundCorners.bottom {
    border-radius: 0 0 15px 15px;
}
```

该定义适用于所有四个角

依次对应的是左上角、右上角、右下角和左下角

只有顶角和底角显示为圆角

1.8 添加脚本文件

现在，在网站文件夹中添加一个名为scripts的新文件夹，用于保存本项目的所有JavaScript文件。在“解决方案资源管理器”窗口中右击Travel-now，就可以创建新文件夹。然后，创建一个名为app.js的JavaScript文件，并将其添加到scripts文件夹中。你可以按照“操作教程：设计网页动画”中的方法创建app.js文件。

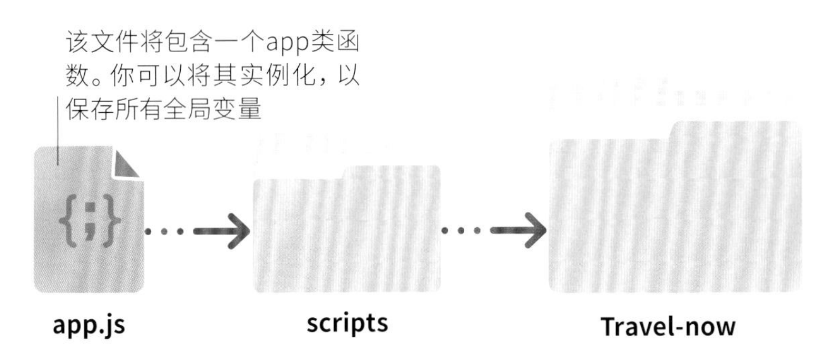

该文件将包含一个app类函数。你可以将其实例化，以保存所有全局变量
app.js
scripts
Travel-now

1.9 创建函数

现在，将右边的代码添加到app.js文件中。这样做将声明一个名为app的变量，它是一个自执行函数。然后，在该函数内添加一个名为websiteName的属性和一个名为getWebsiteName的方法。右边的示例是向app类添加功能的具体操作示例。

JS

```
var app = (function () {
    /* Properties */
    var websiteName = "TRAVEL-NOW";
    /* Methods */
    return {
        getWebsiteName: function () {
            return websiteName;
        }
    }
})();
```

网站名称

函数周围的( )指示JavaScript引擎立即执行该函数

2 创建导航栏

主页上的导航栏将出现在网站的所有页面上。在本节中，你将学习如何对导航栏进行编程，以及如何在导航栏中添加超链接。单击这些超链接，就可以进入网站的其他页面。

2.1 添加标题和收藏图标

HTML

打开index.html文件，在<head>标记内添加一个含有viewport（视口）定义的<meta>标记。这样一来，HTML文件就可以调整其内容，以适应屏幕。如果没有添加viewport定义，那么窄屏设备上的浏览器将会缩小页面，以便能够显示整个页面。接下来，添加一个<title>标记，然后再添加收藏图标的定义。

```
<head>
    <meta charset="utf-8" />
    <meta name="viewport" content="width=device-width,
    initial-scale=1, shrink-to-fit=no">
    <title>TRAVEL-NOW</title>
    <link rel="icon" type="image/png" href="images/favicon.png">
</head>
```

指示浏览器以合适的分辨率显示HTML文件

该文本将作为选项卡标题出现在浏览器中

该属性指向图像文件夹中的favicon.png文件

2.2 添加JQuery和Bootstrap

HTML

现在，在HTML文件中添加对JQuery和Bootstrap进行引用的JavaScript文件。在<head>标记内，将<script>标记和<link>标记添加到收藏图标的<link>标记的正下方。<script>标记中的src属性指向JQuery和Bootstrap的在线引用地址（需确保地址可用，否则请更换）。

Bootstrap的<script>标记包含integrity属性，可确保下载的文件不被篡改

```
    <link rel="icon" type="image/png" href="images/favicon.png">
    <script src="https://code.jquery.com/jquery-3.3.1.min.js">
    </script>
    <script src="https://stackpath.bootstrapcdn.com/bootstrap/
    4.2.1/js/bootstrap.min.js" integrity="sha384-B0UglyR+jN6Ck
    vvICOB2joaf5I4l3gm9GU6Hc1og6Ls7i6U/mkkaduKaBhlAXv9k" cross
    origin="anonymous"></script>
```

用JQuery文件

```
<script src="scripts/app.js"></script>
<link rel="stylesheet" href="https://stackpath.bootstrap
cdn.com/bootstrap/4.2.1/css/bootstrap.min.css" integrity=
"sha384-GJzZqFGwb1QTTN6wy59ffF1BuGJpLSa9DkKMp0DgiMDm4iYM
j70gZWKYbI706tWS" crossorigin="anonymous">
<link href="https://fonts.googleapis.com/
css?family=Merienda+One|Merriweather|Open
+Sans" rel="stylesheet">
<link href="styles/global.css" rel="stylesheet" />
```

该标记中的src属性指向scripts文件夹中的app.js文件
引入Bootstrap的CSS文件
导入应用于网站的字体
链接到自定义的CSS文件——global.css
自定义的CSS文件被添加在末尾，因为它必须覆盖Bootstrap的默认样式定义

添加标记的顺序

JavaScript文件的执行顺序是很重要的。因为JavaScript函数必须先被加载到JavaScript引擎中才能被调用。例如，JQuery必须在Bootstrap之前被加载，因为Bootstrap要使用JQuery来执行其函数。再如，自定义的JavaScript文件必须添加到引入JQuery和Bootstrap文件的HTML代码后面，才能执行其中的函数。

JQuery
Bootstrap
app.js
其他自定义的JavaScript文件

2.3 添加Bootstrap导航栏

接下来，在<body>标记内添加一个包含所有Bootstrap导航栏元素的<nav>标记。如果屏幕足够宽，它将在页面顶部水平显示为顶部菜单。如果屏幕比较窄，顶部菜单将显示为汉堡菜单按钮——类似于汉堡的按钮，可用来切换菜单和导航栏。单击该按钮时，顶部菜单将显示为垂直列表。

```
<body>
    <nav class="navbar navbar-expand-md
    navbar-dark fixed-top bg-mauve">
    </nav>
</body>
```

告诉导航栏在何时折叠成汉堡菜单按钮
导航栏固定在顶部位置
将背景颜色设为淡紫色
HTML

2.4 创建Bootstrap容器

HTML

导航栏必须铺满整个屏幕，顶部菜单中的logo和超链接必须占据页面中心位置。在<nav>标记内添加一个class为container的区域。该Bootstrap类将会定义元素的左右边距。然后，在container区域中添加一个<a>标记，以便显示公司logo。单击该logo时，将跳转到主页。

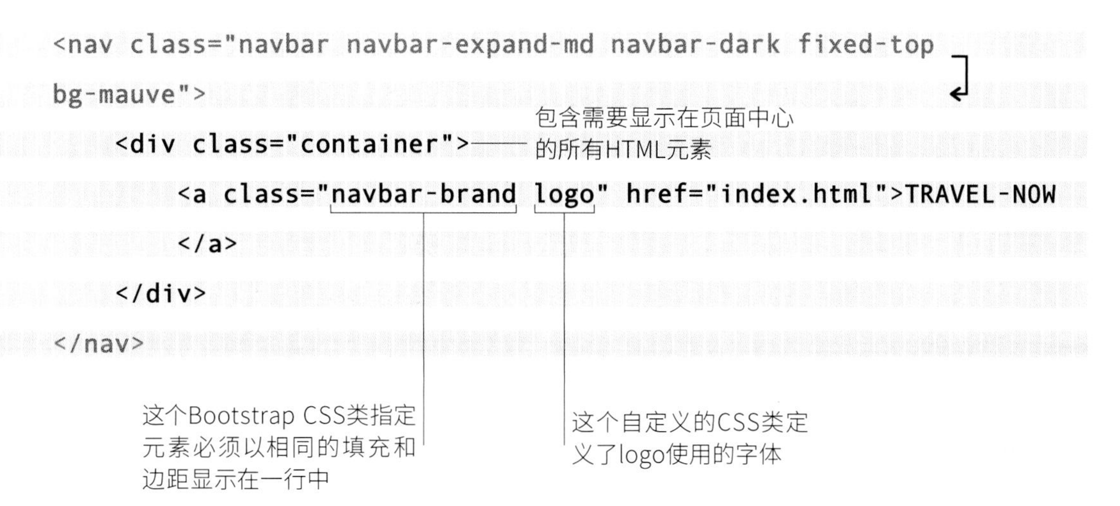

```
<nav class="navbar navbar-expand-md navbar-dark fixed-top
bg-mauve">
    <div class="container">
        <a class="navbar-brand logo" href="index.html">TRAVEL-NOW
        </a>
    </div>
</nav>
```

包含需要显示在页面中心的所有HTML元素
这个Bootstrap CSS类指定元素必须以相同的填充和边距显示在一行中
这个自定义的CSS类定义了logo使用的字体

2.5 定义汉堡菜单按钮

HTML

在container区域中的navbar-brand的结束标记</a>下方，添加navbar toggler的<button>标记。该元素可以实现汉堡菜单按钮的功能。单击该按钮时，顶部菜单将显示为垂直下拉列表。

```
        <a class="navbar-brand logo" href="index.html">TRAVEL-NOW
        </a>
        <button class="navbar-toggler" type="button" data-toggle=
        "collapse" data-target="#navbarCollapse" aria-controls=
        "navbarCollapse" aria-expanded="false" aria-label=
        "Toggle navigation">
            <span class="navbar-toggler-icon"></span>
        </button>
    </div>
```

该属性用于管理下拉菜单的状态

该类包含显示属性，如边距和填充

aria类可以帮助辅助设备（如盲人用的屏幕阅读器）理解复杂的HTML

2.6 为导航栏添加超链接

HTML

接下来添加navbarCollapse区域，其中包含将显示在网站顶部菜单中的实际超链接（Home、Deals和ContactUs）的无序列表。它位于container区域中，就在navbar-toggler的结束标记</button>的下方。然后，在结束标记</ nav>后面添加一个class为spacer的区域。

```
</button>
<div class="collapse navbar-collapse" id=
"navbarCollapse">
  <ul id="topMenu" class="navbar-nav mr-auto">
    <li class="nav-item active">
      <a class="nav-link" href="index.html">
      Home <span class="sr-only">(current)
      </span></a>
    </li>
    <li class="nav-item">
      <a class="nav-link" href="deals.html">
      Deals</a>
    </li>
    <li class="nav-item">
      <a class="nav-link" href="contact.html">
      Contact Us</a>
    </li>
  </ul>
</div>
</div>
</nav>
<div class="spacer v80"></div>
```

决定导航栏是处于折叠状态还是全屏状态

其中包含无序列表的样式定义

其中包含列表项的样式定义，这些列表项会根据屏幕宽度显示为水平列表或垂直列表

链接到网站上其他页面的锚标记

每个<a>标记都是nav-link类的成员，该类定义了鼠标指针离开和悬停在导航栏中的超链接上的样式

navbarCollapse区域的结束标记

container区域的结束标记

navbar区域的结束标记

在navbar和下一个元素之间添加一个80px的垂直间距

保存

2.7 设置背景颜色

CSS

现在，打开global.css样式表，设置导航栏的背景色。在步骤1.7中添加的代码行后面添加右边的代码，以设置导航栏的样式定义。

```
.bg-mauve {
  background-color: #BC8796;
}
```

2.8 设置公司logo的样式

接下来设置顶部菜单中的公司logo样式。首先添加logo类，以定义公司logo使用的字体。然后，定义导航栏中显示的logo样式。导航栏中的logo是一个超链接，你需要分别定义它在正常状态和鼠标指针悬停状态下的样式。如果你不确定某个元素的CSS样式定义，可以在Google Chrome的开发者工具中查看。

CSS

```
.logo {
    font-family: "Merriweather", serif;
    font-weight: bold;
}
.navbar-brand.logo {
    color: white;
}
    .navbar-brand.logo:hover {
        color: white;
    }
```

logo的默认字体

正常状态下的超链接

鼠标指针悬停状态下的超链接

这能确保鼠标指针悬停在logo上时，logo会显示为白色

保存

2.9 运行程序

现在运行程序，查看导航栏是否能正确显示。在“解决方案资源管理器”窗口中右击index.html文件，然后在所选择的浏览器中打开文件。你也可以直接在浏览器的地址栏中输入网站URL。在Windows机上，URL是file:///C:/Travel-now/index.html；在Mac机上，URL是file:///Users/[user account name]/Travel-now/index.html。

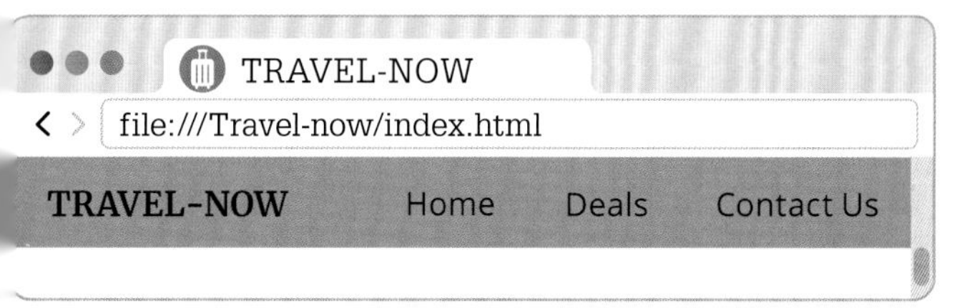

宽屏

TRAVEL-NOW
file:///Travel-now/index.html
TRAVEL-NOW
Home
Deals
Contact Us

窄屏

3 添加特征图像

下一个需要管理的主页元素是征图像。网站上的每个页面都会一个“特征图像”横幅，该横幅告将覆盖整个页面宽度，且含有面标题。

3.1 使内容居中

打开index.html文件，在spacer v80区域的结束标记</div>底下添加一个container区域。这样无论屏幕的尺寸是多大，所有内容都能显示在页面中心。

HTML

```
<div class="spacer v80"></div>
<div class="container">
</div>
```

3.2 添加横幅

现在，在container区域中添加主页上的特征图像和含有网站名称的h1标题。你也可以在网站的每个页面上使用不同的特征图像。homeIndex类和featureImage类用于指定主页的背景图像。

HTML

```
<div class="container">
    <div class="featureImage roundCorners homeIndex">
        <div class="text">
            <h1>
            TRAVEL-NOW
            </h1>
        </div>
    </div>
```

featureImage区域将出现在每个页面上

homeIndex类指定主页使用的背景图像

显示在图像上方的文本

text区域的结束标记

featureImage区域的结束标记

保存

3.3 使图片居中

打开global.css文件，添加一些样式，以指定特征图像在页面上的位置。这些样式能使浏览器自动缩放图像，以适应不同尺寸的屏幕。将下面的代码添加到CSS文件的末尾。

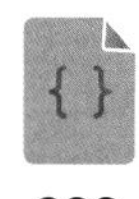

CSS

```
.featureImage {
    width: 100%;
    position: relative;
    height: 400px;
    background-size: cover;
    background-position:
    center;
}
    .featureImage.homeIndex {
        background-image: url
        (../images/
        feature.jpg);
    }
```

指定图像的宽度和高度

指定将在页面上显示的实际图像文件

3.4 设置图像上方文本的样式

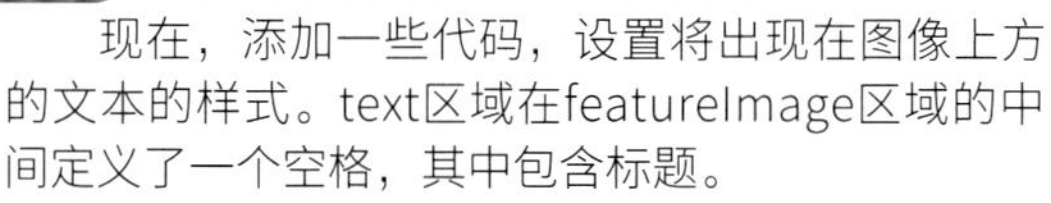

现在，添加一些代码，设置将出现在图像上方的文本的样式。text区域在featureImage区域的中间定义了一个空格，其中包含标题。

CSS

```
.featureImage .text {
    margin: 0;
    color: black;
    position: absolute;
    top: 50%;
    left: 50%;
    width: 80%;
    color: #000;
    text-align: center;
    -webkit-transform: translate
    (-50%,-50%);
    transform: translate
    (-50%,-50%);
}
```

指定文本颜色

将文本定位为从页面中间开始

重新定位文本，使它始终位于页面中间

3.5 使网站具有响应性

在不同尺寸的屏幕上，网站名称需要以不同的字号进行显示。利用@media screen可以实现网页布局的自适应，让浏览器根据屏幕大小选择不同的字号定义。

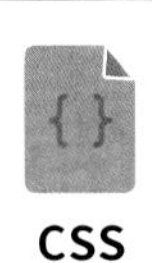

CSS

```
@media screen and (max-width: 400px) {
    .featureImage .text h1 {
        font-size: 22px;
    }
}
@media screen and (min-width: 401px) and (max-width: 767px) {
    .featureImage .text h1 {
        font-size: 32px;
    }
}
@media screen and (min-width: 768px) {
    .featureImage .text h1 {
        font-size: 80px;
    }
}
```

font-size: 22px; —— 屏幕宽度最小时的h1标题字号

@media screen —— 告诉浏览器根据屏幕宽度更改字号

font-size: 32px; —— 屏幕宽度变化时的h1标题字号

font-size: 80px; —— 屏幕宽度最大时的h1标题字号

保存

3.6 运行程序

保存所有文件，并在浏览器中刷新网页，查看此时的网站外观。特征图像以及其中的文本将会根据屏幕宽度自动调整大小。

宽屏

窄屏

4 添加主要信息

下一步是管理网站的“主要信息”部分。该信息是一个文本段落，将以醒目的字体显示，以向用户传达网页的核心意图。

4.1 添加信息文本

打开index.html，在container区域中添加一个class为primaryMessage的<div>标记，将其放在featureImage区域的结束标记</div>之后。其中包含将要在网站上显示的文本段落。

HTML

```
</div>  featureImage区域的结束标记
<div class="primaryMessage">
    <p>  段落标记
        We all dream of a great holiday.
        <br />
        Contact us to make your dream come true!
    </p>
</div>  primaryMessage区域的结束标记
```

主要信息的内容

保存

4.2 设置信息样式

打开global.css文件，为“主要信息”添加一些样式定义。这些样式无论是在宽屏还是窄屏中都适用。

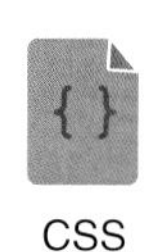

CSS

```
        font-size: 80px;
    }
}
.primaryMessage {
    color: #000;
    margin: 0 auto;
    text-align: center;
    padding: 60px 0;
    max-width: 80%;
}
```

使用auto实现等宽布局，使主要信息水平居中，水平边距为等宽

primaryMessage的宽度不能超过父级的container区域的80%

4.3 使网站具有响应性

根据屏幕尺寸的不同，主要信息也将以不同的字号显示。将下面的代码添加到.primaryMessage样式定义的下面。

CSS

```
@media screen and (max-width:
575px) {
    .primaryMessage {
        font-size: 18px;
    }
}
@media screen and (min-width:
576px) {
    .primaryMessage {
        font-size: 23px;
    }
}
```

设置屏幕宽度小于576px时的字号

设置屏幕宽度大于575px时的字号

4.4 查看主要信息

保存所有文件，然后在浏览器中刷新网页，查看主要信息能否正确显示出来。主要信息将显示在特征图像的下方，并能根据屏幕宽度调整文本字号。

宽屏

以较大字号显示主要信息

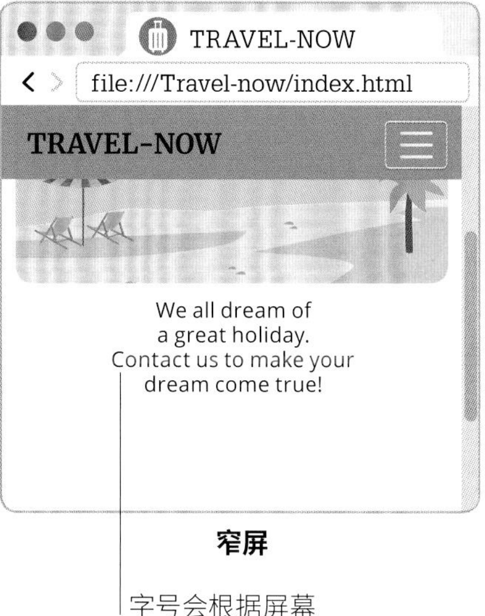

窄屏

字号会根据屏幕宽度发生改变

5 添加旅行名言

下一个要管理的元素是旅行名言部分。你可以使用HTML来安排本部分的结构，然后通过添加SS样式定义来设置基本布局属性和颜色。最后，你可以使用JavaScript来循环显示旅行名言，且·次只显示一句。

5.1 添加<script>标记

在index.html文件的<head>部分添加一个<script>标记，将自定义的JavaScript文件链接到HTML文件中。将下面的代码添加到引入app.js文件的结束标记</script>的下方，指示浏览器在加载页面时要包含home.js文件。稍后将学习如何使用JavaScript创建新的自定义文件。

HTML

```
<script src="scripts/app.js"></script>

<script src="scripts/home.js"></script>
```

src属性指向外部的home.js文件

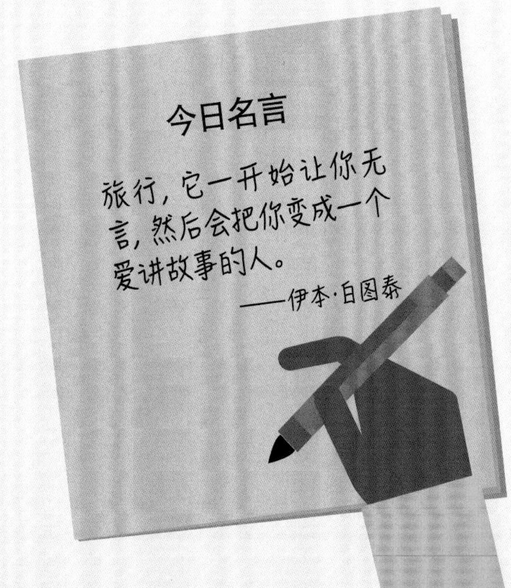

今日名言
旅行，它一开始让你无言，然后会把你变成一个爱讲故事的人。
——伊本·白图泰

5.2 添加旅行名言文本

现在，在主要信息的结束标记</div>下方添加旅行名言。该区域含有全部旅行名言的文本（其中包括名言作者的姓名）。除第一句旅行名言外，其他旅行名言的内联样式定义都是display：none，这样当页面加载时，只有第一句旅行名言会显示出来，其他旅行名言则会暂时隐藏。

HTML

```
</div>
<div class="quote roundCorners">
    <div class="quoteItem" >
        <p>
            The journey not the arrival matters.
        </p>
        <span>T.S. Eliot</span>
    </div>
    <div class="quoteItem" style="display:none;">
        <p>
            Jobs fill your pocket, but adventures
            fill your soul.
        </p>
        <span>Jaime Lyn Beatty</span>
    </div>
</div>
<div class="spacer v40"></div>
```

</div>：primaryMessage区域的结束标记

<p>：该标记内包含旅行名言文本

<span>：该标记用于将样式应用于内联元素

style="display:none;"：打开页面时，第二句旅行名言不会显示出来

<div class="spacer v40"></div>：在quote区域和下一个元素之间添加一个40px的垂直间距

保存

5.3 设置旅行名言的样式

现在，打开global.css文件，为quote区域添加样式定义。这些样式将指定旅行名言的文本对齐方式、填充、背景颜色和文本颜色。将右边的代码添加到主要信息的@media screen代码之后。

CSS

```
.quote {
    text-align: center;
    padding: 60px 20px;
    background-color: #4392F1;
    color: white;
    height: 180px;
    position: relative;
}
```

text-align: center;：将旅行名言在quote区域居中对齐

#4392F1：代表淡蓝色的十六进制代码

height: 180px;：定义旅行名言部分所占的垂直空间

5.4 使网站具有响应性

屏幕宽度不同，旅行名言部分的显示大小也不同。你可以为quote区域添加一个仅在屏幕宽度大于766px时才被应用的样式定义。

CSS

```
    position: relative;
}
@media screen and (min-width: 767px) {
    .quote {
        height: 220px;
    }
}
```

调整旅行名言所占的垂直空间

5.5 定位文本

在步骤5.4的代码后面，为所有quoteItem元素添加样式定义。它们将定义旅行名言中所有文本元素的基本布局属性。

CSS

```
.quote > .quoteItem {
    max-width: 60%;
    margin: 0;
    color: white;
    position: absolute;
    top: 50%;
    left: 50%;
    text-align: center;
    -webkit-transform: translate(-50%,-50%);
    transform: translate(-50%,-50%);
}
```

quoteItem的宽度不能超过父类quote区域宽度的60%

quoteItem元素的左上圆角位于父类quote区域的中间

重新定位quoteItem，往上移动自身高度的50%，往左移动自身宽度的50%，使其正好位于旅行名言部分的中间

5.6 定义字体和边距

<p>元素的样式定义不仅包括每句旅行名言要使用的字体样式，还包括它的下外边距。请将右边的代码添加到步骤5.5的代码后面。

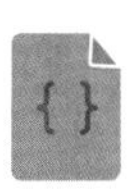

CSS

```
.quoteItem p {
    font-family: "Merienda One", cursive;
    font-size: 20px;
    font-weight: normal;
    margin-bottom: 5px;
}
```

旅行名言段落与其下方的<span>元素之间的垂直间距

以cursive字体显示旅行名言文本

5.7 插入引号

现在，使用CSS选择器指示浏览器在<p>元素周围自动插入引号。你可以使用content属性来指定所要插入的引号。

CSS

```
.quoteItem p:before {
    color: #EAC435;
    content: open-quote;
    font-size: 40px;
    line-height: 20px;
    margin-right: 5px;
    vertical-align: -13px;
}
.quoteItem p:after {
    color: #EAC435;
    content: close-quote;
    font-size: 40px;
    line-height: 20px;
    margin-left: 5px;
    vertical-align: -13px;
}
```

指示浏览器插入前引号（open-quote）

指定引号的基本布局属性

代表黄色的十六进制代码

指示浏览器插入后引号（close-quote）

将元素的基线降低13px

5.8 设置引号的样式

现在，你可以为引号添加样式定义，以便根据屏幕宽度调整引号的字号和间距。然后，你还要为<span>标记内旅行名言作者的名字定义样式。

CSS

```
@media screen and (max-width: 766px) {
    .quoteItem p {
        font-size: 14px;
    }
    .quoteItem p:before {
        vertical-align: -12px;
    }
    .quoteItem p:after {
        vertical-align: -17px;
    }
}
```

调整引号的字号

调整前引号（open-quote）的垂直对齐方式

调整后引号（close-quote）的垂直对齐方式

```
.quoteItem span {
    color: #EAC435;
    font-size: 18px;
}
```

屏幕宽度大于766px时<span>文本的字号

保存

5.9 创建JavaScript文件

现在，创建一个新的自定义JavaScript文件，用来包含主页所需的功能。首先，打开“解决方案资源管理器”窗口，右击script文件夹，选择“添加”，在Windows机上选择“添加新项”（在Mac机上则是选择“新建文件”），将文件命名为home.js。接下来，在home.js文件中添加Home（）函数，并在该函数下添加$(document).ready（）函数。$(document).ready（）函数是一个JQuery命令，用于指示JavaScript引擎等待页面上的所有元素都加载完后再执行该函数中的代码。

```
function Home() {
}
$(document).ready(function () {
    /* Instantiate new Home class */
    app.home = new Home();
});
```

将Home( )函数实例化为app对象的属性

app对象已在app.js文件中被实例化

JS

5.10 给旅行名言添加属性

在Home（）函数下方添加一个名为quoteControl的属性。它是一个JavaScrip对象，包含旅行名言部分用于管理自身的所有变量。

```
function Home() {
    /* Properties */
    this.quoteControl =
        {
            quoteItems: null,
            currentItem: 0,
            numberOfItems: 0,
            interval: null,
            repeatPeriod: 5000
        };
}
```

该对象有四个属性

带有旅行名言的<div>标记的列表

当前可见的旅行名言的索引

带有旅行名言的<div>标记的数量

保持对JavaScript中的setInterval命令的引用，该命令指示JavaScript引擎重复调用该函数，以显示下一句旅行名言

JS

5.11 初始化旅行名言

在Home（）函数中的quoteControl声明下添加一个方法，以初始化旅行名言部分。该方法能以app.home实例的属性被访问，该实例已经在$（document）.ready（）函数中声明过。

JS

```
    };
/* Methods */
this.initialiseQuoteControl = function () {
    /* Get all items in quote bar */
    let quoteItems = $(".quoteItem");
    /* Set values */
    this.quoteControl.quoteItems = quoteItems;
    this.quoteControl.numberOfItems = quoteItems.length;
    /* Initiate quote loop to show next item */
    let self = this;
    this.quoteControl.interval = setInterval(function () {
        self.showNextQuoteItem(self);
    }, this.quoteControl.repeatPeriod);
}
```

设置quoteControl对象中包含的属性值，同时启动循环，以显示下一句旅游名言

变量quoteItems被定义为具有quoteItem类的所有<divs>的数组

变量self保留了对Home类实例的引用

指示JavaScript函数每隔5000毫秒（即5秒）调用一次showNextQuoteItem（）函数

5.12 设置旅行名言的动画

现在，在步骤5.11的代码下方添加showNextQuoteItem（）函数。该函数将隐藏当前的旅行名言，然后确定下一句旅行名言的索引，并使其可见。如果当前显示的旅行名言是列表中的最后一项，那么下一句要显示的旅行名言将是列表中的第一项。

JS

```
this.showNextQuoteItem = function (self) {
    /* fade out the current item */
    $(self.quoteControl.quoteItems).eq(self.quoteControl.
    currentItem).fadeOut("slow", function () {
        /* Increment current quote item counter*/
        if (self.quoteControl.currentItem >= (self.
        quoteControl.numberOfItems - 1)) {
            /* Reset counter to zero */
```

隐藏当前的旅行名言

确定下一句旅行名言的索引

```
        self.quoteControl.currentItem = 0;
    } else {
        /* Increase counter by 1 */
        self.quoteControl.currentItem++;
    }
    /* fade in the next item*/
    $(self.quoteControl.quoteItems).eq(self.quoteControl.
    currentItem).fadeIn("slow");
  });
}
```

当前旅行名言的索引值

将索引值加1，同时移至下一句旅行名言

获取所有的信息项

该命令指示JQuery显示列表中的下一句旅行名言

.13 调用函数

最后，你需要添加一个对initialiseQuoteControl（ ）函数的调用，使旅行名言开始循环显示。将右边的代码添加到步骤5.9的$(document）.ready（ ）函数中。

```
    app.home = new Home();
    /* Initialize the Quote bar */
    app.home.initialiseQuoteControl();
});
```

调用initialiseQuoteControl（ ）函数，为旅行名言设置动画

保存

.14 查看旅行名言部分

在浏览器中刷新网页，查看页面内容。此时，旅行名言部分会根据屏幕宽度调整文本字号大小，每5秒钟显示一句旅行名言。

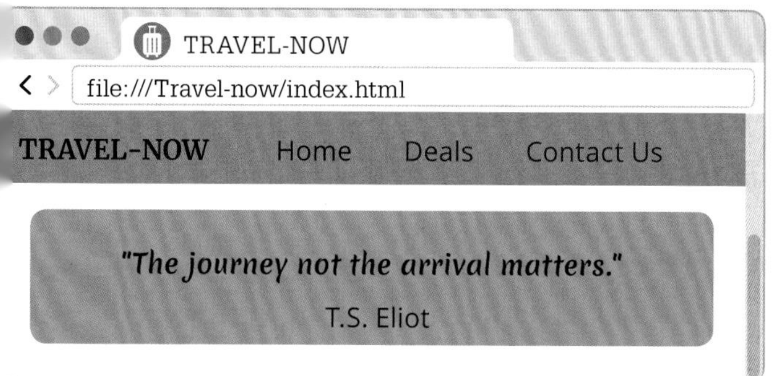

宽屏

窄屏

6 添加热门景点

下一个需要管理的元素是热门景点部分，这部分将展示三个特色度假胜地。在宽屏中，使用Bootstrap的列定义可将三个热门景点水平排列；而在窄屏中，这三个热门景点将垂直排列。

6.1 添加内容

打开index.html文件，在container区域的旅行名言部分后面添加popularDestinations区域，其中热门景点部分的所有元素如下所示，将代码添加到spacer v40的结束标记</div>的下方。你需要使用Bootstrap网格系统将页面分为12列，以便对热门景点进行分组（每个景点在屏幕上横跨4列），景点的图片分到屏幕上的单独列中。这些列能根据屏幕宽度自动调整，以确保所有元素都能正确显示。

```
<div class="spacer v40"></div>
<div class="popularDestinations">
    <div class="heading">
        POPULAR DESTINATIONS
    </div>
    <div class="row">
        <div class="col-md-4 destinationItem">
            <a href="deals.html" class="subHeading">
                <img src="images/France.jpg"
                class="image" /><br />France
            </a>
        </div>
        <div class="col-md-4 destinationItem">
            <a href="deals.html" class="subHeading">
                <img src="images/Egypt.jpg"
                class="image" /><br />Egypt
            </a>
        </div>
        <div class="col-md-4 destinationItem">
            <a href="deals.html" class="subHeading">
                <img src="images/Africa.jpg"
                class="image" /><br />Africa
        </a>
```

md是Bootstrap的列定义，它定义了当屏幕宽度改变时列应该如何调整

第一个热门景点

src属性指向计算机中的图像文件位置

当屏幕为中等宽度时，使用名为col-md-4的类可以强制将列从水平布局更改为垂直布局

第二个热门景点

第三个热门景点

```
            </div>
        </div>          row区域的结束标记
    </div>              popularDestinations区域的结束标记
    <div class="spacer v60"></div>      在本部分与下一部分之间添加一个60px的垂直间距
```

保存

6.2 使网站具有响应性

打开global.css文件，为destinationItem区域添加样式定义。你需要添加两个样式定义，一个用于窄屏，另一个用于大于575px的屏幕。

```
    font-size: 18px;
}
.popularDestinations .row
.destinationItem {
    text-align: center;         设置热门景点内容的对齐方式
}
@media screen and (max-width: 575px) {      根据屏幕宽度定义热门景点的下边距大小
    .popularDestinations .row
    .destinationItem {
        margin-bottom: 20px;    将热门景点的下边框与它下面元素之间的间距设为20px
    }
}
```

CSS

6.3 定义字体

接下来，在步骤6.2的代码下面为热门景点区域的heading（标题）和subHeading（副标题）元素添加字体样式定义。

```
.popularDestinations .heading,
.popularDestinations .subHeading {
    font-family: "Merriweather", serif;
}                                   标题和副标题的默认字体
.popularDestinations .heading {
    font-size: 30px;                指定标题处于正常状态时的样式定义
    line-height: 35px;              定义文本的行间距很重要，因为标题有时会占用多行
}
```

CSS

6.4 设置图像和副标题的样式

首先设置副标题的超链接在正常状态与鼠标指针悬停状态时的样式，然后指示浏览器以最大可用宽度显示图像。

```css
.popularDestinations .subHeading {
  font-size: 36px;
  color: #345995;
}
  .popularDestinations .subHeading:hover {
    text-decoration: none;
    color: #D7263D;
  }
.popularDestinations .image {
  width: 100%;
}
```

指定副标题处于正常状态时的样式定义

代表深蓝色的十六进制代码

当鼠标指针悬停在文本上时，文本没有下画线

将超链接的颜色设为红色

指定鼠标指针悬停时副标题的样式定义

以可用宽度的100%显示图像

CSS

保存

6.5 运行程序

保存文件，然后在浏览器中刷新页面。热门景点部分将根据屏幕宽度自动调整。如果是宽屏，三个热门景点将水平排列；如果是窄屏，三个热门景点将垂直排列。

屏幕较宽时，图像与超链接将水平排列

屏幕较窄时，图像与超链接将垂直排列

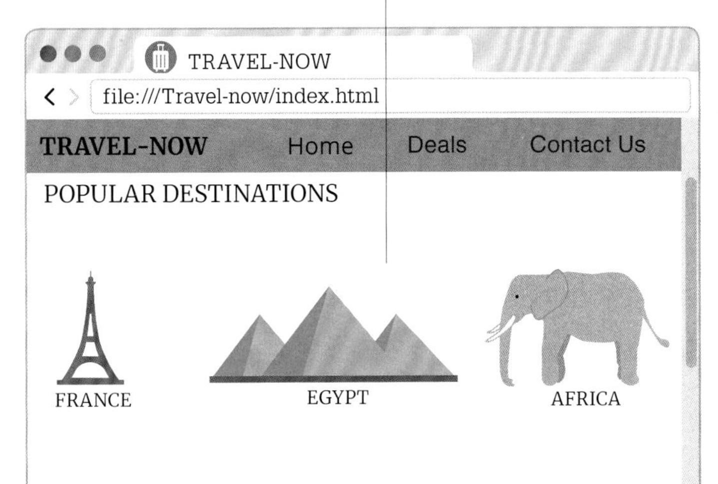

宽屏

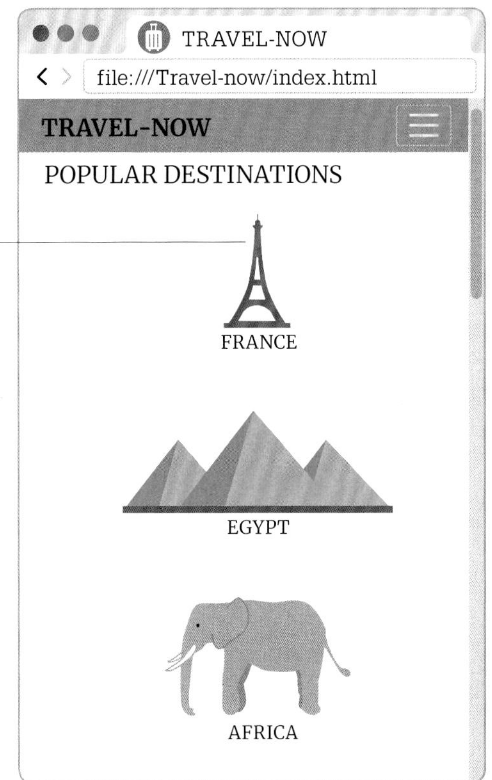

窄屏

7 添加限时优惠

下一个需要设置的元素是限时优惠部分。本部分将使用轮播插件来显示两张图像的幻灯片，以实现两张幻灯片轮播的效果。每张幻灯片都是一个超链接，单击后将跳转到deals.html页面。Bootstrap中包含实现轮播效果的所有功能。

7.1 定义轮播元素

打开index.html文件，在热门景点部分后面添加featuredDeals区域，其中包含限时优惠部分的所有元素。如下所示，将代码添加到spacer v60的结束标记</div>的下方。该区域包含限时优惠部分的标题和位置标记的有序列表，这些位置标记用于显示用户当前正在查看的幻灯片。

HTML

```
<div class="spacer v60"></div>
<div class="featuredDeals">
    <h2 class="heading">LAST MINUTE DEALS</h2>
    <div id="dealsCarousel" class="carousel slide " data-ride=
    "carousel">
        <ol class="carousel-indicators">
            <li data-target="#dealsCarousel" data-slide-to=
            "0" class="active"></li>
            <li data-target="#dealsCarousel" data-slide-to=
            "1"></li>
        </ol>
    </div>
</div>
```

该部分的名称为h2标题

id和data-ride两个属性用于管理幻灯片的轮播效果

这些类用于定义featuredDeals区域中轮播内容的样式

这些类用于定义位置标记指示器的样式

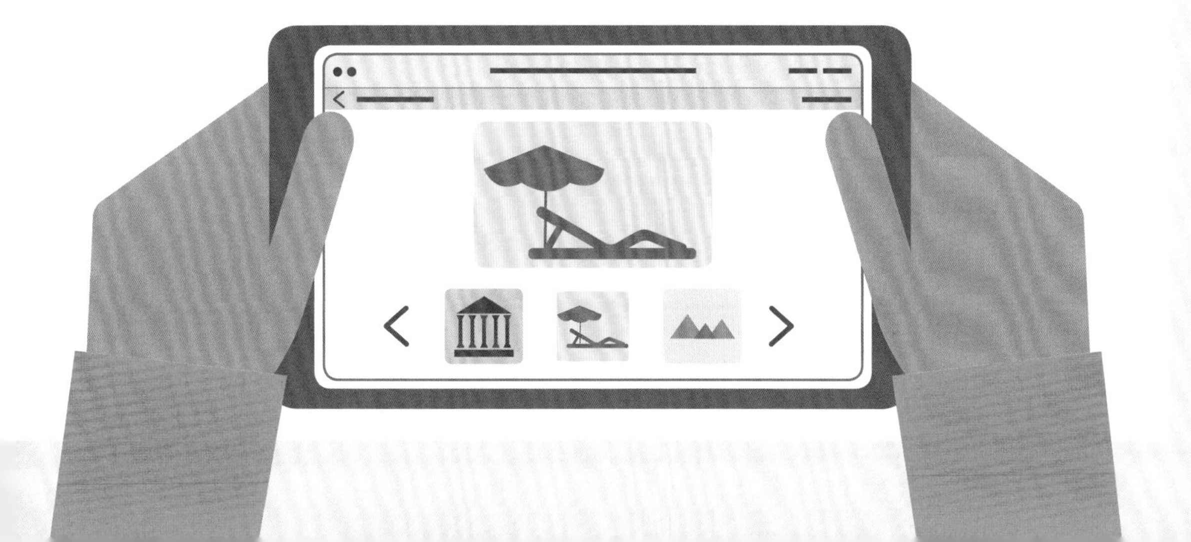

7.2 添加轮播内容

在carousel-indicators的结束标记</ol>的下方，为幻灯片添加轮播内容。你需要确保将类名active添加到第一个轮播项中，从而指示JavaScript引擎从第一张幻灯片开始轮播。当显示下一张幻灯片时，类名active将从第一个轮播项中删除，同时被添加到下一个轮播项中。你还需要在<img>标记中添加d-block类和w-100类，以指定图像的大小。下面的代码中添加了两个轮播项，你还可以根据需要添加更多的轮播项。

HTML

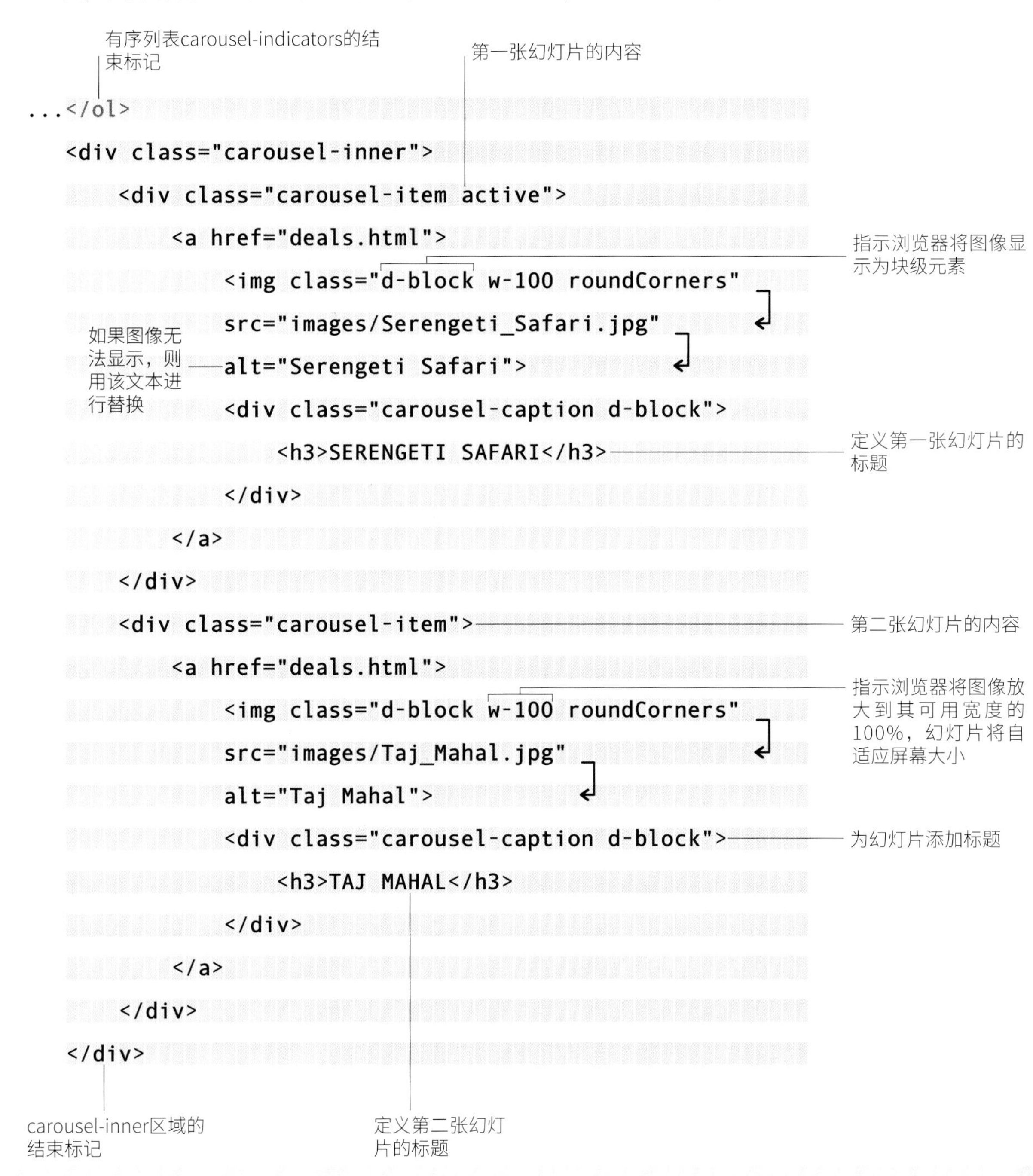
有序列表carousel-indicators的结束标记
第一张幻灯片的内容
指示浏览器将图像显示为块级元素
如果图像无法显示，则用该文本进行替换
定义第一张幻灯片的标题
第二张幻灯片的内容
指示浏览器将图像放大到其可用宽度的100%，幻灯片将自适应屏幕大小
为幻灯片添加标题
carousel-inner区域的结束标记
定义第二张幻灯片的标题

```
...</ol>
  <div class="carousel-inner">
    <div class="carousel-item active">
      <a href="deals.html">
        <img class="d-block w-100 roundCorners"
        src="images/Serengeti_Safari.jpg"
        alt="Serengeti Safari">
        <div class="carousel-caption d-block">
          <h3>SERENGETI SAFARI</h3>
        </div>
      </a>
    </div>
    <div class="carousel-item">
      <a href="deals.html">
        <img class="d-block w-100 roundCorners"
        src="images/Taj_Mahal.jpg"
        alt="Taj Mahal">
        <div class="carousel-caption d-block">
          <h3>TAJ MAHAL</h3>
        </div>
      </a>
    </div>
  </div>
```

7.3 创建按钮

现在，为幻灯片添加next（下一项）和previous（上一项）两个按钮，以便用户可以向前或向后查看幻灯片。在步骤7.2中的carousel-inner的结束标记</div>的后面输入以下代码。

Bootstrap使用href属性来管理幻灯片的按钮

<a>标记将按钮定义为超链接

```
...</div>
    <a class="carousel-control-prev" href="#dealsCarousel"
    role="button" data-slide="prev">
        <span class="carousel-control-prev-icon"
        aria-hidden="true"></span>
        <span class="sr-only">Previous</span>
    </a>
    <a class="carousel-control-next" href="#dealsCarousel"
    role="button" data-slide="next">
        <span class="carousel-control-next-icon"
        aria-hidden="true"></span>
        <span class="sr-only">Next</span>
    </a>
```

sr-only的全称是screen reader only，代表<span>元素只在屏幕阅读器中显示

如果是在普通的网页浏览器中，该<span>元素将被隐藏

7.4 添加超链接

接下来，在featuredDeals区域中的dealsCarousel的结束标记</div>下面，添加一个行动召唤按钮的超链接。用户单击这个超链接后，将会跳转到deals.html页面。然后，在网页的下一个元素之前添加一个60px的垂直间距。

从主页跳转到限时优惠页面的行动召唤按钮的名称

```
            </a>
        </div>
        <div class="link">
            <a href="deals.html">VIEW ALL LAST
            MINUTE DEALS</a>
        </div>
    </div>
    <div class="spacer v60"></div>
```

dealsCarousel区域的结束标记

featuredDeals区域的结束标记

在该元素与下一个元素之间添加一个60px的垂直间距

7.5 使网站具有响应性

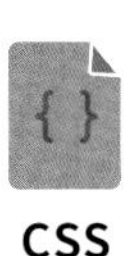
CSS

由于Bootstrap中包含实现轮播效果的所有功能，因此你只需为要显示的文本定义字体样式。如下所示，首先在global.css文件中为h3元素添加样式定义。

```
    width: 100%;
}
@media screen and (max-width: 575px) {
    .carousel-caption h3 {
        font-size: 24px;
    }
}
@media screen and (min-width: 576px) {
    .carousel-caption h3 {
        font-size: 40px;
    }
}
```

设置窄屏中h3标题的字号

设置宽屏中h3标题的字号

7.6 设置文本样式

CSS

接下来，定义carousel-caption元素的样式，该元素包含幻灯片中h3标题的文本。在步骤7.5的代码后面添加以下代码。

```
.carousel-caption {
    margin: 0;
    color: black;
    position: absolute;
    top: 50%;
    left: 50%;
    width: 80%;
    color: #000;
    text-align: center;
    -webkit-transform: translate(-50%,-50%);
    transform: translate(-50%,-50%);
}
```

h3标题将显示为黑色

将carousel-caption的左上角定位到父级carousel-item区域的中心

将幻灯片上的内容居中对齐

重新定位标题文本，使它始终位于carousel-item区域的中心

7.7 设置超链接的样式

CSS

最后，为显示在幻灯片底下的超链接（即行动召唤按钮）添加样式，包括正常状态和鼠标指针悬停状态时的样式定义。

```
.featuredDeals .link {
    text-align: right;
}
.featuredDeals a {
    color: #000;
}
  .featuredDeals a:hover {
    text-decoration: none;
    color: #D7263D;
}
```

将link区域中包含的超链接居右对齐

将正常状态下的超链接的颜色设为黑色

将鼠标指针悬停状态下的超链接的颜色设为红色

保存

7.8 测试程序

保存所有文件，然后在浏览器中刷新页面，查看更新后的网站。Bootstrap中的轮播插件使得幻灯片具有动画效果，而且文本的字号也将根据屏幕宽度自动调整。你还可以使用next和previous按钮来切换幻灯片。

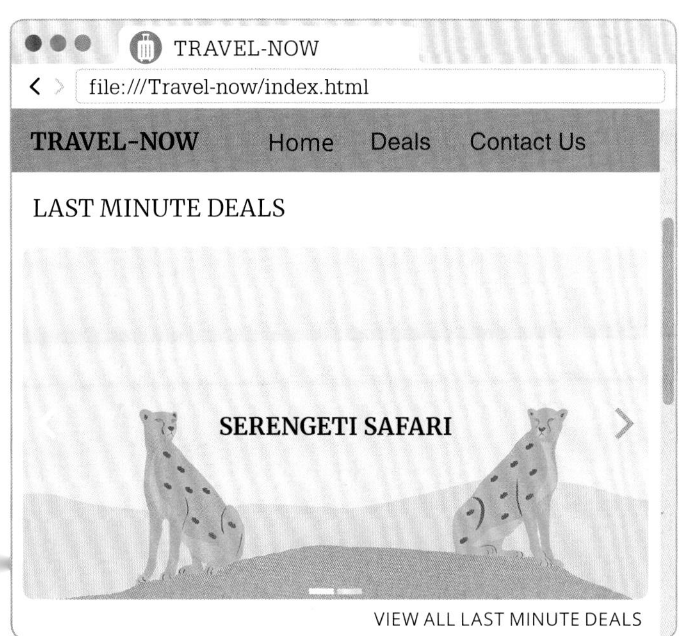

宽屏

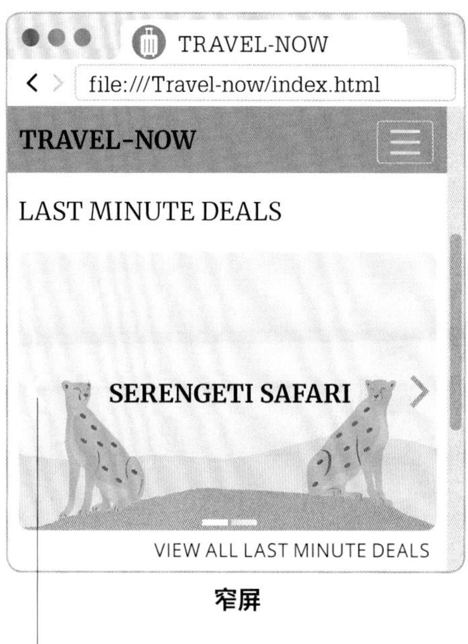

窄屏

8 添加版权声明

最后需要设置版权声明部分，该部分作为网站页脚出现，其中包含版权声明的文本。和导航栏一样，页脚也会重复出现在网站的每个页面上。

8.1 定义版权声明

copyright区域中只含有指定年份的版权声明。在index.html文件的末尾，将以下代码添加到container区域的结束标记</div>的下方。

```
  </div>
  <div id="copyright">
    <div>&copy; 2020 <a href="index.
    html" class="logo">TRAVEL-NOW
    </a></div>
  </div>
</body>
```

8.2 设置版权声明的样式

打开global.css文件，定义copyright区域的样式。为给版权声明部分的超链接定义样式，你需要定义它的正常状态和鼠标指针悬停状态。在步骤7.7的代码下方，输入右边的代码，并保存文件。

CSS

```
    color: #D7263D;
  }
#copyright {
  text-align: center;
  background-color: #345995;
  color: white;
  height: 58px;
  padding-top: 18px;
  font-size: 16px;
}
  #copyright a {
    color: white;
    cursor: pointer;
  }
    #copyright a:hover {
      color: #D7263D;
      text-decoration: none;
    }
```

将页脚的颜色设为深蓝色

定义版权声明部分所占的高度

设置版权声明文本的字号

正常状态下版权声明文本的颜色

鼠标的光标将显示为手指形状

鼠标指针悬停状态下超链接的颜色

代表红色的十六进制代码

保存

8.3 运行程序

保存所有文件，然后在浏览器中刷新页面。无论屏幕是宽是窄，版权声明部分都将显示在页面底部。

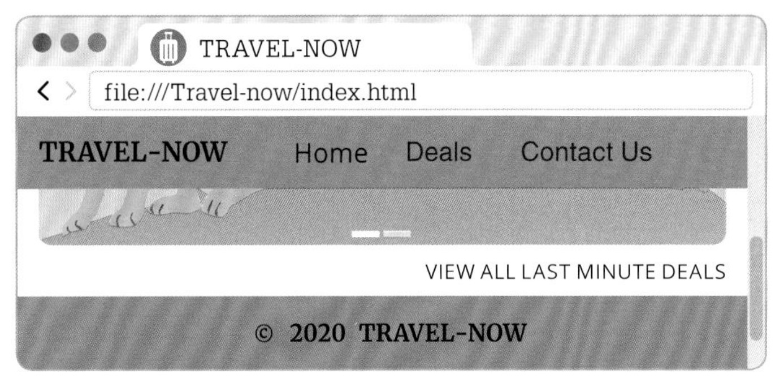

宽屏

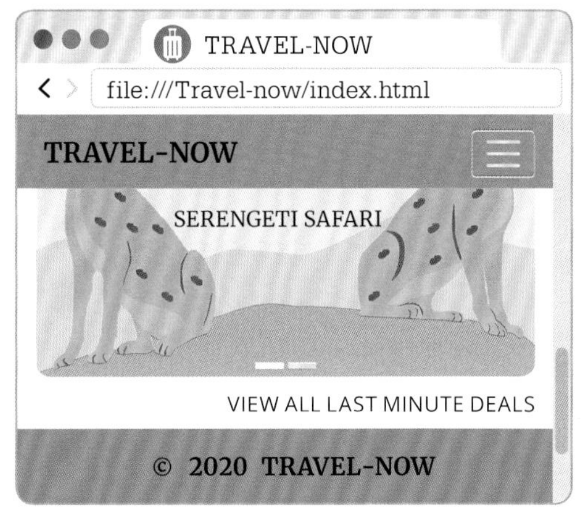

窄屏

9 创建模板

几乎所有的网站都会使用HTML模板来将CSS、JavaScript和常见的图形元素添加到页面中。HTML模板通常包括导航栏、菜单、页脚和按钮等常见元素，这些元素是网站上每个页面所共有的。在本步骤中，你需要新建一个template.html文件，然后以它为模板来创建后续页面，从而使本项目中的所有页面都拥有标准化的外观和网格。

9.1 创建HTML文件

首先，创建一个名为template.html的HTML文件（参见步骤1.2）。Visual Studio将使用有效的HTML页面所需的最少代码来创建该文件。然后，复制index.html文件中整个<head>标记的内容，并将其粘贴到template.html文件的<head>标记内。最后，用一些星号（*）代替<title>标记中的文本，并删除引入home.js文件的<script>标记。

HTML

```
<meta name="viewport" content="width=device-width,
initial-scale=1, shrink-to-fit=no">
<title>******</title>

<script src="scripts/app.js"></script>
<script src="scripts/home.js"></script>
```

使用模板创建新页面时，请将星号（*）换为正确的页面标题

在template.html文件中删除此行代码

9.2 将元素复制到模板文件中

现在，复制index.html文件中整个<nav>标记的内容，并将其粘贴到template.html文件<body>标记内。在<nav>标记内，找到指向index.html的超链接，删除其中的active和<span class="sr-only">（current）</span>。

HTML

```
...<ul id="topMenu" class="navbar-nav mr-auto">
    <li class="nav-item">
        <a class="nav-link" href=
        "index.html">Home</a>
    </li>
```

从本行中删除active

从本行中删除<span>标记及其中的sr-only类，因为它只在屏幕阅读器中显示活动菜单项

9.3 添加容器标记

接着，在template.html文件的结束标记</nav>下面，添加一个spacer区域和一个container区域。spacer区域可以在网页模板的导航栏和下一个元素之间添加垂直间距。

```
</nav>
<div class="spacer v80"></div>
<div class="container">
</div>
```

navbar区域的结束标记

包含页面上的所有HTML元素

HTML

9.4 编辑标题

复制index.html文件中featureImage.html区域的代码，并将其粘贴到templabe.html文件的container区域中。记得用星号（*）替换h1标题中的文本。

```
<h1>
*****
</h1>
</div>
</div>
```

在后面再将星号（*）替换为正确的标题文本

featureImage区域的结束标记

9.5 添加内容

在container区域中，在featureImage区域的结束标记</div>底下添加一个spacer区域。然后再添加一个pageContent区域，其中包含一行星号（*）。

HTML

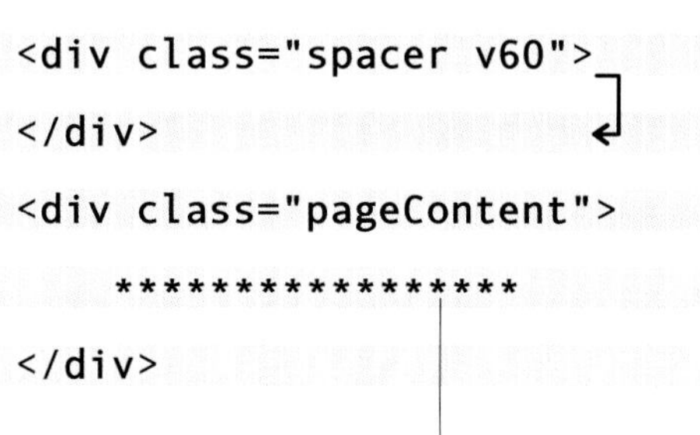

```
<div class="spacer v60">
</div>
<div class="pageContent">
*****************
</div>
```

指明使用模板创建的每个网页的内容所处的位置

9.6 添加版权声明

在container区域的结束标记</div>底下添加另一个spacer区域。复制index.html文件中copyright区域的内容，并将其粘贴到template.html文件中。完成上述全部操作后，保存文件。

HTML

```
</div>
<div class="spacer v60"></div>
<div id="copyright">
<div>&copy; 2020 <a href="index.html" class="logo">TRAVEL-NOW</a>
</div>
</div>
```

container区域的结束标记

将版权声明的文本复制到模板文件中

保存

9.7 运行程序

打开浏览器，在地址栏中输入template.html文件的URL。在Windows机上，URL为file:///C:/Travel-now/template.html；在Mac机上，URL为file:///Users/[user account name]/Travel-now/template.html。

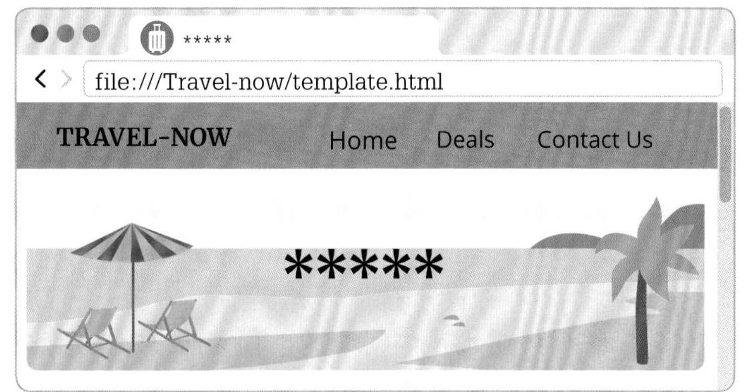

宽屏

星号（*）将取代网页标题

窄屏

10 创建新的网页

在本节中，你将使用之前创建的网页模板来创建限时优惠页面。新创建的网页要用到Bootstrap网络系统的列定义。

10.1 输入网页标题

首先，在“解决方案资源管理器”窗口中右击template.html并选择“复制”，然后右击Travel now并选择“粘贴”，创建template.html文件的副本，然后右击文件副本，将其更名为deals.html。打开deals.html文件，用网页标题LAST MINUTE DEALS替换<title>标记中的星号（*）。

```
<meta name="viewport" content="width=device-width,
initial-scale=1, shrink-to-fit=no">
<title>LAST MINUTE DEALS</title>
```

在<head>标记内找到<title>标记，输入网页标题

0.2 更新代码

在<nav>标记内，找到指向deals.html的超链接。先将类名active添加到含有该超链接的<li>标记中，然后将<span class="sr-only">(current)</span>添加到<a>标记中。

```
...</li>
  <li class="nav-item active">
    <a class="nav-link" href="deals.html">Deals
    <span class="sr-only">(current)</span></a>
  </li>
```

添加active，以显示顶部菜单中的当前页面

sr-only代表<span>元素在普通的网页浏览器中是隐藏的，只在屏幕阅读器中显示

0.3 添加内容

在featureImage区域中，将homeIndex类替换为deals类，以便在限时优惠页面上显示不同的特征图像。然后在text区域中更新h1标题的内容。

HTML

```
<div class="container">
  <div class="featureImage
  roundCorners deals">
    <div class="text">
      <h1>
        LAST MINUTE DEALS
      </h1>
```

在deals.html文件中，将homeIndex替换为deals

用限时优惠页面的标题文本替换星号（*）

10.4 更新网页内容

找到pageContent区域，将其中的星号（*）替换为h2标题、spacer区域和新的lastMinuteDeals区域，如右边代码所示。

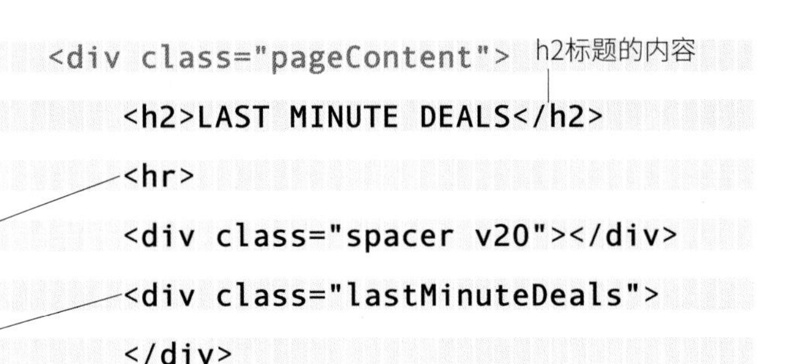

```
<div class="pageContent">
    <h2>LAST MINUTE DEALS</h2>
    <hr>
    <div class="spacer v20"></div>
    <div class="lastMinuteDeals">
    </div>
```

h2标题的内容

在h2标题和限时优惠项目之间创建一条水平线

<div>标记中含有按行排列的限时优惠项目

10.5 添加第一个限时优惠项目

现在，将第一个限时优惠项目添加到lastMinuteDeals区域中。每个限时优惠项目都是一个超链接，你可以使用Bootstrap网格系统为每个限时优惠项目创建一个1行4列的表格。当屏幕较宽时，表格中的列将水平排列；当屏幕较窄时，表格中的列将垂直排列。

```
...<div class="lastMinuteDeals">
    <div class="deal">
        <a href="deals.html">
            <div class="row">
                <div class="col-sm name">
                    Taj Mahal
                </div>
                <div class="col-sm depart">
                    21 July 2020
                </div>
                <div class="col-sm length">
                    10 days
                </div>
                <div class="col-sm price">
                    $1000
                </div>
            </div>
        </a>
    </div>
```

这个<div>标记作为超链接的容器，包含有第一个限时优惠项目的内容

每行有4列

第一列的内容是景点名称

第二列的内容是出发日期

第三列的内容是旅行时长

第四列的内容是价格

10.6 添加第二个限时优惠项目

在第一个限时优惠项目的结束标记</div>后面，添加第二个限时优惠项目。你可以添加多个限时优惠项目，但要确保在index.html文件的featuredDeals区域中添加了同等数量的轮播项。

HTML

```
... </div>
    <div class="deal">
        <a href="deals.html">
            <div class="row last">
                <div class="col-sm name">
                    Serengeti Safari
                </div>
                <div class="col-sm depart">
                    27 July 2020
                </div>
                <div class="col-sm length">
                    7 days
                </div>
                <div class="col-sm price">
                    $800
                </div>
            </div>
        </a>
    </div>
</div>
<div class="spacer v60"></div>
```

第一个限时优惠项目的结束标记
超链接的容器，包含有第二个限时优惠项目的内容
第二个限时优惠项目的每列内容
lastMinuteDeals区域的结束标记
在lastMinuteDeals区域和下一个元素之间添加一个垂直间距
保存

10.7 定义背景图像

打开global.css文件，定义特征图像的样式，该特征图像将显示为限时优惠页面的背景图像。在步骤8.2的代码后面输入右边的代码。

```
.featureImage.deals {
    background-image: url(../images/
    deals.jpg);
}
```

CSS

为限时优惠页面设置一个新的特征图像

10.8 定义行的样式

接下来，定义行的样式，该样式将应用于每一个限时优惠项目。最后一行的边框与其他行不同。当鼠标指针悬停在行上时，该行的背景颜色和文本颜色都会发生改变。请将右边的代码添加到步骤10.7的代码后面。

CSS

```
.lastMinuteDeals .row {
    padding-bottom: 15px;
    margin: 0;
    border-width: 1px 0 0 0;
    border-style: solid;
    border-color: #888;
}
    .lastMinuteDeals .row.last {
        border-width: 1px 0 1px 0;
    }
    .lastMinuteDeals .row:hover {
        background-color: #BC8796;
        color: white;
    }
```

设置行周围边框的宽度

定义行的4个边框的样式

将边框颜色设为灰色

为最后一行设置不同的边框宽度

代表紫红色的十六进制代码

当鼠标指针悬停在行上时，文本颜色会由深灰色变为白色

10.9 使行具有响应性

当屏幕较窄时，行中的内容必须垂直排列。为此，你需要指示浏览器对row区域应用不同的填充定义。

CSS

```
        color: white;
    }
@media screen and (min-width: 1px) and (max-width: 575px) {
    .lastMinuteDeals .row {
        padding: 0px 15px 20px 15px;
    }
}
```

当屏幕宽度小于576px时，为行定义不同的填充

在内容和容器边界之间添加间距

10.10 定义超链接的样式

现在，为含有超链接的行添加样式定义，包括它在正常状态和鼠标指针悬停状态下的两种样式。

CSS

```
.lastMinuteDeals div {
    text-align: left;
}
.lastMinuteDeals a {
    color: #333;
}
    .lastMinuteDeals a:hover {
        text-decoration: none;
        color: white;
    }
```

定义正常状态下超链接的样式

定义鼠标指针悬停状态下超链接的样式

10.11 变换行的背景颜色

为了区分不同的限时优惠项目，你可以变换行的背景颜色，使它看起来更直观。你可以使用奇数和偶数选择器来定义奇数行和偶数行的样式。

```
.lastMinuteDeals .deal:nth-child(odd) {
    background-color: #C0C0C0;
}
.lastMinuteDeals .deal:nth-child(even) {
    background-color: #D3D3D3;
}
```

将奇数行的背景颜色设为银色

将偶数行的背景颜色设为浅灰色

10.12 使列具有响应性

接下来，定义列的样式。你需要定义适用于宽屏和窄屏的两种样式，然后为第一列添加样式定义，使景点名称能以粗体显示。最后，保存文件。

设置内容和列边界之间的间距

```
.lastMinuteDeals .col-sm {
    padding: 15px 0px 0px 15px;
    margin: 0;
}
@media screen and (min-width: 1px) and (max-width:575px) {
```

当屏幕宽度小于576px时，为列定义不同的填充

```
    .lastMinuteDeals .col-sm {
        padding: 15px 15px 0px 15px;
    }
}
.lastMinuteDeals .name {
    font-weight: bold;
}
```

景点名称以粗体显示

保存

10.13 运行程序

打开浏览器，在地址栏中输入deals.html的URL。在Windows机上，URL是file:///C:/Travel-now/deals.html；在Mac机上，URL是file:///Users/[user account name]/Travel-now/deals.html。你也可以在浏览器中刷新index.html的页面，然后在导航栏中选择Deals，以便查看该页面。

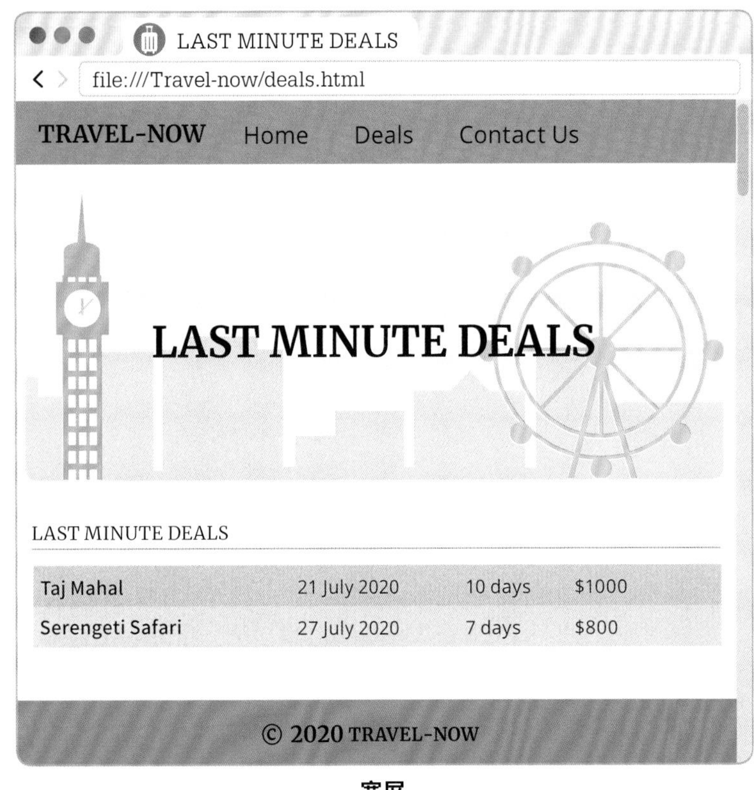

宽屏

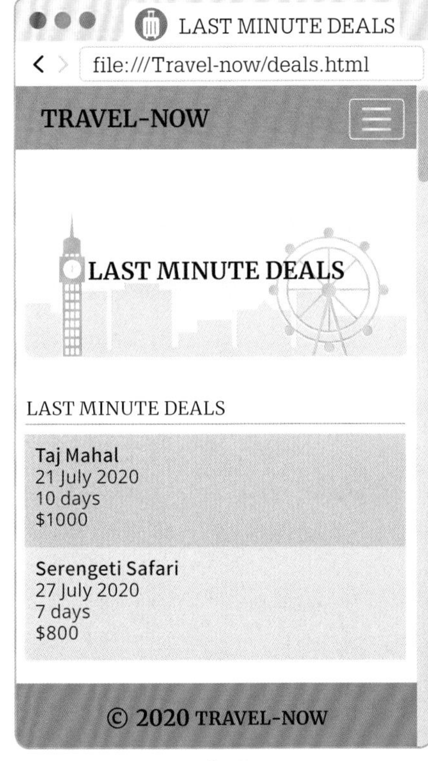

窄屏

技巧和调整

Google字体

本项目的所有文本元素使用的都是Google字体。你可以通过变换字体和图标来美化网站，还可以选用其他图像作为收藏图标。

用新的字体替换<head>标记中的字体

```
<link href="https://fonts.googleapis.com/css?family=
Suez+One|Oswald|Niconne" rel="stylesheet">
```

INDEX.HTML

```
font-family: "Suez One", serif;
font-family: "Oswald", sans-serif;
font-family: "Niconne", cursive;
```

更新注释中的字体，同时更改相应位置的代码

GLOBAL.CSS

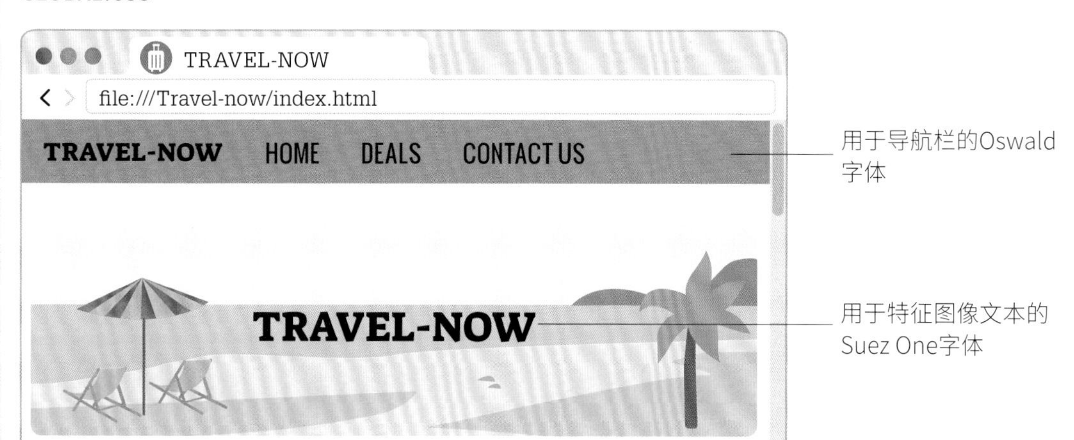

用于导航栏的Oswald字体

用于特征图像文本的Suez One字体

Bootstrap SASS

本项目指向CSS文件的在线引用版本，其中包含Bootstrap所使用的全部默认样式。编程时，你需要用自己定义的样式覆盖这些默认样式。为了避免每次都这样操作，你可以简单调整Bootstrap默认文件，以生成自定义样式，而无须覆盖默认样式。你可以通过下载Bootstrap源文件、编辑SASS变量（定义一个值并可在多个地方使用的变量）和编译最终的CSS文件来实现上述目的。

https://getbootstrap.com/docs/4.0/getting-started/theming/

https://sass-lang.com/

添加“立即购买”按钮

为使用户可以在网站上进行支付，只需在deals.html页面的限时优惠项目中添加一个“立即购买”按钮。例如，要想通过PayPal付款，用户必须先开通一个PayPal账户，然后在网站上验证银行账户信息。用户注册PayPal账户时填写的电子邮件地址可用于识别用户是否为预期收款人。输入下面的代码，即可创建一个“立即购买”按钮。用户单击该按钮后，就可以进入PayPal网站的安全支付页面，然后进行付款。

```
...<div class="col-sm price">
    $1000
  </div>
  <div class="col-sm buy">
    <form method="post" target="_blank" action=
    "https://www.paypal.com/cgi-bin/webscr">
      <input type="hidden" value="_cart" name="cmd" />
      <input type="hidden" value="yourpaypalemailaddress
      @example.com" name="business" />
      <input type="hidden" name="upload" value="1" />
      <input type="hidden" name="charsetmm" value="US-ASCII" />
      <input type="hidden" value="1" name="quantity_1" />
      <input type="hidden" value="Taj Mahal"
      name="item_name_1" />
      <input type="hidden" value="1000" name="amount_1" />
      <input type="hidden" value="0" name="shipping_1" />
      <input type="hidden" value="USD" name="currency_code" />
      <input type="hidden" value="PP-BuyNowBF" name="bn" />
      <input type="submit" value="Buy Now" class="roundCorners" />
    </form>
  </div>
```

该表单允许用户通过PayPal向Travel-Now网站付款

col-sm price区域的结束标记

第5个Bootstrap列的内容是“立即购买”按钮

用于付款的PayPal账户对应的电子邮件地址

所购商品的名称将被传送到PayPal网站

单击这个输入按钮，将表单数据提交到PayPal网站

定义“立即购买”按钮的形状

网页模板

网站通常都要用到一个在每个页面上重复出现的通用模板。该模板包含指向CSS文件、JavaScript文件的链接，以及常见的HTML元素（如在每个页面上重复出现的页眉和页脚）。不过，只使用HTML和JavaScript是无法应用网页模板的。你还需要使用C#MVC或Python Django等服务器端语言来将页眉和页脚自动注入每个页面。

为了创建网站的其他页面，本项目也使用了网页模板。不过，当有很多页面时，维护网站会变得很难。为了解决这一问题，你需要认真了解C#MVC中的“布局文件”概念和Python Django中的“模板继承”功能。

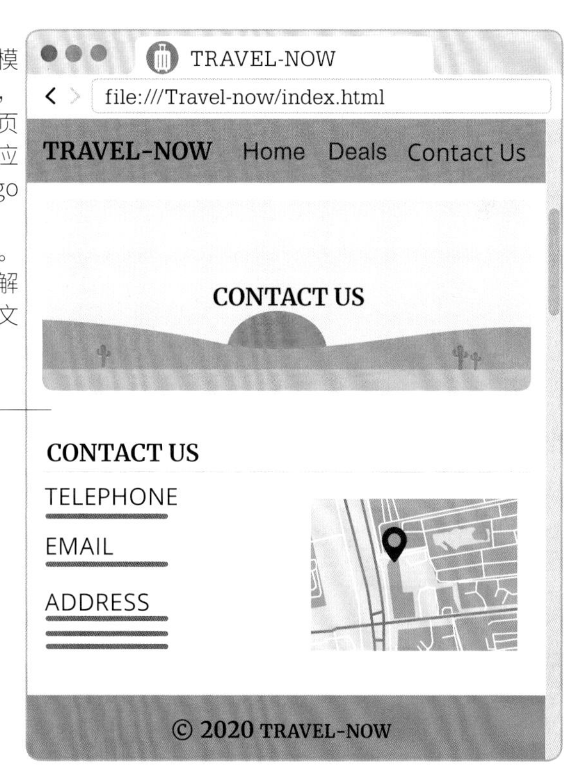

尝试使用服务器端语言中的概念来创建该页面

https://www.asp.net/mvc

https://www.djangoproject.com

其他编程语言

每个行业都有自己用来描述常见问题和解决方案的术语与方法。编程语言是为了帮助人类与计算机交流而开发出来的。大多数编程语言都是为特定任务或领域而设计出来的，但它们也常常被改作其他用途。

编程语言的分类

人类的语言可以分为不同的语系，如印欧语系或德拉维达语系。同一语系使用相似的字母、词汇和语法结构。如果你掌握了某个语系中的一种语言，就能够比较轻松地学习该语系中的其他语言。

与之相似，编程语言也可以分成不同的组，各组语言之间经常互相借用单词和语法结构。例如，C、C++、Objective-C、Java、C#、Go和Swift这几种语言都是相互关联的，开发人员只要熟练掌握了其中一种语言，就能够比较轻松地学会其他语言。

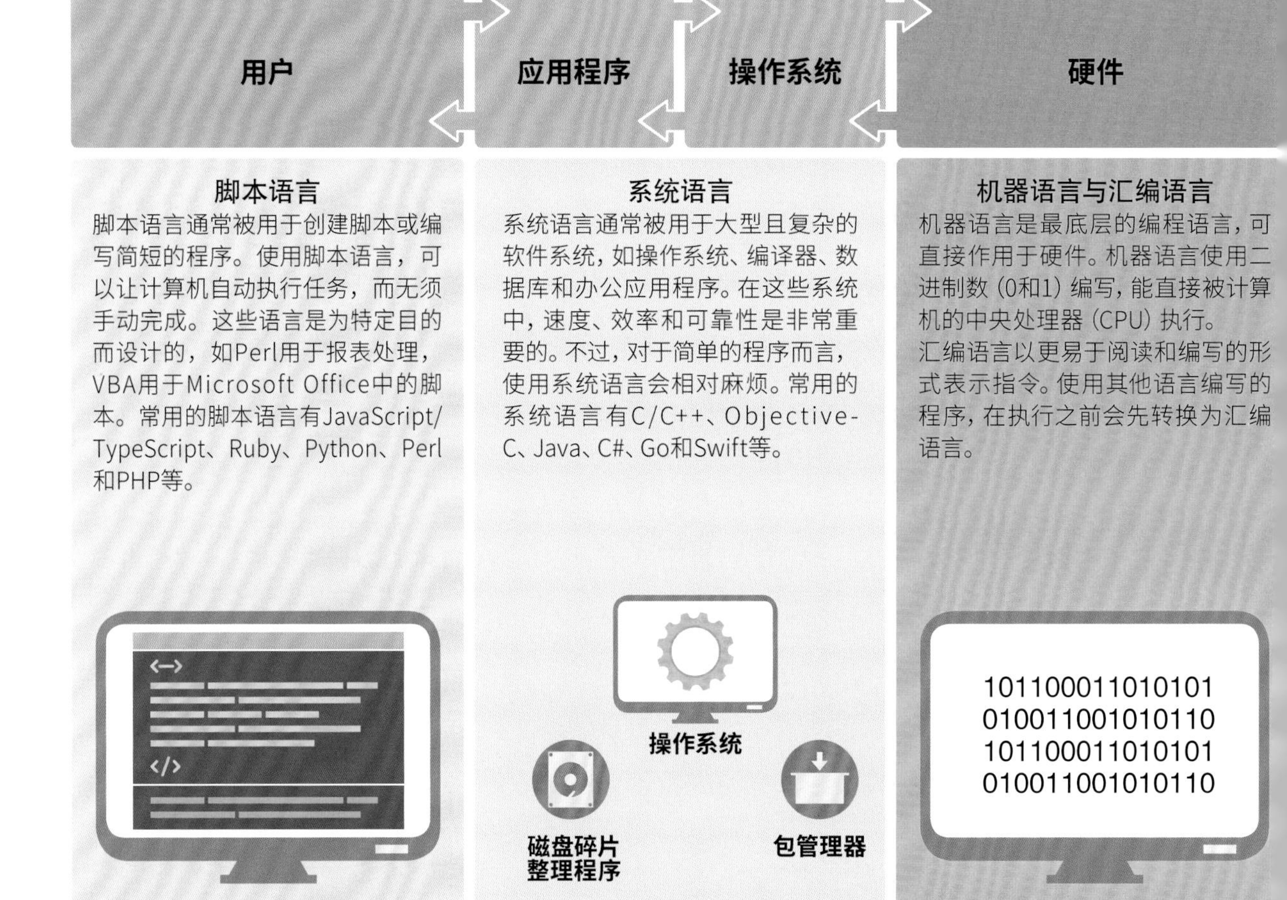

用于数据处理的编程语言

有些编程语言是专为处理大型数据集而设计的。数据可能来自科学、工程、商业、教育及其他领域的实验、监控系统、销售和模拟等。人们在处理数据时，希望尽可能地剔除干扰信息，分析出发展趋势，建立预测模型，得出统计结果。用于处理和分析数据的编程语言有APL、Matlab和R等。

Matlab/Octave
用于数值计算

APL用于
数据处理

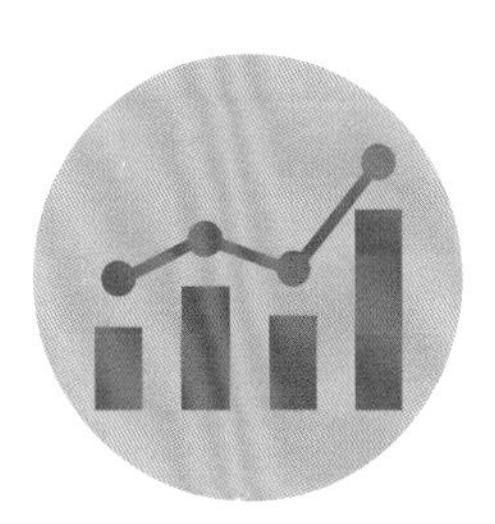
S/R用于统计计算

特殊用途的编程语言

有些编程语言是专为解决特定问题而设计的，在其他领域可能发挥不了作用。例如，PostScript、TeX和HTML使用文本、图像与其他信息来描述页面的内容和布局；SQL用于管理数据库；Maple和Mathematica用于符号运算；LISP和Scheme用于人工智能领域；Prolog用于逻辑编程。

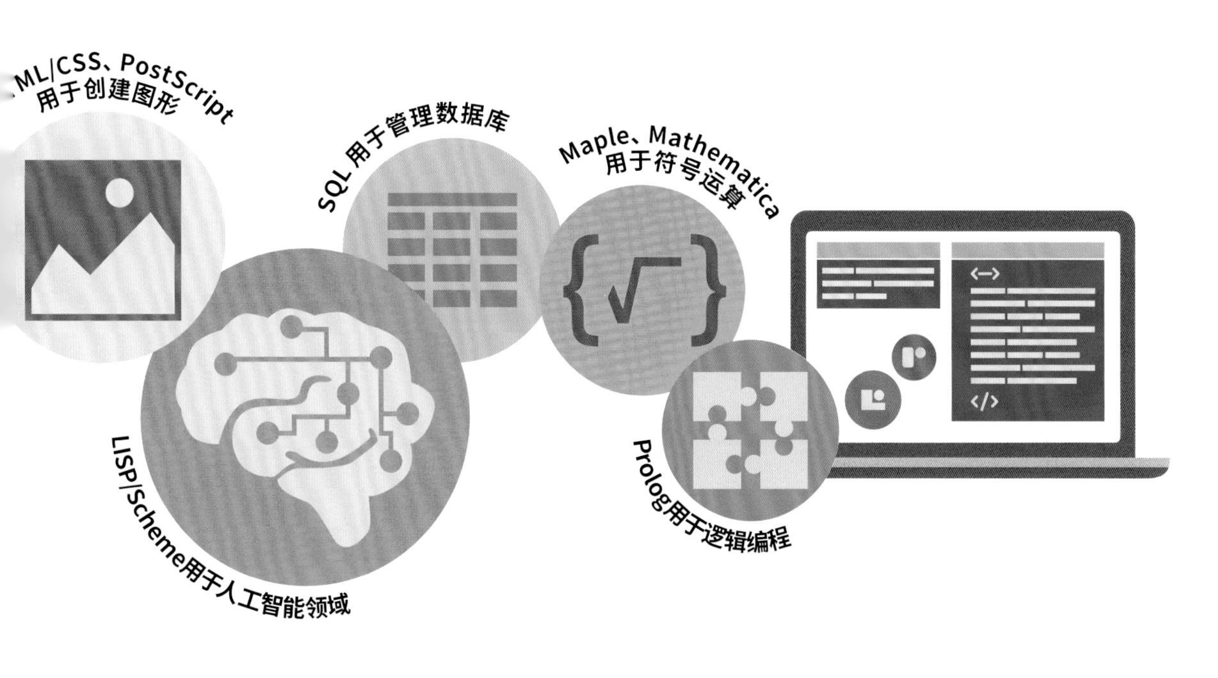
ML/CSS、PostScript
用于创建图形
SQL用于管理数据库
Maple、Mathematica
用于符号运算
LISP/Scheme用于人工智能领域
Prolog用于逻辑编程

早期的编程语言

有一些历史比较悠久的编程语言目前仍在广泛使用。例如，FORTRAN创建于20世纪50年代，用于科学和工程计算；COBOL创建于1960年左右，用于商业领域；BASIC创建于20世纪60年代中期，是针对学生群体的一种便捷语言；Pascal创建于1970年左右，旨在鼓励结构化编程实践，广泛应用于教育领域；Ada创建于1980年左右，旨在减少美国国防部使用的编程语言数量。

FORTRAN用于科学领域
COBOL用于商业领域
Pascal用于教育领域
Ada用于军事领域

可视化编程语言

在可视化（或基于块的）编程语言中，程序是使用图形而不是文本来创建的。编程时，用户可以将图形拖动到合适的位置，把图形拼接在一起，在图形中输入数值或文本。可视化编程语言通常是为特定领域（如教育、多媒体和仿真等）的非专业人员设计的。常用的可视化编程语言包括用于教育领域的Blockly、Alice、Kitten和Scratch，以及用于音乐领域的Kyma、Max和SynthEdit。

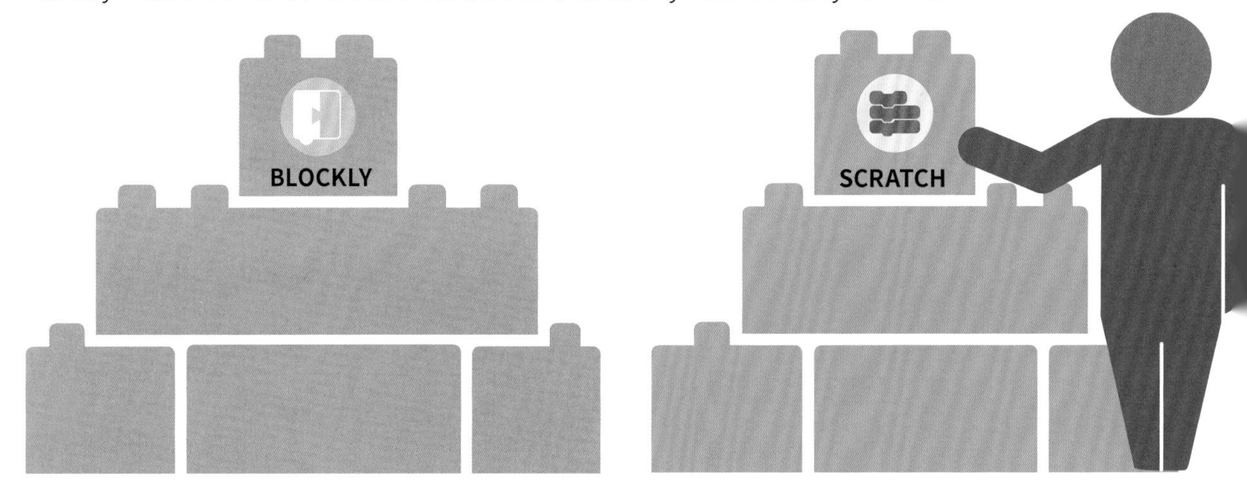
BLOCKLY
SCRATCH

常用编程语言

编程语言有数百种，大多数程序员都只精通其中几种，熟悉的则相对多些。他们希望在自己的职业生涯中学习新的编程语言。下表列出了一些常用的编程语言，介绍了它们的首次开发时间、主要创造者，以及核心思想和主要用途。

常用编程语言	
语言、首次开发时间和创造者	**核心思想和主要用途**
C（1972年） 丹尼斯·里奇	设计简洁，可移植，能生成有效的机器代码，广泛应用于操作系统、编译器、解释器和大型应用程序。其他很多语言都采用了C语言的功能和语法
C++（1983年） 本贾尼·斯特劳斯特卢普	在C语言的基础上增加了面向对象的功能（在C语言中，C ++表示将变量C的值加1），广泛应用于操作系统、编译器、解释器和大型应用程序
Java（1995年） 詹姆斯·高斯林	一种基于C语言和C++的面向对象的编程语言。Java的核心思想是“一次编写，随处运行”，在某一类型计算机上编写的代码可在其他任何类型的计算机上运行。Java广泛应用于桌面应用程序和浏览器—服务器应用程序的开发
Python（1991年） 吉多·范罗苏姆	可读性强，支持多种编程风格，拥有许多专业的库，广泛应用于Web应用程序、科学计算以及其他软件产品的脚本编写
PHP (1994年） 拉斯姆斯·勒多夫	广泛应用于Web开发(PHP最初是指个人主页)
JavaScript（1995年） 布兰登·艾奇	广泛应用于创建交互式Web页面和应用程序。JavaScript也可用于一些Web服务器，这使得Web应用程序可以在浏览器端和服务器端使用相同的语言
FORTRAN（20世纪50年代） 约翰·巴克斯	由IBM（国际商业机器）公司设计，用于科学和工程计算，具有很强的数值计算功能。FORTRAN是FORmula TRANslation（意为“公式翻译”）的缩写
COBOL（1959年） 格蕾丝·霍珀	COBOL是在格蕾丝·霍珀的早期工作的基础上，专为处理数据而设计的。COBOL的开发得到了美国国防部的支持，应用领域非常广泛。COBOL是COmmon Business-Oriented Language（意为“面向商业的通用语言”）的缩写
Basic（1964年） 约翰·凯梅尼和托马斯·卡茨	为初学者设计的编程语言，方便他们在多个领域使用，而不局限于科学和数学领域。它后来演化出了Microsoft Basic（1975年）和Visual Basic（1991年）等版本。Basic是Beginner's All-purpose Symbolic Instruction Code（意为“初学者通用符号指令代码”）的缩写
Ada（20世纪80年代） 让·伊奇比亚	针对嵌入式和实时系统设计的编程语言，旨在减少美国国防部使用的编程语言数量。它是以世界上第一位程序员Ada Lovelace（阿达·洛芙莱斯）的名字命名的
SQL（20世纪70年代） 唐纳德·钱伯林和雷蒙德·博伊斯	对数据库进行查询、编辑等操作的编程语言，可以帮助用户管理关系数据库（数据存储在以各种方式相互关联的表格中）。SQL是Structured Query Language（意为“结构化查询语言”）的缩写

术语表

版本控制系统（version control system）

记录一个或若干文件内容变化，以便将来查阅特定版本修订情况的系统。版本控制系统可以让不同系统上的开发者协同工作，访问同一文件的不同版本。

编译器（compiler）

将一种语言（通常为高级语言）转换（或编译）为另一种语言（通常为低级语言）的程序。参见**解释器**。

变量（variable）

与存储在系统内存中的值相关联的一个概念。一个变量在不同的时间点可以有不同的值。

标记（tag）

HTML中标记元素开始和结束的文本，通常用尖括号括起来。例如，<em>和</em>是用于强调一段文本的标记。

病毒（virus）

一种能把自己的代码插入到其他程序中，从而制造出更多副本的恶意软件。

布尔值（boolean）

真（true）或假（false）中的一个值，以英国数学家、布尔代数奠基人乔治·布尔（George Boole）的名字命名。

参数（parameter）

函数的输入。在大多数语言中，函数定义包含每个输入的名称。例如，函数sum（x,y）有x和y两个形式参数。

操作码（opcode）

机器码指令的一部分，用来表示该指令所要完成的操作，而不是其他信息（如存储器地址）。opcode是operation code的缩写。参见**操作数**。

操作数（operand）

机器码指令的一部分，不表示该指令所要完成的操作，而是表示其他信息（如存储器地址）。一般而言，操作数是指传递给函数的参数。参见**操作码**。

操作系统（operating system，OS）

管理计算机硬件和软件资源，支持应用软件开发和运行的底层软件系统。例如，微软的Windows、苹果的macOS以及Linux。

超链接（hyperlink）

包括文本超链接和图像超链接，可以将文档中的文字或者图像与另一个文档、文档的一部分或者一幅图像链接在一起。

处理器（processor）

实际执行程序的硬件。又称为**中央处理器**（CPU）。

存储器（memory）

用来存储计算机信息的装置，包括只读存储器（ROM）、随机存取存储器（RAM）、固态硬盘（SSD）、硬盘驱动器和光驱（如CD或DVD）。

调用（call）

让计算机运行另一个函数的程序语句，运行完成后将返回到原函数。

迭代（iterate）

重复执行一项任务或一组语句。大多数编程语言都有特殊的语法，使得程序可以更容易地进行迭代。迭代可以设置次数，也可以直至满足某个条件为止。

对象（object）

在面向对象的程序设计中，对象是由数据和对数据进行操作的代码组成的组件。

恶意软件（malware）

任何想要非法访问计算机或系统的软件，包括病毒、蠕虫、间谍软件和勒索软件。malware是maliciou software的缩写。

二进制（binary）

计算机使用的编码系统。与十进制使用0～9十个数字不同，二进制只有和1两个数字。在十进制中，进位规则是“逢十进一”（每相邻的两个数位之间的进率都为十），而在二进制中则是“逢二进一”。例如，101101（二进制数）$=1\times2^5+0\times2^4+1\times2^3+1\times2^2+0\times2^1+1\times2^0=4$（十进制数）。

非法侵入（hack）

在未经授权的情况下，以非正常的技术手段侵入他人的计算机系统或者网络系统，窃取、篡改、删除系统中的数据或破坏系统的正常运行。

分布式版本控制系统（Git）

一种流行的版本控制系统，用于跟踪一组文件中的更改，以便用户可以轻松实现协作、访问同一文件的不同版本。参见**版本控制系统**。

分支语句（branching statement）

一种程序语句，可以根据表达式的值从几个可能的路径或步骤集合中选择一个来执行。例如，if...then...els语句在表达式为True时采用路径then，在表达式为False时采用路径else。又称为**条件语句**。

服务器（server）

为其他系统或客户端提供服务的硬件或软件系统。软件服务器包括数据服务器、邮件服务器和Web服务器。一台硬件服务器可以运行多个软件务器。

浮点数（float）

有小数部分的数。

父对象 (parent object)

用于创建子对象的对象。父类的原型含有可供每个子类使用的方法和属性。参见**子对象**。

复合数据 (composite data)

通过组合其他更简单的数据而创建的数据。例如，字符串、数字数组或对象。参见**原始数据**。

构造函数 (constructor)

用于创建类的新对象的特殊函数，可用于为对象分配内存空间，对类的数据成员进行初始化，并执行其他内部管理操作。

故障 (bug)

使程序或其他系统无法正常工作的缺陷或错误。早在计算机出现之前，这个词就被用在工程学中。bug的中文意思是虫子，第一个用该词来形容计算机故障的人是格蕾丝·霍珀（Grace Hopper）。有一次，格蕾丝在查找计算机死机原因时，发现一只飞蛾卡在了继电器里面，导致了死机。幽默的格蕾丝把这只飞蛾粘在了运行日志上，并写到："史上第一个被发现的计算机bug。"参见**调试**。

函数 (function)

一段可以直接被另一段程序或代码引用的程序或代码。又称为**过程、子程序、方法**（特别是在面向对象的程序设计中）。

机器码 (machine code)

计算机处理器使用的指令集。参见**编译器、解释器**。

脚本 (script)

使用脚本语言编写的程序，通常是提供给解释器而不是编译器的。最初的脚本是执行具体任务的短小程序，随着时间的推移，脚本语言的用途越来越广。

接口 (interface)

系统的两个部分之间的边界。例如，用户接口（UI，又称用户界面）是系统和用户之间进行交互与信息交换的接口；应用程序编程接口（API）是用于帮助程序员使用底层系统开发应用程序的接口。

解释器 (interpreter)

一种直接执行高级语言代码（一次执行一个语句）的计算机程序，无须将代码转换（或编译）为机器码。参见**编译器**。

局部变量 (local variable)

只能在局部使用的变量，也就是说只能在特定的函数或子程序中访问的变量，它的作用域只是该函数的内部。参见**全部变量**、**变量**。

库 (library)

可在其他项目中重复使用的资源的集合。这些资源可能包括函数、类、数据结构和数据值。库与应用程序编程接口（API）有很多相似之处。参见**应用程序编程接口（API）**。

块元素 (block element)

会中断文本流并改变页面布局的HTML元素。块元素在浏览器中显示时，通常会以新行来开始和结束。例如，段落（<p>）、列表（<ul>和<li>）和表格都是块元素。参见**内联元素**。

框架 (framework)

为实现某个业界标准或完成特定基本任务的软件组件规范，通常用于创建用户应用程序。例如，Angular、Django、Express、jQuery、React和Ruby on Rails都是用于创建网站和Web应用程序的框架。

类 (class)

①一种复杂的数据类型，通常包含数据和函数，用于在该类别中创建（实例化）对象。例如，名为employees的类可以指定每名雇员的姓名、电话和电子邮件地址，并提供一个用于设置或显示这些信息的函数。②在CSS中，定义。

连接 (concatenate)

将项目（通常是字符串）一个接一个地组合在一起。例如，将"雪"和"球"连接起来可以得到"雪球"。

列表 (list)

数据值的集合，其中的每个值在列表中都有特定的位置。存储列表的方式之一是数组。参见**数组**。

流程图 (flowchart)

以特定的图形符号加上说明，表示算法中的步骤、分支和循环的图。

轮播 (carousel)

Bootstrap中的组件，可以循环播放一组元素，例如幻灯片。

面向对象 (object-oriented)

一种程序开发方法。它将对象作为程序的基本单元，将程序和数据封装在其中。

模块 (module)

大型软件系统中的一个具有独立功能的组成部分。

内联元素 (inline element)

不会中断文本流或改变页面布局的HTML元素。内联元素在浏览器中显示时，是和其他元素在同一行上的。参见**块元素**。

内容分发网络 (content delivery network，CDN)

分布在不同地方、可以传递相同内容（数据或服务）的服务器网络。当Web浏览器加载页面内容时，CDN可以从附近的服务器传送内容，从而减少用户等待时间和所需的网络流量。

屏幕阅读器 (screen reader)

一种能在屏幕上找到文本并大声朗读出来的程序，是为视觉上有障碍的人设计的。

类是指为类名相同的元素添加的样式

全局变量（global variable）
可以在程序中的任何地方使用的变量。参见**局部变量**、**变量**。

软件（software）
告诉计算机做什么的指令或数据的集合，包括操作系统、库、服务器软件和用户应用程序。参见**硬件**。

实例化（instantiate）
使用类的定义来创建一个新对象。

事件（event）
对已经发生的事情的描述，通常用作程序中触发响应的信号。例如，鼠标单击事件可以提交表单或显示菜单。

输出（output）
程序的结果，可以显示在屏幕上、存储在文件中，或是发送给另一个程序或计算机。

输入控件（input control）
用户界面中的交互式组件，如按钮、复选框或文本字段，允许用户向程序提供输入。

属性（attribute）
数据对象的性质或特征。例如，图像的属性有高度和宽度，音频的属性有采样位数和采样频率。

数据（data）
存储在计算机中或由计算机使用的信息。

数据绑定（data binding）
连接（或绑定）两个或多个对象或系统中的数据值，以便其中一个的数据值改变时，其他的数据值也会自动改变。例如，将图形用户界面元素绑定到数据对象后，图形用户界面元素的改变会“传播”到数据对象，数据对象的改变也会“传播”到图形用户界面元素。参见**图形用户界面**。

数组（array）
存储在系统内存中相邻位置的项的集合。一般来说，数组中的所有元素都具有相同的类型，例如都是整数或字符串。数组中的项的值可以通过其索引值来获取，第一项的索引值为0。数组是存储列表的一种方式。参见**列表**。

算法（algorithm）
完成一项任务或解决一个问题的一系列步骤或指令。在编程中，算法通常包括重复的步骤、针对两个步骤或分步骤做出的决策，以及引入其他算法来完成子任务或解决子问题的步骤。

索引号（index number）
表示数组中元素位置的数。例如，myArr[3]表示的是数组myArr中索引号为3（从0开始计算，即第4位）的元素。

条件语句（conditional statement）
参见**分支语句**。

调试（debug）
编好程序后，用各种手段查找和清除故障的过程。参见**故障**。

统一资源定位符（uniform resource locator，URL）
万维网中某个页面唯一的可鉴别的地址。又称为**网页地址**。

图形用户界面（graphical user interface，GUI）
应用程序提供给用户操作的图形界面，包括窗口、菜单、按钮、工具栏和其他各种图形界面元素。与早期计算机使用的命令行界面（所有内容都显示为文本）相比，图形用户界面在视觉上更易于接受。

托管（hosting）
一项使网站可以通过万维网进行访问的服务。在独立服务器托管中，每个网站都有独立的服务器；在共享主机托管中，多个网站共享一台服务器。

网络（network）
为了共享数据和资源而连接在一起的计算机的集合。

网页（web page）
可以通过因特网访问的文档，用We
浏览器来显示。

网站（website）
网页、图像、音频和视频等相关资
的集合，这些资源存储在一起，可
使用Web浏览器在因特网上访问。

伪类（pseudo-class）
CSS中定义元素特殊状态的一种
法。例如，伪类：hover用于定义
素的鼠标指针悬停状态。

位（bit）
英文binary digit（二进制数）的
写，信息的最小单位，是指二进制
的一位所包含的信息。位的值可以
0，也可以是1。一个8位的二进
数，可以存储256（2^{8}）种不同的值。

协议（protocol）
管理两个设备之间通信的一组规则
例如，超文本传输协议（HTTP）
细规定了浏览器和Web服务器之间
相通信的规则。

悬停状态（hover state）
当光标或指针悬停在GUI元素上
时，GUI元素所显示的外观。例如
当鼠标指针悬停在按钮或文本字段
方时，它可能会有不同的颜色或
框，以表明它处于激活状态。又称
鼠标指针悬停状态。参见**正常状态**
状态。

循环计数器（loop counter）
计算（跟踪）循环重复了多少次
变量。

样式定义（style definition）
CSS中对某类文本的特定样式的
义。例如，列表的样式定义包括要
用的项目符号类型和缩进量。

因特网（Internet）
由许多小的网络（子网）互连而成的全
计算机网络。Internet是interconnect
network的缩写。

引用变量（reference variable）
包含原始数据，但能代表数据存储的存位置的变量。通常用于数组、字符和其他复合数据。参见**原始变量**。

应用程序编程接口（application rogramming interface，API）
序员用来访问另一个系统而无须了系统全部细节的一组定义。这些定可能包括函数、类、数据结构和数值。应用程序编程接口的最初命，是因为它定义了一个供程序员使底层系统开发应用程序的接口。参**库**。

硬件（hardware）
算机的物理装置，如处理器、存储、网络连接器和显示器。参见**软件**。

语法（syntax）
码的一部分，关注的是文本所要循的规则，而不是文本的基本含（语义）。

语义（semantic）
码的一部分，关注的是文本的基本义，而不是所要遵循的规则（语）。大多数HTML标记关注的是数的意义和作用，而不是它的外观。如，<h1>用于标记标题，<em>用标记要强调的文本，但它们都没有述文本该如何显示。参见**语法**。

元数据（metadata）
述信息资源或数据等对象的数据。如，Web页面使用元数据来指定页标题、语言和HTML版本。

元素（element）
较大集合（如数组）中的单个。②在HTML中，元素是指文档的部分，通常带有开始标记、内容和束标记。例如，<em>DANGER</m>是一个将DANGER作为强调文本斜体）显示的元素。

元组（tuple）
或值的简短列表。元组中的元素之用逗号隔开，不能修改或删除。

原始变量（primitive variable）
包含原始数据的变量。参见**引用变量**。

原始数据（primitive data）
用于构建更复杂数据类型的基本数据类型。例如，字符、整数和实数。参见**复合数据**。

原型（prototype）
JavaScript中的内置变量，其方法和属性可被每个子对象使用。

源代码（source code）
未编译的按照一定的程序设计语言规范书写的文本文件，是一系列人类可读的计算机语言指令。

云（cloud）
因特网服务器的一种比喻说法，可用来代替本地计算机。云存储（cloud storage）是一种网上在线存储的模式，可用来存储文件和其他数据；云计算（cloud computing）是指通过因特网服务器来完成计算。

运行（run）
参见**执行**。

整数（integer）
没有小数部分的数。

正常状态（normal state）
GUI元素（如按钮）正常显示的外观。参见**悬停状态**、**状态**。

执行（execute）
启动程序的命令。又称为**运行**。

状态（state）
GUI元素（如按钮或文本字段）所显示的外观，会随着时间的不同而发生变化。例如，按钮可能大部分时间处于正常状态，但当鼠标指针移动到它上方时，就会切换到悬停状态。参见**悬停状态**、**正常状态**。

子对象（child object）
根据父对象中的原型创建的对象。子类继承父类的所有方法和属性，还可以对其进行重写，以覆盖父类的原有方法和属性。例如，父类可以定义任何一本书的方法和属性，每个子类可以定义特定一本书的作者、标题、出版社和出版日期。参见**父对象**。

子集（subset）
对于两个集合A与B，如果集合A的任何一个元素都是集合B的元素，我们就说集合A是集合B的子集。

字典（directory）
由多个键值对组成的数据结构，可以将一个值（如名称）映射到另一个值（如货币数量）。

字符串（string）
存储在一起的字符序列，包括字母、数字和标点符号。在大多数编程语言中，字符串都是用引号括起来的。

字面量（literal）
源代码中的一个固定值，意思是“一眼看上去是什么就是什么”。在大多数编程语言中，整数字面量和实数字面量是正常编写的，字符串字面量则必须用引号括起来。

作用域（scope）
变量与函数的可访问范围。例如，全局变量的作用域是整个程序，而局部变量的作用域是单个函数。

致谢

DK公司诚挚地感谢以下对本书提供帮助的人员：
Anjali Sachar, Mridushmita Bose, and George Thomas for design assistance; Deepak Negi for picture research assistance; Nayan Keshan and Kanika Praharaj for code testing; Helen Peters for indexing; Jamie Ambrose for proofreading; and Harish Aggarwal (Senior DTP Designer), Surabhi Wadhwa-Gandhi (Jacket Designer), Priyanka Sharma (Jackets Editorial Coordinator) and Saloni Singh (Managing Jackets Editor).